Kurt Littger

Optimierung

Eine Einführung in rechnergestützte Methoden

Mit 21 Abbildungen

Springer-Verlag

Berlin Heidelberg NewYork
London Paris Tokyo
Hong Kong Barcelona Budapest

Dipl.-Math. Dr. rer. nat. Kurt Littger

Wissenschaftlicher Mitarbeiter
der IBM Deutschland GmbH, München

ISBN 978-3-642-87730-8   ISBN 978-3-642-87729-2 (eBook)
DOI 10.1007/978-3-642-87729-2

Die Deutsche Bibliothek – CIP–Einheitsaufnaheme
Littger, Kurt: Optimierung: eine Einführung in rechnergestützte Methoden
und Anwendungen/Kurt Littger.—Berlin; Heidelberg; New York;
London; Paris; Tokyo; Hong Kong; Barcelona; Budapest: Springer, 1992
ISBN 978-3-642-87730-8

Satz: Thomson Press (India) Ltd., New Delhi
62/3020 – 5 4 3 2 1 0—Gedruckt auf säurefreiem Papier

Vorwort

Diese Arbeit versucht einen praxis-orientierten Überblick über die wichtigsten Aspekte im Zusammenhang mit der optimalen Lösung von kurz-, mittel- und langfristigen Planungsproblemen zu geben.

Sie wendet sich nicht an den Mathematiker oder Operations Research (OR) Fachmann, der an den algorithmischen (= lösungstechnischen) Details interessiert ist, sondern vielmehr an den in einer bestimmten Organisation arbeitenden und mit konkreten Problemen der Findung von optimalen Entscheidungen befaßten Mitarbeiter oder den Studenten betriebswirtschaftlicher oder mathematisch/naturwissenschaftlicher Fachrichtung.

Für die erste Kategorie von Interessierten gibt es eine fast unübersehbare Fülle von Veröffentlichungen. Hingegen ist ein auffälliger Mangel an Literatur zu beobachten, wenn es darum geht, sich über die konzeptionellen Aspekte von Fragestellungen der Optimierung zu informieren, um in der Praxis zu produktiven Anwendungen zu kommen. Die kompakte Darstellung, gepaart mit einem umfangreichen strukturierten Literaturverzeichnis, dürfte für den Praktiker ohne besonderen mathematischen Hintergrund als auch für den ernsthaft interessierten Studenten eine willkommene Einführung einerseits und eine Fundgrube von Quellen andererseits sein.

Operations Research und Management Science haben sich als interdisziplinäre Wissenschaften zum Ziel gesetzt, Methoden zur Lösung von Fragestellungen bereitzustellen, die in der Praxis in Planungs- und Entscheidungszusammenhängen auftreten. Hierfür wurden in den letzten fünfzig Jahren eine nahezu unübersehbare Vielfalt von Algorithmen und Konzepten entwickelt, die sich in Gebieten wie Simulation, Optimierung und Projektplanung konkretisiert haben.

Zur Umsetzung dieser Methoden in die praktische Nutzung ist nicht nur zumindest das konzeptionelle Verständnis der Verfahren notwendig, sondern vor allem die Umsetzung und Durchsetzung des Vorgehens in der jeweiligen Organisation. Außerdem ist in allen Fällen eine geeignete Hard-/Software auszuwählen, da OR-Methoden ohne die Verwendung von Datenverarbeitungstechniken aufgrund des Umfangs und der Komplexität der Anwendungen kaum nutzbar sind. Es ist das vorrangige Anliegen dieser Arbeit, dem Praktiker eine Anleitung zur Überwindung der Kluft zwischen Theorie und Praxis zu geben und hierbei bewußt eine Darstellung zu wählen, die nicht unnötig durch mathematische Formulierungen belastet ist, sofern das für ein Grundverständnis nicht unumgänglich ist. Die sich rasant entwickelnde Datenverarbeitungstechnologie mit dem sich mehr und mehr verbessernden Preis-/Leistungsverhältnis im Hardware-Angebot und die heute vorhandene benutzerfreundliche Optimierungssoftware lassen eine Offensive in Richtung breiterer Verwendung der Methoden der Optimierung für unternehmerische Entscheidungsfindung zu.

Der Nutzen der Optimierung ist häufig direkt quantifizierbar und oft nicht unerheblich für das Unternehmen. Der Erfolg ist natürlich davon abhängig, ob das Optimierungsproblem richtig erkannt, modelliert und algorithmisch behandelt wurde. Nur in diesem Fall wird der Nutzen sich auch einstellen und zu einem konkreten Vorteil für das Unternehmen entwickeln. Um dieses hohe Ziel zu erreichen, sind jedoch eine Reihe von Überlegungen zu beachten, die insbesondere in den Kapiteln "DV-Aspekte" und "Organisatorische Aspekte" dargelegt sind.

Neben methodischen, organisatorischen, anwendungs- und DV-bezogenen Beiträgen, beinhaltet die Arbeit eine Fülle von Literaturhinweisen, die einen Ausschnitt der reichhaltigen Veröffentlichungen darstellen. Obwohl die Literaturhinweise unvollständig sind, hofft der Verfasser, die Mehrzahl der wichtigen Arbeiten erfaßt zu haben, die im Rahmen eines praxis-orientierten Buches von Interesse sind. Theoretische Arbeiten wurden, soweit sie für ein konzeptionelles Verständnis nicht wesentlich erschienen, ausgeklammert.

Die folgende Aufstellung zeigt die Anzahl der erfaßten Arbeiten nach Anwendungs- und Theorieaspekten gegliedert:

Produktionsplanung	84
Fertigungsplanung	228
Fließbandbelegung	50
CIM-Anwendungen (FMS, JIT)	56
Mineralölindustrie	23
Mischungspalnung	20
Vertriebsplanung	10
Standortplanung	37
Transport- und Tourenplanung	115
Distributionsplanung	14
Ersatzteilplanung	14
Verschnittoptimierung	42
Energieversorgungsunternehmen	40
Personalplanung	33
Investitions- und Finanzplanung	68
Optimierung technischer Produkte	61
Landwirtschaftliche Planung	21
Unternehmensplanung	24
Diverse Anwendungen	196
Anwendungen insgesamt	1136
OR und Mathematische Programmierung	150
Lineare Programmierung	203
Gemischt–ganzzahlige Programmierung	34
Ganzzahlige Programmierung	110

Nichtlineare Programmierung	181
Kombinatorische Methoden	280
Dynamische Programmierung	50
Branch-and-Bound Methoden	35
Statistische Verfahren	55
Heuristische Verfahren	16
Mehrere Zielsetzungen	72
Probabilistische/unscharfe Problembeschreibung	76
Theorie insgesamt	**1262**

Mathematische Grundlagen	68
Allgemeine OR-Veröffentlichungen	94
DV-bezogene Veröffentlichungen	273
Sonstige Literaturstellen insgesamt	**435**

Insgesamt wurden so mehr als 2800 Originalarbeiten in den Literaturteil aufgenommen, natürlich nur ein Bruchteil aller existierenden Arbeiten. Diese Arbeiten dürften jedoch eine verläßliche Ausgangsbasis für Leser mit weitergehendem Interesse sein.

Interessant ist die zeitliche Verteilung der Veröffentlichungen. Es entfallen 1% auf den Zeitraum bis 1949, 5% auf die Dekade 1950–1959 und etwa 20% auf die Dekade 1960–1969. In den Jahren 1970–1979 wurden etwa 29% der Arbeiten publiziert, während 45% aus dem Zeitraum 1980–1990 stammen. Diese zeitliche Verteilung dokumentiert, daß das Wissensgebiet der Optimierungstechniken und deren Anwendungen ein sich sehr lebhaft entwickelndes Gebiet ist, was nicht zuletzt auf die neuen Möglichkeiten zurückgeht, die durch die DV-Technologie erschlossen werden.

Zur professionellen Lösung eines wichtigen praktischen Planungsproblems gehört heutzutage mit Sicherheit zunächst das Studium der wesentlichen Veröffentlichungen über Anwendungen von OR-Methoden für das anstehende Problem und/oder verwandte Fragestellungen. Diese Forderung ist nicht nur wichtig, um nicht existente Lösungsansätze zu übersehen, sondern dient in der Regel auch einem vertieften Verständnis der eigenen Problemstellung. Aus diesem Grunde sind Literaturhinweise bezüglich Anwendungen unter anderem auch nach Anwendungsgebieten geordnet.

Um einen leichteren Zugriff zu Literaturstellen zu ermögliche, wurde außerdem in Abschnitt XIV ein Schlagwortregister aufgebaut, das Hinweise auf das Auftreten der Schlagworte im Literaturteil enthält. Dadurch ist ein vollständiges Ausschöpfen der Literaturstellen auch in Situationen erleichtert, in denen eine Zuordnung zu den einzelnen Abschnitten im Literaturteil nicht so durchgeführt wurde, daß alle Aspekte der Veröffentlichung berücksichtigt wurden. Außerdem wird ein gezielterer Zugriff zu Literaturstellen innerhalb der gewählten übergeordneten Sachgebiete möglich.

In Kapitel XI wird ein Glossar mit prägnanter Begriffserklärung grundlegender Begriffe der Optimierung angeboten. In Kapitel XII werden einige elementare Begriffe der Mathematik erklärt, damit ein unvorbereiteter Leser den Text leichter verstehen kann. Es wird empfohlen, dieses Kapitel immer dann zu konsultieren, wenn beim Lesen des Textes Begriffe auftauchen, die dem Leser unbekannt sind. Am Anfang des Kapitels XII ist angegeben, um welche Begriffe es sich hier handelt. Der Verfasser hofft, in der Darstellung einen Weg gefunden zu haben, der dem in der unternehmerischen Praxis Tätigen eine Starthilfe gibt, um in zunehemendem Maße die Vorteile auszuschöpfen, die die Optimierung den Unternehmen zur Rationalisierung und Verbesserung der Wettbewerbsfähigkeit anbietet.

München, im Oktober 1991   Kurt Littger

Inhaltsverzeichnis

I. Einführung in die Begriffswelt der Optimierung

I.1 Was ist Optimierung?

Unter *Optimierung* versteht man eine Planung einer Entscheidungsfragestellung in der Weise, daß eine bezüglich einer gewählten Zielsetzung optimale (beste) Alternative aus einer Reihe von möglichen Alternativen bestimmt wird.

Viele praktische Fragestellungen lassen sehr viele *Entscheidungsalternativen* zu. Der mit der Planungsaufgabe befaßte Mitarbeiter wählt aufgrund seiner Erfahrung und unter Verwendung etwaig vorhandener Präferenzen aus und entscheidet sich für eine mögliche Alternative die mit existierenden Rand- oder Nebenbedingungen im Einklang steht. Bei *Entscheidungsproblemen* mit einer überschaubar kleinen Anzahl von Alternativen ist das sicherlich ein vernünftiger Weg.

Wenn jedoch die Entscheidungssituation vielschichtig wird und viele Einflußfaktoren und Nebenbedingungen eine Rolle spielen, ist es vorteilhafter, ein formales Vorgehen der quantitativen Entscheidungsfindung zu wählen. Ein solches Vorgehen wollen wir Optimierung nennen. Unter Optimierung ist demnach im Folgenden jede systematische Vorgehensweise zur Lösung eines kurz-, mittel- oder langfristigen Planungsproblemes zu verstehen, die *quantitative Methoden* einsetzt, um zu einer optimalen oder näherungsweise optimalen Lösung zu kommen. Dazu ist regelmäßig eine Modellierung der Problemstellung notwendig, die das Planungsproblem in abstrakter Form aus seiner Verknüpfung mit der konkreten Problemumgebung herauslöst, ohne wesentliche Aspekte zu vernachlässigen.

Diese Zusammenhänge seien nochmals schematisch dargestellt (Abb. 1).

Natürlich sind in diesem einführenden Abschnitt noch nicht alle Aspekte aufgeführt, die bei genauerer Betrachtung eine Rolle spielen. Jedoch sind die wesentlichen Merkmale eines Vorgehens der Optimierung damit erwähnt.

Die Begriffe "Mathematische Methoden" und "Heuristik" stehen hier für einen Satz von Entscheidungsregeln, die auf der Basis des Modells des Planungsproblemes zu einer (mehreren) Optimallösung(en) führen. In den folgenden Abschnitten wird die Natur solcher Entscheidungsregeln oder Algorithmen verdeutlicht.

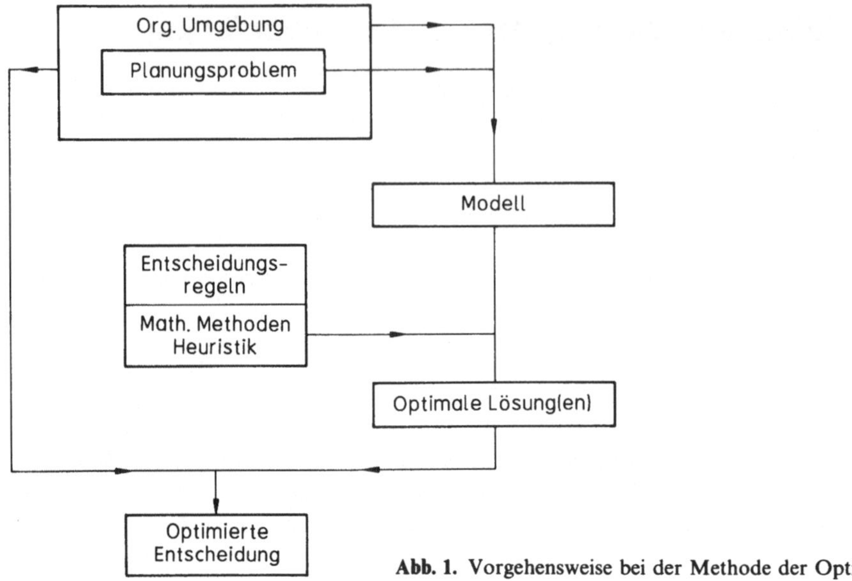

Abb. 1. Vorgehensweise bei der Methode der Optimierung

I.2 Die Entwicklung des Operations Research (OR)

Obwohl die Bezeichung *Operations Research* das erste Mal vermutlich 1939 verwendet wurde, gehen die Wurzeln der Anwendung wissenschaftlicher Methoden auf praktische Fragestellungen bis vor die erste industrielle Revolution zurück. Ein frühes Beispiel ist die Arbeit von W. E. Camp über die EOQ (Economic Order Quantity) aus dem Jahre 1922, VII. 1–56. Ab der Mitte des letzten Jahrhunderts entwickelten sich parallel mit dem Aufkommen von Maschinen und dem Ersetzen menschlicher Arbeitskraft durch Maschinen sowie mit dem Enstehen nationaler Transport- und Kommunikationssysteme unternehmerische Organisationen wachsender Größe und Komplexität.

Mit der wachsenden Unternehmensgröße und der damit auch steigenden Spezialisierung der Unternehmensfunktionen, ergaben sich auch mehr Situationen, in denen Unternehmensabläufe zu planen waren und die Pläne verschiedener Unternehmensbereiche zu koordinieren waren. Obwohl der Einsatz von wissenschaftlichen Methoden in diesem Zusammenhang nahe zu liegen scheint, war die Nachfrage nach OR in der Industrie zunächst sehr begrenzt.

Mit dem Anfang des zweiten Weltkrieges ergaben sich jedoch vielfältige Einsatzgebiete von Operations Research im Rahmen von militärischen Organisationen. Insbesondere wurden Wissenschaftler in Großbritannien, den Vereinigten Staaten, Frankreich und Kanada im Rahmen von militärischen Organisationen für planerische und logistische Aufgaben eingesetzt.

Nach dem zweiten Weltkrieg verliefen die Entwicklungen in Großbritannien und den Vereinigten Staaten unterschiedlich.

In Großbritannien wurden die Ausgaben für die Rüstung erheblich reduziert. Dies führte dazu, daß viele OR-Fachleute sich neuen Aufgaben in der Industrie zuwandten.

Hingegen wurden die Ausgaben für militärische Zwecke in USA erhöht. Entsprechend verblieben auch die meisten OR-Fachleute bei militärischen Organisationen.

Damit blieb der Aufschwung des Einsatzes von OR-Methoden für industrielle Aufgaben der zweiten industriellen Revolution vorbehalten. Parallel mit dem Aufkommen der ersten elektronischen Rechenmaschinen und einem Zwang zu höherer Produktivität, wurde die Mehrzahl der OR-Fachleute nunmehr auch in den USA in industriellen Organisationen beschäftigt. Zusätzlich waren Gesellchaften für Industrieberatung, Universitäten, Forschungsinstitute und Behörden an OR-Fachleuten interessiert.

Mit dem wachsenden Interesse an diesem jungen Wissensgebiet, bildeten sich 1953 in USA und etwas später auch in Europa und anderen Ländern Operations Research Gesellschaften, die sich bereits 1958 zur International Federation of Operational Research Societies (IFORS) international zusammenschlossen.

Außerdem wurden Fachzeitschriften herausgegeben und Fachtagungen und Kongresse abgehalten.

In Deutschland bildete sich 1971 aus den Vorläuferorganisationen (ACOR und DGU) die Deutsche Gesellschaft für Operations Research e.V. (DGOR). Zusammenfassend kann man sagen, daß nach einem Jahrzehnt kräftigen Wachstums im militärischen Bereich, OR sich äußerst schnell bei industriellen, akademischen und staatlichen Organisationen entwickelte. Heute ist OR eine etablierte Methode, Planungs- und Entscheidungsprobleme mit indisziplinären wissenschaftlichen Verfahren zu bearbeiten. OR hat sich an den meisten Hochschulen als eigenständige Disziplin, überwiegend im Umfeld von Fakultäten der Betriebswirtschaft,Informatik oder der Angewandten Mathematik, etabliert. Als Namen sind *Operations Research, Management Science* oder im Deutschen Sprachraum *Unternehmensforschung* oder *Operationsforschung* üblich.

In vielen großen Organisationen gibt es OR-Abteilungen, zum Beispiel als Teil der DV-Organisation.

Ein Blick in den Literaturteil zeigt die Vielzahl der Fachleute, die zur Entwicklung des Operations Research beigetragen haben. Wir nennen hier stellvertretend für alle nur einige Wissenschaftler, die die Entwicklung von OR nach Auffassung des Verfassers wesentlich beeinflußt haben:

J. Abadie	Ganzz. und Nichtlineare Programmierung
R. L. Ackoff	Operations Research
E. L. Arnoff	Operations Research
E. Balas	Kombinatorische Methoden
M. L. Balinski	Anwendungen der Math. Progr.
E. M. L. Beale	Ganzz. und Nichtlineare Programmierung
R. Bellman	Dynamische Programmierung
A. Charnes	Industrielle Anwendungen
N. Christofides	Anwendungen kombinatorischer Methoden

C. W. Churchman	Operations Research
W. W. Cooper	Industrielle Anwendungen
G. B. Dantzig	Lineare Programmierung
J. Edmonds	Kombinatorische Methoden
R. Fletcher	Nichtlineare Programmierung
L. R. Ford	Netzwerkflußprobleme
D. R. Fulkerson	Netzwerkflußprobleme
A. M. Geoffrion	Operations Research
F. Glover	Integer Programming
R. E. Gomory	Ganzz. Programmierung
P. L. Hammer	Kombinatorische Methoden
M. Held	Kombinatorische Methoden
L. V. Kantorovich	Operations Research
N. Karmarkar	Lineare Programmierung
R. M. Karp	Kombinatorische Methoden
A. Kaufmann	Operations Research
S. Kirkpatrick	Simulated Annealing
H. W. Kuhn	Nichtlineare Programmierung
L. S. Lasdon	Nichtlineare Programmierung
E. L. Lawler	Kombinatorische Methoden
J. K. Lenstra	Scheduling and Sequencing
G. P. Mc Cormick	Nichtlineare Programmierung
G. Mitra	Integer Programming
H. Müller-Merbach	Operations Research
C. V. Negoita	Fuzzy Optimization
W. Orchard-Hays	Lineare Programmierung
M. W. Padberg	Kombinatorische Methoden
M. J. D. Powell	Nichtlineare Programmierung
A. H. G. Rinnooy Kan	Scheduling and Sequencing
J. B. Rosen	Nichtlineare Programmierung
W. Szwarc	Scheduling and Sequencing
M. J. Todd	Lineare Programmierung
J. A. Tomlin	Mathematische Programmierung
P. Toth	Kombinatorische Methoden
A. W. Tucker	Nichtlineare Programmierung
S. Vajda	Mathematische Programmierung
H. P. Williams	Integer Programming
P. Wolfe	Nichtlineare Programmierung
L. A. Zadeh	Fuzzy Sets and Systems
H.-J. Zimmermann	Fuzzy Optimization
S. Zionts	Mathematische Programmierung
G. Zoutendijk	Nichtlineare Programmierung.

Rückblickend kann gesagt werden, daß in der nur etwa 50-jährigen Geschichte des OR eine unglaubliche Entwicklungsvielfalt ablief, die auch Rückwirkungen auf klassische Wissenschaften (Naturwissenschaften, Betriebswirtschaft und andere) hatte.

Durch die vielseitige Anwendbarkeit der Methoden des OR erscheinen heute viele theorie- und anwendungsbezogene Arbeiten in Fachzeitschriften der unterschiedlichsten Ausrichtung. Die Literaturhinweise in den Kapiteln VII-X stammen aus mehr als 700 Fachzeitschriften, einem Bruchteil aller Zeitschriften mit Veröffentlichungen über die Anwendung von OR-Methoden. Diese Situation dokumentiert den wahrlich *interdisziplinären Charakter* des Operations Research.

Die Entwicklung des jungen Gebiets des OR ist noch längst nicht abgeschlossen. Vielmehr befindet sich der Aspekt der Anwendung wissenschaftlicher Methoden auf praktische Planungs- und Entscheidungsprobleme noch in einer sehr frühen Phase und es ist zu erwarten, daß sich, sowohl in der Erforschung neuer Verfahren als auch in der Umsetzung von OR-Methoden in die Praxis, noch wesentliche Erweiterungen und Vertiefungen ergeben. Alle Indikatoren, der steigende Wettbewerb, der verstärkte Drang nach Automation und die sich fortsetzende wesentliche Leistungssteigerung der Informationsverarbeitungstechnologie, deuten auf einen in erheblichem Maße zunehmenden Bedarf des Einsatzes objektiver und *quantitativerr Methoden* hin, der die Entscheidungsproblematik in komplexen Organisationen aus dem Zustand des subjektiven Handelns in den des objektiven, rational begründeten Handelns überführen dürfte.

In Kapitel IX findet der Leser eine große Zahl von Veröffentlichungen zum Thema OR, die von allgemeinem Interesse sein dürften.

I.3 Entscheidungsprobleme der Praxis

In den verschiedensten Zusammenhängen treten in der betrieblichen Praxis *Entscheidungsprobleme* auf. Solche Entscheidungsprobleme sind entweder explizit durch eine Maßnahme eines Mitarbeiters zu lösen oder aber, was der häufigere Fall ist, sie sind implizit durch einen bestehenden Organisationsablauf gelöst.

Im letzteren Fall ist das Entscheidungsproblem dann meist verdeckt und vielfach den Mitarbeitern gar nicht bewußt.

Im ersten Fall greift der Entscheidungsträger auf seine Erfahrung zurück und entscheidet, das sei unterstellt, nach bestem Wissen und im Sinne der Zielsetzung des Unternehmens.

Implizit durch organisatorische Maßnahmen gelöste Entscheidungssituationen sind überwiegend regelmäßig auftretende Prozesse, während die expliziten Entscheidungssituationen naturgemäß mehr bei sporadisch auftretenden und ungeplanten Ereignissen zum Tragen kommen. Für die erste Kategorie seien als typische Beispiele Produktions- und Fertigungsplanungsprobleme genannt, während in die zweite Kategorie zum Beispiel Investitionsplanungs- und Standortplanungsprobleme einzuordnen sind.

Bei der *Produktionsplanung* geht es um die Festlegung eines mittelfristigen Produktionsplanes, der die Anforderungen aufgrund von Aufträgen und Terminen mit den kapazitiven Möglichkeiten der Fertigung und der Beschaffung (Fremdteile) in Einklang bringt.

Bei der *Fertigungsplanung* geht es um die kurzfristige Terminierung der einzelnen Arbeitsabläufe und Berücksichtigung von produktspezifischen Anforderungen und fertigungstechnischen Gegebenheiten. Bei der *Investitionsplanung* soll ein für Investitionszwecke bereitgestelltes Budget für alternativ sich anbietende Investitionsprojekte verwendet werden, während bei der *Standortplanung* eine Entscheidung zwischen alternativen Produktions- oder Lagerorten zu treffen ist, wobei geographische, regionale und beschäftigungspolitische Aspekte eine Rolle spielen können.

Diese vier Entscheidungsprobleme enthalten in unterschiedlichem Umfang feste, unumstößliche und allein durch die betriebliche Realität geformte Randbedingungen und unsichere Randbedingungen, die nicht nur durch die vorhandene betriebliche Situation beeinflußt sind, sondern von der zukünftigen Entwicklung des Betriebes und des wirtschaftlichen Umfelds insgesamt abhängen können.

Man spricht in diesem Zusammenhang auch von strukturierten, halbstrukturierten und unstrukturierten Entscheidungssituationen, um anzudeuten, daß die Problembeschreibung nur quantitativ bekannte Einflußgrößen, teilweise quantitativ bekannte Einflußgrößen oder überwiegend quantitativ unbekannte Einflußgrößen enthält. Sehr ähnlichen Charakter hat die Einteilung von Entscheidungsproblemen in operationelle, taktische und strategische Situationen.

Allen vier Entscheidungsproblemen gemeinsam ist eine vorhandene *Zielsetzung* und *Rand- oder Nebenbedingungen*, sowie eine daraus resultierende Anzahl von möglichen *Enscheidungsalternativen*, die den sogenannten *Entscheidungsraum* oder *Lösungsraum* bilden.

So kann bei der Fertigungsplanung etwa die optimale Nutzung der vorhandenen Fertigungseinrichtungen eine Zielsetzung sein, während die technologischen und produktspezifischen Anforderungen limitierende Randbedingungen darstellen.

Bei der Investitionsplanung ist die Zielsetzung etwa die optimale Gestaltung der Investitionsauswirkung (Engl.: Return of Investment), während Randbedingungen zum Beispiel in kapazitiven Beschränkungen vorhandener Ressourcen und in der Unsicherheit der wirtschaftlichen Entwicklung liegen können.

Wir werden im Abschnitt IV eine Reihe von Anwendungsgebieten vorstellen, für die OR-Methoden zur Lösung von Problemen der Optimierung mit Erfolg eingesetzt wurden.

Der Bogen spannt sich von Branche zu Branche und von Unternehmensbereich zu Unternehmensbereich. Optimierung ist also im wahrsten Sinne des Wortes eine sogenannte *Cross-Anwendung*, die in den verschiedensten Zusammenhängen auftritt. Produktions- und Fertigungsplanungsprobleme sind naturgemäß häufige Fragestellungen der industriellen Praxis. Sie erhalten neue vielfältige Bedeutung im Rahmen von CIM, da es in automatisierten Betriebsabläufen mehr denn je um eine optimale Nutzung und Gestaltung dieser hochinvestiven Betriebsabläufe geht und die normalerweise durch menschliche Reaktion vorhandene Flexibilität verlorengehen kann.

Transport- und Mischungsprobleme sind klassische Einsatzgebiete der Optimierung. Sie waren historisch die ersten bearbeiteten Fragestellungen. Hier sind besonders die Mischungsprobleme häufig in der Praxis zu finden, wenn es darum geht, ein Produkt aus verschiedenen Rohstoffen herzustellen und bestimmte Qualitätsanforderungen zu erfüllen.

Verschnittprobleme in seinen mannigfachen Aspekten, *Tourenprobleme* bei der Verteilung von Waren oder Dienstleistungen, kurzfristige *Ablaufplanungsprobleme* bei *Fließfertigung* und in der *Werkstattfertigung* sind kombinatorisch geprägte Fragestellungen, die sich mit modernen algorithmischen Methoden und leistungsstarker DV-Hardware bewältigen lassen.

Andere verbereitete Problemkreise betreffen den *Investitionsbereich*, den *Personalbereich*, den *Einkaufsbereich* und den *Distributionsbereich* von Unternehmen.

Weitere speziellere Einsatzfelder sind in der *Kraftwerkseinsatzplanung*, der *Ersatzteilplanung*, der *Raffinerieablaufplanung*, der *Landwirtschaftlichen Planung*, bei *militärischen Planspielen* und neuerdings auch bei der Optimierung des *Produktentwurfs für technische Produkte* zu finden. Die genannten Einsatzgebiete stellen keineswegs erschöpfend die Anwendungsmöglichkeiten der Methoden der Optimierung dar. Vielmehr ist die Entwicklung völlig offen und verlangt nach der Kreativität und dem Ideenreichtum der in den Unternechmen und Organisationen tätigen Mitarbeiter, um neue Einsatzfelder in ganz anderen Zusammenhängen zu entdecken und zu erschließen.

I.4 Grundbegriffe der Kombinatorik

Die Vielfalt von möglichen Entscheidungen in praktischen Entscheidungssituationen beruht letztlich auf der Tatsache, daß sich die Einflußfaktoren vielfältig kombinieren lassen. Wenn zum Beispiel im einfachsten Fall ein Einflußfaktor nur fünf verschiedene Möglichkeiten der Wahl zuläßt und ein zweiter Faktor ebenfalls fünf Möglichkeiten erlaubt, so sind, falls keine Einschränkungen bezüglich der Kombination bestehen, insgesamt fünfundzwanzig Alternativen zu berücksichtigen. Im Falle von zehn Einflußfaktoren mit nur fünf Möglichkeiten für jeden Faktor gibt es bereits 5^{10} Wahlmöglichkeiten, das sind bereits unglaubliche 9765625 Alternativen. Das ist eine überraschende Feststellung besonders deshalb, weil, im Vergleich zur Größenordnung praktischer Entscheidungsprobleme, zehn Faktoren mit fünf Möglichkeiten eine minimale Größenordung darstellt.

Ein anderes Beispiel sorgt auch häufig für Staunen. Man stelle sich eine Veranstaltung vor, wo 10 Menschen auf 10 vorhandenen Stühlen Platz genommen haben. Wer denkt schon, daß durch den Vorgang des Platznehmens eine Wahl zwischen 10! = 3628800 Alternativen getroffen wurde. Bereits bei 4 Menschen und 4 Stühlen gibt es 24 Möglichkeiten, wie in Abb. 2 dargestellt.

In diesem Beispiel ergeben sich die 24 Sitzmöglichkeiten durch alle möglichen Reihenfolgen oder Permutationen der Zahlen 1, 2, 3 und 4. Bei vielen Ablaufplanungsproblemem in der Fertigung, beim Transport oder der Steuerung von Prozessen können sogenannte Reihenfolgeprobleme auftreten, die auf solchen elementaren kombinatorischen Gebilden wie *Permutationen* beruhen. Solche Reihenfolgeprobleme (Engl.: Sequencing Problems) treten bei der kurzfristigen

1 2 3 4	2 1 3 4	3 1 2 4	4 1 2 3
1 2 4 3	2 1 4 3	3 1 4 2	4 1 3 2
1 3 2 4	2 3 1 4	3 2 1 4	4 2 1 3
1 3 4 2	2 3 4 1	3 2 4 1	4 2 3 1
1 4 2 3	2 4 1 3	3 4 1 2	4 3 1 2
1 4 3 2	2 4 3 1	3 4 2 1	4 3 2 1

Abb. 2. Die 24 Permutationen von (1, 2, 3, 4)

Planung von zeitlichen Ablaufmustern auf. Bei n Objekten gibt es generell $n!$ (sprich: n Fakultät) Möglichkeiten, diese Objekte in eine Reihenfolge zu bringen, dabei ist $n! = 1 \cdot 2 \cdot \ldots \cdot n$ einfach das Produkt der Zahlen 1 bis n. Leider wächst $n!$ mit wachsendem n sehr stark, so daß 20! bereits eine 19-stellige Zahl ist! Folgende Aufstellung zeigt die Werte von $n!$ für $n = 1, \ldots, 20$:

n	$n!$	n	$n!$	n	$n!$
1	1	8	40320	15	1307674368000
2	2	9	362880	16	20922789888000
3	6	10	3628800	17	355687428096000
4	24	11	39916800	18	6402373705728000
5	120	12	479001600	19	121645100408832000
6	720	13	6227020800	20	2432902008176640000
7	5040	14	87178291200		

Welche Implikationen dieses sehr starke Anwachsen von $n!$ hat, werden wir später sehen.

Ein anderes kombinatorisches Gebilde sind *Kombinationen*, wie jeder sie vom Lottospiel kennt. Hierbei sollen 6 Zahlen aus den Zahlen von 1–49 ausgewählt werden. Es existieren 13983816 Möglichkeiten, 6 Zahlen aus 49 Zahlen auszuwählen. Allgemein gilt, daß bei einer Auswahl von k Objekten aus n Objekten die Anzahl der Möglichkeiten durch $C(n, k) = n!/((n - k)! \cdot k!)$ gegeben ist. Man spricht hierbei von Kombinationen von n Elementen zur k-ten Klasse. Auch hier wächst die Zahl der möglichen Kombinationen sehr schnell (wenn auch weniger stark als bei den Permutationen) an und es gilt die folgende Gleichung:

$$C(n, 0) + C(n, 1) + C(n, 2) + \ldots + C(n, n - 2) + C(n, n - 1) + C(n, n) = 2^n.$$

Die Auswahl aus einer größeren Zahl von Möglichkeiten tritt zum Beispiel bei Entscheidungsproblemen der Praxis auf, wenn es darum geht, Investitionsentscheidungen zu treffen, Standortentscheidungen vorzubereiten oder Kapitalanlagemöglichkeiten zu untersuchen, um nur einige zu nennen. Wir werden auch in anderen Zusammenhängen im Folgenden häufiger auf solche Gebilde wie Kombinationen stoßen.

Weitere Informationen zu diesem Thema findet der Interessierte in den Literaturhinweisen, die in Abschnitt VIII.1.6 und VIII.2 angegeben sind. Insbesondere weisen wir auf das Buch von J. Flachsmeyer hin, siehe VIII.2–19. Eine weitere gute Quelle vieler Übungsaufgaben mit detaillierten Lösungen ist das Buch von S. I. Gelfand, M. L. Gerver und A. A. Kirillov, VIII.1.6–118.

I.5 Zielfunktion, Variable, Nebenbedingungen, Lösungsraum

Wie wir schon mehrfach angedeutet haben, benötigt ein Entscheidungsproblem, das mit Optimierungsmethoden bearbeitet werden soll, eine *Zielsetzung*.

Diese Zielsetzung stellt gewissermaßen die Bewertungsskala dar, die den alternativen Entscheidungen eine im Sinne der Zielsetzung hohe oder niedrige Präferenz zuordnet.

Wenn es zum Beispiel drei verschiedene Produktionsverfahren gibt, um ein Produkt herzustellen und diese Verfahren mit unterschiedlichen Kosten behaftet sind, so ist es zum Beispiel wünschenswert, die Produktionskosten möglichst niedrig zu halten. Man sucht also das Produktionsverfahren mit den niedrigsten Produktionskosten.

Die Zielsetzung ist damit klar ausgesprochen, muß aber noch weiter formalisiert werden, um der Benutzung von mathematischen Methoden zugänglich zu werden. Man muß die Zielsetzung als sogenannte *Zielfunktion* darstellen, die von Einflußfaktoren, die man Variable nennt, abhängt. In unserem Fall sei zum Beispiel $p(x_1, x_2, x_3)$ diese Funktion, die die Produktionskosten in Abhängigkeit der drei Produktionsverfahren wiedergibt. Das Produktionsverfahren 1 habe die Kosten p_1, das Verfahren 2 die Kosten p_2 und das Verfahren 3 die Kosten p_3. Wenn wir nun die Kostenfunktion $p = p(x_1, x_2, x_3) = p_1 x_1 + p_2 x_2 + p_3 x_3$ betrachten und unterstellen, daß x_1, x_2 und x_3 nur die Werte 0 und 1 annehmen können und $x_1 + x_2 + x_3 = 1$ ist, so gibt $p(x_1, x_2, x_3)$ immer die Produktionskosten des Verfahrens 1, 2 oder 3 an, je nachdem $x_1 = 1$ oder $x_2 = 1$ oder $x_3 = 1$ ist.

x_1, x_2 und x_3 werden als *Variable* bezeichnet. Diese Größen sind also durch die Optimierung zu bestimmen, denn sie legen fest, welches Produktionsverfahren zu wählen ist.

Die Gleichung $x_1 + x_2 + x_3 = 1$ und die Forderungen $0 \leq x_1, x_2, x_3 \leq 1$ und x_1, x_2, x_3 ganzzahlig sind *Nebenbedingungen*, die die Variablen so festlegen, daß nur drei Situationen möglich sind:

$$x_1 = 1 \quad x_2 = 0 \quad x_3 = 0 \quad \text{Wahl des Verfahrens 1}$$

$$x_1 = 0 \quad x_2 = 1 \quad x_3 = 0 \quad \text{Wahl des Verfahrens 2}$$

$$x_1 = 0 \quad x_2 = 0 \quad x_3 = 1 \quad \text{Wahl des Verfahrens 3}$$

Jetzt können wir unsere Zielsetzung unter Verwendung der Kostenfunktion $p = p(x_1, x_2, x_3)$ mathematisch eindeutig formulieren:

Wir verlangen von der Optimierung des Produktionskostenproblemes

$$\text{Minimiere } p(x_1, x_2, x_3) = p_1 x_1 + p_2 x_2 + p_3 x_3$$

$$\text{wobei} \qquad x_1 + x_2 + x_3 = 1$$

$$x_1 \qquad\qquad \leqq 1$$

$$x_2 \qquad \leqq 1$$

$$x_3 \leqq 1$$

$$x_1 \qquad\qquad \geqq 0$$

$$x_2 \qquad \geqq 0$$

$$x_3 \geqq 0$$

$$x_1, x_2, x_3 \text{ ganzzahlig}$$

Auf diese einfache Weise haben wir unser Produktionskostenproblem so formuliert, daß wir eine Zielfunktion haben, die minimiert werden soll, das heißt, die Variablen sollen so bestimmt werden, daß die Funktion den kleinsten Wert annimmt. Außerdem müssen die Variablen noch obige acht Nebenbedingungen erfüllen.

Sei $p_1 = 300$, $p_2 = 600$ und $p_3 = 450$. Dann wird sich für die obigen drei Möglichkeiten der Variablen folgendes Bild ergeben:

$$x_1 = 1 \quad x_2 = 0 \quad x_3 = 0 \quad p(x_1, x_2, x_3) = 300$$

$$x_1 = 0 \quad x_2 = 1 \quad x_3 = 0 \quad p(x_1, x_2, x_3) = 600$$

$$x_1 = 0 \quad x_2 = 0 \quad x_3 = 1 \quad p(x_1, x_2, x_3) = 450$$

Da $p(x_1, x_2, x_3)$ minimiert werden soll, wird die erste Alternative gewählt und die optimale Lösung dieses kleinen Planungsproblemes ist durch $x_1 = 1$, $x_2 = 0$, $x_3 = 0$ gegeben. Die Errechnung der Optimallösung ist Sache des *Algorithmus*, der bei der Optimierung eingesetzt wird. In unserem Fall war es durch einfachen Vergleich der drei Möglichkeiten getan.

Der Leser beachte, daß als Daten für unser Problem lediglich die Werte für p_1, p_2 und p_3 als Ergänzung zur Problemstruktur selbst bereitgestellt werden müssen.

Der Entscheidungsraum wird hier als Lösungsraum bezeichnet. Er enthält in unserem Beispiel lediglich drei Elemente oder Punkte, die den mit den Nebenbedingungen verträglichen Konstellationen der Variablen entsprechen.

Zielfunktion, Variable, Nebenbedingungen und daraus resultierender Lösungsraum sind Elemente einer jeden *Problembeschreibung* eines Optimierungsproblems. Sie bilden zusammen das *Modell* des Planungsproblemes.

Wir werden uns im nächsten Abschnitt näher mit dem Begriff des Modells auseinandersetzen, der von zentraler Bedeutung für das Gebiet der Optimierung ist.

I.6 Modell

Ein *Modell* ist eine *Abstraktion der Realität* und bildet das Planungsproblem in seinen wesentlichen Aspekten korrekt ab. Was dabei die wesentlichen Aspekte sind, hängt von der Fragestellung und Zielsetzung der Anwendung ab und kann nicht generell beantwortet werden. Ein Modell muß auch validiert werden, bevor es im Zusammenhang mit einer produktiven Anwendung eingesetzt werden kann. Die *Validierung* stellt sicher, daß das Modell mit hinreichender Genauigkeit die Realität des Problemes wiedergibt.

Wichtig ist, daß ein Modell immer nur *eine* Abstraktion der Realität ist und niemals die einzig mögliche. Ein Modell ist also nicht eindeutig und es kann mehrere korrekte Modelle des gleichen zugrundeliegenden Planungsproblemes geben. Diese Erkenntnis ist sehr wichtig, da die Struktur des gewählten Modells von erheblicher Bedeutung sein kann, wenn es um die numerische Behandlung mittels *Optimierungsmethoden* geht. Im Extremfall kann ein korrektes aber ungünstig gewähltes Modell den produktiven Einsatz von Methoden der Optimierung verhindern, da der Einsatz unwirtschaftlich wäre. Es ist daher von großer Wichtigkeit, das geeignete Modell zu haben, das problemgerecht ist und mit den vorhandenen Methoden (algorithmisch und bezüglich vorhandener Software) wirtschaftlich bearbeitet werden kann.

In gewisser Weise ist die Erstellung guter Modelle noch eine Kunst und weniger eine Wissenschaft, da man das *Abstraktionsvermögen* und die Kreativität des Modellbildners einerseits und die Verbindung mit den Implikationen *algorithmischer* und *rechentechnischer* Art andererseits noch nicht automatisieren kann. Eventuell können in der Zukunft Methoden der künstlichen Intelligenz (Expertensysteme) helfen, die Modellbildung auch direkt von der *Anwendungssoftware* heraus zu unterstützen.

Hieraus folgt, daß ein Modellbildner sowohl eine ausreichende Kenntnis des praktischen Problemes mit dem betrieblichen Umfeld haben muß als auch über eine gute Kenntnis der Fähigkeiten und Grenzen der vorhandenen Algorithmen und Software verfügen muß.

Unter Umständen läßt sich ein etwaiger Mangel an einem geeigneten Modellbildner durch Unterstützung von externen Beratern überwinden. Es darf jedoch nicht übersehen werden, daß ein Modell für eine produktive Anwendung der Optimierung nichts Statisches ist, sondern einer periodischen *Revision* bedarf, um sicherzustellen, daß das Modell auch bei einer unter Umständen geänderten internen oder externen Umgebung noch gültig ist. Anderenfalls droht die Gefahr, daß das Modell zwar zu einer Optimallösung führt, diese aber wegen der Ungültigkeit des Modells nicht dem zugrundeliegenden Planungsproblem gerecht wird und daher entweder ungültig oder aber nicht-optimal ist.

Während im ersten Fall die Chance einer Entdeckung groß ist, ist sie im anderen Fall sehr gering, da man die Nicht-Optimalität einer Lösung mit vielen Variablen nur schwerlich zu erkennen vermag. Ein Modell besteht immer aus einer formalen Beschreibung des Planungsproblemes. Wir haben im vorangegangenen Abschnitt ein kleines Modell gesehen, das aus einer Zielfunktion, einer Reihe von Variablen und Nebenbedingungen bestand. Die Nebenbedingungen legten den Lösungsraum fest. Diesen Lösungsraum kann man sich als *Punktmenge* vorstellen, wobei jeder Punkt eine *zulässige*, das heißt mit den Nebenbedingungen verträgliche Lösung darstellt. Dieser Lösungsraum ist eingebettet in einen Raum der soviele Dimensionen hat, wie Variablen im Modell auftreten. In unserem Beispiel der Minimierung der Produktionskosten im letzten Kapitel, hatten wir drei Variablen. Der Lösungsraum ist also eine Punktmenge im dreidimensionalen Raum. Wir haben die Koordinatenachsen x_1, x_2 und x_3 und der Lösungsraum besteht aus den drei Punkten $(1, 0, 0)$, $(0, 1, 0)$ und $(0, 0, 1)$.

Die Charakteristik des Lösungsraumes ist von großer Bedeutung für die tatsächliche Lösung des Optimierungsproblems.

Diese Feststellung wird besser verständlich, wenn wir in den nächsten Abschnitten mehr über *Mathematische Programme* und deren Lösbarkeit erfahren.

I.7 Mathematische Programmierung (MP)

Unter *Mathematischer Programmierung* versteht man eine Disziplin des Operations Research, die sich um die Bereitstellung von Algorithmen zur Lösung von Optimierungsproblemen und deren Anwendung bemüht, die wie folgt strukturiert sind:

$$
\begin{aligned}
\text{Min!/Max!} \quad & f(x_1, x_2, \ldots, x_n) \\
\text{wobei} \quad & g_1(x_1, x_2, \ldots, x_n) \leqq 0 \\
& g_2(x_1, x_2, \ldots, x_n) \leqq 0 \\
& \cdots\cdots\cdots\cdots \\
& g_m(x_1, x_2, \ldots, x_n) \leqq 0 \\
& x_1, \ldots, x_k \qquad \geqq 0 \text{ ganzzahlig} \\
& x_{k+1}, \ldots, x_n \qquad \geqq 0 \text{ reell}
\end{aligned}
$$

Hierbei ist $f(x_1, x_2, \ldots, x_n)$ eine beliebige (reellwertige) *Funktion* der n *Variablen* $x_1, \ldots, x_n$. Genauso sind $g_1, \ldots, g_m$ beliebige (reellwertige) Funktionen von $x_1, \ldots, x_n$.

Falls $k = 0$ spricht man von einem *kontinuierlichen Programm*, falls $1 \leqq k \leqq n - 1$ spricht man von einem *gemischt-ganzzahligen Programm* und falls $k = n$ spricht man von einem *rein-ganzzahligen Programm*.

Gelingt die Abbildung eines Planungsproblemes auf eine solche Modell-Struktur, so hat man das Planungsprogramm auf ein *Mathematisches Programm* zurückgeführt. Dabei ist n die Anzahl der Variablen und m die Anzahl der Nebenbedingungen (ohne Berücksichtigung der beiden letzten Gruppen von Bedingungen über die Nicht-Negativität der Variablen und ihren zahlenmässigen Charakter (reell oder ganzzahlig)).

Wenn n und m große Zahlen sind und außerdem noch die Funktionen $f, g_1, \ldots, g_m$ komplizierte (nichtlineare) Funktionen sind, ist mit der Rückführung eines praktischen Problemes auf ein solches Mathematisches Programm unter Umständen zunächst noch nicht sehr viel gewonnen. Es ist nämlich nicht selbstverständlich, daß in jedem Fall ein wirksamer *Algorithmus* existiert und eine geeignete *Software*, die dieses Verfahren auch unterstützt. Dabei wird die Wirksamkeit eines Algorithmus an der *wirtschaftlichen Einsetzbarkeit* auf Probleme von praktischer Größenordnung gemessen.

Abhängig davon, ob die Funktionen f und $g_1, \ldots, g_m$ *linear* oder *nichtlinear* sind und die Variablen *kontinuierliche* oder *ganzzahlige* Werte annehmen können, unterscheidet man verschiedene Modellvarianten von Mathematischen Programmen, von denen wir einige wichtige Klassen in den folgenden Abschnitten besprechen.

I.8 Lineare Programmierung (LP)

Ein Teilgebiet der Mathematischen Programmierung ist die *Lineare Programmierung*. Hierbei ist die Modellstruktur mit der bei der Mathematischen Programmierung identisch, es sind lediglich alle involvierten Funktionen, die Zielfunktion f und die Nebenbedingungsfunktionen $g_1, \ldots, g_m$ lineare Funktionen. Daher läßt sich das allgemeine LP-Modell wie folgt darstellen:

$$\text{Min!/Max!} \quad c_1 x_1 + c_2 x_2 + c_3 x_3 + \cdots + c_n x_n$$
$$\text{wobei}$$
$$a_{11} x_1 + a_{12} x_2 + a_{13} x_3 + \cdots + a_{1n} x_n \leqq b_1$$
$$a_{21} x_1 + a_{22} x_2 + a_{23} x_3 + \cdots + a_{2n} x_n \leqq b_2$$
$$a_{31} x_1 + a_{32} x_2 + a_{33} x_3 + \cdots + a_{3n} x_n \leqq b_3$$
$$\cdots \cdots \cdots \cdots \cdots \cdots \cdots \cdots \cdots \cdots \cdots \cdots \cdots$$
$$a_{m1} x_1 + a_{m2} x_2 + a_{m3} x_3 + \cdots + a_{mn} x_n \leqq b_m$$
$$x_1, \ldots, x_n \geqq 0 \text{ reell}$$

Man beachte, daß keine Forderungen nach Ganzzahligkeit von Variablen auftreten. Falls Ganzzahligkeitsforderungen vorhanden sind, spricht man von gemischt-ganzzahligen oder rein-ganzzahligen Modellen, siehe Abschnitt I.10 und I.12.

Alle Modelle aus Abschnitt I.8 sind lineare Programme. *Eingabedaten* für ein *LP-Modell* sind die *Koeffizienten der Zielfunktion* $c_1, \ldots, c_n$ sowie die sogenannten rechten Seiten $b_1, \ldots, b_m$ und die *Koeffizientenmatrix* $A = (a_{ij})$, $i = 1, \ldots, m$ und $j = 1, \ldots, n$.

Man stellt ein LP-Modell meist nicht in obiger Form als Zielfunktion und Ungleichungssystem dar, sondern benutzt häufig die folgende Darstellung des Modells:

Spalten:	x_1	x_2	x_3	$\cdots$	x_n	NT	RHS
Zeilen:							
Z	c_1	c_2	c_3	$\cdots$	c_n		
N1	a_{11}	a_{12}	a_{13}	$\cdots$	a_{1n}	*)	b_1
N2	a_{21}	a_{22}	a_{23}	$\cdots$	a_{2n}	*)	b_2
N3	a_{31}	a_{32}	a_{33}	$\cdots$	a_{3n}	*)	b_3
$\cdots$							
Nm	a_{m1}	a_{m2}	a_{m3}	$\cdots$	a_{mn}	*)	b_m
obere-Schranke	o_{x1}	o_{x2}	o_{x3}	$\cdots$	o_{xn}		
untere-Schranke	u_{x1}	u_{x2}	u_{x3}	$\cdots$	u_{xn}		

*) ist der Typ der Nebenbedingung (NT) also $\leqq$, $=$, oder $\geqq$.

Es gilt für alle x_j die Doppel-Ungleichung $u_{xj} \leqq x_j \leqq o_{xj}$, für $j = 1, \ldots, n$. Eine solche Bedingung repräsentiert zwei lineare Nebenbedingungen derselben Form wie im allgemeinen LP-Modell oben angegeben. Es ist jedoch üblich, solche Bedingungen gesondert anzugeben.

Damit kann man dann ein LP-Modell symbolisch wie in Abb. 3 darstellen. Häufiger haben LP-Modelle eine bestimmte Struktur. Man spricht dann auch von *strukturierten LP-Modellen* (Engl.: Structured LP-Models). Diese Strukturen resultieren aus den Werten der Koeffizienten in der Matrix: a_{ij} ($i = 1, \ldots, m$ und $j = 1, \ldots, n$). Ist ein solcher Koeffizient aufgrund der besonderen Anwendung gleich Null, so heißt die Matrix-Position "unbesetzt", sonst heißt sie "besetzt".

Gibt man prinzipiell nur besetzte Stellen an, so ergeben sich dann besondere Strukturen von LP-Modellen. Eine häufiger auftretende Struktur ist in Abb. 4 dargestellt.

Eine solche Struktur kann zum Beipiel bei bestimmten Prduktionsplanungs-modellen entstehen, bei denen es sich um mehrere Fabriken (Engl.: Multi-Plant Models), mehrere Produkte (Engl.: Multi-Product Models) oder auch mehrere betrachtete Perioden (Engl.: Multi-Period Models) handelt.

Eine Reihe von Strukturen, die in der Praxis vorkommen, finden sich in einer Arbeit von G. B. Dantzig, VIII.1.2–69.

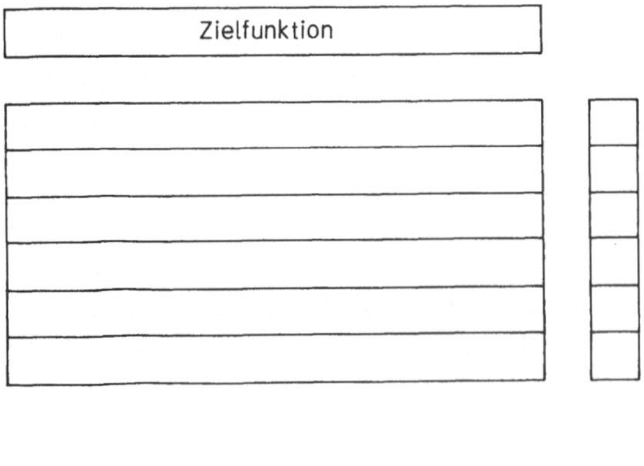

Abb. 3. Symbolische Darstellung eines LP-Modells

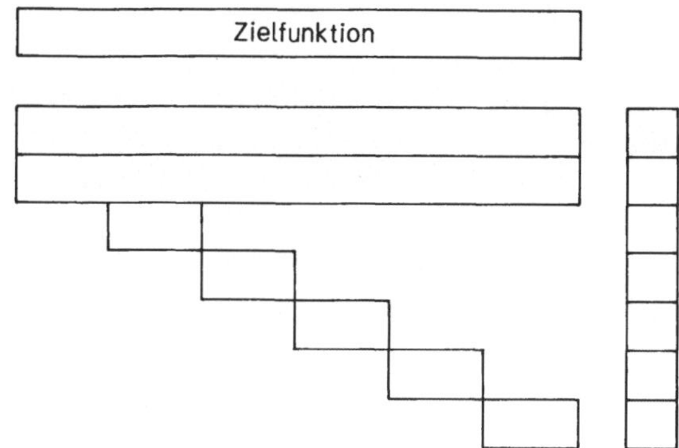

Abb. 4. Strukturiertes LP-Modell

Außer der Struktur eines LP-Modells ist die Frage nach dem Grad der Besetztheit der Koeffizientenmatrix $A = (a_{ij})$, $i = 1,\ldots,m$ und $j = 1,\ldots,n$, von besonderem Interesse. *Dünnbesetzte Matrizen* (Engl.: Sparse Matrices) führen zu sogenannten dünnbesetzten Problemen (Engl.: Sparse Problems) während *dichtbesetzte Matrizen* (Engl.: Dense Matrices) zu dichtbesetzten Problemen (Engl.: Dense Problems) führen. Praktische Probleme führen mit wachsender Größe zu Matrizen die in zunehmendem Maße dünnbesetzt sind. Für große LP-Modelle ist die Dichte (Engl.: Density), also das Verhältnis der besetzten Stellen zu der Anzahl aller Stellen mn, geringer als 1%. Die Anzahl der besetzten Stellen in einer Spalte der Koeffizientenmatrix ist typischerweise, unabhängig von der Modellgröße, kleiner als 10.

Ein LP-Modell kann bei der Suche nach einer Optimallösung zu drei verschiedenen Situationen führen:

—Es existiert ein *endliches* Optimum (Engl.: Finite Optimum)
—Das Optimum ist *unbeschränkt* (Engl.: Unbounded Solution)
—Es existiert *keine zulässige* Lösung (Engl.: Infeasible)

Der für die Praxis sinnvolle Fall ist der erste. Hier ist der Lösungsraum beschränkt und stellt eine nicht-leere *Punktmenge* dar. Im zweiten Fall ist der Lösungsraum unbeschränkt. Im dritten Fall ist der Lösungsraum die leere Punktmenge.

Wir betrachten für die beiden letzten Fälle zwei Beispiele, an Hand derer der Leser sich die jeweilige Situation verdeutlichen kann.

$$
\begin{array}{lll}
\text{Max!} & x_1 + x_2 & \\
\text{wobei} & -2x_1 + x_2 \leqq 2 & \\
& -x_1 + x_2 \geqq 1 & \text{(I)} \\
& x_1, x_2 \geqq 0 &
\end{array}
\qquad
\begin{array}{lll}
\text{Max!} & x_1 + x_2 & \\
\text{wobei} & -2x_1 + x_2 \geqq 2 & \\
& -x_1 + x_2 \leqq 1 & \text{(II)} \\
& x_1, x_2 \geqq 0 &
\end{array}
$$

Der Lösungsraum im Beispiel (I) ist unbeschränkt, der Lösungsraum im Beispiel (II) ist leer.

In der Praxis führen LP-Modelle auf die Fälle 2 oder 3 lediglich bei fehlerhaften Modellen.

Für lineare Programme existieren sehr *effektive Algorithmen*, so daß es mit den heute verfügbaren leistungsfähigen DV-Systemen kein Problem ist, auch umfangreiche LP-Modelle in kurzer Zeit zu lösen. Hierbei können Modelle mit tausenden (ja zig-tausenden) von Variablen und tausenden (ja zig-tausenden) von Nebenbedingungen gelöst werden. Ein wichtiges Kriterium für den zu erwartenden Rechenaufwand ist die Dichte der Koeffizientenmatrix.

Das am weitesten verbreitete Verfahren zur Lösung von linearen Programmen ist die *Simplex-Methode*, die bereits 1947 von George B. Dantzig entwickelt wurde und später noch vielfältig verfeinert wurde. Sie ist heute die Basis aller kommerziell verfügbaren Software zur Lösung von LP-Modellen.

Einzelheiten über die Simplex-Methode und andere Verfahren werden in Kapitel V. vermittelt.

Für strukturierte LP-Modelle existieren sogenannte Dekompositionsverfahren. Hierzu siehe den Dekompositions-Algorithmus von G. B. Dantzig und P. Wolfe, der zum Beispiel in G. B. Dantzig, VIII.1.2–01 oder 05 beschrieben ist und in VIII.1.2–51 ursprünglich veröffentlicht wurde. Einfache Strukturen führen auf sogenannte *Netzwerk Probleme* (Eng.: Network Problems), die es gestatten, besonders leistungsfähige Verfahren zu verwenden. Hierzu siehe Abschnitt I.15.

Zu jedem LP-Problem gehört ein sogenanntes *duales Problem*. Betrachten wir unser allgemeines LP-Modell und unterstellen Maximierung als Zielsetzung, dann ist folgendes Modell das dazu duale Problem:

$$
\begin{aligned}
\text{Min!} \quad & b_1 u_1 + b_2 u_2 + b_3 u_3 + \cdots + b_m u_m \\
\text{wobei} \quad & a_{11} u_1 + a_{21} u_2 + a_{31} u_3 + \cdots + a_{m1} u_m \geqq c_1 \\
& a_{12} u_1 + a_{22} u_2 + a_{32} u_3 + \cdots + a_{m2} u_m \geqq c_2 \\
& a_{13} u_1 + a_{23} u_2 + a_{33} u_3 + \cdots + a_{m3} u_m \geqq c_3 \\
& \cdots\cdots\cdots\cdots\cdots\cdots\cdots\cdots\cdots\cdots\cdots\cdots\cdots \\
& a_{1n} u_1 + a_{2n} u_2 + a_{3n} u_3 + \cdots + a_{mn} u_m \geqq c_n \\
& \qquad\qquad\qquad\qquad\qquad\quad u_1, \ldots, u_m \geqq 0 \quad \text{reell}
\end{aligned}
$$

Ein Maximierungsproblem hat als duales Problem ein Minimierungsproblem. Das duale Programm hat soviel Variable, wie das ursprüngliche oder sogenannte *primale* Problem Nebenbedingungen hat. Die rechten Seiten übernehmen die Rolle der Zielfunktionskoeffizienten und umgekehrt. Die Koeffizientenmatrix des dualen Problems ist die transponierte Matrix des primalen Problems.

Es gibt nun vielfältige Beziehungen zwischen den Lösungen des primalen und des dualen Problems. Der Wert der Zielfunktion ist in der Optimallösung für das primale und das duale Problem gleich, falls das primale Problem eine endliche Lösung hat.

Werden Nebenbedingungen des primalen Problems in der Optimallösung mit Gleichheit erfüllt, so sind die entsprechenden dualen Variablen in der Optimallösung positiv. Entsprechend sind die dualen Variablen im Optimum gleich Null, die Nebenbedingungen des primalen Problems entsprechen, welche im Optimum nicht mit Gleichheit erfüllt sind. Die Werte der u_i im Optimum des dualen Problems, werden auch als Schattenpreise bezeichnet. Sie geben den Zuwachs der Zielfunktion im Optimum des primalen Problems an, der sich ergibt, wenn entsprechende rechte Seiten von mit Gleichheit erfüllten Nebenbedingungen, um eine Einheit erhöht werden.

I.9 Beispiele mit LP-Modellen

Transportplanung

Wir betrachten einige kleine Beispiele und beginnen mit einem *Transportproblem*.

Es seien drei Werke gegeben, die Beton herstellen und vier Abnehmer, die einen bekannten Bedarf/Woche an Beton haben. Die Werke haben bestimmte Herstellungskapazitäten/Woche.

Außer dem Bedarf und der Herstellungskapazität sind Transportkosten von jedem Werk zu jedem Abnehmer bekannt.

Folgende Daten sind gegeben:

Herstellungskapazitäten/Woche in Tonnen

Werk 1:   40 Tonnen
Werk 2:   100 Tonnen
Werk 3:   120 Tonnen   Gesamtkapazität: 260 Tonnen/Woche

Bedarf/Woche in Tonnen

Abnehmer 1:   50 Tonnen
Abnehmer 2:   60 Tonnen
Abnehmer 3:   45 Tonnen
Abnehmer 4:   105 Tonnen   Gesamtbedarf: 260 Tonnen/Woche

Transportkosten DM/Tonne

Werke	Abnehmer			
	1	2	3	4
1	4	9	10	16
2	10	7	18	8
3	9	20	14	20

Wir wollen dieses Problem nun als Modell formulieren, wobei die Zielsetzung die Minimierung der *Transportkosten* sei. Der Bedarf der Abnehmer muß befriedigt werden und es kann nicht mehr von den Werken zu den Abnehmern transportiert werden, als in den Werken jeweils herstellbar ist.

Wir führen Variable ein, die wir mit $W_i A_k$, $i = 1, 2, 3$ und $k = 1, 2, 3, 4$, bezeichnen. Damit haben wir 12 Variable, wobei $W_i A_k$ die Menge in Tonnen bedeuten soll, die von Werk i nach Abnehmer k transportiert wird.

Die Variablen W_iA_k sind zu bestimmen.
Als Zielfunktion ergibt sich:

$$\text{Min!} \quad K = \ 4W_1A_1 + \ 9W_1A_2 + 10W_1A_3 + 16W_1A_4 +$$
$$10W_2A_1 + \ 7W_2A_2 + 18W_2A_3 + \ 8W_2A_4 +$$
$$9W_3A_1 + 20W_3A_2 + 14W_3A_3 + 20W_3A_4$$

Folgende Nebenbedingungen bestehen:

$$W_1A_1 + W_1A_2 + W_1A_3 + W_1A_4 \ \leqq \ \ 40$$
$$\text{(I)} \quad W_2A_1 + W_2A_2 + W_2A_3 + W_2A_4 \ \leqq 100$$
$$W_3A_1 + W_3A_2 + W_3A_3 + W_3A_4 \ \leqq 120$$

$$W_1A_1 + W_2A_1 + W_3A_1 \ = \ \ 50$$
$$W_1A_2 + W_2A_2 + W_3A_2 \ = \ \ 60$$
$$\text{(II)} \quad W_1A_3 + W_2A_3 + W_3A_3 \ = \ \ 45$$
$$W_1A_4 + W_2A_4 + W_3A_4 \ = 105$$

$$\text{(III)} \quad \text{Für} = 1,2,3 \text{ und } k = 1,2,3,4 \quad W_iA_k \geqq 0$$

Die Nebenbedingungen (I) stellen sicher, daß die Werke kapazitiv nicht überfordert werden. Die Nebenbedingungen (II) bedeuten, daß jeder Abnehmer genau bedarfsgerecht beliefert wird. Schließlich sind die Nebenbedingungen (III) *Nichtnegativitätsbedingungen*, die sicherstellen, daß alle Variablen positiv oder höchstens Null sind. Negative Transportmengen sind ja nicht sinnvoll.

Bevor wir eine Optimallösung für dieses Planungsproblem angeben, wollen wir *heuristisch* versuchen, eine günstige Lösung zu ermitteln.

Man betrachtet zum Beispiel die Transportkosten-Matrix und ermittelt die gerinsten Kosten/Tonne. Das ist hier für den Transport von Werk 1 zum Abnehmer 1 der Fall, 4 DM/Tonne. Werk 1 kann 40 Tonnen herstellen. Abnehmer 1 benötigt jedoch 50 Tonnen. Man ordnet nun 40 Tonnen von Werk 1 dem Abnehmer 1 zu und merkt sich, daß noch 10 Tonnen benötigt werden und Werk 1 keine zusätzlichen Mengen mehr liefern kann.

Dann geht man zu dem nächstgünstigsten Kostenwert über, das ist für Werk 2 und Abnehmer 2 der Fall, 7 DM/Tonne. Man verfährt wie oben und merkt sich immer den Status der Auslastung der Werke und der Bedarfsbefriedigung der Abnehmer. Auf diese Weise fährt man fort, bis alle Bedarfsmengen erfüllt sind und erhält als heuristisch ermittelte Lösung:

$$W_1A_1 = 40\,\text{t}$$
$$W_1A_2 = \ \ 0\,\text{t}$$
$$W_1A_3 = \ \ 0\,\text{t}$$
$$W_1A_4 = \ \ 0\,\text{t}$$
$$W_2A_1 = \ \ 0\,\text{t}$$
$$W_2A_2 = 60\,\text{t}$$
$$W_2A_3 = \ \ 0\,\text{t}$$
$$W_2A_4 = 40\,\text{t}$$
$$W_3A_1 = 10\,\text{t}$$

$$W_3 A_2 = 0\,t$$
$$W_3 A_3 = 45\,t$$
$$W_3 A_4 = 65\,t$$
$$\text{Kosten} = 2920\,\text{DM}$$

Eine *Optimallösung* ergibt sich durch Verwendung geeigneter Methoden, die wir später im Abschnitt V.1 erklären werden, zu:

$$W_1 A_1 = 0\,t$$
$$W_1 A_2 = 40\,t$$
$$W_1 A_3 = 0\,t$$
$$W_1 A_4 = 0\,t$$
$$W_2 A_1 = 0\,t$$
$$W_2 A_2 = 20\,t$$
$$W_2 A_3 = 0\,t$$
$$W_2 A_4 = 80\,t$$
$$W_3 A_1 = 50\,t$$
$$W_3 A_2 = 0\,t$$
$$W_3 A_3 = 45\,t$$
$$W_3 A_4 = 25\,t$$
$$\text{Kosten} = 2720\,\text{DM}$$

Mischungsplanung

Ein weiteres Beispiel behandelt ein *Mischungsproblem*. Dieses Beispiel wurde in seinen wesentlichen Zügen der Referenz X-195 entnommen. Hierbei soll eine Aluminium-Legierung mit bestimmten Qualitätsmerkmalen hergestellt werden. Insgesamt sollen 2000 Kilogramm Legierung produziert werden und folgende chemischen Bedingungen erfüllt werden:

Chemikalie		Legierungsanteil höchstens	Legierungsanteil mindestens
Eisen	(Fe)	60	
Kupfer	(Cu)	100	
Mangan	(Mn)	40	
Magnesium	(Mg)	30	
Aluminium	(Al)		1500
Silizium	(Si)		250

Zur Herstellung der Legierung können Altmetalle verwendet werden, die am Lager in fünf verschiedenen Varianten vorhanden sind (in Lagerorten BIN1, BIN2, BIN3, BIN4 und BIN5). Die Altmetalle sind in bestimmter Menge am Lager verfügbar und müssen teilweise in bestimmten Mindestmengen in der Legierung zum Einsatz kommen:

Lagerort	Lagerbestand (kg)	Zu verw. Mindestgewicht (kg)
BIN1	200	—
BIN2	750	—
BIN3	800	400
BIN4	700	100
BIN5	1500	—

Außer den Altmetallen kann auch industrie-reines (97%) Aluminium und Silizium verwendet werden. Diese Stoffe sind nicht am Lager und müssen daher gegebenenfalls beschafft werden.

Die chemische Zusammensetzung der *Rohmaterialien* ist wie folgt:

Chemikalie	Rohmaterialien						
	BIN1	BIN2	BIN3	BIN4	BIN5	ALUM.	SILIZIUM
Eisen (Fe)	.15	.04	.02	.04	.02	.01	.03
Kupfer (Cu)	.03	.05	.08	.02	.06	.01	
Mangan (Mn)	.02	.04	.01	.02	.02		
Magn. (Mg)	.02	.03			.01		
Alum. (Al)	.70	.75	.80	.75	.80	.97	
Siliz. (Si)	.02	.06	.08	.12	.02	.01	.97

Die *Preise* der Rohmaterialien sind wie folgt:

Rohmaterial	DM/kg
BIN1	.03
BIN2	.08
BIN3	.17
BIN4	.12
BIN5	.15
Aluminium (rein)	.21
Silizium (rein)	.38

Die Zielsetzung ist die Minimierung der Kosten der Legierung unter Einhaltung der folgenden Nebenbedingungen:

—Einhaltung der chemischen Qualitätsanforderungen
—Gewicht der Legierung = 2000 Kilogramm
—Einhaltung der Mindestmengen für Rohstoffe BIN3 und BIN4

Jetzt können wir das Modell für das Mischungsproblem formulieren. Wir bezeichnen der Einfachheit halber die gesuchten Gewichte für die einzusetzenden Rohstoffe mit BIN1, BIN2, BIN3, BIN4, BIN5, ALUM und SILI. Das Modell kann folgendermaßen formuliert werden:

	BIN1	BIN2	BIN3	BIN4	BIN5	ALUM	SILI	
Min!	.03	.08	.17	.12	.15	.21	.38	
wobei								
Fe	.15	.04	.02	.04	.02	.01	.03	≤ 60
'Cu	.03	.05	.08	.02	.06	.01		≤ 100
Mn	.02	.04	.01	.02	.02			≤ 40
Mg	.02	.03			.01			≤ 30
Al	.70	.75	.80	.75	.80	.97		≥ 1500
Si1	.02	.06	.08	.12	.02	.01	.97	≤ 300
Si2	.02	.06	.08	.12	.02	.01	.97	≥ 250
	≥ 0	0	400	100	0	0	0	Untere Schranken
	≤ 200	750	800	700	1500			Obere

Hierbei ist das Modell bereits wie üblich nicht in Form von Ungleichungen sondern als *Tableau* angeschrieben. So entspricht die mit "Fe" bezeichnete Zeile der Ungleichung

$$.15\text{BIN1} + .04\text{BIN2} + .02\text{BIN3} + .04\text{BIN4} + .02\text{BIN5} +$$

$$.01\text{ALUM} + .03\text{SILI} \leq 60$$

Entsprechend ist die Zielfunktion zu interpretieren (erste Zeile mit dem Hinweis Min! = Minimiere!). Die beiden letzten Zeilen geben untere und obere *Schranken* für die als Spalten angegebenen Variablen an, zum Beispiel gilt für die Variable BIN4: $100 \leq \text{BIN4} \leq 700$.

Unter Einsatz eines geeigneten Optimierungsverfahrens, erhält man die Optimallösung:

$$\text{Kosten der Legierung} = 296.21661$$
$$\text{BIN1} = 0$$
$$\text{BIN2} = 665.34296$$
$$\text{BIN3} = 490.25271$$
$$\text{BIN4} = 424.18773$$
$$\text{BIN5} = 0$$
$$\text{ALUM} = 299.63899$$
$$\text{SILI} = 120.57762$$

Der Leser möge sich bemühen, eine günstige Lösung durch heuristische Überlegungen zu bestimmen und die Kosten für die Legierung mit den optimalen Kosten vergleichen.

I.10 Rein-ganzzahlige Lineare Programmierung (PIP)

Rein-ganzzahlige lineare Programme haben die gleiche Struktur wie lineare Programme, die involvierten Variablen müssen jedoch ganzzahlige Werte in der Optimallösung haben. Man bezeichnet rein-ganzzahlige lineare Modelle auch als *PIP-Modelle* (Engl.: Pure-Integer-Programs). Diese Modelle haben folgenden Aufbau:

$$
\begin{aligned}
\text{Min!/Max!}\quad & c_1x_1 + c_2x_2 + c_3x_3 + \cdots + c_nx_n \\
\text{wobei}\quad & a_{11}x_1 + a_{12}x_2 + a_{13}x_3 + \cdots + a_{1n}x_n \leqq b_1 \\
& a_{21}x_1 + a_{22}x_2 + a_{23}x_3 + \cdots + a_{2n}x_n \leqq b_2 \\
& a_{21}x_1 + a_{22}x_2 + a_{23}x_3 + \cdots + a_{2n}x_n \leqq b_3 \\
& \,\cdot\,\cdot\,\cdot\,\cdot\,\cdot\,\cdot\,\cdot\,\cdot\,\cdot\,\cdot\,\cdot\,\cdot\,\cdot\,\cdot\,\cdot\,\cdot\,\cdot \\
& a_{m1}x_1 + a_{m2}x_2 + a_{m3}x_3 + \cdots + a_{mn}x_n \leqq b_m \\
& x_1 \text{ ganzzahlig und } 0 \leqq u_{x1} \leqq x_1 \leqq o_{x1} \\
& x_2 \text{ ganzzahlig und } 0 \leqq u_{x2} \leqq x_2 \leqq o_{x2} \\
& x_3 \text{ ganzzahlig und } 0 \leqq u_{x3} \leqq x_3 \leqq o_{x3} \\
& \,\cdot\,\cdot\,\cdot\,\cdot\,\cdot\,\cdot\,\cdot\,\cdot\,\cdot\,\cdot\,\cdot\,\cdot\,\cdot\,\cdot\,\cdot\,\cdot\,\cdot \\
& x_n \text{ ganzzahlig und } 0 \leqq u_{xn} \leqq x_n \leqq o_{xn}
\end{aligned}
$$

Dabei sind $u_{x1}, \ldots, u_{xn}$ untere Schranken der *ganzzahligen Variablen* $x_1, \ldots, x_n$ respektive. Entsprechend sind $o_{x1}, \ldots, o_{xn}$ obere Schranken der ganzzahligen Variablen $x_1, \ldots, x_n$.

Ganzzahlige Variable nennt man auch *diskrete Variable* im Gegensatz zu *kontinuierlichen Variablen*, falls beliebige reelle Zahlen zugelassen sind.

Insgesamt ist die Anzahl der zulässigen Lösungen maximal $(o_{x1} - u_{x1} + 1)$ $(o_{x2} - u_{x2} + 1) \cdots (o_{xn} - u_{xn} + 1)$.

Häufig haben rein-ganzzahlige Modelle ganzzahlige Variable mit $u_{xj} = 0$ und $o_{xj} = 1$ für alle $j = 1, \ldots, n$. Die Variablen können also nur die Werte 0 oder 1 annehmen. Solche Variablen nennt man auch *"Entscheidungsvariable"*, *0/1-Variablen* oder *binäre Variablen*.

Bei 0/1-Variablen ist die maximale Anzahl der zulässigen Lösungen 2^n.

Es gibt eine Reihe von Algorithmen zur numerischen Behandlung von reinganzzahligen Modellen. Eine davon ist die *Branch-and-Bound Methode*. Einzelheiten über die Branch-and-Bound Methode und andere Verfahren zur Lösung von rein-ganzzahligen Modellen werden in Kapitel V. erklärt. Es folgen an dieser Stelle eine Reihe von Bemerkungen bezüglich der Verwendung diskreter und ganzzahliger Variabler in Linearen Programmen. Diese Aussagen gelten auch für MIP-Modelle (siehe Abschnitt I.12).

—Jede diskrete Variable kann durch eine Reihe von 0/1-Variablen ersetzt werden.
Sei x eine diskrete Variable, die die Werte $d_1, \ldots, d_r$ annehmen kann, so ersetzt man x durch r 0/1-Variable $x_1, \ldots, x_r$ und fordert:

$$
\begin{aligned}
d_1x_1 + d_2x_2 + \cdots + d_rx_r &= x \\
x_1 + x_2 + \cdots + x_r &= 1
\end{aligned}
$$

$x_1, \ldots, x_r$ sind 0/1-Variable

—Jedes 0/1-Programm kann in ein nichtlineares Programm ohne Ganzzahligkeitsforderungen überführt werden. Falls x eine 0/1-Variable ist, fordert man einfach $x = x^2$.

—Jede ganzzahlige Variable kann durch eine Reihe von 0/1-Variablen ersetzt werden, falls eine obere Schranke definiert werden kann. Sei x ganzzahlige Variable und $0 \leqq x \leqq s$. Sei p die kleinste nichtnegative ganze Zahl für die die

Bedingung $s \leqq 2^p$ gilt. Dann kann x durch $p + 1$ 0/1-Variablen ersetzt werden:

$$x = x_0 + 2x_1 + 2^2 x_2 + \cdots + 2^p x_p.$$

—Der Optimalwert der Zielfunktion eines LP-Modells mit Ganzzahligkeitsforderungen kann (im Falle der Maximierung) nicht größer sein als der Optimalwert desselben Modells ohne Ganzzahligkeitsforderungen. Diese Ausage folgt unmittelbar aus der Tatsache, daß Ganzzahligkeitsforderungen den zulässigen Lösungsraum einschränken.

Problematik des Rundens

Wegen der rechentechnischen Implikationen ganzzahliger Variabler, ist man versucht, kontinuierliche Variablen statt ganzzahliger Variabler zu betrachten und in der Optimallösung *Rundungen* an den numerischen Werten der Variablen vorzunehmen, um die Ganzzahligkeit zu erreichen.

Dabei ist folgendes zu bedenken:

Grundsätzlich ist das Runden nur sinnvoll, wenn die Werte der an sich ganzzahligen Variablen hinreichend groß sind ($\geqq 10$).

Runden kann jedoch ohne Verletzung der Nebenbedingungen unter Umständen nicht möglich sein.

Beispiel:

$$
\begin{aligned}
\text{Max!} \quad & 2x_1 + x_2 \\
\text{wobei} \quad & -2x_1 + 15x_2 \leqq 60 \\
& 10x_1 - 9x_2 \leqq 30 \\
& x_1 \text{ und } x_2 \text{ ganzzahlig } \geqq 0
\end{aligned}
$$

Die Optimallösung ergibt sich zu $x_1 = 7.5$ und $x_2 = 5$. Weder $x_1 = 7$, $x_2 = 5$ noch $x_1 = 8$, $x_2 = 5$ ist eine zulässige Lösung. Eine optimale ganzzahlige Lösung ist $x_1 = 6$, $x_2 = 4$.

Selbst wenn die gerundete Lösung zulässig ist, wird sie oft nicht optimal sein.

Beispiel:

$$
\begin{aligned}
\text{Max!} \quad & 3x_1 + 22x_2 \\
\text{wobei} \quad & 2x_1 + 15x_2 \leqq 90 \\
& 10x_1 - 9x_2 \leqq 30 \\
& x_1 \text{ und } x_2 \text{ ganzzahlig } \geqq 0
\end{aligned}
$$

Die Optimallösung ist $x_1 = 7.5$ und $x_2 = 5$. Die gerundete Lösung $x_1 = 7$, $x_2 = 5$ ist zulässig, jedoch nicht optimal. Ganzzahlige Optimallösung ist $x_1 = 0$, $x_2 = 6$.

Der Leser möge sich diese beiden Beispiele geometrisch veranschaulichen.

I.11 Beispiele mit PIP-Modellen

Investitionsplanung

Das folgende Problem der optimalen *Investitionsplanung* führt auf ein rein-ganzzahliges Modell.

Es seien n Investitionsvorhaben (IV) geplant (im Folgenden beziehen wir uns mit dem Index k auf das k-te Vorhaben, $k = 1, \ldots, n$).

Folgende Daten sind bekannt:

—r_k der interne Zinsfuß des k-ten IV's
—a_{1k} die Investitionsausgabe (DM) des k-ten IV's
—a_{ik} die Kapazitätsansprüche der k-ten verfügbaren Ressource ($i = 2, \ldots, m$)
—b_i die Ressource–Verfügbarkeiten ($i = 1, \ldots, m$)
   ($b_1 = $ Investitions–Etat)
—c_{jk} Gruppenzuordnung von IV's ($j = 1, \ldots, p$ und $k = 1, \ldots, n$)
   IV's der gleichen Gruppe schließen sich gegenseitig aus
   $c_{jk} = 1$: Vorhaben k ist in Gruppe j
   $c_{jk} = 0$: Vorhaben k ist nicht in Gruppe j

Die Planungsaufgabe besteht in der Bestimmung, welche Investitionsvorhaben durchgeführt werden sollen, so daß alle Ressource–Verfügbarkeiten und alle Ausschließungsbedingungen beachtet werden und die Verzinsung des eingesetzten Kapitals maximiert wird.

Der Leser wird bei diesem Beispiel vergeblich konkrete Werte für die Daten r_k, a_{ik}, b_i und c_{jk} suchen.

Diese allgemeingültige Beschreibung einer Anwendung von PIP-Modellen entspricht der häufig in der Literatur beschriebenen Art, solche Planungsaufgaben und Modelle zu beschreiben. Dabei wird offengelassen, wieviel IV's zu planen sind, wieviel Ressourcen als Engpass-Hilfsmittel berücksichtigt werden müssen und wieviele Gruppen von sich gegenseitig ausschließenden IV's vorhanden sind. Die Größen n, m und p sind noch variabel und treten in der Anwendungsbeschreibung und dem Modell gewissermaßen als Parameter auf, die in jedem konkreten Fall dann natürlich festgelegt sind. Die allgemeingültige Formulierung eines Planungsmodells ohne Benutzung von konkreten Daten ist wesentlich handlicher und erlaubt vor allem die Formulierung der Struktur des Modells ohne die Notwendigkeit, echte Daten zu beschaffen. Für das Studium der Anwendbarkeit der Optimalplanung ist diese Vorgehensweise sehr vorteilhaft, verlangt allerdings eine gewisse Übung im Umgang mit einfachen mathematischen Formulierungen.

Das Modell ist dann wie folgt:

$$\text{Max!} \quad r_1 a_{11} x_1 + r_2 a_{12} x_2 + \cdots r_n a_{1n} x_n$$
wobei

$$
\begin{aligned}
a_{11} x_1 + \ a_{12} x_2 + \cdots + a_{1n} x_n &\leqq b_1 \\
a_{21} x_1 + \ a_{22} x_2 + \cdots + a_{2n} x_n &\leqq b_2 \\
a_{31} x_1 + \ a_{32} x_2 + \cdots + a_{3n} x_n &\leqq b_3 \\
\cdots \cdots \cdots \cdots \cdots \cdots \cdots &
\end{aligned}
$$

$$a_{m1}x_1 + a_{m2}x_2 + \cdots + a_{mn}x_n \leqq b_3$$
$$c_{11}x_1 + c_{12}x_2 + \cdots + c_{1n}x_n \leqq 1$$
$$c_{21}x_1 + c_{22}x_2 + \cdots + c_{2n}x_n \leqq 1$$
$$c_{31}x_1 + c_{32}x_2 + \cdots + c_{3n}x_n \leqq 1$$
$$\cdots \cdots \cdots \cdots \cdots \cdots \cdots$$
$$c_{p1}x_1 + c_{p2}x_2 + \cdots + c_{pn}x_n \leqq 1$$
$$x_1 \text{ ganzzahlig und } 0 \leqq x_1 \leqq 1$$
$$x_2 \text{ ganzzahlig und } 0 \leqq x_2 \leqq 1$$
$$x_3 \text{ ganzzahlig und } 0 \leqq x_3 \leqq 1$$
$$\cdots \cdots \cdots \cdots \cdots \cdots \cdots$$
$$x_n \text{ ganzzahlig und } 0 \leqq x_n \leqq 1$$

Nehmen wir an, daß $n = 30$, $m = 20$ und $p = 10$, so haben wir 30 Projekte, 20 Engpass-Hilfsmittel und 10 Projekt-Gruppen. Unser Modell hat dann 30 0/1-Variable und $m + p = 30$ Nebenbedingungen.

Theoretisch gibt es 2^{30} mögliche Projektauswahlentscheidungen, also etwa 10^9 (1 Milliarde).

I.12 Gemischt-ganzzahlige Lineare Programmierung (MIP)

Gemischt-ganzzahlige lineare Programme haben die gleiche Struktur wie lineare Programme, jedoch sind die Variablen teilweise an ganzzahlige Werte in der Lösung gebunden. Man bezeichnet gemischt-ganzzahlige Modelle auch als *MIP-Modelle* (Engl.: Mixed-Integer-Programs). Diese Modelle haben folgenden Aufbau:

$$\text{Min!/Max!} \quad c_1x_1 + c_2x_2 + c_3x_3 + \cdots + c_nx_n$$

wobei

$$a_{11}x_1 + a_{12}x_2 + a_{13}x_3 + \cdots + a_{1n}x_n \leqq b_1$$
$$a_{21}x_1 + a_{22}x_2 + a_{23}x_3 + \cdots + a_{2n}x_n \leqq b_2$$
$$a_{21}x_1 + a_{22}x_2 + a_{23}x_3 + \cdots + a_{2n}x_n \leqq b_3$$
$$\cdots \cdots \cdots \cdots \cdots \cdots \cdots$$
$$a_{m1}x_1 + a_{m2}x_2 + a_{m3}x_3 + \cdots + a_{mn}x_n \leqq b_m$$
$$x_1 \text{ ganzzahlig und } 0 \leqq u_{x1} \leqq x_1 \leqq o_{x1}$$
$$x_2 \text{ ganzzahlig und } 0 \leqq u_{x2} \leqq x_2 \leqq o_{x2}$$
$$x_3 \text{ ganzzahlig und } 0 \leqq u_{x3} \leqq x_3 \leqq o_{x3}$$
$$\cdots \cdots \cdots \cdots \cdots \cdots \cdots$$
$$x_k \text{ ganzzahlig und } 0 \leqq u_{xk} \leqq x_k \leqq o_{xk}$$
$$x_{k+1} \text{ reell und } \geqq 0$$
$$\cdots \cdots \cdots \cdots \cdots$$
$$x_n \text{ reell und } \geqq 0$$

Dabei sind $u_{x1}, \ldots, u_{xk}$ untere Schranken der ganzzahligen Variablen $x_1, \ldots, x_k$

respektive. Entsprechend sind $o_{x1}, \ldots, o_{xk}$ obere Schranken der ganzzahligen Variablen $x_1, \ldots, x_k$.

Gemischt-ganzzahlige Modelle treten häufig in der Form auf, daß die Mehrzahl der Variablen relle Zahlen annehmen kann und nur ein kleinerer Teil der Variablen ganzzahlig sein muss. Häufig sind letztere Variablen Entscheidungsvariablen, also 0/1-Variablen.

Es gibt eine Reihe von Algorithmen zur numerischen Behandlung von gemischt-ganzzahligen Modellen. Eine davon ist die *Branch-and-Bound Methode*. Einzelheiten über die Branch-and-Bound Methode und andere Verfahren zur Lösung von gemischt-ganzzahligen Modellen werden in Kapitel V. erläutert.

Die im Abschnitt I.11 gemachten Bemerkungen bezüglich der Verwendung diskreter und ganzzahliger Variabler in LP-Modellen und bezüglich der Problematik des Rundens, gelten sinngemäß auch für MIP-Modelle.

I.13 Beispiele mit MIP-Modellen

Standortplanung

Als erstes Beispiel eines auf ein gemischt-ganzzahliges Modell führenden Planungsproblemes betrachten wir ein sogenanntes *Standortproblem*. Hierbei geht es um die Planung von m Fabriken zur Herstellung eines Produktes, das von den Fabriken zu n Kunden, Lagerhäusern oder Depots versandt werden soll. Es sei bekannt, daß die m Fabriken eine maximale Produktionskapazität von a_i, $i = 1, \ldots, m$, Mengeneinheiten haben. Außerdem sei bekannt, daß die Abnehmer einen Bedarf von b_j Einheiten haben. Die Werte a_i und b_j beziehen sich dann auf eine Planungsperiode. Ferner seien Kosten für eine Fabrik mit der Kapazität x_i bekannt. Sie setzen sich aus einem festen Anteil r_i und einem mengenabhängigen Teil zusammen, also sind die Gesamtkosten $r_i + d_i x_i$ DM. Diese Kosten können Baukosten und Betriebskosten beinhalten.

Die Transportkosten pro Mengeneinheit von der Fabrik i zum Kunden j seien mit c_{ij} bezeichnet und werden ebenfalls als bekannt vorausgesetzt. Das Problem sei nun, zu bestimmen, wo Fabriken welcher Kapazität x_i gebaut werden, so daß

—der Bedarf (b_j) aller Kunden befriedigt wird
—die Kapazitätsobergrenzen (a_i) der Fabriken nicht verletzt werden
—die Gesamtkosten, d.h. die Bau-, Betriebs- und Transportkosten in der Summe minimal sind

Außer der unbekannten Kapazität der Fabriken x_i führen wir noch die Variablen z_{ij} ein, die die Transportmengen von Fabrik i zum Kunden j repräsentieren und die Variablen y_i, die als Entscheidungsvariablen dienen sollen. Dabei bedeute $y_i = 1$, daß eine Fabrik mit der Kapazität x_i am Ort i gebaut wird. Dagegen bedeutet $y_i = 0$, daß am Ort i keine Fabrik gebaut wird. In diesem Fall ist auch $x_i = 0$.

Damit ergibt sich unser Modell wie folgt:

Min! $r_1 y_1 + r_2 y_2 + \cdots + r_m y_m + d_1 x_1 + d_2 x_2 + \cdots + d_m x_m +$
      $c_{11} z_{11} + \cdots + c_{mn} z_{mn}$

wobei

(I) $z_{i1} + z_{i2} + z_{i3} + \cdots + z_{in} - x_i \leqq 0$ $(i = 1, \ldots, m)$

(II) $b_j - z_{1j} + z_{2j} + z_{3j} + \cdots + z_{mj} \leqq 0$ $(j = 1, \ldots, n)$

(III) $x_i - a_i y_i \leqq 0$ $(i = 1, \ldots, m)$

x_i reell und $\geqq 0$ für $i = 1, \ldots, m$

z_{ij} reell und $\geqq 0$ für $i = 1, \ldots, m$
und $j = 1, \ldots, n$

y_i ganzzahlig und $0 \leqq y_i \leqq 1$ für $i = 1, \ldots, m$

Die Nebenbedingungen (I) besagen, daß die Fabriken die Transportmengen auch liefern können. Bedingungen (II) bewirken, daß der Bedarf der Kunden befriedigt wird und Bedingungen (III) besagen, daß die Kapazität der Fabriken in den geforderten Grenzen bleibt.

Die Anzahl der Variablen ist $2m + nm$. Sei $m = 20$ und $n = 500$, so wird die Anzahl der Variablen bereits 10040. Nur 20 Variablen sind ganzzahlig. Die Anzahl der Nebenbedingungen ist $2m + n$, also in dem Beispielfall 540.

Reihenfolgeplanung der Fertigung

Als weitere Optimierungsfragestellung, die sich als gemischt-ganzzahliges Modell darstellen läßt, betrachten wir jetzt ein *Reihenfolgeproblem* der Fertigung.

Es seien n Produkte auf m Maschinen herzustellen. Jedes Produkt hat einen *Arbeitsgang* auf jeder der *Maschinen* und durchläuft diese Arbeitsgänge in der *Maschinenfolge* $1, 2, 3, \ldots, m$. Die *Bearbeitungszeit* (auch Vorgabezeit genannt) von Produkt j auf Maschine i sei mit $a(i, j)$ bezeichnet. Die Aufgabe sei nun, eine *Produktfolge* $(j_1, j_2, j_3, \ldots, j_n)$ zu ermitteln, für die die gesamte Herstellungszeit, auch *Durchlaufzeit* (Engl.: Total Processing Time or Makespan) genannt, minimal ist. Dabei ist die Produktfolge als identisch für alle Maschinen vorausgesetzt. Betrachten wir ein kleines konkretes Beispiel mit $n = m = 3$ und folgender Matrix der Bearbeitungszeiten $A = (a(i, j))$:

	$j = 1$	$j = 2$	$j = 3$
$i = 1$	14	20	7
$i = 2$	1	35	19
$i = 3$	6	11	21

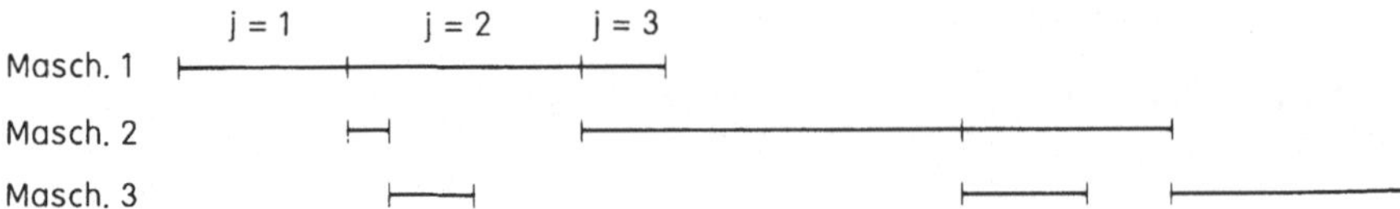

Abb. 5. Fertigungsablauf bei der Produktfolge (1, 2, 3)

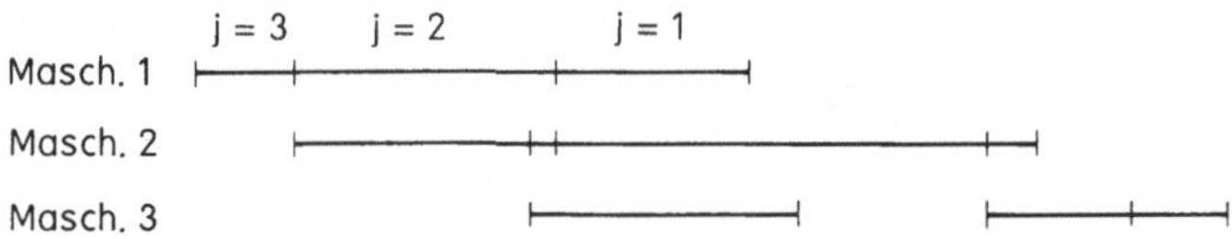

Abb. 6. Fertigungsablauf bei der Produktfolge (3, 2, 1)

Die Produktfolge $(1, 2, 3)$ führt dann zu einer Durchlaufzeit von 109 Zeiteinheiten (Abb. 5).
Die Produktfolge $(3, 2, 1)$ führt aber zu einer Durchlaufzeit von nur 79 Zeiteinheiten (Abb. 6).

Es existieren insgesamt $3! = 6$ mögliche *Produktfolgen*. Die Optimierungsaufgabe besteht in der Bestimmung einer optimalen Produktfolge mit minimaler Durchlaufzeit.

Allgemein läßt sich bei gegebener Matrix $A = (a(i, j))$, $i = 1, \ldots, m$ und $j = 1, \ldots, n$, wobei $a(i, j)$ die Vorgabezeit von Produkt j auf Maschine i darstellt, die *Durchlaufzeit* für eine Reihenfolge $R = (j_1, j_2, \ldots, j_n)$ wie folgt formulieren:

$$T(A, R) = \max_{1 = u_0 \leq u_1 \leq \cdots \leq u_{n-1} \leq u_n = n} \sum_{i=1}^{m} \sum_{v = u_{i-1}}^{u_i} a_{ij_v}$$

Diese Formel für die Durchlaufzeit läßt sich so interpretieren, daß die Matrix A der Vorgabezeiten in der durch R festgelegten Spaltenfolge $(j_1, j_2, \ldots, j_n)$ aufgeschrieben wird und die Elemente dieser spaltenvertauschten Matrix entlang eines treppenförmigen Weges von links oben beim Element $a(1, j_1)$ beginnend bis rechts unten beim Element $a(m, j_n)$ endend aufsummiert werden. Die Durchlaufzeit entspricht der maximalen Summe von Matrixelementen entlang aller möglichen *treppenförmigen* Wege. Bei obigem Beispiel mit $m = n = 3$ ist die Durchlaufzeit für die Reihenfolge $R = (1, 2, 3)$ durch $T = 109$ gegeben. Dieser Wert ergibt sich unter Anwendung der Formel für die Durchlaufzeit als Summe $T = 14 + 20 + 35 + 19 + 21 = 109$.

Für die Reihenfolge $R = (3, 2, 1)$ ergibt sich die zugehörige Durchlaufzeit als $T = 7 + 20 + 35 + 11 + 6 = 79$.

Wir wollen nun diese Problemstellung als gemischt-ganzzahliges Modell formulieren.

Dazu führen wir Variablen $t(i, k)$, $i = 1, \ldots, m$ und $k = 1, \ldots, n$, ein, wobei $t(i, k)$ der Anfangszeitpunkt für das in der Produktfolge k-te Produkt auf der Maschine i bedeutet. Wir nehmen $t(1, 1) = 0$ an.

Ferner führen wir Variablen $y(k,j)$, $k = 1,\ldots,n$ und $j = 1,\ldots,n$, ein, wobei $y(k,j)$ 0/1-Variablen sind und folgende Bedeutung haben:

—$y(k,j) = 1$: das Produkt steht an k-ter Stelle in der Produktfolge
—$y(k,j) = 0$: das Produkt steht nicht an k-ter Stelle in der Produktfolge

Die n^2 Variablen $y(k,j)$ repräsentieren die $n!$ möglichen Reihenfolgen, wenn wir fordern:

$$y(1,j) + y(2,j) + \cdots + y(n,j) = 1 \quad \text{für} \quad j = 1,\ldots,n$$
$$y(k,1) + y(k,2) + \cdots + y(k,n) = 1 \quad \text{für} \quad k = 1,\ldots,n$$

Außerdem müssen folgende Bedingungen eingehalten werden:

$$t(i,k) \geqq t(i,k-1) + y(k-1,1)a(i,1) + \cdots + y(k-1,n)a(i,n)$$
$$\text{für} \quad i = 1,\ldots,m \quad \text{und} \quad k = 2,\ldots,n$$

$$t(i,k) \geqq t(i-1,k) + y(k,1)a(i-1,1) + \cdots + y(k,n)a(i-1,n)$$
$$\text{für} \quad i = 2,\ldots,m \quad \text{und} \quad k = 1,\ldots,n$$

Diese Bedingungen stellen sicher, daß der Anfangszeitpunkt für jeden Arbeitsgang auf einer Maschine nicht früher liegt als der Endzeitpunkt des vorhergehenden Produktes auf der gleichen Maschine und auch nicht früher als der Endzeitpunkt der Bearbeitung des gleichen Produktes auf der vorhergehenden Maschine.

Als Zielfunktion verwenden wir:

$$\text{Min!} \quad T = t(m,n) + y(n,1)a(m,1) + y(n,2)a(m,2) + \cdots + y(n,n)a(m,n)$$

Damit haben wir unser Reihenfolgeproblem mit n Produkten und m Maschinen als gemischt-ganzzahliges Modell mit n^2 0/1-Variablen, mn kontinuierlichen Variablen und insgesamt $2n + m(n-1) + (m-1)n$ Nebenbedingungen dargestellt.

Produktionsplanung

Als drittes Beispiel eines gemischt-ganzzahligen Modells betrachten wir ein Problem der *Produktionsplanung.*
    Es seien fünf Produktgruppen zu planen:

—Produktgruppe 1: P11, P12, P13, P14
—Produktgruppe 2: P21, P22
—Produktgruppe 3: P31, P32
—Produktgruppe 4: P41, P42
—Produktgruppe 5: P5

Die elf Produkte P11, P12, P13, P14, P21, P22, P31, P32, P41, P42 und P5 benötigen Bearbeitung auf einer Auswahl von zwölf Maschinen wie folgt:

Maschine	Kapaz.	P11	P12	P13	P14	P21	P22	P31	P32	P41	P42	P5
		Zeiteinheiten										
A1	4000	12	12			25		7	7			
A2	5000			9	9		20					
B1	2100	10	10	10	10	15	15					
C1	2700	30		30								
C2	1500		20		20							
D1	1200							13	13			25
E1	4500					12	12	30				
E2	2700								25			25
F1	2400									13	13	45
G1	2400									14		
G2	4000										18	
H1	4000					10	10	20	20	10	10	
Untere Schranke								80	100			65
Obere Schranke								130	150			100
Preis/Stück		5	6	7	6	10	12	4	5	5	6	7

Außer den *Bearbeitungszeiten/Stück* (Zeiteinheiten) sind noch *Kapazitäten der Maschinen* (Zeiteinheiten), *Verkaufspreise/Stück* und untere und obere *Schranken für Stückzahlen* der Produkte angegeben. Für die einzelnen Produktgruppen sollen noch Schranken wie folgt gelten:

—Produktgruppe 1: 210...300
—Produktgruppe 2: 105...150
—Produktgruppe 3: 95...280
—Produktgruppe 4: 80...110

Darüberhinaus sollen die Produkte in Losgrößen gefertigt werden und Kosten wie folgt verursachen:

Produkt	Losgröße	Kosten/Los
P11	30	10
P12	30	12
P13	30	14
P14	30	12
P21	20	20
P22	20	24
P31	50	8

(*Fortsetzung*)

Produkt	Losgröße	Kosten/Los
P32	100	10
P41	30	8
P42	30	10
P5	50	14
P5	100	16

Produkt P5 kann in zwei Losgrößenvarianten gefertigt werden. Man kann zwischen beiden Varianten wählen und maximal ein Los kann gefertigt werden.

Da die Nachfrage mit den vorhandenen Maschinen nicht bewältigt werden kann, müssen zusätzliche Maschinen verfügbar gemacht werden. Die *Kapazitäten und Investitionskosten* sowie die maximale Anzahl der anzuschaffenden Maschinen ist in folgender Tabelle wiedergegeben:

Kapazität	Kosten	Obere Schranke
$A1 = 4000$	300	1
$A2 = 5000$	350	1
$B1 = 2100$	205	10
$C1 = 2700$	235	10
$C2 = 1500$	175	1
$D1 = 1200$	160	10
$E1 = 4500$	325	1
$E2 = 2700$	235	10
$F1 = 2400$	220	1
$G1 = 2400$	220	1
$G2 = 4000$	300	1
$H1 = 4000$	300	10

Die Aufgabe sei nun die Gewinnmaximierung, wobei der Gewinn als Einnahmen abzüglich der Kosten zu verstehen ist, dabei sind die Einnahmen durch die Summe der Produkte Stückpreis × Produktionsstückzahl über alle Produkte gegeben, die Kosten sind die Produktionskosten der gefertigten Lose sowie die Investitionskosten der angeschafften Maschinen.

Dieses Planungsproblem läßt sich in natürlicher Weise als gemischt-ganzzahliges Programm formulieren.

Dazu führt man die folgenden Variablen ein:

$P11$:   Stückzahl von Produkt P11
$P12$:   Stückzahl von Produkt P12
$P13$:   Stückzahl von Produkt P13
$P14$:   Stückzahl von Produkt P14
$P21$:   Stückzahl von Produkt P21
$P22$:   Stückzahl von Produkt P22
$P31$:   Stückzahl von Produkt P31

$P32$:   Stückzahl von Produkt P32
$P41$:   Stückzahl von Produkt P41
$P42$:   Stückzahl von Produkt P42
$P5$:   Stückzahl von Produkt P5

$PL11$:   Anzahl der Lose für P11
$PL12$:   Anzahl der Lose für P12
$PL13$:   Anzahl der Lose für P13
$PL14$:   Anzahl der Lose für P14
$PL21$:   Anzahl der Lose für P21
$PL22$:   Anzahl der Lose für P22
$PL31$:   Anzahl der Lose für P31
$PL32$:   Anzahl der Lose für P32
$PL41$:   Anzahl der Lose für P41
$PL42$:   Anzahl der Lose für P42
$PL51$:   Anzahl der Lose Losgröße 50 Produkt P5
$PL52$:   Anzahl der Lose Losgröße 100 Produkt P5
$MA1$:   Anzahl der zusätzlichen Maschinen Typ A1
$MA2$:   Anzahl der zusätzlichen Maschinen Typ A2
$MB1$:   Anzahl der zusätzlichen Maschinen Typ B1
$MC1$:   Anzahl der zusätzlichen Maschinen Typ C1
$MC2$:   Anzahl der zusätzlichen Maschinen Typ C2
$MD1$:   Anzahl der zusätzlichen Maschinen Typ D1
$ME1$:   Anzahl der zusätzlichen Maschinen Typ E1
$ME2$:   Anzahl der zusätzlichen Maschinen Typ E2
$MF1$:   Anzahl der zusätzlichen Maschinen Typ F1
$MG1$:   Anzahl der zusätzlichen Maschinen Typ G1
$MG2$:   Anzahl der zusätzlichen Maschinen Typ G2
$MH1$:   Anzahl der zusätzlichen Maschinen Typ H1

Mit diesen Variablen formulieren wir zunächst die *Zielfunktion*:

$$\text{Max! Gewinn} = 5P11 + 6P12 + 7P13 + 6P14 + 10P21 + 12P22 + 4P31$$
$$+ 5P32 + 5P41 + 6P42 + 7P5 - 10PL11 - 12PL12$$
$$- 14PL13 - 12PL14 - 20PL21 - 24PL22 - 8PL31$$
$$- 10PL32 - 8PL41 - 10PL42 - 14PL51 - 16PL52$$
$$- 300MA1 - 350MA2 - 205MB1 - 235MC1 - 175MC2$$
$$- 160MD1 - 325ME1 - 235ME2 - 220MF1$$
$$- 220MG1 - 300MG2 - 300MH1$$

Weiterhin formulieren wir die folgenden Nebenbedingungen:

Kapazitätsrestriktionen:

(A1) $12P11 + 12P12 + 25P21 + 7P31 + 7P32 \qquad\qquad - 4000MA1 \leqq 4000$
(A2) $9P13 + 9P14 + 20P22 \qquad\qquad\qquad\qquad - 5000MA2 \leqq 5000$
(B1) $10P11 + 10P12 + 10P13 + 10P14 + 15P21 + 15P22 - 2100MB1 \leqq 2100$

(C1)	$30P11 + 30P13$		$-2700MC1 \leq 2700$
(C2)	$20P12 + 20P14$		$-1500MC2 \leq 1500$
(D1)	$13P31 + 13P32 + 25P5$		$-1200MD1 \leq 1200$
(E1)	$12P21 + 12P22 + 30P31$		$-4500ME1 \leq 4500$
(E2)	$25P32 + 25P5$		$-2700ME2 \leq 2700$
(F1)	$13P41 + 13P42 + 45P5$		$-2400MF1 \leq 2400$
(G1)	$14P41$		$-2400MG1 \leq 2400$
(G2)	$18P42$		$-4000MG2 \leq 4000$
(H1)	$10P21 + 10P22 + 20P31 + 20P32 + 10P41 + 10P42$	$-4000MH1 \leq 4000$

Schranken für Produktgruppen:

$$(GR1) \quad 210 \leq P11 + P12 + P13 + P14 \leq 300$$

$$(GR2) \quad 105 \leq P21 + P22 \qquad\qquad \leq 150$$

$$(GR3) \quad\ 95 \leq P31 + P32 \qquad\qquad \leq 280$$

$$(GR4) \quad\ 80 \leq P41 + P42 \qquad\qquad \leq 110$$

Beziehungen zwischen Stückzahlen und Anzahlen der Lose:

$$(L11) \quad P11 - 30PL11 = 0$$

$$(L12) \quad P12 - 30PL12 = 0$$

$$(L13) \quad P13 - 30PL13 = 0$$

$$(L14) \quad P14 - 30PL14 = 0$$

$$(L21) \quad P21 - 20PL21 = 0$$

$$(L22) \quad P22 - 20PL22 = 0$$

$$(L31) \quad P31 - 50PL31 = 0$$

$$(L32) \quad P32 - 100PL32 = 0$$

$$(L41) \quad P41 - 30PL41 = 0$$

$$(L42) \quad P42 - 30PL42 = 0$$

$$(L5) \quad\ P5 - 50PL51 - 100PL52 = 0$$

Restriktion für Losgrößenwahl bei Produkt P5:

$$(SEL) \quad PL51 + PL52 \leq 1$$

Damit ist das Modell vollständig beschrieben, wenn man noch die aus der obigen Problembeschreibung sich direkt ergebenden Schranken für einige Variablen hinzufügt:

Schranken:

$$P31 \geq 80$$
$$P31 \leq 130$$
$$P32 \geq 100$$
$$P32 \leq 150$$
$$P5 \ \geq 65$$

$$P5 \leq 100$$
$$MA1 \leq 1$$
$$MA2 \leq 1$$
$$MB1 \leq 10$$
$$MC1 \leq 10$$
$$MC2 \leq 1$$
$$MD1 \leq 10$$
$$ME1 \leq 1$$
$$ME2 \leq 10$$
$$MF1 \leq 1$$
$$MG1 \leq 1$$
$$MG2 \leq 1$$
$$MH1 \leq 10$$

Die *Optimallösung* ergibt sich zu:

$MB1 = 2$	$P12 = 30$	$PL12 = 1$	Alle anderen Variablen sind 0,
$MC1 = 2$	$P13 = 240$	$PL13 = 8$	
$MD1 = 4$	$P14 = 30$	$PL14 = 1$	der maximale Gewinn ist 2767.
$ME2 = 1$	$P22 = 120$	$PL22 = 6$	
$MF1 = 2$	$P31 = 100$	$PL31 = 2$	
$MH1 = 1$	$P32 = 100$	$PL32 = 1$	
	$P42 = 90$	$PL42 = 3$	
	$P5 = 100$	$PL52 = 1$	

Die Optimallösung erfüllt den maximalen Bedarf folgendermaßen:

Produktgruppe 1:   100%
Produktgruppe 2:   80%
Produktgruppe 3:   71%
Produktgruppe 4:   82%
Produktgruppe 5:   100%

Wir werden dieses Beispiel später in anderen Zuammenhängen noch verwenden, zum Beispiel, um das *MPS-Input-Format* in Abschnitt II.5 zu besprechen.

I.14 Die Rolle diskreter Variabler in Mathematischen Programmen

In diesem Abschnitt werden typische Modellaspekte vorgestellt, in denen *diskrete Variablen* vorteilhaft verwendet werden können. Diese Darstellung geht teilweise auf die Referenz VIII.1.3–03 zurück.

Diskrete Variablen können in Mathematischen Programmen in verschiedenen Zusammenhängen auftreten. Diese lassen sich wie folgt gliedern:

—Variablen die aufgrund ihrer Natur ganzzahlig sind
—Ganzzahlige Hilfsvariablen
—Entscheidungssituationen
—Wahl zwischen diskreten Alternativen
   (Wahl einer und nur einer Möglichkeit)

Variablen die aufgrund ihrer Natur ganzzahlig sind

Das sind Variablen, die im Modell auftreten und in der Realität der Problemstellung unteilbaren Größen entsprechen, zum Beispiel Menschen, Tiere, Maschinen, Fahrzeuge, Flugzeuge, Warenhäuser, Fabriken, Veranstaltungen etc.

Die Abbildung dieser Größen im Modell als ganzzahlige Variablen ist besonders wichtig, wenn es sich um kleine Werte handelt, die diese Variable annehmen können.

Wenn dagegen, wie zum Beispiel in dem in Abschnitt I.13 betrachteten Standortproblem im Falle der Variablen x_i und z_{ij}, die Variablen zwar unteilbare Größen repräsentieren jedoch größere Werte (d.h. mindestens 2-stellige Werte) annehmen, so kann man im allgemeinen auf die Forderung nach Ganzzahligkeit verzichten.

Man sollte nur dann ganzzahlige Variablen im Modell benutzen, wenn dies zwingend notwendig ist. Der Grund dafür liegt in ungleich höherem Rechenaufwand, der mit der Lösung von Modellen mit ganzzahligen Variablen verbunden ist. Mehr darüber erfährt man in Kapitel V.

Ganzzahlige Hilfsvariablen

Das sind Variablen, die im Modell auftreten und nur verwendet werden, um bestimmte logische Bedingungen als lineare Bedingungen zu formulieren oder gewisse nichtlineare Abhängigkeiten im Rahmen der Möglichkeiten der gemischt-ganzzahligen Programmierung zu formulieren.

Im allgemeinen sind solche Hilfsvariablen 0/1-Variablen.

Entscheidungssituationen

Zur Aufnahme von Entscheidungssituationen in ein Modell eignen sich besonders 0/1-Variablen. So haben wir im Abschnitt I.13 Entscheidungsvariablen y_i im Zusammenhang mit einem Standortproblem kennengelernt und im Abschnitt I.11 traten solche Entscheidungsvariablen bei einem Investitionsproblem auf. Hier waren es die Variablen x_k.

Solche Entscheidungsvariablen sind mit einer Entscheidung verbunden, eine Maschine zu kaufen, eine Fabrik zu bauen, eine Investition zu tätigen etc.

Man definiert üblicherweise solche Variablen als 0/1-Variablen und interpretiert den Wert 1 als positive Entscheidung und den Wert 0 als negative. So wird bei einer Entscheidungsvariablen im Zusammenhang mit einem Investitionsproblem, die Investition vorgenommen, wenn die zugeordnete Entscheidungsvariable in der Optimallösung den Wert 1 hat.

Wahl zwischen diskreten Alternativen

In der Praxis existieren Situationen, wo nur bestimmte vordefinierte Werte im Zusammenhang mit einem Einflußfaktor eines Planungsproblemes auftreten können. So können zum Beispiel Produkte nur in bestimmten diskreten Mengen verkauft werden (12, 24 oder 36 Stück), oder eine Maschine kann auf eine bestimmte Produktionsrate eingestellt werden (100, 300, 500 oder 1000). Das läßt sich auf einfache Weise dadurch im Modell berücksichtigen, daß man Hilfsvariablen einführt, die nur die Werte 0 oder 1 annehmen können und diese Hilfsvariablen den diskreten Wahlmöglichkeiten zuordnet.

Seien die diskreten Wahlmöglichkeiten $w_1, w_2, \ldots, w_r$. Wir führen dann r Hilfsvariablen ein, die wir $y_1, y_2, \ldots, y_r$ nennen. Wir definieren y_k als 0/1-Variablen ($k = 1, 2, \ldots, r$) und fügen unserem Modell einfach folgende beiden Nebendedingungen hinzu:

$$y_1 + y_2 + \ldots + y_r = 1$$

$$w_1 y_1 + w_2 y_2 + \ldots + w_r y_r = x$$

Dann bekommt x einen der Werte $w_1, w_2, \ldots, w_r$ je nachdem welche Hilfsvariable den Wert 1 hat.

Solche Situationen der Wahl einer und nur einer Möglichkeit aus einer vorgegebenen Anzahl von Möglichkeiten führen also auf die Einführung von 0/1-Variablen die in der Summe den Wert 1 haben müssen. Diesen Fall haben wir bereits in Abschnitt I.10 besprochen.

Derartige, auf diese Weise verknüpfte Variablen treten auch auf, wenn man sich bemüht, kombinatorische Sachverhalte in einem PIP- oder MIP-Modell zu erfassen, zum Beispiel wenn es um Permutationen bei Reihenfolgeproblemen geht.

Wir wollen jetzt eine Reihe von logischen Bedingungen betrachten, die mit 0/1-Hilfsvariablen im *PIP- oder MIP-Modell* berücksichtigt werden können:

— Disjunkte Variablen
— Diskrete Variablen
— Kombinatorische Variablen
— Prioritätsgesteuerte Variablen
— Fix-Kosten bzw. Umrüstkosten
— Variable mit gegenseitigem Ausschluß
— Verknüpfte Variablen
— Variable mit Mindestwert
— Auswahl einer rechten Seite
— Alternative Nebenbedingungen
— Logische Bedingungen bei zwei Variablen

Disjunkte Variablen

Disjunkte Variablen x_1 und x_2 sind Variablen bei denen höchstens eine einen Wert größer als Null haben kann. Es können nicht gleichzeitig beide Variablen positiv sein.

Das erreicht man z.B. mit folgendem kleinen Modell, das in praktischen Anwendungen als Teil eines größeren Modells auftreten kann:

$$
\begin{array}{lll}
\text{(I)} & i_1 + i_2 \leqq 1 \\
\text{(II)} & x_1 - u_1 i_1 \leqq 0 \\
\text{(III)} & x_2 - u_2 i_2 \leqq 0 \\
& i_1, i_2 \text{ 0/1-Variable} \\
& x_1 \leqq u_1 \\
& x_2 \leqq u_2
\end{array}
$$

Durch die Bedingung (I) wird sichergestellt, daß nicht beide 0/1-Variablen den Wert 1 erhalten können.

Bedingungen (II) und (III) zwingen i_1 bzw. i_2 auf den Wert 1 sobald x_1 bzw. x_2 positiv werden. u_1 und u_2 sind dabei obere Schranken für die Variablen x_1 und x_2.

Diskrete Variablen

Diskrete Variablen können nur ganz bestimmte vordefinierte Werte annehmen. Wie man das im Modell erreicht, wurde oben bereits unter dem Stichwort "Wahl zwischen diskreten Alternativen" erklärt.

Man führt einfach für jede mögliche Alternative eine 0/1-Variable ein und fordert, daß die Summe aller dieser 0/1-Variablen gleich 1 ist. Das heißt, es muß immer genau eine dieser 0/1-Variablen den Wert 1 annehmen. Dann nimmt eine Variable, die in einer Gleichung mit einer gewichteten Summe dieser 0/1-Variablen verknüpft ist, genau den Wert eines der Gewichte an, nämlich des Gewichtes, dessen zugeordnete 0/1-Variable den Wert 1 erhält. Als Gewichte benutzt man die vorgegebenen diskreten Wahlmöglichkeiten. Diesen Fall haben wir bereits in Abschnitt I.10 besprochen.

Kombinatorische Variablen

Kombinatorische Variablen $x_1, x_2, \ldots, x_n$ sind derartig in ihrem Verhalten verknüpft, daß nur bestimmte Kombinationen dieser Variablen gleichzeitig positiv werden können. Von den n Variablen dürfen zum Beispiel nur k Variablen positiv werden. Das erreicht man auf ähnliche Weise wie oben für disjunkte Variablen beschrieben. Man führt k 0/1-Variablen $i_1, i_2, \ldots, i_k$ ein und unterwirft sie einer Nebenbedingung $i_1 + i_2 + \cdots + i_k \leqq k$. Dadurch ist sichergestellt, daß höchstens k Variablen den Wert 1 erhalten können.

Außerdem benötigen wir für jede der Variablen $x_1, x_2, \ldots, x_k$ eine Nebenbedingung vom analogen Typ wie Nebenbedingungen (II) und (III) bei disjunkten Variablen. Diese Bedingungen zwingen die Variablen $i_1, i_2, \ldots, i_k$ auf den Wert 1, sobald $x_1, x_2, \ldots, x_k$ respektive positiv werden.

Prioritätsgesteuerte Variablen

Unter prioritätsgesteuerten Variablen $x_1, x_2, \ldots$ verstehen wir Variablen, die untereinander in einer Beziehung stehen, so daß x_2 erst dann einen positiven Wert erhält, wenn x_1 an der oberen Schranke liegt. Entsprechend wird x_3 erst verwendet, wenn x_2 an der oberen Schranke liegt.

Das erreicht man z.B. mit folgendem kleinen Modell, das in praktischen Anwendungen als Teil eines größeren Modells auftreten kann:

$$
\begin{array}{llll}
\text{(I)} & x_1 & -u_1 i_1 & \geqq 0 \\
\text{(II)} & x_2 & -u_2 i_2 & \geqq 0 \\
\text{(III)} & -x_2 & +u_2 i_1 & \geqq 0 \\
\text{(IV)} & -x_3 & +u_3 i_2 & \geqq 0 \\
\end{array}
$$

$$i_1, i_2 \quad \text{0/1-Variable}$$
$$x_1 \leqq u_1$$
$$x_2 \leqq u_2$$
$$x_2 \leqq u_3$$

Die Bedingungen (I) bzw. (II) zwingen die ganzzahligen Variablen i_1 bzw. i_2 auf den Wert 0, außer für den Fall, daß $x_1 = u_1$ bzw. $x_2 = u_2$ ist.

Die Bedingungen (III) bzw. (IV) bewirken, daß i_1 bzw. i_2 den Wert 1 erhalten, falls x_2 bzw. x_3 positiv ist.

Fix-Kosten bzw. Aufrüstkosten

Ein sehr häufiges Problem ist das Fix-Kosten Problem (Engl.: Fixed-Charge Problem). Es tritt immer dann auf, wenn Kosten sich in einen Festkostenteil und einen variablen Kostenteil trennen lassen.

Im Modell ist eine solche Situation leicht nachzubilden. Sei x_1 die kontinuierliche Variable und c_2 die variablen Kosten/Einheit. Die Fix-Kosten seien c_1. Wir benötigen eine 0/1-Hilfsvariable i_1.

$$
\begin{array}{ll}
\text{Min!} & c_1 i_1 + c_2 x_1 \\
\text{(I)} & u_1 i_1 - x_1 \geqq 0 \\
& i_1 \quad \text{0/1-Variable} \\
& x_1 \leqq u_1 \\
\end{array}
$$

Die Nebenbedingung (I) bewirkt, daß x_1 nur positiv werden kann, wenn i_1 den Wert 1 erhält. Wenn x_1 den Wert 0 hat, kann i_1 theoretisch den Wert 1 haben. Diese Situation wird jedoch durch die Minimierung ausgeschlossen. Bei obiger Formulierung ist u_1 eine geeignete obere Schranke für den Wert von x_1.

Trotz der einfachen Abbildung des Fix-Kosten Problems, ist die Bedeutung für die praktische Anwendung wegen des häufigen Auftretens solcher Situationen sehr groß.

Variablen mit gegenseitigem Ausschluß

Eine logische Erweiterung der vorangehenden Problematik führt auf das Fix-Kosten Problem bei mehreren sich gegenseitig ausschließenden Investitionen.

Im Modell ist eine solche Situation leicht nachzubilden. Seien x_1 und x_2 die beiden sich ausschließenden Variablen. Dann führt man noch zwei 0/1-Variablen i_1 und i_2 ein und formuliert wie folgt:

$$\text{Min!} \quad c_1 i_1 + c_2 i_2 + s_1 x_1 + s_2 x_2$$

$$\text{(I)} \quad u_1 i_1 + \qquad - x_1 \qquad \geqq 0$$

$$\text{(II)} \qquad u_2 i_2 \qquad - x_2 \geqq 0$$

$$\text{(III)} \quad i_1 + i_2 \qquad \leqq 1$$

$$i_1 \text{ und } i_2 \text{ sind 0/1-Variablen}$$

$$x_1 \qquad \leqq u_1$$

$$x_2 \qquad \leqq u_2$$

Die Bedingung (III) führt dazu, daß nur eine der Variablen i_1 und i_2 den Wert 1 erhalten kann. Die Bedingungen (I) beziehungsweise (II) führen dazu, daß die Variablen x_1 oder x_2 nur positiv werden falls i_1 oder i_2 den Wert 1 erhält.

Verknüpfte Variablen

Diese Situation wird im Englischen auch "Linked Investments" genannt. Zwei Variablen i_1 und i_2 sollen so behandelt werden, daß falls i_1 positiv ist, i_2 auch positiv ist.

$$\text{(I)} \quad -x_1 \qquad + u_1 i_1 \qquad \geqq 0$$

$$\text{(II)} \qquad -x_2 \qquad + u_2 i_2 \geqq 0$$

$$\text{(III)} \quad -x_1 \qquad + u_1 i_2 \geqq 0$$

$$i_1, i_2 \text{ 0/1-Variablen}$$

$$x_1 \qquad \leqq u_1$$

$$x_2 \qquad \leqq u_2$$

Bedingung (III) bewirkt, daß i_2 gleich 1 falls x_1 positiv ist. Falls x_1 bzw. x_2 positiv ist, wird i_1 bzw. i_2 gleich 1 (Bedingungen (I) bzw. (II)). Man beachte, daß diese Formulierung erlaubt, daß i_2 gleich 1 und i_1 gleich 0 ist.

Variablen mit Mindestwert

Eine häufige Forderung ist, daß eine Variable entweder gleich 0 sein muß, oder aber einen nicht-trivialen Mindestwert haben muß. Man spricht in diesem Fall auch von einer *halb-kontinuierlichen Variablen* (Engl.: Semicontinuous Variable).

Sei x_1 eine Variable mit einer oberen Schranke u_1. Folgende beiden Nebenbedingungen leisten dann das Gewünschte:

$$\text{(I)} \qquad u_1 i_1 - x_1 \geqq 0$$

$$\text{(II)} \quad -.25 u_1 i_1 + x_1 \geqq 0$$

$$i_1 \text{ 0/1-Variable}$$

$$x_1 \qquad \leqq u_1$$

Die Bedingung (I) bewirkt, daß x_1 nur positiv werden kann, wenn i_1 gleich 1 ist.

Die Bedingung (II) zwingt dann x_1 auf den Mindestwert, hier als 25% der oberen Schranke u_1 angenommen. Entsprechend kann auch in der Bedingung (II) ein absoluter Wert als Mindestwert eingesetzt werden.

Durch ähnliche Überlegungen kann auch der Fall modelliert werden, wo eine kontinuierliche Variable auf eine Reihe von Segmenten beschränkt ist, zum Beispiel $x = 0$ oder $a \leq x \leq b$ oder $x = c$.

Auswahl einer rechten Seite

Falls die rechten Seiten von Nebenbedingungen alternativ zwei oder mehr Werte annehmen können, werden 0/1-Variablen benutzt, um die rechten Seiten auszuwählen.

$$
\begin{array}{lll}
\text{(I)} & a_1 x_1 + a_2 x_2 - b_1 i_1 - c_1 i_2 \leq 0 \\
\text{(II)} & a_3 x_1 + a_4 x_2 - b_2 i_1 - c_2 i_2 \leq 0 \\
\text{(III)} & \quad\quad\quad\quad\quad i_1 + i_2 = 1 \\
& \quad\quad i_1, i_2 \ \text{0/1-Variablen}
\end{array}
$$

Falls $i_1 = 1$, sind die rechten Seiten b_1 und b_2 wirksam. Im Falle $i_2 = 1$ sind es die rechten Seiten c_1 und c_2.

Alternative Nebenbedingungen

Hier geht es um den Fall, daß alternativ andere Gruppen von Nebenbedingungen wirksam sein sollen.

Solche Situationen treten in Modellen zum Beispiel auf, wenn alternative Produktionsweisen möglich sind.

Der folgende Modellausschnitt zeigt diese Möglichkeit für zwei Alternativen.

$$
\begin{array}{lll}
\text{(I)} & a_1 x_1 + a_2 x_2 - b_1 i_1 & \leq n_1 \\
\text{(II)} & a_3 x_1 + a_4 x_2 - b_2 i_1 & \leq n_2 \\
\text{(III)} & a_5 x_1 + a_6 x_2 \quad\quad - c_1 i_2 \leq n_3 \\
\text{(IV)} & a_3 x_1 + a_4 x_2 \quad\quad - c_2 i_2 \leq n_4 \\
\text{(V)} & \quad\quad\quad\quad i_1 + i_2 = 1 \\
& \quad\quad i_1, i_2 \ \text{0/1-Variablen}
\end{array}
$$

Falls $i_1 = 1$, sind die Nebenbedingungen (I) und (II) unwirksam, wenn b_1 und b_2 so gewählt sind, daß die Nebenbedingungen redundant sind. In diesem Falle sind also die Nebenbedingungen (III) und (IV) wirksam.

Für den Fall $i_2 = 1$ ist es umgekehrt. Hier sind (III) und (IV) unwirksam, während (I) und (II) die wirksamen Nebenbedingungen sind, vorausgesetzt wiederum die hinreichende Größe von c_1 und c_2, um die Bedingungen (III) und (IV) redundant sein zu lassen.

Diese Situation nennt man im Englischen auch Constraint Selection.

Logische Bedingungen bei zwei Variablen

Mittels zweier 0/1-Variabler können bereits eine Vielzahl logischer Bedingungen formuliert werden:

Bedingung   Logische Bedeutung der Bedingung

$i + j = 0$	Weder i noch j kann vorhanden sein
$i + j \geqq 0$	keine Einschränkung
$i + j \leqq 1$	Entweder i oder j oder keines von beiden, aber nicht beide
$i + j = 1$	Entweder i und j muß vorhanden sein, aber nicht beide
$i + j \geqq 1$	Entweder i oder j oder beide müssen vorhanden sein
$i + j = 2$	i und j müssen beide vorhanden sein
$i - j \leqq 0$	Wenn i vorhanden ist, muß j auch vorhanden sein
$i - j = 0$	Entweder i und j sind vorhanden oder keines von beiden
$i - j \geqq 0$	Wenn i verschwindet, muß j auch verschwinden
$i - j = 1$	i muß vorhanden sein und j muß verschwinden
$i = 0$	i muß verschwinden
$i = 1$	i muß vorhanden sein

I.15 Spezielle Typen Mathematischer Programme

Eine spezielle Klasse von Mathematischen Programmen stellen die *Netzwerkfluß-Probleme* dar. Sie beinhaltet so wichtige Probleme wie:

—Transportproblem
—Assignment Problem
—Minimum Cost Flow Problem
—Maximum Flow Through Network

Das *Transportproblem* hat folgende allgemeine Struktur:

$$\text{Min!} \quad c_{11}x_{11} + c_{12}x_{12} + \cdots + c_{mn}x_{mn}$$

$$\text{wobei} \quad x_{11} + x_{12} + x_{13} + \cdots + x_{1n} = a_1$$

$$x_{21} + x_{22} + x_{23} + \cdots + x_{2n} = a_2$$

$$\cdots\cdots\cdots\cdots\cdots\cdots\cdots\cdots\cdots\cdots$$

$$x_{m1} + x_{m2} + x_{m3} + \cdots + x_{mn} = a_m$$

$$x_{11} + x_{21} + x_{31} + \cdots + x_{m1} = b_1$$

$$x_{12} + x_{22} + x_{32} + \cdots + x_{m2} = b_2$$

$$\cdots\cdots\cdots\cdots\cdots\cdots\cdots\cdots\cdots\cdots$$

$$x_{1n} + x_{2n} + x_{3n} + \cdots + x_{mn} = b_n$$

$$a_1 + a_2 + \cdots + a_m = b_1 + b_2 + \cdots + b_n$$

Falls die rechten Seiten ganzzahlig sind, gibt es mindestens eine optimale Lösung die *vollständig ganzzahlig* ist. Diese überraschende Eigenschaft des Transportproblems ist rechentechnisch sehr bedeutsam. Es gilt die interessante Aussage, daß ein LP-Modell mindestens eine vollständig ganzzahlige optimale Lösung hat, falls die Koeffizientenmatrix *"unimodular"* ist und die rechten Seiten ganzzahlig sind. Dabei ist eine Matrix unimodular, wenn jede *quadratische Untermatrix* eine *Determinante* von 0, $+1$ oder -1 hat.

Diese Eigenschaft wurde von R. S. Garfinkel und G. L. Nemhauser bereits 1972 bewiesen (Siehe VIII.1.4–10). Diese notwendige und hinreichende Bedingung ist jedoch nur schwer nachprüfbar. Daher begnügt man sich häufig mit leichter nachprüfbaren, jedoch lediglich hinreichenden, Bedingungen (Siehe zum Beispiel bei H. P. Williams, VIII.1.1–11, Seite 202).

Das Transportproblem erlaubt aufgrund seiner Struktur besonders wirksame Algorithmen. Das bekannteste Verfahren ist die sogenannte *Stepping-Stone Methode* von A. Charnes und W. W. Cooper, VII.9–115. Weitere Methoden stammen von G. B. Dantzig, VII.9–58, sowie L. R. Ford und D. R. Fulkerson, VII.9–60. Einen guten Überblick über die Effizienz verschiedener Verfahren zur Lösung des Transportproblems findet man bei S. I. Gass, VII.9–109.

In Abschnitt I.9 haben wir bereits eine solche Transportaufgabe als Beispiel für ein LP-Modell behandelt.

Das *Assignment Problem*, auch *Zuordnungsproblem*, Ernennungsproblem, Zuteilungsproblem oder Auswahlproblem genannt, hat folgende Gestalt:

$$
\begin{aligned}
&\text{Min!} \quad && c_{11}x_{11} + c_{12}x_{12} + \cdots + c_{nn}x_{nn} \\
&\text{wobei} \quad && x_{11} + x_{12} + x_{13} + \cdots + x_{1n} = 1 \\
& && x_{21} + x_{22} + x_{23} + \cdots + x_{2n} = 1 \\
& && \dotfill \\
& && x_{n1} + x_{n2} + x_{n3} + \cdots + x_{nn} = 1 \\
& && x_{11} + x_{21} + x_{31} + \cdots + x_{n1} = 1 \\
& && x_{12} + x_{22} + x_{32} + \cdots + x_{n2} = 1 \\
& && \dotfill \\
& && x_{1n} + x_{2n} + x_{3n} + \cdots + x_{nn} = 1 \\
& && x_{11}, x_{12}, \ldots, x_{nn} \;\; 0/1\text{-Variablen}
\end{aligned}
$$

Man beachte, daß diese Aufgabe die gleiche Struktur wie das Transportproblem hat, wenn man $m = n$ setzt und alle rechten Seiten gleich 1 setzt. Die Ganzzahligkeitsforderungen für die n^2 0/1-Variablen x_{ij} sind aufgrund der oben erwähnten Eigenschaft des Transportproblems überflüssig.

Auf Anwendungen des Assignment Problems und lösungstechnische Aspekte gehen wir in Abschnitt V.4 ein.

Transport und Assignment Problem sind nur Spezialfälle einer allgemeineren Problemstruktur, die man *Minimum Cost Flow Problem* oder *Problem des kostenoptimalen Netzwerkflusses* nennt.

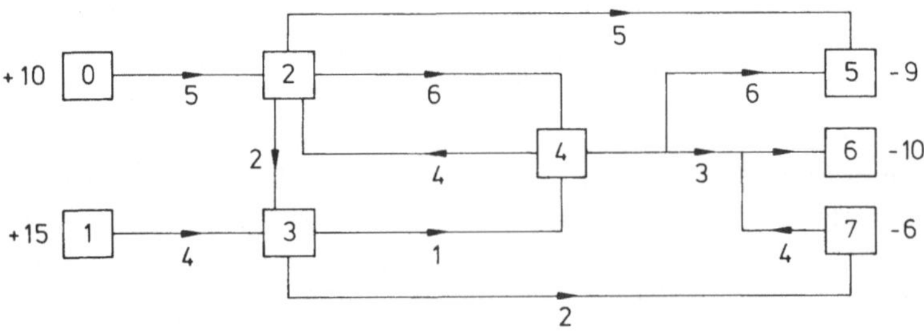

Abb. 7. Zum Problem des kostenoptimalen Netzwerkflusses

Betrachten wir zum Beispiel folgendes *Netzwerk* (Abb. 7).

Die Aufgabe besteht in der Ermittlung des kostenminimalen Netzwerkflusses, wobei die in den *Quellen* 0 und 1 verfügbaren Mengen dazu verwendet werden, daß der Bedarf an den *Senken* 5, 6 und 7 gedeckt wird.

Die durch das Netzwerk fließenden Mengen müssen an jedem *Knoten* eine *Gleichgewichtsbedingung* in dem Sinne erfüllen, daß die Summe aller in einen Knoten einfließenden Mengen gleich der Summe aller aus diesem Knoten abfließenden Mengen ist.

Somit ergibt sich dann folgende Formulierung als lineares Programm:

$$\text{Min!} \quad 5x_{02} + 4x_{13} + 2x_{23} + 6x_{24} + 5x_{25} + x_{34} + 2x_{37} + 4x_{42} + 6x_{45} + 3x_{46} + 4x_{76}$$

$$\begin{aligned}
\text{wobei} \quad -x_{02} &= -10 \\
-x_{13} &= -15 \\
x_{02} - x_{23} - x_{24} - x_{25} + x_{42} &= 0 \\
x_{13} + x_{23} - x_{34} - x_{37} &= 0 \\
x_{24} + x_{34} - x_{42} - x_{45} - x_{46} &= 0 \\
x_{25} + x_{45} &= 9 \\
x_{46} + x_{76} &= 10 \\
x_{37} - x_{76} &= 6
\end{aligned}$$

Eine *zulässige Lösung* wäre zum Beispiel:

$$\begin{aligned}
x_{02} &= 10 & x_{24} &= 0 \\
x_{25} &= 9 & x_{42} &= 0 \\
x_{23} &= 1 & x_{45} &= 0 \\
x_{13} &= 15 & x_{76} &= 0 \\
x_{34} &= 10 \\
x_{46} &= 10 & \text{Kosten} &= 209 \\
x_{37} &= 6
\end{aligned}$$

Das Minimum Cost Flow Problem wird am besten mit den Methoden von G. B. Dantzig (siehe VII.09–58) oder L. R. Ford und D. R. Fulkerson (siehe VII.09–60) behandelt. Eine Übersicht über die vielfältigen Anwendungen findet sich bei G. H. Bradley (siehe VII.9–61).

Sind die verfügbaren Mengen (Engl.: availabilities) und die benötigten Mengen (Engl.: requirements) ganzzahlig, so gibt es auch eine ganzzahlige Optimallösung.

Wie hier beschrieben, handelt es sich um ein Netzwerkflußproblem mit *einem* zu transportierenden Produkt (Engl.: Single Commodity).

Dieses Problem kann auf mehrere zu transportierende Produkte erweitert werden (Engl.: Multi Commodity). Beim Multi Commodity Minimum Cost Network Flow Problem geht die Eigenschaft der Ganzzahligkeit der Optimallösung verloren, selbst wenn alle availabilities und requirements ganzzahlig sind. Ein Überblick über Multi Commodity Network Flow Probleme findet sich bei A. A. Assad, VII.9–103.

Ein weiteres sehr verwandtes Problem ist das *Maximum Flow Through Network Problem* oder das *Problem des maximalen Flusses durch ein Netzwerk*.

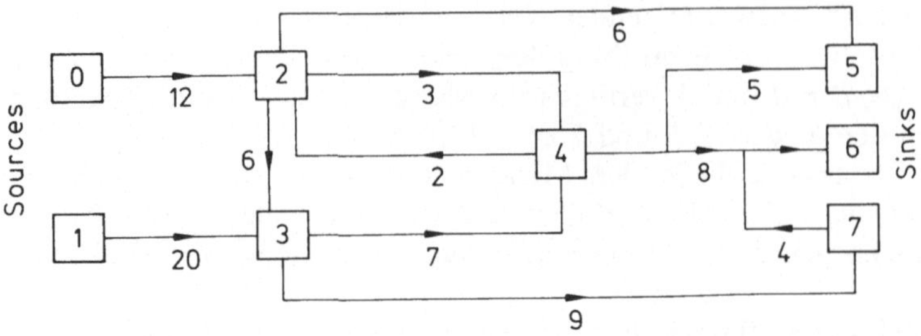

Abb. 8. Zum Problem des maximalen Flusses durch ein Netzwerk

Betrachten wir zum Beispiel folgendes *Netzwerk* (Abb. 8).

Die Aufgabe besteht in der Ermittlung des *maximalen Flusses* von den Quellen (Engl.: Sources) zu den Senken (Engl.: Sinks), ohne die Kapazitäten der Strecken des Netzwerks zu überlasten.

Die durch das Netzwerk fließenden Mengen müssen an jedem Knoten eine Gleichgewichtsbedingung in dem Sinne erfüllen, daß die Summe aller in einen Knoten einfließenden Mengen gleich der Summe aller aus diesem Knoten abfließenden Mengen ist.

Somit ergibt sich dann folgende Formulierung als lineares Programm:

$$\text{Max!} \quad x_{S0} + x_{S1}$$

$$\begin{aligned}
\text{wobei} \quad & x_{S0} - x_{02} & = 0 \\
& x_{S1} - x_{13} & = 0 \\
& x_{02} - x_{23} - x_{24} - x_{25} + x_{42} & = 0 \\
& x_{13} + x_{23} - x_{34} - x_{37} & = 0 \\
& x_{24} + x_{34} - x_{42} - x_{45} - x_{46} & = 0 \\
& x_{25} + x_{45} - x_{5T} & = 0 \\
& x_{46} + x_{76} + x_{6T} & = 0 \\
& x_{37} - x_{76} - x_{7T} & = 0
\end{aligned}$$

$$x_{02} \leqq 12, \quad x_{13} \leqq 20, \quad x_{23} \leqq 6, \quad x_{24} \leqq 3, \quad x_{25} \leqq 6, \quad x_{34} \leqq 7,$$
$$x_{37} \leqq 9, \quad x_{42} \leqq 2, \quad x_{45} \leqq 5, \quad x_{46} \leqq 8, \quad x_{76} \leqq 4$$

Eine zulässige Lösung wäre zum Beispiel:

$$\begin{aligned}
& x_{02} = 9 \quad && x_{23} = 0 \\
& x_{25} = 6 \quad && x_{42} = 0 \\
& x_{24} = 3 \quad && x_{76} = 0 \\
& x_{13} = 16 \\
& x_{34} = 7 \quad && \text{Fluß} = 25 \\
& x_{46} = 7 \\
& x_{37} = 9 \\
& x_{45} = 3
\end{aligned}$$

Dieses Problem hat wiederum eine interessante Eigenschaft bezüglich der Ganzzahligkeit der Optimallösung. Für ganzzahlige Kapazitäten existiert nämlich eine ganzzahlige optimale Lösung.

Das Maximum Flow Through Network Problem löst man ebenfalls vorteilhafter mit besonderen Methoden von L. R. Ford und D. R. Fulkerson (siehe VII.09–60).

I.16 Nichtlineare Programmierung (NLP)

Von *Nichtlinearer Programmierung* spricht man, wenn mindestens eine der in einem Mathematischen Programm involvierten Funktionen nichtlinear ist. Dazu betrachten wir das in Abschnitt I.7 bereits vorgestellte allgemeingültige Mathematische Programm. Die involvierten Funktionen sind die Zielfunktion f und die die Nebenbedingungen beschreibenden Funktionen $g_1, g_2, \ldots, g_m$.

$$\text{Min!/Max!} \quad f(x_1, x_2, \ldots, x_n)$$
wobei
$$g_1(x_1, x_2, \ldots, x_n) \leqq 0$$
$$g_2(x_1, x_2, \ldots, x_n) \leqq 0$$
$$\ldots\ldots\ldots\ldots\ldots\ldots$$
$$g_m(x_1, x_2, \ldots, x_n) \leqq 0$$
$$x_1, \ldots, x_k \qquad \geqq 0 \quad \text{ganzzahlig}$$
$$x_{k+1}, \ldots, x_n \qquad \geqq 0 \quad \text{reell}$$

Lineare Funktionen sind Funktionen der Form

$$h(x_1, x_2, \ldots, x_n) = c_1 x_1 + c_2 x_2 + \cdots + c_n x_n$$

Für den Fall $n = 2$ läßt sich eine lineare Funktion durch eine *Gerade* in der (x_1, x_2)-Ebene darstellen. Allgemein ist die obige Funktion h als sogenannte *Hyperebene* im n-dimensionalen Raum darstellbar. Für $n = 3$ ist es die normalerweise als *Ebene* bezeichnete Hyperebene des *dreidimensionalen Raumes* mit den Koordinaten x_1, x_2 und x_3. Bei LP-, MIP- und PIP-Modellen hatten wir immer *Linearität* aller Funktionen vorausgesetzt.

Nichtlineare Funktionen sind nun Funktionen, die nicht die Form der Funktion h haben, sondern beliebige Abhängigkeiten von den Variablen $x_1, x_2, \ldots, x_n$ haben. Beispiele nichtlinearer Funktionen sind:

$$\text{(NL1)} \quad h_1(x_1) \qquad = x_1^2$$

$$\text{(NL2)} \quad h_2(x_1) \qquad = c_0 + c_1 x_1 + c_2 x_1^2 + \cdots + c_m x_1^m$$

$$\text{(NL3)} \quad h_3(x_1, x_2) \qquad = x_1^3 + 2 x_1 x_2 + 3 x_2$$

$$\text{(NL4)} \quad h_4(x_1, x_2, x_3) \qquad = e^{x_1} + x_1^2 x_2^2 + x_3 \sin(x_1 x_2)$$

$$\text{(NL5)} \quad h_5(x_1, x_2, \ldots, x_n) = x_1^2 + x_2^2 + \cdots + x_n^2$$

Die Funktion h_1 ist eine *quadratische Funktion* der Variablen x_1, h_2 ist ein *Polynom* der Variablen x_1, h_3 eine *kubische Funktion* mit quadratischem und gemischt-quadratischem Glied, h_4 eine nichtlineare Funktion mit einem *exponentiellen*, einem *gemischt-biquadratischen* und einem *trigonometrischen* Glied. Schließlich ist h_5 eine Funktion der n Variablen $x_1, x_2, \ldots, x_n$ mit quadratischen Termen der einzelnen Variablen. h_5 ist eine sogenannte *separable Funktion*. Siehe hierzu im Abschnitt I.17. Der Leser möge aus den wenigen Beispielen ersehen, wie vielfältig die Nichtlinearitäten sein können, wenn man sich vorstellt, daß diese nichtlinearen Funktionen verschiedenster Art in der Rolle der Zielfunktion und als Nebenbedingungen im Modell auftreten. Es ist daher nicht überraschend, daß es bisher kein numerisches Verfahren gibt, das ein NLP-Problem in völliger Allgemeinheit effizient löst.

Es gibt jedoch eine Fülle von Algorithmen für Modelle, die bestimmte Einschränkungen über die Natur der beteiligten Funktionen erfüllen. Häufig werden zum Beispiel *konvexe* oder *quadratische Funktionen* betrachtet.

Bei vielen Algorithmen der nichtlinearen Programmierung erreicht man nur ein *lokales Optimum.*

Eine Klasse von Funktionen besonderer Art sind die separablen Funktionen. Sie erlauben eine *Approximation als stückweise-lineare Funktionen* und führen daher zu der wichtigen Möglichkeit, separable Programme auf LP-oder MIP-Modelle zurückzuführen. Im nächsten Abschnitt ist dieser Fall etwas eingehender behandelt.

Eine wichtige Erkenntnis ist auch, daß sich vielfach Nichtlinearitäten in Modellen durch geschickte Einführung von 0/1-Variablen darstellen lassen. Nähere Einzelheiten zu diesem Aspekt finden sich in den beiden Abschnitten I.14 und I.17.

Einen Überblick über Anwendungen der nichtlinearen Programmierung erhält man durch die Arbeiten von L. S. Lasdon und A. D. Waren, VII.19–03 und VII.19–195.

I.17 Beispiele mit NLP-Modellen

Separable Programmierung

Wir betrachten jetzt einen Sonderfall der Nichtlinearen Programmierung, den man *Separable Programmierung* (Engl.: Separable Programming) nennt. Hat man ein nichtlineares Programm vorliegen, dessen in der Zielfunktion und/oder den Nebenbedingungen auftretenden Funktionen $f, g_1, \ldots, g_m$ separable Funktionen sind, so spricht man von einem separablen Programm (Engl.: Separable Program).

Dabei heißt eine Funktion h *separabel*, wenn sie sich wie folgt darstellt:

$$h(x_1, x_2, \ldots, x_n) = h_1(x_1) + h_2(x_2) + \cdots + h_n(x_n)$$

Die Variablen treten also separiert und nicht gekoppelt auf. Danach ist zum Beispiel $h(x_1, x_2, x_3) = x_1^2 + x_1 x_2 + x_3^2$ keine separable Funktion, da in ihr das gemischte Glied $x_1 x_2$ auftritt.

Zum Beispiel sind $h = x_1^2 + 2x_2 + e^{x_3}$ oder $h = \sin(x_1) + x_2^3 + x_3$ solche separablen Funktionen.

Die Bedeutung separabler Funktionen in der Mathematischen Programmierung liegt in der Tatsache begründet, daß sie sich auf einfache Weise durch stückweise lineare Funktionen *approximieren* lassen. Diese Approximation ermöglicht, ein separables Programm als lineares oder gemischt-ganzzahliges Modell zu betrachten. Es gibt eine Erweiterung der *Simplex-Methode* (Siehe C. E. Miller, VIII.1.5–37), die es ermöglicht, separable Programme als LP-Modelle zu approximieren. Man erhält jedoch nicht in jedem Fall ein *globales Optimum*, sondern im Fall *nicht-konvexer* Funktionen unter Umständen nur ein *lokales Optimum*. Diese Problematik läßt sich jedoch in jedem Fall vermeiden, wenn man das separable Programm in ein MIP-Modell abbildet. Siehe hierzu die Veröffentlichung von E. M. L. Beale, VIII.1.5–38.

In diesem Zusammenhang spielen sogenannte *"Special Ordered Sets"* eine große Rolle, die im *Branch-and-Bound Prozeß* verwendet werden. Dabei faßt man Variable zu Special Ordered Sets (SOS) zusammen, falls die Summe dieser Variablen den Wert Eins ergibt. Wichtig ist die Reihenfolge der Variablen in einem SOS, da hiervon die Branching-Entscheidungen im Branch-und-Bound Verfahren abhängen. Einen Überblick über SOS findet man in L. F. Escudero, VIII.1.5–41. Bei separablen Problemen benutzt man Special Ordered Sets vom Typ 2 (SOS2). Hierbei muß in einer solchen Menge von Variablen mindestens eine Variable aber höchstens zwei benachbarte Variable positiv sein. Die Idee, für solche Mengen von Variablen den Branch-and-Bound Prozeß besonders zu gestalten, geht auf E. M. L. Beale und J. A. Tomlin (1969), VIII.1.5–40, zurück. Die Einschränkung auf separable Funktionen scheint auf den ersten Blick gravierend zu sein. Es ist jedoch erstaunlich, wie groß die Klasse der nichtlinearen Programme ist, die sich auf separable Modelle abbilden lassen.

Wir betrachten hierzu den einfachen Fall des gemischt-quadratischen Terms. Sei ein Modell gegeben, in dem ein Ausdruck $x_1 x_2$ auftritt. Damit ist die entsprechende Funktion nicht separabel. Es ist jedoch leicht möglich, das Modell in ein separables Modell umzuformen. Man führt zwei neue Variable u_1 und u_2 in das Modell ein und fordert:

$$u_1 = 0.5(x_1 + x_2)$$
$$u_2 = 0.5(x_1 - x_2)$$

Den Ausdruck $x_1 x_2$ ersetzt man dann durch $u_1^2 - u_2^2$. Eine andere Möglichkeit, Ausdrücke der Form $x_1 x_2$ zu vermeiden, ist die Verwendung von *Logarithmen*. Man führt statt $x_1 x_2$ eine neue Variable y ein und fordert als zusätzliche Nebenbedingung:

$$\log(y) = \log(x_1) + \log(x_2)$$

Hinweise über die Abbildung nichtlinearer Probleme auf separable findet man unter anderem bei E. M. L. Beale, VIII.1.5–39.

Das Quadratische Zuordnungsproblem

Eine Verallgemeinerung des in I.15 beschriebenen Assignment Problems ergibt sich, wenn die Koeffizienten der Zielfunktion $c_{11}, c_{12}, \ldots, c_{nn}$ nicht nur von der

Zuordnung (i,j) abhängen. Wir betrachten zwei Mengen S und T, wobei $S = \{1, 2, \ldots, n\}$ und $T = \{1, 2, \ldots, n\}$. Wir suchen eine Zuordnung $S \leftrightarrow T$, wobei wie beim Assignment Problem $n!$ Zuordnungen möglich sind. Wir definieren $x(i,j)$ als 0/1-Variablen, wobei $x(i,j) = 1$ bedeuten soll, daß die Zuordnung $i \leftrightarrow j$ besteht und $x(i,j) = 0$, daß diese Zuordnung nicht besteht.

Die Nebenbedingungen sind daher genau wie beim *Assignment Problem* durch

$$\sum_{i=1}^{n} x(i,j) = 1 \quad \text{für} \quad j = 1, \ldots, n$$

$$\sum_{j=1}^{n} x(i,j) = 1 \quad \text{für} \quad i = 1, \ldots, n$$

$$x(i,j) = 0/1 \quad \text{für} \quad i = 1, \ldots, n \quad \text{und} \quad j = 1, \ldots, n$$

gegeben. Hingegen ist die Zielfunktion beim *Quadratischen Assignment Problem* nichtlinear:

$$\sum_{\substack{i,j,k,l=1 \\ k > i}}^{n} c(i,j,k,l) x(i,j) x(k,l)$$

Seien beispielsweise die Elemente von S Fabriken und die Elemente von T Orte. Dann ist eine eineindeutige Zuordnung von Fabriken zu Orten gesucht. Die Zielsetzung ist die Minimierung der durch die gegenseitige Lage der Fabriken sich ergebenden Kosten. Diese Kosten sind in der Regel von der Entfernung der Fabriken abhängig und von der Häufigkeit der "Kommunikation" zwischen den beiden Fabriken, die sich etwa aus der Natur des Produktionsprogrammes ergibt.

Dadurch ergibt sich $c(i,j,k,l) = d(j,l) t(i,k)$ grob gesprochen als Produkt von Distanz und Häufigkeit. Genauer gesagt sind $d(j,l)$ die Kosten pro "Kommunikationseinheit" zwischen den Orten j und l. $t(i,k)$ sind die Häufigkeiten der Kommunikation zwischen den Fabriken i und k in einer angemessenen Einheit (z.B. Anzahl pro Planungsperiode). Die gesamten durch die gegenseitige Lage der Fabriken bedingten Kommunikationskosten sind dann durch obige Zielfunktion wiedergegeben.

Die Kosten ergeben sich also aus der Betrachtung von Paaren von Zuordnungen und nicht, wie beim Assignment Problem, aus der Bertrachtung der einzelnen Zuordnung. Die Bedingung $k > i$ in der Summationsvorschrift verhindert, daß Paare von Zuordnungen doppelt gezählt werden.

Dieses Problem nennt man *Quadratisches Zuordnungsproblem* (Engl.: Quadratic Assignment Problem). Der Name geht auf eine Arbeit von T. C. Koopmans und M. J. Beckmann (1957) zurück, siehe VII.19–170.

Das Quadratische Assignment Problem kommt bei bestimmten Standortproblemen (Engl.: Facilities Location) und bei Auslegungsproblemen (Engl.: Layout Problems) vor.

In Abschnitt V.4 findet man auch eine Formulierung des *Travelling Salesman Problems* als Quadratisches Zuordnungsproblem.

Es ist möglich, das Quadratische Zuordnungsproblem auf ein PIP-Modell zurückzuführen. Dabei ersetzt man jedes Produkt von 0/1-Variablen durch eine neue 0/1-Variable, die nur genau dann den Wert 1 annimmt, falls die beiden zu ersetzenden kombiniert auftretenden 0/1-Variablen beide den Wert 1 haben.

Seien y_1 und y_2 etwa zwei 0/1-Variablen, die in einem Modell gekoppelt als gemischt quadratischer Ausdruck $y_1 y_2$ auftreten, so führt man eine weitere 0/1-Variable y_3 ein und fordert $y_3 = 1 \leftrightarrow y_1 = 1$ und $y_2 = 1$.

Diese logische Bedingung kann man durch folgende Nebenbedingungen im Modell widerspiegeln:

$$-y_1 \qquad + y_3 \leqq 0$$
$$- y_2 + y_3 \leqq 0$$
$$y_1 + y_2 - y_3 \leqq 1$$

Für weitere lösungstechnische Betrachtungen für das Quadratische Zuordnungsproblem muß auf die Literatur verwiesen werden. Literaturhinweise finden sich in Kapitel XIV unter dem Stichwort "Quadratic Assignment Problem". Besonders verweisen wir auf die Arbeit von G. Finke, R. E. Burkard und F. Rendl, VII.19–171.

I.18 Andere Methoden der Optimierung

Wir haben in den vorangehenden Abschnitten ausschließlich Methoden der Mathematischen Programmierung in ihren verschiedenen Varianten besprochen.

Es gibt noch andere Ansätze zur Lösung von Optimierungsproblemen. Hierbei handelt es sich um Verfahren, die teilweise das unbedingte Ziel der Ermittlung einer mathematisch beweisbaren optimalen Lösung abschwächen und sich mit *Näherungslösungen* begnügen, die häufig für eine praktische Verwendung des Ergebnisses jedoch ausreichend sein können.

In diese Klasse von Verfahren fallen die Methoden *Heuristik* und *Simulated Annealing*.

Andere Verfahren, wie *Branch-and-Bound Methoden*, *Kombinatorische Verfahren* und *Dynamische Programmierung* haben genau wie die Mathematische Programmierung das Ziel der Ermittlung einer nachweisbar optimalen Lösung.

Einzelheiten dieser Verfahren werden wir in Kapitel V. vermitteln. Daher wollen wir an dieser Stelle nur eine grobe Beschreibung dieser Verfahren vorwegnehmen.

Heuristische Verfahren

Heuristische Verfahren dienen der Ermittlung einer zulässigen Lösung, die unter Kenntnis der Nebenbedingungen und unter Benutzung von empirischen Entscheidungskriterien ermittelt wurde. Typische *empirische* Entscheidungskriterien können zum Beispiel Prioritätsregeln sein. Bei heuristischen Verfahren ist in der Regel eine Aussage über die Optimierungsqualität der Lösung nur schwerlich möglich,es sei denn es gelingt, den optimalen Zielwert abzuschätzen. Oft ist jedoch diese Abschätzung nicht genau genug, um etwas über die Güte einer Heuristik auszusagen.

Wenn zum Beispiel eine heuristische Lösung den Zielwert 100 hat, eine untere Schranke für das Optimum (bei Minimierung) zum Beispiel 60 ist, so kann man zwar sagen, daß die heuristische Lösung höchstens eine Abweichung von 40/60 vom Optimum hat. Das sagt jedoch nicht viel aus, da das echte Optimum zum Beispiel bei 98 liegen kann.

Man kann heuristische Lösungsansätze auch mit kombinatorischen und anderen Lösungstechniken verbinden, um sicherzustellen, daß eine gewisse Teilmenge von zulässigen Lösungen erfaßt wird, und damit wenigstens die beste Lösung aus dieser Teilmenge ermittelt wird.

Simulated Annealing

Simulated Annealing ist eine Technik zur Behandlung von Optimierungsaufgaben mit oder ohne Nebenbedingungen. Nichtlinearitäten und multiple Extrema sind kein Hindernis für diese Methode.

Diese Technik hat ihren Namen aus der Metallurgie, wenn es darum geht, geschmolzene Metalle so abzukühlen, daß eine Kristallisationsstruktur entsteht, die einem möglichst niedrigen Energieniveau entspricht. Um dieses möglichst niedrige Niveau zu erreichen, greift man zur Methode der zwischenzeitlichen Erhitzung, in der Hoffnung, bei der nachfolgenden Abkühlung eine bevorzugte Situation zu erreichen.

Diese Technik in der Metallurgie stand Pate bei dem Gedanken, die Schwierigkeit vieler Methoden zu überwinden, in einem unter Umständen lokalen Optimum zu landen, und das globale Optimum nicht zu erreichen.

Das Verfahren, das auf N.Metropolis (1953), S. Kirkpatrick (1983) und andere zurückgeht, beginnt an einer zulässigen Lösung und berechnet den Wert der Zielfunktion an einer anderen, zufällig gewählten, zulässigen Lösung. Ist der Wert der Zielfunktion (im Falle der Minimierung) kleiner als der Zielwert der Anfangslösung, so wird die neue Lösung akzeptiert. Falls jedoch der Zielwert der potentiell neuen Lösung größer ist, so wird diese neue Lösung nur mit einer Wahrscheinlichkeit akzeptiert, die von dem Unterschied zwischen den Zielwerten der Anfangslösung und der neuen Lösung abhängt.Man wählt als Wahrscheinlichkeit, $e^{-df/\beta}$ wobei β ein Parameter und df der Unterschied in der Zielfunktion bedeutet.

Der Parameter β wird auch *Temperatur* genannt. Man beginnt mit einem positiven Wert und vermindert β schrittweise, wodurch die Wahrscheinlichkeit, schlechtere Lösungen zu akzeptieren , geringer wird. Das Verfahren endet, wenn β den Wert o erreicht und keine Verbesserung der Zielfunktion mehr möglich ist. Die Regel, nach der β schrittweise verringert wird, nennt man *Annealing Schedule*. Diese Regel beeinflußt sehr wesentlich den Erfolg des Algorithmus.

Das Verfahren zeichnet sich dadurch aus, daß in dem Bemühen, ein globales Optimum zu ermitteln, zwischenzeitlich auch schlechtere Lösungen im Sinne der Zielsetzung akzeptiert werden.Simulated Annealing ist dann eine sinnvolle Alternative, wenn der Rechenaufwand, Zielfunktionswerte für zulässige Lösungen zu berechnen, relativ gering ist.

Branch-and-Bound Methoden

Diese Methoden beruhen auf dem Gedanken, daß man die Menge der zulässigen Lösungen, den sogenannten *Lösungsraum*, in *Teilmengen* aufteilt. Für diese Teilmengen wird eine Abschätzung der Zielfunktion in dem Sinne vorgenommen, daß (im Falle der Minimierung) eine untere *Schranke* für den Zielwert aller zulässigen Lösungen einer Teilmenge gebildet wird. Man entscheidet sich für eine dieser Teilmengen und teilt diese wiederum in kleinere Teilmengen auf, für die wiederum Schranken berechnet werden. Der Prozeß führt durch wiederholte Anwendung zu einer Situation,bei der eine Teilmenge nur eine zulässige Lösung enthält. Falls der Wert der Zielfunktion dieser zulässigen Lösung nicht größer als alle unteren Schranken aller noch nicht weiter untersuchten Teilmengen des sich ergebenden Entscheidungsbaumes ist, ist diese zulässige Lösung eine Optimallösung.

Das *Branch-and-Bound* Verfahren stellt somit eine Methode der *impliziten Enumeration* dar, d.h. es werden (implizit) alle möglichen Lösungen untersucht. Damit gehört das Branch-and-Bound Verfahren zu den sogenannten Entscheidungsbaum-Verfahren.

Das Branch-and-Bound Verfahren eignet sich insbesondere bei *kombinatorischen Optimierungsproblemen*, die naturgemäß eine große, aber endliche Menge von zulässigen Lösungen haben. Die Effizienz der Branch-and-Bound Methode ist abhängig von der Qualität der für die Teilmengen von zulässigen Lösungen ermittelten Schranken für die Zielwerte.

Kombinatorische Verfahren

Als Verfahren der *kombinatorischen Optimierung* bezeichnet man Methoden, die bei Optimierungsproblemen zum Einsatz kommen, die einen ausgesprochen kombinatorischen Charakter haben.

Solche Optimierungsprobleme treten häufig in Zusammenhang mit Problemen der optimalen Planung auf und sind keinesfalls nur von theoretischem Interesse. Eine Reihe von solchen Problemen, die in der Literatur ein besonderes Interesse gefunden haben, sind zum Beispiel:

—Assignment Problems (Zuordnungsprobleme)
—Travelling Salesman Problem (Problem des Handlungsreisenden)
—Knapsack Problem (Rucksack Problem)
—Bin Packing Problem
—Graph Colouring Problems
—Set Partitioning Problems
—Set Covering Problems
—Matching Problems

Wir werden einige dieser Probleme näher im Abschnitt V.4 beleuchten. Diese typischen kombinatorischen Probleme treten zuweilen als Teilprobleme umfangreicher Planungsprobleme der Praxis auf. Sie lassen sich zwar alle als ganzzahlige Programme formulieren. Im allgemeinen existieren jedoch problemindividuelle Lösungsverfahren, die die spezielle Problemstruktur berücksichtigen und daher effizienter sind als die allgemein verwendbaren Verfahren zur Lösung ganzzahliger Programme.

Dynamische Programmierung

Dynamische Programmierung ist ein Verfahren zur optimalen Lösung *mehrstufiger Entscheidungsprobleme*, das 1954 von Richard Bellman eingeführt wurde. Dynamische Programmierung beruht auf einer Theorie, die auch Methode der *rekursiven* Optimierung genannt wird und optimale Entscheidungsfolgen mehrstufiger Entscheidungsprozesse dadurch erreicht, daß die in den einzelnen Stufen des Prozesses möglichen Entscheidungen und die optimalen Teilentscheidungsfolgen jeweils aufgrund der optimalen Teilfolgen der Vorgänger–Stufe getroffen werden.

Durch die Natur dieses Verfahrens, das eine individuelle rekursive Formulierung für jedes konkrete, mehrstufige Entscheidungsproblem verlangt, ist eine einheitliche Behandlung durch ein Computer-Programm, etwa wie bei der Mathematischen Programmierung, nicht ohne weiteres möglich.

I.19 Optimale und fast-optimale Lösungen

Eine optimale Lösung zu einem Optimierungsproblem ist im allgemeinen nicht eindeutig, da in der Regel *mehrere* optimale Lösungen existieren. Diese verschiedenen Optimallösungen sind gleichwertig bezüglich der gewählten Zielsetzung, können jedoch im Hinblick auf andere sekundäre Zielsetzungen unterschiedliche Qualität haben. Es kann daher sehr wohl interessant sein, verschiedene optimale Lösungen im Hinblick auf nachrangige Zielvorstellungen zu untersuchen.

Um diesen wichtigen Aspekt an einem konkreten Beispiel zu erläutern, verwenden wir das in I.13 dargestellte Problem der Reihenfolgeplanung in der Fertigung.

Wenn mehrere optimale Produktfolgen mit minimaler Durchlaufzeit existieren, so können diese Produktfolgen unterschiedliche Qualität im Hinblick auf die Leerzeiten der Maschinen und die Liegezeit der Produkte (Kapitalbindung) haben.

Verschiedene Optimallösungen sind also durchaus nicht unbedingt in jeder Hinsicht gleichwertig.

Wie es nun also interessant sein kann, verschiedene Optimallösungen zu betrachten, um verschiedene Zielaspekte zu berücksichtigen, so kann es auch interessant sein in die Gruppe der Optimallösungen noch sogenannte fast-optimale Lösungen aufzunehmen. Man findet nähere Angaben über die Vorgehensweise bei Problemen der Optimierung mit mehreren Zielsetzungen im Abschnitt I.21.

I.20 Postoptimale Aspekte

Wenn man ein Modell gelöst hat und hat eine Optimallösung gefunden wurde, so ensteht oft die Frage, inwieweit die Optimallösung noch gültig ist, wenn Änderungen an den Daten des Modells, das heißt, zum Beispiel bei einem LP-, PIP- oder

MIP-Modell, an den Werten der rechten Seite oder den Koeffizienten der Zielfunktion oder auch den Werten in der Koeffizientenmatrix vorgenommen werden.

Falls zum Beispiel die Koeffizienten einer Zielfunktion Preise sind, so kommen natürlich Preisänderungen vor und die Frage ist, inwieweit Preisänderungen die Optimallösung beeinflussen.

Die Untersuchung solcher Fragen nennt man auch *Sensitivitätsanalyse*. In modernen DV-Software-Paketen sind meist solche *postoptimalen* Untersuchungen durch sogenannte *parametrische* Funktionen unterstützt, bei denen der Benutzer die Datenänderungen parametrisch vorgibt und Auswirkungen auf die Optimallösung untersucht werden.

Außerdem können postoptimale Schlüsse aus den *Schattenpreisen* und den *Reduzierten Kosten* gezogen werden, die in der Standardausgabe von LP-Softwarepaketen in der Regel angegeben werden. Hierzu siehe im Glossar, Abschnitt XI.

Wir verdeutlichen diesen letzten Punkt an einem kleinen Beispiel, das der Leser leicht selbst nachvollziehen kann, da es nur zwei Variablen beinhaltet.

Wir betrachten das LP-Modell

$$\text{Max!} \quad 40x_1 + 300x_2$$
wobei

$$
\begin{array}{lrcr}
\text{(I)} & 10x_1 + 20x_2 & \leq & 1100 \\
\text{(II)} & x_1 + 4x_2 & \leq & 160 \\
\text{(III)} & x_1 + x_2 & \leq & 100 \\
& x_1 & \geq & 0 \\
& x_2 & \geq & 0
\end{array}
$$

Die Optimallösung ergibt sich zu $x_1 = 0$ und $x_2 = 40$ mit einem Wert der Zielfunktion von 12000.

Die Standardausgabe von MPSX/370 gibt für die Nebenbedingung (II) einen Schattenpreis von -75.0 an, was besagt, daß der optimale Zielwert sich um 75 erhöhen würde, wenn man die Nebenbedingung dadurch um eine Einheit lockert, daß man die rechte Seite von 160 auf 161 erhöht. Für die Nebenbedingungen (I) und (III) werden keine Schattenpreise angegeben, da die Optimallösung nicht durch diese Nebenbedingungen unmittelbar begrenzt wird. Die linke Seite von (I) hat am Optimalpunkt nur den Wert 800, die von (III) nur den Wert 40. Die linke Seite von (II) hat jedoch den Wert 160. Damit ist die rechte Seite von (II) von kritischer Bedeutung für den Optimalwert der Zielfunktion. Schattenpreise werden häufig auch Englisch "Dual Activities" genannt, da sie sich als Optimalwerte der Lösung des dualen Problems auffassen lassen. Hierzu vergleiche man die Erklärungen in Abschnitt I.8 und im Glossar, Abschnitt XI.

Für die Variable x_1 sind in der Standardausgabe von MPSX/370 reduzierte Kosten von -35.0 angegeben. Das bedeutet, daß der Koeffizient von x_1 in der Zielfunktion von 40.0 um -35.0 zu reduzieren ist, also gleich 75.0 zu setzen ist, um x_1 mit einem positiven Wert in der Optimallösung haben zu können. In der Tat wird mit dem Koeffizienten 75.0 ausser $x_1 = 0$ und $x_2 = 40$ auch z.B. der Punkt $x_1 = 60$ und $x_2 = 25$ optimal. Eine gleichwertige Interpretation der reduzierten

Kosten ergibt sich, wenn man den Wert der Variablen x_1 auf 1.0 fixiert und erneut optimiert. Der Optimalwert der Zielfunktion ist dann um 35.0 niedriger als 12000, also 11965.

Reduzierte Kosten werden nur für Variablen angegeben, deren Wert in der Optimallösung verschwindet, d.h. gleich Null ist.

I.21 Mehrere Zielsetzungen

Wir haben bisher stets angenommen, daß sich die Zielsetzung der Optimierung durch eine einzige Zielfunktion repräsentieren läßt.

Es gibt jedoch Entscheidungssituationen, die eine solche Darstellung nicht erlauben und die Berücksichtigung *mehrerer Zielsetzungen* erfordern, um zu einer bevorzugten Entscheidungsalternative zu gelangen. Seit vielen Jahren hat sich daher eine theoretische Entwicklung für die Unterstützung von Entscheidungssituationen bei mehrfacher Zielsetzung (Engl.: Multi-Objective, Multi-Criteria oder Multicriteria Decision Making) vollzogen. Ein für die Praxis wichtiger Sonderfall behandelt die Problemstellung mit zwei Zielsetzungen (Engl.: Bicriteria Decision Making).

Man geht dabei im allgemeinen zweistufig vor, indem zunächst sogenannte *effektive Lösungen* (Engl.: efficient solutions) ermittelt werden und auf dieser Basis dann eine optimale Kompromislösung (Engl.: optimal compromise solution) unter "Abwägung" zwischen den verschiedenen Zielkriterien ermittelt wird. Dabei heißt eine Lösung *effektiv*, wenn es keine andere Lösung gibt, die bezüglich aller Kriterien mindestens gleichwertig ist und bezüglich mindestens einem Kriterium besser ist. Solche Lösungen heißt auch *Pareto-optimal* (Engl.: Pareto Optimal Solutions oder auch Noninferior Solutions).

Ein Überblick über dieses wichtige Gebiet findet sich in der Arbeit von G. W. Evans, VII.1.11–46. Wir entnehmen der Arbeit von S. Zionts, VIII.1.11–67, ein kleines Beispiel eines LP-Modells mit zwei Zielfunktionen.

$$\text{Max!} \quad f_1 = -x_1 + 2x_2$$
$$\text{Max!} \quad f_2 = 2x_1 - x_2$$

wobei

$$(\text{I}) \qquad x_1 + x_2 \leqq 7$$
$$(\text{II}) \qquad -x_1 + x_2 \leqq 3$$
$$(\text{III}) \qquad x_1 - x_2 \leqq 3$$
$$4 \geqq x_1 \geqq 0$$
$$4 \geqq x_2 \geqq 0$$

Der Leser möge sich den Raum der zulässigen Lösungen veranschaulichen. Die beiden Zielfunktionen f_1 und f_2 haben für eine Reihe von Eckpunkten des Lösungsraums folgende Funktionswerte:

Lösungspunkt (x_1, x_2)	f_1	f_2
$E = (x_1 = 1, x_2 = 4)$	7	-2
$D = (x_1 = 3, x_2 = 4)$	5	2
$C = (x_1 = 4, x_2 = 3)$	2	5
$B = (x_1 = 4, x_2 = 1)$	-2	7

Die Zielfunktion f_1 hat ihren eindeutigen Optimalpunkt bei E, während f_2 ihren optimalen Zielwert im Punkt B annimmt. Eine naheliegende Methode, beide Zielsetzungen in der Optimierung weitestgehend zu berücksichtigen, ist die Verwendung von Gewichten, etwa p_1 und p_2. Man betrachtet dann die gemeinsame Zielfunktion $p_1 f_1 + p_2 f_2$ und fordert $0 \leqq p_1, p_2 \leqq 1$ und $p_1 + p_2 = 1$. Für $p_1 > 2/3$ ist E die optimale Kompromislösung, für $p_1 = 2/3$ sind D und E beide optimal, für $1/2 < p_1 < 2/3$ ist D Optimallösunge, während schließlich für $1/3 < p_1 < 1/2$ die Lösung C und für $0 < p_1 < 1/3$ die Lösung B optimal ist. Für $p_1 = 1/2$ ist sowohl D als auch C optimal und für $p_1 = 1/3$ sind die Lösungen C und B optimal.

S. Zionts und J. Wallenius beschreiben ein Verfahren, das auf der Verwendung von Gewichten basiert und interaktiv unter Einbeziehung des Benutzers arbeitet, siehe X-257.

R. Ramesh, M. H. Karwan und S. Zionts stellen ein interaktives Verfahren für Ganzzahlige Programme mit zwei Zielsetzungen (Engl.: Bicriteria Integer Programming) vor, VII.1.11–69.

Einen Überblick über Anwendungen, die auf Modellen mit mehreren Zielsetzungen aufbauen, gibt eine Arbeit von D. J. White, VIII.1.11–72.

I.22 Optimierung bei probabilistischer oder unscharfer Problembechreibung

Wir haben bei unseren bisherigen Betrachtungen stets unterstellt, daß das Optimierungsproblem, auch manchmal synonym Problem der Optimalen Planung genannt, eine sogenannte Problembeschreibung hat, die keinerlei *Unsicherheiten* enthält und "*scharf*" definiert ist. Wir haben also angenommen, daß der dem Planungsproblem zugrundeliegende Sachverhalt erlaubt, ein gültiges *deterministisches* und "*scharfes*" *Modell* zu erstellen, welches mit Sicherheit beschreibt, welche Lösungen zulässig und unzulässig sind und welche Lösungen besser oder schlechter sind.

Es gibt jedoch eine Reihe von Situationen, in denen eine solche scharfe Problembeschreibung nur schwerlich möglich ist (die folgende Darstellung folgt der Arbeit von W. Rödder und H.-J. Zimmermann, VIII.1.12–18, 1977):

—Stochastische Systeme bzw. Entscheidungssituationen bei Ungewißheit

—Situationen oder Systeme, die zum Teil unscharf zu beschreibende Phänomene umfassen

—Situationen in denen Unschärfe menschlicher Empfindungen eine wesentliche Rolle spielen

—Situationen oder Systeme, in denen die Interdependenzen zwischen den einzelnen
  Komponenten nicht scharf formulierbar sind

Für die erste Kategorie von Situationen können als Hilfsmittel zur Formulierung
und Analyse die Methoden der Wahrscheinlichkeitstheorie und Statistik herangezogen werden. Man spricht von *Stochastischer Programmierung* (Engl.: Stochastic
Programming).

Die zweite bis vierte Kategorie von Situationen betrifft Problemstellungen, bei
denen im Modell auftretende Daten oder Abhängigkeiten nicht genau bekannt
sind, nicht genau messbar sind oder subjektiven Charakter haben. Für diese
Situationen hat sich eine eigene *Theorie unscharfer Mengen* (Engl.: Theory of Fuzzy
Sets) herausgebildet, die auf eine Arbeit von L. A. Zadeh (1965), VIII.1.12–23,
zurückgeht.

Es gibt für diese *unscharfen Problemstellungen* drei Möglichkeiten der
Behandlung:

—Man approximiert das unscharfe Problem durch ein scharf formuliertes Problem,
  läuft jedoch Gefahr, ein anderes als das eigentlich zur Diskussion stehende
  Problem zu lösen
—Man begnügt sich mit einer zwar zutreffenden aber unscharfen verbalen
  Formulierung des Problems und einer sehr unscharfen wenig informativen
  Lösung des Problems
—Man bedient sich bei der Lösung und der Analyse des Problems des Konzepts
  der *unscharfen Mengen*

Die letzte Vorgehensweise hat den Vorteil, daß das Modell in angemessener Weise
formuliert werden kann und Aussagen über optimale Lösungen in präziser und
informativer Weise gemacht werden können.

Unscharfe Probleme können mit einer oder mehreren Zielsetzungen auftreten.
Interessant ist, daß die Theorie der unscharfen Mengen auch auf die Lösung von
scharf formulierten Problemen mit mehrfacher Zielsetzung anwendbar ist.
Vergleiche hierzu zum Beispiel in der Literaturstelle VIII.1.11–25.

I.23 Andere Verfahren des Operations Research

Wir konzentrieren uns in dieser Arbeit auf den Aspekt der Optimierung. Es gibt
jedoch noch eine Reihe anderer quantitativer Verfahren im Rahmen des Operations
Research, die wir in diesem Abschnitt wenigstens kurz erwähnen wollen.

Projektplanung

Unter *Projektplanung* versteht man eine Technik, die ein Projekt als Netzwerk
(Netzplan) darstellt. Diese Technik wird daher auch als Netzplantechnik bezeichnet. Die Tätigkeiten eines *Projektes* werden dabei als Kanten eines *Netzwerkes*
dargestellt. Die Knoten des Netzwerkes entsprechen dann den Anfangs- oder

End-Ereignissen von Tätigkeiten. Den Tätigkeiten werden Tätigkeitsdauern zugeordnet, das sind Planwerte für den Zeitbedarf der Tätigkeiten.

Die *Projektdauer* ergibt sich dann als längster Weg durch das Netzwerk. Der (die) längste(n) Weg(e) heißt (heißen) kritischer (kritische) Weg(e). Während jede Verzögerung von Tätigkeiten auf einem kritischen Weg zu einer Verzögerung des Projektes und demnach einer Verlängerung der Projektdauer führt, ist das bei anderen, sogenannten nichtkritischen Tätigkeiten nicht der Fall. Diese Tätigkeiten haben noch sogenannte *Pufferzeiten*, innerhalb derer sie sich verzögern können, ohne den Projektendtermin zu gefährden.

Auf dieser Basis und vielen methodischen Verfeinerungen basieren DV-Anwendungsprogramme zur *Projektplanung* (Engl.: Project-Management). Sie gestatten häufig die Planung strukturierter Projekte, wobei Teilprojekte als Teilnetze dargestellt sind. Teilweise wird auch die *Multiprojektplanung* unterstützt. Das ist besonders unter dem Aspekt der *Ressourcenplanung* interessant. Außer der zeitlichen und Ressourcen-Planung ist ein weiterer wichtiger Projektplanungsaspekt derjenige der Projektkosten.

Fortschrittliche Projektplanungsprogramme unterstützen die zeitliche, ressourcenmässige und *kostenmässige Planung* und Überwachung von komplexen Projekten.

Der Interessierte findet Näheres in der Referenz IX-70.

Simulation diskreter Prozesse

Simulation ist die Nachbildung von Prozessen in einem Modell mit dem Ziel, den Prozeß zu analysieren. Der Vorteil gegenüber Versuchen mit dem physischen Prozeß selbst liegt vor allem darin begründet, daß die Verwendung von *Simulationsmodellen* oft kostengünstiger ist, Versuche nur schwer durchführbar sind, Versuche mit Gefahren verbunden sind oder der Prozeß selbst lediglich geplant ist, und daher physisch (noch) nicht vorhanden ist. Eine Klasse von Prozessen sind diejenigen, deren Zustandsänderungen diskreter Natur sind. In diesem Falle ändert ich der Zustand des Prozesses (Systems) beim Eintritt bestimmter Ereignisse.

Meist ist der Gegenstand der Untersuchung das Verhalten des Prozesses bei Engpaßsituationen. Der Prozeß besteht aus einem System durch das sich Prozeß-Elemente bewegen. Hierbei handelt es sich zum Beispiel um Fahrzeuge (Verkehr), Nachrichten (Telekommunikation) oder Aufträge (Fertigung). Die Prozeß-Elemente führen bei Engpass-Ressourcen zu Warteschlangen. Das Studium der Länge der Warteschlangen vor den verschiedenen Engpass-Ressourcen unter Variation von Prozeß-Parametern ist das eigentliche Anliegen der diskreten Simulation. Für die Modellbildung bietet DV-Anwendungssoftware häufig sogenannte Simulationssprachen an, die es gestatten, Prozeß-Elemente zu beschreiben und die sich durch das System bewegenden Elemente unter gewählten statistischen Grundannahmen zu erzeugen. Die Ausgabe besteht in der statistischen Auswertung des Systemverhaltens über den Beobachtungszeitraum. Darüberhinaus gibt es Simulationssoftware mit sogenannten *Animationsfunktionen*, die den Simulationsablauf in bewegten Bildern darstellen, eine besonders zur Modellvalidierung geeignete Methode der Darstellung von Ergebnissen.

Simulationsverfahren werden manchmal auch verwendet, um komplexe Prozesse, deren Abbildung in ein Optimierungsmodell nicht möglich ist oder deren Optimierungsmodell nicht oder nur mit unwirtschaftlichem Aufwand lösbar ist, näherungsweise zu optimieren.

Die Optimierung besteht dann in einer Reihe von Simulationsschritten mit jeweiligen Anpassungen der Prozeß-Parameter, die sich aus der Inspektion der Simulationsergebnisse ergeben.

Der Interessierte findet Näheres in der Referenz IX-69.

Simulation kontinuierlicher Prozesse

Kontinuierliche oder *dynamische* Prozesse verändern ihren Zustand stetig (kontinuierlich). Beispiel sind hierfür Flugobjekte, chemische Reaktionen oder elektromechanische Systeme.

Um das Verhalten solcher Prozesse zu studieren, bedient man sich auch eines Modells, das das Verhalten des Prozesses nachbildet. Das Modell besteht in der Regel aus einem Anfangszustand, der den Zustand des Prozesses zu einem Zeitunkt $T(0)$ beschreibt. Das Prozeßverhalten über den Beobachtungszeitraum $T(n) - T(0)$ ist dann durch ein System von sogenannten *Differentialgleichungen* beschrieben. Dieses Modell wird dann durch Verfahren der numerischen Integration ausgewertet und die Ergebnisse, gegebenenfalls graphisch, bereitgestellt.

Der Interessierte findet Näheres in der Referenz IX-69.

II. DV-Aspekte von Optimierungsanwendungen

II.1 Erkennung eines Problems der Optimierung

Ein Aspekt von entscheidender Bedeutung für die systematische Nutzung der Technologie der Optimierungsmethoden, ist die Erkennung von Problemstellungen in einer Organisation oder Unternehmung, die ihrem Charakter nach als Optimierungsprobleme in Angriff genommen werden können.

Von besonderer Bedeutung ist in diesem Zusammenhang die Abgrenzung der Planungsproblematik gegenüber Planungen, die in anderen Unternehmensbereichen durchgeführt werden und zu denen Schnittstellen existieren. Ein beliebtes Beispiel ist hier die Produktionsplanung eines Unternehmens, die natürliche Schnittstellen zu anderen Planungen haben, wie der Investitionsplanung, der Personalplanung, der Absatzplanung (Vertriebsplanung) und der Einkaufsplanung, um nur einige Bereiche zu nennen. Man kann nun diese Planungen integriert (d.h. simultan) betrachten oder man betrachtet die Planungsaufgaben separat. Im letzteren Fall muß ein Informationsaustausch zwischen den Planungen organisiert werden. Dieser Datenfluß existiert ohnehin in einer Organisation, da er von den Sachzusammenhängen diktiert wird. Es ist allerdings möglich, daß dieser Datenfluß umstrukturiert wird, um einer separat betrachteten Optimierungsanwendung einen möglichst großen Freiraum für die Wahl einer optimalen Alternative zu geben.

Um ein Optimierungsproblem zu erkennen, sind folgende Voraussetzungen wesentlich:

—Verständnis der bestehenden *Organisation*
—Verständnis der bestehenden Planungen und Datenströme
—Verständnis der bestehenden *Unternehmensziele*

Aus diesem Verständnis werden sich zusammen mit einem Hintergrundwissen über Optimierungsanwendungen und Modelle, potentielle Anwendungsproblematiken entwickeln, die dann mit den beteiligten Fachbereichen näher beleuchtet werden müssen.

Man sieht, daß eine alleinige Kenntnis von Optimierungsmethoden genausowenig ausreichend für die Erkennung eines Problemes der Optimierung ist, wie es das alleinige Verständnis der Praxis im Unternehmen ist. Beides muß zusammenkommen, um erfolgreich zu sein. Man beachte in diesem Zusammenhang auch die Darlegungen im Kapitel III über die Zusammenarbeit der verschiedenen beteiligten Funktionen im Unternehmen.

II.2 Modellbildung

Wir haben bereits im Abschnitt I.6 einige Aspekte der *Modellbildung* erwähnt, wollen das hier jedoch im Hinblick auf die Anwendung des Modells im Rahmen einer DV-Anwendung noch vertiefen.

Die Modellbildung muß die spätere Benutzung des Modells im Rahmen eines DV-Anwendungsscenarios berücksichtigen.

Nehmen wir an, eine Anwendung der Optimierung sei identifiziert und in ihren wesentlichen Zügen definiert. Die Frage, die sich nunmehr ergibt, ist folgende:

—Welche Methodik soll eingesetzt werden?
   o Mathematische Programmierung
   o Branch-and-Bound Verfahren
   o Kombinatorik
   o Dynamische Programmierung
   o Statistische Methoden
   o Heuristik

Nachdem die erste Kategorie jene ist, für die kommerziell verfügbare *Software-Produkte* existieren, wird man gedanklich zunächst von einer möglichen Anwendung der Methoden der Mathematischen Programmierung ausgehen. Also wird man versuchen, ein Modell in der Form eines Mathematischen Programms zu erstellen.

Bevor man an die eigentliche *Modellformulierung* geht, ist es sicher nicht verkehrt, sich in der Literatur über Modellansätze zu informieren, die in gleichem oder ähnlichem Anwendungszusammenhang stehen.

Als nächster Schritt folgt dann der der eigentlichen Modellformulierung. Dazu definiert man eine Zielfunkton, die von einer Reihe von Einflußfaktoren abhängt. Aus dieser Überlegung leitet man die Variablen ab, die in dem Mathematischen Programm auftreten. Man beachte, daß bereits an dieser Stelle im allgemeinen mehrere Möglichkeiten existieren, Variablen zu definieren. Dies gilt insbesondere für die Benutzung kontinuierlicher und/oder ganzzahliger Variabler.

Aus der Wahl der Variablen ergeben sich die Nebenbedingungen.

In der Praxis wird ein Modell im allgemeinen nur durch mehrfachen Versuch der Modellformulierung erreicht.

Man kann dabei bereits theoretisch mögliche, aber produktiv nicht verwendbare Modelle vermeiden. Es ist zum Beispiel höchstens von akademischen Interesse, ein Planungsproblem mit tausenden von 0/1-Variablen zu formulieren, obwohl man weiß, daß die Anwendung auf einem Personal Computer laufen muß.

Wichtig ist auch, die Struktur des Modells zu erkennen, da besondere Problemstrukturen auch Implikationen im Hinblick auf die *Wirksamkeit von Algorithmen* haben.

Gelingt es nicht, ein Modell als *Mathematisches Programm* aufzustellen, das von der Struktur und vom Umfang her akzeptabel ist und eine wirtschaftliche Lösung des Planungsproblems zulässt, muß man auf andere Lösungstechniken ausweichen. Diese Techniken haben generell den Nachteil, daß im allgemeinen keine Software käuflich ist, die solche Techniken in einer allgemeiner verwendbaren Form anbietet. Man muß sich also bei diesen Methoden darüber im Klaren sein, daß man um eine eigenständige Entwicklung einer *Anwendungssoftware* nicht herumkommt.

Während bei der Mathematischen Programmierung die Aspekte *Modell* und *Algorithmus* getrennt gesehen werden können, ist diese Isolierung der beiden Aspekte bei den anderen Lösungstechniken nur schwerlich möglich. Hier fallen in der Regel alle Aktivitäten der Modellbildung, der Gestaltung des Algorithmus und der Implementierung der DV-Anwendung zusammen in einen gemeinsamen Problemkomplex, der fuglich auch von dem (den) gleichen Mitarbeiter(n) bearbeitet wird. Dies trifft zumindest auf das experimentelle System zu, das zu erstellen ist, um die produktive Anwendbarkeit näher zu untersuchen. Ist die Anwendung dann nach mehereren experimentellen Iterationen strukturell festgelegt, kann man eine Delegation in die *DV Anwendungsentwicklung* erwägen. Man beachte in diesem Zusammenhang auch die Ausführungen im Kapitel III.

Aus dem oben Gesagten wird deutlich, daß man möglichst eine Anwendung der Mathematischen Programmierung bevorzugen sollte. Deshalb haben wir diese Technik auch in den Mittelpunkt der Darstellung gestellt und werden die folgenden Bemerkungen und den ganzen nächsten Abschnitt nur dieser Technik widmen.

Bei Mathematischen Programmen gibt es im wesentlichen zwei Aspekte, die *Qualität des Modells* zu beurteilen:

—die Korrektheit des Modells
—die Struktur des Modells

Daß ein Modell schlecht ist, wenn es die Planungsproblematik nicht korrekt abbildet, braucht nicht näher begründet zu werden. Allerdings ist der Begriff *Korrektheit* nicht zu akademisch zu verstehen. So kann es sinnvoll und für die Praxis völlig ausreichend sein, Variablen, die in der Praxis unteilbaren Begriffen entsprechen, nicht als ganzzahlige Variablen zu definieren. Wenn zum Beispiel Produktionsmengen in Stück eines Artikels im Modell eine Rolle spielen, die sich in einer Größenordnung von einigen hundert bewegen, so wäre es sicher nicht notwendig, die entsprechenden Variablen als ganzzahlige Variablen im Modell zu verwenden, obwohl es korrekt wäre. Man vergleiche hierzu die Ausführungen des nächsten Abschnitts über die rechentechnischen Auswirkungen der Verwendung ganzzahliger Variabler.

Unabhängig von der Frage der Ganzzahligkeit von Variablen, muß das Modell jedoch das zugrundeliegende Planungsproblem in ausreichendem Maße richtig wiedergeben. Hiervon muß man sich im Rahmen einer sogenannten Modell-Validierung überzeugen. Näheres hierzu in Abschnitt II.6.

Der andere Aspekt der Qualität eines Modells ist seine *Struktur*. Diese erschöpft sich nicht in der Anzahl der Variablen und Nebenbedingungen. Vielmehr ist die numerische Struktur der Koeffizientenmatrix ein wichtiges Kennzeichen, das über die algorithmische Lösbarkeit Aufschlüsse gibt.

Bei großen Modellen kann es von Bedeutung sein, die Anzahl der Nebenbedingungen zu Lasten der Anzahl der Variablen zu vermindern. Das ist möglich, wenn in einer Reihe von Nebenbedingungen nur wenige Variablen beteiligt sind.

Man betrachtet dann den zulässigen Lösungsraum und ordnet den Eckpunkten des Lösungsraums, die den extremen Werten (Engl.: Extreme Modes) der Originalvariablen entsprechen, neue Variablen zu. Diese sogenannte "modale" Formulierung (Engl.: Modal Formulation) wird bei H. P. Williams, VIII.1.1–11, Seite 35–36, an einem Beispiel verdeutlicht, das wir leicht modifiziert übernehmen.

Es seien folgende Nebenbedingungen im Modell vorhanden:

$$x_1 + x_2 \leqq 7 \quad (01)$$
$$3x_1 + x_2 \leqq 15 \quad (02)$$
$$x_2 \leqq 5 \quad (03)$$

Den Eckpunkten des zulässigen Lösungsraums im (x_1, x_2)-Koordinatensystem $(0,0), (0,5), (2,5), (4,3)$ und $(5,0)$ ordnet man neue Variable z_0, z_1, z_2, z_3 und z_4 zu.

Obige drei Nebenbedingungen 01, 02 und 03 ersetzt man nun durch eine einzige neue Nebenbedingung

$$z_0 + z_1 + z_2 + z_3 + z_4 = 1 \quad (N1)$$

Die Variablen x_1 und x_2 werden durch die neuen Variablen an anderen Stellen im Modell wie folgt ersetzt

$$x_1 \leftrightarrow 2z_2 + 4z_3 + 5z_4$$
$$x_2 \leftrightarrow 5z_1 + 5z_2 + 3z_3$$

Die drei Nebenbedingungen 01, 02 und 03 entfallen und werden durch die Bedingung N1 ersetzt.

Die Koeffizienten in den die Variablen x_1 bzw. x_2 ersetzenden Linearkombinationen der Variablen $z_0, \ldots, z_4$ entsprechen den x_1- bzw. x_2-Koordinaten der "Eckpunktvariablen" $z_0, \ldots, z_4$. Der Leser möge sich diesen Sachverhalt geometrisch verdeutlichen.

Die konsequente Nutzung der modalen Formulierung kann zu erheblicher Reduktion der Anzahl der Nebenbedingungen führen.

Eine weitergehende Diskussion dieser Formulierungstechnik findet sich in D. Smith, VII.19–118.

Ein anderer wichtiger Aspekt bei der Modellbildung betrifft die Wahl der Maßeinheiten für die Variablen. Idealerweise sollten Koeffizienten in einem LP-Modell im ein- bis zweistelligen Bereich liegen. Wichtig ist die Konsistenz der Verwendung von *Maßeinheiten* im Modell. Weitere interessante Aspekte bei der Modellbildung für LP-, MIP- und PIP-Modelle findet man bei H. P. Williams, VIII.1.3–21. Hier wird auch auf den wichtigen Gedanken hingewiesen, LP- und IP-Modelle als Netzwerkfluß-Modelle darzustellen oder in solche abzubilden. Die Vorteile liegen in der Existenz besonderer Algorithmen und der Unimodularität der Koeffizientenmatrix. Siehe hierzu Abschnitt I.15 und die Arbeit von R. E. Bixby und W. H. Cunningham, VIII.1.2–101.

Hinweise zur Modellbildung von NLP-Modellen findet man in P. E. Gill et al., VII.1.5–80.

II.3 Grenzen der wirtschaftlichen Lösbarkeit

Wir geben in diesem Abschnitt einige Hinweise, wo bei der heute verfügbaren *DV-Software* und *DV-Hardware* die Grenzen für die wirtschaftliche Lösbarkeit von Modellen der *Mathematischen Programmierung* liegen.

Wir beschränken uns hierbei nicht nur auf Mathematische Programme, sondern schließen auch nichtlineare Programme von den weiteren Erwägungen aus.

Bei linearen Programmen können heute sehr große Modelle mit wirtschaftlich vertretbarem Aufwand gelöst werden.

Kleinere LP-Probleme mit bis zu 5000 Variablen und bis zu 1000 Nebenbedingungen sind für einen Großrechner keine Herausforderung. Er löst sie in einer CPU-Zeit, die im Sekundenbereich liegt.

Typische LP-Probleme haben bis zu 5000 Nebenbedingungen und bis zu 10000 Variablen. Solche Probleme stellen für einen leistungsfähigen Rechner heute kein großes Problem mehr dar und können mit einer vergleichsweise geringen CPU-Zeit im Minutenbereich gelöst werden.

Jedoch können auch noch sehr große LP-Probleme mit 40000 Variablen und 20000 Nebenbedingungen meist in einigen CPU-Stunden auf einem Großrechner gelöst werden.

Die angegebenen CPU-Zeitbedarfe beziehen sich alle auf einen Großrechner im Leistungsbereich der schnellsten heute verfügbaren Rechner. Entsprechend länger sind die Verarbeitungszeiten für Hardware, die nur Bruchteile der Rechenleistung erbringt. Man sieht jedoch, daß die CPU-Zeit für lineare Programme kein Kriterium sein dürfte, an der die Wirtschaftlichkeit einer LP-Anwendung scheitert.

Man beachte jedoch, daß die Verweildauern der LP-Anwendungen im Großrechner durch den *Mehrbenutzerbetrieb* meist wesentlich länger sind als die CPU-Zeit vermuten läßt. Eine Anwendung mit zum Beispiel fünf CPU-Minuten kann ohne weiteres mehrere Stunden im System verweilen. Das ist jedoch bei Planungsanwendungen meist kein Problem.

So günstig sich die Rechenzeit bei kontinuierlichen LP-Problemen gestaltet, so ungünstig wird das Bild bei gemischt-ganzzahligen und rein-ganzzahligen Programmen.

Hier liegen die Grenzen wesentlich enger. Man kann als Anhaltspunkt sagen, daß die Anzahl der ganzzahligen Variablen maximal im unteren vierstelligen Bereich liegen darf. Dabei sind 1000 ganzzahlige Variable bereits sehr viel, wenn man an den sich durch die meist verwendete *Branch-and-Bound Technik* ergebende reisige Zahl von potentiellen Knoten im Baum denkt. Wichtig ist auch die Art der ganzzahligen Variablen. Bei 0/1-Variablen, läßt jede Variable zwei Zustände zu. Handelt es sich dagegen um eine ganzzahlige Variable $u \leqq y \leqq o$, so sind $o - u + 1$ mögliche Werte vorhanden, die unabhängig voneinander mit möglichen Werten anderer ganzzahliger Variabler kombiniert werden müssen.

Nicht nur die Anzahl der möglichen Knoten im Baum sind sehr hoch, hoch ist auch der gekoppelte Rechenaufwand für die Bestimmung der Bounds. Im allgemeinen verwendet man hierfür das abgeleitete LP-Problem unter Vernachlässigung der Ganzzahligkeitsforderungen. Für jeden der vielen Knoten des

Branch-and-Bound Baumes muß im ungünstigsten Fall ein solches LP-Problem gelöst werden, um die Schranken (Bounds) zu ermitteln. Weitere Informationen hierzu finden sich in Abschnitt V.3. Man muß daher bei Modellen mit ganzzahligen Variablen sehr sorgfältig prüfen, ob die Ganzzahligkeitsforderungen unumgänglich sind und die unteren und oberen Schranken für solche Variable möglichst eng wählen.

II.4 Phasen einer Optimierungsanwendung

Eine Anwendung die von Methoden der Mathematischen Programmierung Gebrauch macht, vollzieht sich typischerweise in Phasen (Abb. 9).

Wie man sieht, sind einige Schritte notwendig, um zu einer produktiven Anwendung zu kommen. Wichtig ist insbesondere die *Modell-Validierung*, um sicherzustellen, daß das Modell in hinreichend gutem Ausmaß das zugrundeliegende praktische Problem abbildet. Siehe hierzu auch den Abschnitt II.6.

Ein wichtiger Schritt, der manchmal übersehen wird, ist auch die Revision des Modells, da sich Optimierungsproblemstellungen häufig auch aus den verschiedensten Gründen ändern können. Gründe können unternehmensinterne oder—externe Veränderungen sein. Wenn eine *Revision* und eine entsprechende Modellanpassung unterbleibt, spiegelt das alte Modell nicht die aktuelle Problemsituation wieder und die Ergebnisse der Optimierungsrechnung sind entweder nicht optimal oder sogar unzulässig, d.h. ungültig in der geänderten Umgebung. Während der zweite Fall leichter erkennbar ist, bleiben nicht-optimale aber gültige Ergebnisse leicht unerkannt und führen zu Verlusten für das Unternehmen.

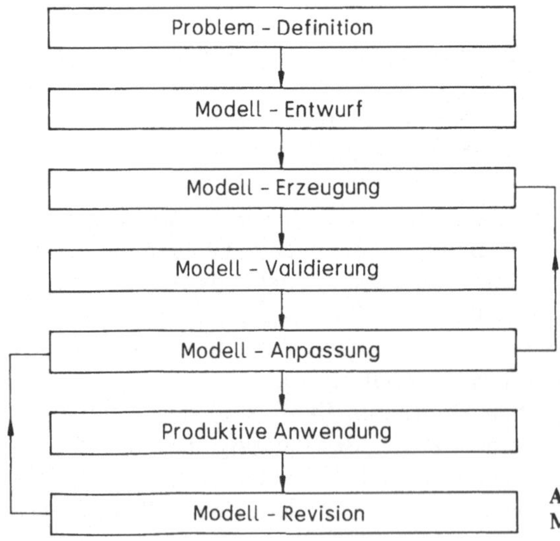

Abb. 9. Die Phasen einer Anwendung der Math. Programmierung

II.5 Erzeugung und Standardoutput des DV-Modells

Ein Modell kann in der Form, wie wir es in unseren Beispielen im Kapitel I kennengelernt haben, nicht direkt von einer DV-Software bearbeitet werden. Vielmehr ist eine DV-gerechte Darstellung erforderlich. Bei LP-, PIP- und MIP-Problemen wird häufig das sogenannte *MPS-Format* benutzt, das wir an Hand des Beispiels der Produktionsplanung (siehe Abschnitt I.13) erklären wollen.

Das MPS-Format geht gedanklich davon aus, daß die Variablen eines Modells als Spalten und die Nebenbedingungen als Zeilen erscheinen. Das folgende Schema zeigt die *Zeilen* (Rows), *Spalten* (Columns), *rechte Seiten* (Right Hand Sides (RHS)), *Schranken* (Bounds), *Zeilenart* (Type) und *Intervalle* (Ranges) als Basisinformationen eines LP-, PIP- oder MIP-Modells

	Columns	Type RHS Range
R		N
o	Koeffizientenmatrix	L
w		G
s		E
UP	Upper Bounds	
LO	Lower Bounds	

Diesem Schema entsprechend gibt es im MPS-Format folgende Datenarten:

ROWS-Section

COLUMNS-Section

RHS-Section

RANGES-Section

BOUNDS-Section

Die *ROWS-Section* gibt Informationen über die Zeilen des Modells wieder. Dabei ist jede Nebenbedingung eine Zeile und ebenfalls die Zielfunktion. Die Zielfunktion hat die Zeilenart (Type) N (neutrale Zeile). Nebenbedingungen können vom Typ L (Lower than ($\leq$)), G (Greater than ($\geq$)) oder E (Equal ($=$)) sein. Jede Zeile erhält in der ROWS-Section einen Namen, auf den man sich in der *COLUMNS-, RANGES- und RHS-Section* beziehen kann. Die *COLUMNS-Section* enthält die Koeffizienten der Variablen bezogen auf die Zeilen. Es werden nur Koeffizienten ungleich Null angegeben.

Die RHS-Section enthält die Werte der rechten Seiten für die Zeilen.

Die *RANGES-Section* dient dazu Doppelungleichungen darzustellen. Sei zum Beispiel $100 \leq x \leq 250$ eine Doppelungleichung. Dann spezifiziert man die Nebenbedingung $x \leq 250$ und gibt in der RANGES-Section einen Wert 150 an. Schließlich gibt es die BOUNDS-Section, in der die unteren Schranken (LO = Lower Bound) und oberen Schranken (UP = Upper Bound) spezifiziert werden. Die untere Schranke Null wird nicht spezifiziert. Die *BOUNDS-Section* wird auch dazu benutzt, Variablen sogenannten Special Ordered Sets (SOS1 und SOS2) zuzuordnen. Hierzu vergleiche man die Ausführungen im Abschnitt V.3.

Damit können wir unser Produktionsplanungsmodell aus Abschnitt I.13 im MPS-Format darstellen:

```
NAME              PPL
ROWS
N   GEWINN
L   A1
L   A2
L   B1
L   C1
L   C2
L   D1
L   E1
L   E2
L   F1
L   G1
L   G2
L   H1
L   GR1
L   GR2
L   GR3
L   GR4
E   L11
E   L12
E   L13
E   L14
E   L21
E   L22
E   L31
E   L32
E   L41
E   L42
E   L5
L   SEL5
COLUMNS
    P11           GEWINN    5.00000   A1         12.00000
    P11           B1       10.00000   C1         30.00000
    P11           GR1       1.00000   L11         1.00000
    P12           GEWINN    6.00000   A1         12.00000
    P12           B1       10.00000   C2         20.00000
    P12           GR1       1.00000   L12         1.00000
    P13           GEWINN    7.00000   A2          9.00000
```

P13	B1	10.00000	C1	30.00000
P13	GR1	1.00000	L13	1.00000
P14	GEWINN	6.00000	A2	9.00000
P14	B1	10.00000	C2	20.00000
P14	GR1	1.00000	L14	1.00000
P21	GEWINN	10.00000	A1	25.00000
P21	B1	15.00000	E1	12.00000
P21	H1	10.00000	GR2	1.00000
P21	L21	1.00000		
P22	GEWINN	12.00000	A2	20.00000
P22	B1	15.00000	E1	12.00000
P22	H1	10.00000	GR2	1.00000
P22	L22	1.00000		
P31	GEWINN	4.00000	A1	7.00000
P31	D1	13.00000	E1	30.00000
P31	H1	20.00000	GR3	1.00000
P31	L31	1.00000		
P32	GEWINN	5.00000	A1	7.00000
P32	D1	13.00000	E2	25.00000
P32	H1	20.00000	GR3	1.00000
P32	L32	1.00000		
P41	GEWINN	5.00000	F1	13.00000
P41	G1	14.00000	H1	10.00000
P41	GR4	1.00000	L41	1.00000
P42	GEWINN	6.00000	F1	13.00000
P42	G2	18.00000	H1	10.00000
P42	GR4	1.00000	L42	1.00000
P5	GEWINN	7.00000	D1	25.00000
P5	E2	25.00000	F1	45.00000
P5	L5	1.00000		
GVANF	'MARKER'		'INTORG'	
PL11	GEWINN	-10.00000	L11	-30.00000
PL12	GEWINN	-12.00000	L12	-30.00000
PL13	GEWINN	-14.00000	L13	-30.00000
PL14	GEWINN	-12.00000	L14	-30.00000
PL21	GEWINN	-20.00000	L21	-20.00000
PL22	GEWINN	-24.00000	L22	-20.00000
PL31	GEWINN	-8.00000	L31	-50.00000
PL32	GEWINN	-10.00000	L32	-100.00000
PL41	GEWINN	-10.00000	L41	-30.00000
PL42	GEWINN	-12.00000	L42	-30.00000
PL51	GEWINN	-14.00000	L5	-50.00000
PL51	SEL5	1.00000		
PL52	GEWINN	-16.00000	L5	-100.00000
PL52	SEL5	1.00000		
MA1	GEWINN	-300.00000	A1	-4000.00000
MA2	GEWINN	-350.00000	A2	-5000.00000

MB1	GEWINN	−205.00000	B1	−2100.00000
MC1	GEWINN	−235.00000	C1	−2700.00000
MC2	GEWINN	−175.00000	C2	−1500.00000
MD1	GEWINN	−160.00000	D1	−1200.00000
ME1	GEWINN	−325.00000	E1	−4500.00000
ME2	GEWINN	−235.00000	E2	−2700.00000
MF1	GEWINN	−220.00000	F1	−2400.00000
MG1	GEWINN	−220.00000	G1	−2400.00000
MG2	GEWINN	−300.00000	G2	−4000.00000
MH1	GEWINN	−300.00000	H1	−4000.00000
GVEND	'MARKER'		'INTEND'	
RHS				
RS1	A1	5000.00000	A2	5000.00000
RS1	B1	2100.00000	C1	2400.00000
RS1	C2	1500.00000	D1	1200.00000
RS1	E1	4500.00000	E2	2700.00000
RS1	F1	2400.00000	G1	2400.00000
RS1	G2	4000.00000	H1	4000.00000
RS1	GR1	300.00000	GR2	150.00000
RS1	GR3	280.00000	GR4	110.00000
RS1	SEL5	1.00000		
RANGES				
RG1	GR1	90.00000	GR2	45.00000
RH1	GR3	185.00000	GR4	30.00000
BOUNDS				
LO	BD1	P31	80.00000	
UP	BD1	P31	130.00000	
LO	BD1	P32	100.00000	
UP	BD1	P32	150.00000	
LO	BD1	P5	65.00000	
UP	BD1	P5	100.00000	
UP	BD1	PL12	10.00000	
UP	BD1	PL13	10.00000	
UP	BD1	PL14	10.00000	
UP	BD1	PL21	10.00000	
UP	BD1	PL22	10.00000	
UP	BD1	PL31	10.00000	
UP	BD1	PL32	10.00000	
UP	BD1	PL42	10.00000	
UP	BD1	MB1	10.00000	
UP	BD1	MC1	10.00000	
UP	BD1	MD1	10.00000	
UP	BD1	ME2	10.00000	
UP	BD1	MF1	10.00000	
UP	BD1	MH1	10.00000	

ENDATA

Die Namen RS1, RG1 und BD1 sind Namen der RHS-, RANGES- beziehungsweise BOUNDS-Daten. Dadurch, daß mehrere Gruppen von solchen Daten, durch einen Namen gekennzeichnet, in einem MPS-Eingabedatenbestand auftreten können, kann das Modell alternativ mit verschiedenen rechten Seiten, Intervalldaten und Schranken gerechnet werden.

Die Spaltennamen GVANF und GVEND markieren den Anfang und das Ende der als ganzzahlig definierten Variablen. 'MARKER' und 'INTORG' beziehungsweise 'INTEND' sind Schlüsselwörter.

Die NAME-Karte erlaubt dem Modell einen Namen zuzuordnen. Die ENDATA-Karte schliesst den MPS-Datenbestand ab.

Für große Modelle wird man das zugehörige DV-Modell im MPS-Format nicht manuell sondern maschinell erstellen. Dazu kann man sich entweder eines Programmes bedienen, daß das DV-Modell erzeugt und individuell für ein bestimmtes Modell geschrieben wurde, oder man benutzt DV-Software, die speziell für diesen Zweck entwickelt wurde, sogenannte *Matrix-Generatoren*. Nähere Informationen zu Matrix-Generatoren findet man in Abschnitt VI.1.

Wir stellen nun noch den Standardoutput einer DV-Software dar, der nach der Analyse unseres gemischt-ganzzahligen Modells ausgegeben wird. Dazu verwenden wir beispielhaft das IBM Produkt MPSX/370 V2. Die Ausgabe wurde geringfügig verändert. Die Spalten DUAL ACTIVITY und REDUCED COST wurden nicht aufgeführt. Eine Erklärung dieser Begriffe findet der Leser unter Schattenpreise bezeihungsweise Reduzierte Kosten im Glossar (siehe Kapitel XI.).

Die Ausgabe gliedert sich in eine Rows-Section und eine Columns-Section. Die Rows-Section bezieht sich auf die Nebebedingungen (Zeilen) des Modells. Auch die Zielfunktion GEWINN wird als Zeile aufgefaßt. Die Nebenbedingung A1 erhält in der Optimallösung zum Beispiel den Wert 1760 (ACTIVITY). Die Spalte SLACK ACT. gibt den Unterschied zur rechten Seite mit der oberen Schranke von 4000 (UPPER LIMIT) an.

Rows-Section

No.	ROW	AT	ACTIVITY	SLACK ACT.	LOWER LIM.	UPPER LIM.
1	GEWINN	BS	2767.0	2767.0−	NONE	NONE
2	A1	BS	1760.0	2240.0	NONE	4000.0
3·	A2	BS	4830.0	170.0	NONE	5000.0
4	B1	BS	600.0	1500.0	NONE	2100.0
5	C1	BS	1800.0	600.0	NONE	2400.0
6	C2	BS	1200.0	300.0	NONE	1500.0
7	D1	BS	300.0	900.0	NONE	1200.0
8	E1	BS	4440.0	60.0	NONE	4500.0
9	E2	BS	2300.0	400.0	NONE	2700.0
10	F1	BS	870.0	1530.0	NONE	2400.0
11	G1	BS	.	2400.0	NONE	2400.0
12	G2	BS	2100.0	1900.0	NONE	4000.0
13	H1	BS	2100.0	1900.0	NONE	4000.0
14	ORD1	UL	300.0		210.0	300.0

(*continued*)

Rows-Section (Continued)

No.	ROW	AT	ACTIVITY	SLACK ACT.	LOWER LIM.	UPPER LIM.
15	ORD2	BS	120.0	30.0	105.0	150.0
16	ORD3	BS	200.0	80.0	95.0	280.0
17	ORD4	BS	90.0	20.0	80.0	110.0
18	L11	EQ	.	.	.	.
19	L12	EQ	.	.	.	.
20	L13	EQ	.	.	.	.
21	L14	EQ	.	.	.	.
22	L21	EQ	.	.	.	.
23	L22	EQ	.	.	.	.
24	L31	EQ	.	.	.	.
25	L32	EQ	.	.	.	.
26	L41	EQ	.	.	.	.
27	L42	EQ	.		.	.
28	L5	EQ	.	.	.	.
29	SEL5	BS	1.0	.	NONE	1.0

Die Columns-Section bezieht sich auf die Variablen des Modells. Es wird der Wert der Variablen in der Optimallösung (ACTIVITY) und der Koeffizient der Variablen in der Zielfunktion (INPUT COST) angegeben. Gegebenenfalls werden obere (UPPER LIMIT) und/oder untere (LOWER LIMIT) Schranken der Variablen angegeben.

Columns-Section

No.	COLUMNS	AT	ACTIVITY	INPUT COST	LOWER LIM.	UPPER LIM.
30	P11	BS	.	5.0	.	NONE
31	P12	BS	30.0	6.0	.	NONE
32	P13	BS	240.0	7.0	.	NONE
33	P14	BS	30.0	6.0	.	NONE
34	P21	BS	.	10.0	.	NONE
35	P22	BS	120.0	12.0	.	NONE
36	P31	BS	100.0	4.0	80.0	130.0
37	P32	BS	100.0	5.0	100.0	150.0
38	P41	BS		5.0	.	NONE
39	P42	BS	90.0	6.0	.	NONE
40	P5	UL	100.0	7.0	65.0	100.0
41	PL11	IV	.	10.0 −	.	1.0
42	PL12	IV	1.0	12.0 −	.	10.0
43	PL13	IV	8.0	14.0 −	.	10.0
44	PL14	IV	1.0	12.0 −	.	10.0
45	PL21	IV	.	20.0 −	.	10.0
46	PL22	IV	6.0	24.0 −	.	10.0
47	PL31	IV	2.0	8.0 −	.	10.0
48	PL32	IV	1.0	10.0 −	.	10.0
49	PL41	IV	.	10.0 −	.	1.0

Columns-Section (Continued)

No.	COLUMNS	AT	ACTIVITY	INPUT COST	LOWER LIM.	UPPER LIM.
50	PL42	IV	3.0	12.0 —	.	10.0
51	PL51	IV	.	14.0 —	.	1.0
52	PL52	IV	1.0	16.0 —	.	1.0
53	MA1	IV	.	300.0 —	.	1.0
54	MA2	IV	.	350.0 —	·	1.0
55	MB1	IV	2.0	205.0 —	·	10.0
56	MC1	IV	2.0	235.0 —	·	10.0
57	MC2	IV	.	175.0 —	·	1.0
58	MD1	IV	4.0	160.0 —	·	10.0
59	ME1	IV	.	325.0 —	·	1.0
60	ME2	IV	1.0	235.0 —	·	10.0
61	MF1	IV	2.0	220.0 —	·	10.0
62	MG1	IV	.	220.0 —	·	1.0
63	MG2	IV	.	300.0 —	·	1.0
64	MH1	IV	1.0	300.0 —	·	10.0

II.6 Validierung des Modells

Nach der Formulierung eines Modells für ein Optimierungsproblem und dessen Umsetzung in eine DV-gerechte Form, muß das Modells *validiert* werden. Dazu muß das Modell mit unterschiedlichen, möglichst typischen aber auch extremen Daten gelöst werden.

Besonders extreme Datenkonstellationen können ein der Planungsproblematik entsprechendes leicht *nachprüfbares* Ergebnis liefern.

Meist ergeben sich in der Validierungsphase Erkenntnisse über notwendige Korrekturen oder Verfeinerungen des Modells.

Die *Validierung eines Modells* sollte nicht nur den inhaltlichen Aspekt des Modells betreffen sondern auch den Aspekt der Effizienz und Wirtschaftlichkeit des Lösungsverfahrens. Ein korrektes Modell, das nur eine unwirtschaftliche Lösung aufgrund des hohen Rechenaufwandes zulässt, ist nicht brauchbar. Die *Wirtschaftlichkeit* kann jedoch erst beurteilt werden, wenn auch die Frage des Nutzens geklärt ist. Daher gehört auch eine *Nutzenuntersuchung* in die Phase der Modell-Validierung.

II.7 Produktive Anwendung

Eine Optimierungsanwendung, für die ein Modell aufgestellt wurde, das erfolgreich validiert wurde, das heißt, das sowohl der Planungsproblematik angemessene korrekte Ergebnisse liefert und auch eine Kosten-/Nutzenrelation zeigt, welche den *produktiven Einsatz* rechtfertigt, muß nun für den produktiven Einsatz im Unternehmen vorbereitet werden.

Der Aufwand, den man im Rahmen dieser Vorbereitungsphase einer produktiven Anwendung treibt, sollte in einem vernünftigen Verhältnis zu der zu erwartenden Häufigkeit des Einsatzes und der Anzahl und dem Erfahrungshintergrund der Endbenutzer stehen.

Falls es sich um eine *Einmalanwendung* oder sehr *sporadisch* verwendete Anwendung handelt, wird man möglichst keine besondere Anwendungsentwicklung betreiben und die ausgewählte kommerziell verfügbare DV-Software zur Lösung des Modells verwenden. Falls notwendig kann eine manuelle Aufbereitung der Ergebnisse erfolgen.

Falls es sich jedoch um eine regelmäßig *wiederkehrende Anwendung* handelt, muß zwischen zwei Fällen unterschieden werden:

—Endbenutzer sind bei der Dateneingabe und/oder der Auswertung der Ergebnisse beteiligt
—Endbenutzer sind nicht beteiligt

Im zweiten Fall handelt es sich um eine Optimierungsanwendung, die quasi unsichtbar für den *Endbenutzer* sich in einem bestimmten DV-Anwendungsablauf vollzieht. Im ersten Fall handelt es sich um eine Endbenutzeranwendung an die von der *Benutzeroberfläche* der Anwendung heute besondere Anforderungen gestellt werden. Im nächsten Abschnitt werden wir auf diese beiden möglichen Fälle näher eingehen.

II.8 Benutzer-oder systemgerechte Integration

Optimierungssoftware ist häufig so konzipiert, daß sie als Hilfsmittel für einen Fachmann hervorragend geeignet ist, jedoch für einen Endbenutzer eines Fachbereichs, der die Anwendung an sich versteht aber die lösungstechnischen

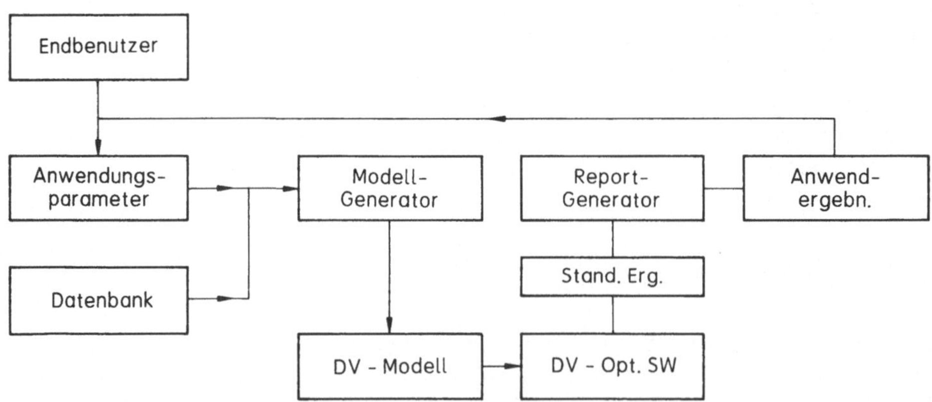

Abb. 10. Endbenutzerorientierte Optimierungsanwendung

Details des OR-Verfahrens nicht kennt, unhandlich ist. Daraus ergibt sich zuweilen die Folgerung, die Optimierungssoftware zwar zur Lösung des Problems der Optimierung einzusetzen, die Anwendungsteile, die die Aufgabe der Endbenutzerkommunikation übernehmen jedoch neu zu gestalten und zu entwickeln.

Eine typische Situation ist in Abb. 10 dar gestellt.

Der Endbenutzer kommuniziert mit der Anwendung über einen benutzergerechten Eingabebildschirm. Er spezifiziert hier Anwendungsparameter die einen sachlichen Bezug zu der Anwendung haben jedoch nichts oder nur wenig mit den lösungstechnischen Parametern zu tun haben, die das in der DV-Optimierungssoftware benutzte OR-Verfahren benötigt. Ein hier mit *"Modell-Generator"* umschriebener Teil der Anwendungssoftware übernimmt diese Anwendungsparameter und erstellt unter Benutzung von Daten der hier als *"Datenbank"* bezeichneten Datenbasis das *DV-Modell,* das als Eingabe für die benutzte *DV-Optimierungssoftware* dient. Die Datenbasis kann eine relationale oder hierarchische Datenbank sein oder aus einem oder mehreren Datenbeständen bestehen. Wichtig ist nur, daß der Modell-Generator die notwendigen Information zum Aufbau des DV-Modells hat, nämlich

—Modellstruktur der Anwendung
—Verwendung welcher Daten in welchen Modellzusammenhängen
—Zugriff zu den Daten

Außerdem muß der Modell-Generator in der Regel auch lösungstechnische Parameter setzen, die an die DV-Optimierungssoftware übergeben werden. Diese Parameter werden sich an der Struktur der spezifischen Anwendung orientieren.

Die DV-Optimierungssoftware erzeugt Ergebnisse, die hier als Standard-Ergebnisse bezeichnet wurden. Aus diesen Ergebnissen wird eine anwendungsgerechte Darstellung der Ergebnisse durch einen Teil der Anwendungssoftware gewonnen, der hier "Report-Generator" genannt wurde. Bevor der *Report-Generator* tätig wird, kann eine Endbenutzerkommunikation stattfinden, um Parameter zu erhalten die die Ausgabe beeinflussen. Solche Parameter können jedoch auch vom Endbenutzer am Anfang der Anwendung gesetzt worden sein und anwendungsintern an den Report-Generator weitergereicht werden.

Zum Aufbau der anwendungsspezifischen Software können im Rahmen der Teile "Modell-Generator" und "Report-Generator" auch Softwareprodukte eingesetzt werden, die komplementär zur DV-Optimierungssoftware eingesetzt werden. Näheres hierzu in Abschnitt VI.1.

Die anwendungsspezifische Software muß entwickelt werden, was durch die Funktion DV Anwendungsentwicklung geschehen kann oder unter Verwendung externer Ressourcen. Ein solcher Entwicklungsaufwand ist in der Regel nur für eine regelmäßig benutzte Anwendung gerechtfertigt.

Bei einer Optimierungsanwendung, die sich *ohne Interkation* mit einem Endbenutzer vollzieht, ergibt sich ein ähnliches Bild (Abb. 11).

Hier wird die Rolle des Endbenutzers bei der Parametereingabe von der DV-Anwendung I übernommen. Diese DV-Anwendung übergibt die Anwendungsparameter an die Optimierungsanwendung. Die Ergebnisse werden nach erfolgter

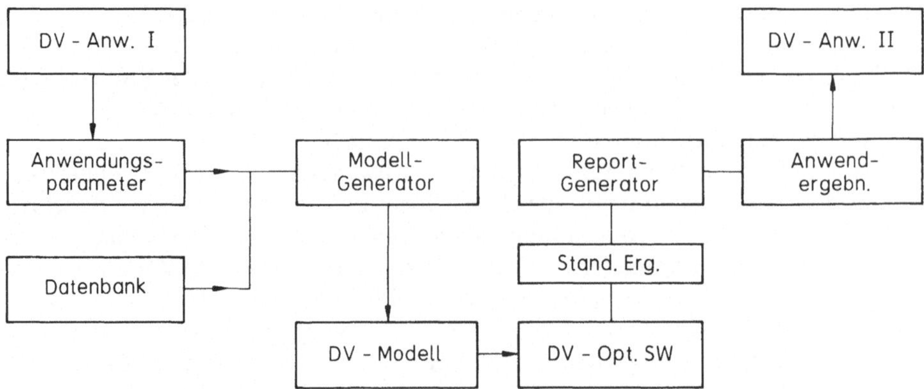

Abb. 11. Optimierungsanwendung ohne Endbenutzerinteraktion

Optimierung an die Folgeanwendung DV-Anwendung II übergeben. Die Datenübergabe zwischen den Anwendungen vollzieht sich meist durch Datenbestände auf denen die Daten von der Vorgägeranwendung in einem solchen Format abgelegt werden, wie sie von der Folgeanwendung erwartet werden.

II.9 Tuning des Lösungsverfahrens

DV Optimierungssoftware enthält, besonders im Zusammenhang mit der Unterstütung gemischt ganzzahliger Modelle, vielfache Steuerungsmöglichkeiten der einzusetzenden Methoden. Bei der Branch-and-Bound Methode läßt sich etwa beeinflussen, nach welchen Kriterien der Entscheidungsbaum abgearbeitet wird. Damit kann man häufig abhängig von der Struktur des Optimierungsproblems die Rechenzeit wesentlich beeinflussen. Dieser Vorgang, der auf ein *Tuning des Lösungsverfahrens* hinausläuft, kann nur von einem erfahrenen Fachmann vorgenommen werden, der sowohl die DV Optimierungssoftware im Einzelnen kennt, als auch den methodischen Hintergrund der dem Benutzer angebotenen Steuerungsmittel versteht. Manche umfangreiche Probleme lassen sich nur über einen solchen Vorgang des Tunings in den Bereich vertretbarer Rechenzeiten holen.

III. Organisatorische Aspekte von Optimierungsanwendungen

III.1 Einführende Betrachtungen

Methoden der Optimierung sind eine Technologie, die so wertvoll für jede Organisation und jedes Unternehmen ist, daß man annehmen könnte, eine diesbezügliche Strategie und die daraus resultierende Organisationsform sei selbstverständlich, um diese Technologie auch systematisch zum Vorteil des Unternehmens zu nutzen.

Leider ist das jedoch aus vielfältigen Gründen nicht immer der Fall und ist auch bei großen Unternehmen nur in seltenen Fällen erreicht worden.

Wir stellen daher im Folgenden eine Reihe von Unternehmensfunktionen vor, die im geplanten Zusammenspiel in dieser strategischen Ausrichtung zusammenarbeiten können.

Dieses Zusammenspiel muß sicherstellen, daß latente Probleme von Optimierungsanwendungen für existierende oder geplante Unternehmensabläufe erkannt werden und auf eine Anwendbarkeit der Methoden der Optimierung mit dem Ziel untersucht werden, die Anwendung produktiv zum Vorteil des Unternehmens durchzuführen. Dabei muß versucht werden, eine gewisse Systematik aufzubauen, damit nicht Optimierung lediglich dort praktiziert wird, wo aus irgendwelchen oberflächlichen Gründen die Anwendbarkeit günstig erscheint. Diese Gründe können im *psychologischen* Bereich liegen und mit der Ausbildungsrichtung der beteiligten Mitarbeiter zu tun haben.

Dieses Ziel der Systematik bei der Umsetzung der Optimierung in einem Unternehmen ist naturgemäß sehr schwierig zu erreichen, ist jedoch angesichts der Tatsache, daß häufig bestehende Anwendungen einsame *Insellösungen* darstellen, die sich aus der Initiative einzelner Mitarbeiter unsystematisch entwickelt haben, eine unverzichtbare Zielsetzung.

Im Kapitel IX findet der Leser viele Literturhinweise, die im Zusammenhang mit der Implementierung von OR-Methoden in der Praxis stehen.

III.2 Die Rolle der Fachbereiche

Fachbereiche sind Unternehmensbereiche, die mit der operativen Durchführung von Unternehmensaufgaben betraut sind. Es ist daher klar, daß Fachbereiche entscheidenden Einfluß auf den produktiven Einsatz von Optimierungsmethoden nehmen müssen. Fachbereiche kennen die Unternehmensorganisation und die implementierten Verfahren zur Durchführung der Unternehmensaufgaben. Daher müssen sie auch von Anfang an involviert werden, wenn von einem anderen Unternehmensbereich, zum Beispiel dem Bereich *DV Mathematische Planungsmethoden*, eine bestimmte Planungsproblematik für einen eventuellen Einsatz der Methoden der Optimierung ins Auge gefaßt wird.

Hat man ein Planungsproblem als potentielles Gebiet für den Einsatz von Optimierungsmethoden erkannt, muß unter wesentlicher Mitwirkung des(der) Fachbereichs(Fachbereiche) das Problem genau formuliert werden (zunächst verbal). Wichtig ist die Abgrenzung der Fragestellung. Die Abgrenzung kann nicht bei bestehenden Ablaufprozeduren Halt machen. Es kann durchaus sein und ist sogar wahrscheinlich, daß bestehende Ablaufprozeduren verändert werden müssen, wenn die Planungsanwendung als Optimalplanung produktiv zum Einsatz kommt. Auch in dieser Hinsicht kommt den Fachbereichen eine wichtige Aufgabe zu.

Nach dem Beitrag des(der) Fachbereichs(Fachbereiche) bei der zunächst verbalen Formulierung der Planungsproblematik, wird normalerweise eine andere interne oder externe Funktion aktiv, es sei denn der (die) Fachbereich(e) hat(haben) besonderen Skill, um die Problemstellung in ein geeignetes Modell abzubilden.

Diese Funktion kann vorzugsweise eine DV-orientierte Funktion sein, die wir zum Beispiel DV Mathematische Planungsmethoden (oder auch *DV Operations Research* oder *DV Unternehmensforschung*) nennen wollen. Falls keine solche Funktion vorhanden ist, kann man sich auch einer externen Beratungsorganisation bedienen. In jedem Fall wird nun intern oder extern an der Modellbildung des Planungsproblemes gearbeitet bis ein geeignetes Modell gefunden wurde. Wie diese Modellerstellung im Einzelnen durchhgeführt wird, ersieht man aus den Erläuterungen im nächsten Abschnitt.

Nachdem das Modell erstellt wurde, sollte eine *Modell-Validierung* stattfinden, um sicherzustellen, daß das Modell auf der Basis der verbalen Problembeschreibung richtig aufgebaut wurde.

Es kann auch bei richtiger Abbildung auf ein Modell ein Fehler in der verbalen Beschreibung sichtbar werden.

Im Rahmen der Validierung muß auch die Frage der Relation zwischen dem Nutzen und den Kosten der Anwendung geprüft werden.

Eine weitere Aufgabe der Fachabteilungen besteht natürlich im Zusammenhang mit der Vorbereitung der system- oder benutzergerechten DV-Integration und schließlich mit der produktiven Anwendung selbst, die ja ein Planungswerkzeug für den Fachbereich darstellen soll.

Auch bei der periodisch durchzuführenden *Revision der Anwendung*, ist die Fachabteilung naturgemäß beteiligt.

III.3 Die Rolle von DV Mathematische Planungsmethoden

DV Mathematische Planungsmethoden, DV Operations Research, DV Unternehmensforschung oder *DV Quantitative Methoden* sind beispielhafte Bezeichnungen von Unternehmensfunktionen, in denen besondere Fähigkeiten im Zusammenhang mit der Anwendung von Optimierungsmethoden konzentriert sind.

Hier arbeiten Fachleute aus den Wissensgebeiten *Angewandte Mathematik, Operations Research, Management Science, Unternehmensforschung, Betriebswirtschaft und Informatiker* mit betriebswirtschaftlicher Ausrichtung. Die Hauptaufgabe dieser Funktion ist die Entwicklung von Verfahren die in der Anwendung auf Planungsprobleme des Unternehmens zu produktiven DV Anwendungen führen. Hierbei stehen Untersuchungen der *Performance* von Methoden und *Software-Lösungen* im Vordergrund des Interesses.

Diese Arbeiten kreisen um die Fragen, mit welchen mathematischen Methoden eine von den Fachbereichen definierte Problemstellung effizient bearbeitet werden kann, so daß sich ein aus der Sicht des(der) Fachbereichs(Fachbereiche) akzeptabler Nutzen für das Unternehmen ergibt.

Die Mitarbeiter von DV Mathematische Planungsmethoden sollten über ausreichende Kenntnisse in einer der gängigen höheren Programmiersprachen mit technisch-wissenschaftlicher Ausrichtung, wie FORTRAN, PL/I, PASCAL, BASIC, APL oder C verfügen. Diese Kenntnisse sind häufig von Vorteil, wenn es um die *Implementierung von Algorithmen* geht, die in *Standardsoftware* nicht verfügbar sind sondern lediglich in *Fachzeitschriften* beschrieben sind. Um die Brauchbarkeit eines Verfahrens zu untersuchen, ist eine vorläufige Implementierung unumgänglich und vorteilhafter als die oft zeitaufwendige Inanspruchnahme der Abteilung *DV Anwendungsentwicklung*.

Zusammen mit der *Modellformulierung* und *Methodenwahl*, steht natürlich auch die Frage der Auswahl von kommerziell verfügbarer Software beziehungsweise die Entwicklung eigener Software eventuell unter Hinzuziehung der DV Anwendungsentwicklung auf der Tagesordnung.

DV Mathematische Planungsmethoden wird hierbei nicht umhin können, eine umfangreiche *Literatursammlung* aufzubauen, die sich naturgemäß auf solche Veröffentlichungen konzentriert, die sich mit Anwendungslösungen und Methoden befassen, die für das jeweilige Unternehmen im Vordergrund des Interesses stehen.

Das Studium der Literatur, Teilnahme an Seminaren und Arbeitskreisen sind Tätigkeiten, die als direkt dem Unternehmen zugute kommende Aktivitäten einzustufen sind. Fehlt der Überblick über vorhandene Methoden, wird sich nur in Ausnahmefällen eine Problemlösung erarbeiten lassen, die dem Stand der Anwendungsforschung entspricht und dem Unternehmen den größtmöglichen Nutzen bringt.

DV Mathematische Planungsmethoden wird auch erheblich zu den Phasen der Problemdefinition und -abgrenzung, der Modell-Validierung und Modell-Revision beitragen. Weitere wichtige Arbeitsfelder sind Untersuchungen über die Integration von Planungsanwendungen, falls sich Modelle mit ihren Einflußgrößen berühren oder überschneiden.

Hier erwächst der Funktion DV Mathematische Planungsmethoden eine *Koordinationsaufgabe*, wenn verschiedene Planunsanwendungen aus verschiedenen Unternehmenbereichen integriert werden sollen, zumal es ein Kennzeichen vieler wichtiger Planungsanwendungen ist, daß sie Fragestellungen adressieren, die *bereichsübergreifend* sind.

III.4 Die Rolle von DV Benutzerservice

Der *DV Benutzerservice* hat im Zusammenhang mit Optimierungsanwendungen eine Aufgabe, wenn Endbenutzer entweder direkt kommerziell verfügbare Optimierungssoftware benutzen oder auch diese Software in Verbindung mit einer in der DV Anwendungsentwicklung erstellten Endbenutzer-Oberfläche oder Schnittstellen-Software benutzen.

Darüber hinaus können auch DV Benutzerservice-Aufgaben im Zusammenhang mit vor- oder nachgeschalteter Software für die Zwecke der Datenbereitstellung (z.B. Matrixgenerator) und des Berichtswesens (z.B. Reportgenerator) entstehen. Eine weitere Aufgabe von DV Benutzerservice bezieht sich auf die *Benutzerschulung*.

III.5 Die Rolle von DV Anwendungsentwicklung

Die Funktion *DV Anwendungsentwicklung* wird immer dann im Rahmen eines Projektes der Optimierung eine Rolle spielen, wenn ein kommerziell verfügbares und bevorzugtes Software-Paket nicht eine akzeptable Endbenutzer-Oberfläche besitzt, beziehungsweise, im Falle eines system-gebundenen Ablaufs, keine Schnittstellen besitzt, die eine systemgerechte Einbettung der Anwendung in einen gewünschten DV Ablauf zuläßt. Weitere Einsatzgebiete beziehen sich auf vor- und nachgeschaltete Software zur Datenbereistellung (z.B. Matrixgenerator) und für die Ergebnisdarstellung und -Auswertung (z.B. Reportgenerator).

In solchen Fällen muß eine das Software-Paket zur Optimierung ergänzende Software erstellt werden.

Diese Software-Entwicklung überfordert meist sowohl den Fachbereich als auch den Bereich DV Mathematische Planungsmethoden. Daher ist es dann sinnvoll und notwendig die professionelle DV Anwendungsentwicklung in das Optimierungsprojekt einzubinden.

Die Definition der Spezifikationen für diese Anwendungsentwicklung obliegt naturgemäß dem (den) Fachbereich(en) und dem Bereich DV Mathematische Planungsmethoden.

III.6 Die Rolle von DV Planung

DV Planung ist diejenige Funktion, die die angemessenen *DV Ressourcen* für die Durchführung von dem Unternehmen nützenden Anwendungen nach Anforderung durch die Fachbereiche bereitstellt.

Diese Aufgabe bezieht sich auf *Hard- und Software*. Es ist daher wichtig, daß DV Planung und DV Mathematische Methoden in der Vorbereitungsphase einer Optimierungsanwendung eng zusammenarbeiten.

Eine sorgfältige Planung schließt spätere unangenehme Überraschungen und Verärgerungen über eine möglicherweise unerwartet hohe Systembelastung aus.

III.7 Die Rolle des DV Rechenzentrums

Die Funktion *DV Rechenzentrum* führt die Optimierungsanwendung durch. Die entsprechenden DV Ressourcen sind von DV Planung in Abstimmung mit DV Mathematische Planungsmethoden und den Fachbereichen bereitgestellt. Entscheidend für die richtige Planung dieser Ressourcen ist die Häufigkeit und der Umfang der Anwendung.

III.8 Initiativrolle

Die *Initiative* liegt von der Aufgabenstellung an sich bei den Fachbereichen. Viele Planungsprobleme der Optimierung können allerdings bereichsübergreifend sein und mehrere Fachbereiche berühren. Es kann daher durchaus sinnvoll sein, daß etwa der Bereich DV Mathematische Planungsmethoden als Service-Bereich für die Fachbereiche diese Initiativrolle gewissermaßen stellvertretend für die Fachbereiche durchführt. In diesem Fall muß allerdings eine vernünftige Zusammenarbeit zwischen den Bereichen DV Mathematische Planungsmethoden und den Fachbereichen definiert sein, damit nicht der Bereich DV Mathematische Planungsmethoden ohne angemessene Unterstützung der Fachbereiche operiert, was aus vielerlei Gründen unangebracht ist.

III.9 Optimierung als strategisches Ziel

Da die Bedeutung der konsequenten Nutzung der *Technologie der Optimierungsmethoden* für eine Organisation oder ein Unternehmen von so großer Bedeutung ist, sollte es ein strategisches Unternehmensziel sein, diese Methoden auszuschöpfen. Entsprechend muß in der *Unternehmensstrategie* und den daraus resultierenden Verantwortlichkeiten und Aufgaben dem Aspekt der Durchsetzung der Optimierung auf allen Unternehmensebenen und in allen Unternehmensbereichen eine angemessene Rolle eingeräumt werden. Es darf nicht ein Zufallsprodukt sein, ob aufgrund einer Einzelinitiative eines Mitarbeiters eine solche Anwendung Fuß greift oder nicht.

Die unterschiedliche Akzeptanz von quantitativen Planungsmethoden in den einzelnen Unternehmungen und Organisationen zeigt, daß sehr viele Faktoren bei der Entscheidung beteiligt sind, ob für eine bestimmte Aufgabenstellung oder auch generell Optimierungstechniken eingesetzt werden. Einige herausragende Gründe sind unterschiedlicher Management-Stil, unterschiedliche Ausbildungsausrichtung und unterschiedlich hohes Verständnis von DV-Techniken und mathematischen Methoden. Ein häufiger Hinderungsgrund könnte auch die vermeintliche Komplexität des mittels Optimierungstechniken durchgeführten Entscheidungsprozesses sein.

Der wachsende (auch internationale) Wettbewerb und die wachsende Komplexität von Fragestellungen in großen Unternehmungen und Organisationen wird jedoch dazu führen, daß alle diese Bedenken überwunden werden müssen. Der Vorteil einer Organisation, die sich frühzeitig auf den Einsatz dieser Methoden einstellt, wird erheblich sein. Um Optimierungsmethoden erfolgreich einzusetzen, benötigt man Erfahrung und mannigfache Kenntnisse. Solche Erfahrung läßt sich nur schwerlich nach Bedarf einkaufen oder generieren.

Es zeigt sich hier ganz deutlich, daß ein erheblicher Vorteil nur entstehen kann, wenn wenigstens ein Bruchteil an Aufwand getrieben wird, um diesen Vorteil zu realisieren.

III.10 Zusammenfassende Rollendarstellung

In folgendem Schema ist nochmals die Zusammenarbeit der verschiedenen Unternehmensfunktionen bei der Vorbereitung und Durchführung einer produktiven Anwendung der Optimierung dargestellt (Abb. 12).

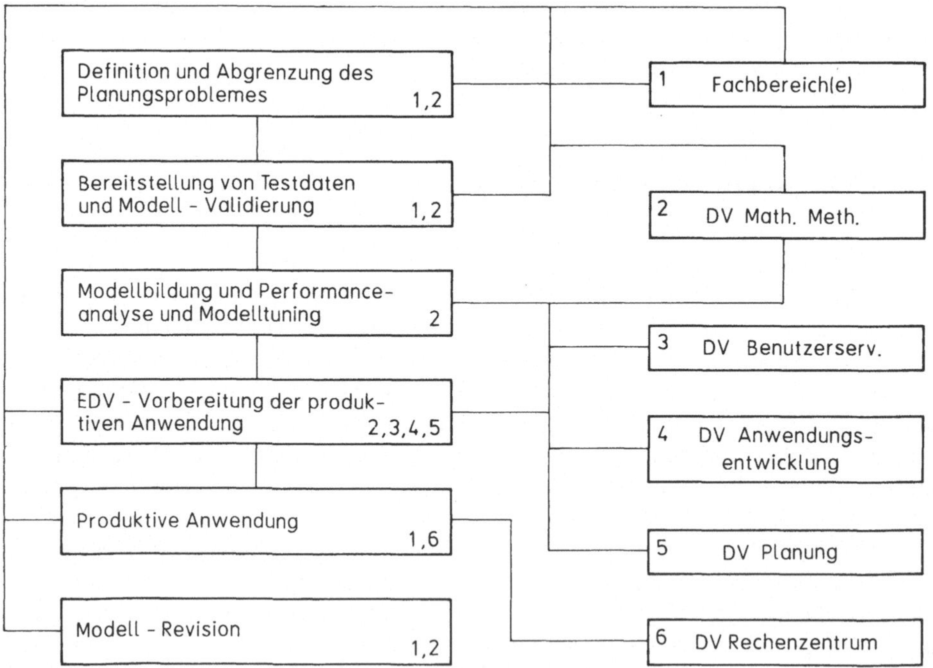

Abb. 12. Zusammenwirken der verschiedenen Unternehmensfunktionen

IV. Überblick über veröffentlichte Anwendungen

IV.1 Produktionsplanung

Unter *Produktionsplanung* versteht man im allgemeinen die mehr *mittel-und langfristigen* Aspekte der Planung der Produktion. Das gilt auf jeden Fall für die *Fertigungsindustrie*. In der *Grundstoffindustrie* können hiermit auch kurzfristige Fragestellungen gemeint sein.

Das Grundmodell ist in der Regel ein Zuordnungsproblem von Kapazitätsanteilen von vorhandenen Ressourcen zu Produktionsaktivitäten. Diese Zuordnungen müssen Kapazitätsverfügbarkeiten beachten und Bedarfsanforderungen erfüllen. Es können Produktionsalternativen im Modell berücksichtigt sein. Hierbei können alternativ verschiedene Produktionshilfsmittel (Anlagen, Maschinen, Rohstoffe) zum Einsatz kommen. Ein weiterer Aspekt sind Alternativen bezüglich der Kapazitätsverfügbarkeiten. Hierbei können Produktionsschichten oder Überzeiten oder die Vergabe an Vertragspartner (Engl.: Subcontracting) eine Rolle spielen. En weiterer Gedanke bei mittel- oder langfristigen Planungen kann die Anschaffung von Produktionsressourcen sein. Diese kann als potentielle Möglichkeit im Modell verankert werden. Je nachdem ob in der Optimallösung von dieser Möglichkeit Gebrauch gemacht wird, kann das Planungsergebnis dann eine Entscheidungsbasis für die Erweiterung von Produktionsressourcen sein.

Ein wichtiges Teilmodell vieler Produktionsplanungsprobleme ist ein Modell zur Bestimmung der *optimalen Losgrößen* (Engl.: Lot Sizing Problem). Man unterscheidet das Losgrößenproblem mit und ohne Kapazitätsbeschränkungen (Engl.: Capacitated and Uncapacitated Lot Sizing). Die Bestimmung von Losgrößen führt auf ein gemischt-ganzzahliges Modell von beachtlicher Komplexität. Typische Losgrößenmodelle finden sich zum Beispiel in dem Buch von A. C. Hax und D. Candea, VII.1–55. Klassiche Arbeiten für Losgrößenmodelle sind diejenigen von A. S. Manne, VII.1–67, sowie H. M. Wagner und T. M. Whitin, VII.1–68. Weitere Literatur für das Losgrößenproblem findet der Interessierte über das Stichwortverzeichnis zum Literaturteil, Abschnitt XIV, beim Stichwort Losgröße.

Bei *chemischen Produktionsverfahren* kann die Notwendigkeit auftreten, *Kuppelprodukte* zu berücksichtigen. Als Zielsetzungen dienen im allgemeinen die Minimierung der Produktionskosten beziehungsweise die Maximierung der Deckungsbeitragssumme.

Ein typisches *Produktionsplanungsmodell* ist in Abschnitt I.13 erklärt. Es können sogenannte Ein- oder Mehr-Perioden-Modelle auftreten, falls nur eine oder mehrere Planungsperioden betrachtet werden.

Ein für die Zukunft wichtiger Aspekt ist auch die Aufnahme von MRP- (Material Requirements Planning) Logik in Produktionsplanungsmodelle. In der Fertigungsindustrie treten in der Regel Produktstrukturen auf, die in sogenannten *Stücklisten* (Engl.: Bill of Materials) festgelegt sind. Hierbei legt eine Produktstruktur in einem Baum fest, wie ein Produkt durch *stufenweise Montage* (Engl.: Assembly) entsteht. So besteht ein Produkt aus sogenannten *Baugruppen*, die ihrerseits aus Baugruppen niedrigerer Ordnung enstehen, bis schließlich *Teile* verwendet werden, die keine weitere Untergliederung aufweisen. Unter MRP versteht man die Ermittlung des Bedarfs für alle Teile und Baugruppen. J. K. Ho und W. A. Mc Kenney beschreiben ein Mehrprodukt *MRP-Modell* bei begrenzter Produktionskapazität als Lineares Programm, siehe VII.1–62. Leider werden diese Modelle sehr groß. Das bei J. K. Ho und W. A. Mc Kenney beschriebene Modell führt bei 100 Produkten mit jeweils 100 Teilen zum Beispiel auf größenordnungsmäßig 200 000 Variable und 100 000 Nebenbedingungen für den Fall von nur 10 Perioden. *Dekompositionsverfahren* und *Parallelverarbeitung* könnten hierbei ein Problem dieser Größenordnung in den Bereich des Praktikablen bringen.

Da die Produktionsplanung für ein Unternehmen von zentraler Bedeutung ist, verwundert es nicht, daß vielfältige *Schnittstellen* zwischen der Optimierung der Produktion und anderen Optimierungszielen in anderen Unternehmensbereichen bestehen. Es hat daher vielfältige Bemühungen in Richtung *Integrierter Modelle* gegeben. Beispiele sind die Kombination von Produktions- und *Absatzplanung* (W. Kilger, VII.1–01), Produktions- und *Investitionsplanung* (L. Peters, VII.1–07), Produktions- und *Personalplanung* (K. Jarr, VII.1–08 sowie F. Hanssmann, VII.1–16), Produktions- und *Lagerplanung* (W. I. Zangwill, VII.1–11), Produktions-, *Transport-* und Lagerplanung (Y. Bard, VII.1–20), sowie Produktions-, *Distributions-* und Lagerplanung (F. Glover et al., VII.1–28). In diesen Zusammenhang gehören auch die Arbeiten von R. Freihalter und M. Ullrich sowie von K. Mentzel und M. Scholz, siehe VII.18–23 sowie 24.

Während bei *Fertigungsplanungsmodellen* häufig *kombinatorische* Aspekte auftreten, ist diese Komplizierung bei Produktionsplanungsmodellen in der Regel nicht vorhanden. Trotzdem können Produktionsplanungsmodelle insbesondere bei *Mehr-Perioden-Modellen* sehr umfangreich werden.

Für weitere Details muß auf die Literatur verwiesen werden (Abschnitt VII.1). Besonders weisen wir auf zwei neuere Arbeiten hin, in denen P. J. Billington, J. O. Mc Clain und L. J. Thomas (40) beziehungsweise J. O. Mc Clain, L. J. Thomas und E. N. Weiss (45) effiziente Modelle für die *mehrperiodische* und *mehrstufige* Produktionsplanung beschreiben. Einen Überblick über Produktionsplanung mit Datenverarbeitungshilfsmitteln findet sich in dem Buch "Computer-Aided Produktion Management" von A. Rolstadas (49). Insbesondere verweisen wir auf den Beitrag von W. S. Chow, S. S. Heragu und A. Kusiak in diesem Buch (50). Eine weitere gute Quelle ist das von A. Kusiak herausgegebebe Buch (77).

IV.2 Fertigungsplanung

Unter *Fertigungsplanung* versteht man im allgemeinen die mehr *kurzfristigen* Aspekte der Planung der Produktion. In der Fertigung sind *Fertigungshilfsmittel* im Einsatz. Diese Hilfsmittel können *Maschinen, Werkzeuge, Materialien* und *Menschen* sein. Ein Produkt wird unter Zuhilfenahme der Fertigungshilfsmittel hergestellt. In der *Fertigungsindustrie* existieren in der Regel *Arbeitspläne*, in denen die genauen Angaben über die einzelnen *Arbeitsgänge* bei der Herstellung eines Produktes gemacht werden. In der *Grundstoffindustrie* spricht man mehr von *Rezepturen*, wo der Herstellungsprozess beschrieben ist. Ziel der Fertigungsplanung ist immer ein terminlich spezifizierter Plan, der im Einzelnen bestimmt, welche Arbeiten in welchem Zeitraum unter Zuhilfenahme welcher Hilfsmittel durchgeführt werden. Die Festlegung eines zeitlich spezifizierten Ablaufplans nennt man im Englischen auch "*scheduling*", den Ablaufplan selbst "schedule". Geht es auch um die Festlegung von *Reihenfolgen*, spricht man von "*sequencing*". Im Deutschen spricht man von *Ablauf- und Reihenfolgeplanung*. Scheduling und Sequencing sind daher die wesentlichen Stichworte in der umfangreichen Literatur auf dem Gebiet Fertigungsplanung. Ein weiterer zentraler Begriff ist der des "*job shops*" oder der *Werkstatt*. In einer *Werkstattfertigung* gibt es *viele Ziesetzungen*. Zum einen sollen Termine eingehalten werden, seien es Auftragstermine oder die *Termine* eines Werkstattauftrages. Zum anderen geht es um die Minimierung der *Leerzeiten* auf den Fertigungshilfsmitteln, um eine möglichst hohe Auslastung der Ressourcen zu erreichen. Eine weitere Zielsetzung ist die Minimierung der *Liegezeiten* der "jobs" um eine möglichst niedrige *Kapitalbindung* zu haben. Auch soll die sogenannte Durchlaufzeit möglicht gering sein. Als Komplikation können *Umrüstzeiten* (set-up times) und *Losgrößen* eine Rolle spielen und Engpässe bei *Werkzeugen* vorhanden sein. Die Fragestellung der optimalen Fertigungsplanung mit verschiedenen Zielsetzungen und einem *kombinatorischen Charakter* ist naturgemäß eine komplexe Aufgabe.

Ein jüngeres Forschungsgebiet ist die Betrachtung von Abweichungen von einem Termin in beiden Richtung. Dabei wird sowohl eine zu frühe als auch eine zu späte Fertigstellung in negativer Weise in der Zielsetzung bewertet (Engl.: Sequencing with Earliness and Tardiness Penalties). Teilweise wird eine verspätete Fertigung grundsätzlich ausgeschlossen, wie etwa in der Arbeit von S. Chand und H. Scheeberger, VII.2–183. Eine solche Betrachtung kann beispielsweise im Zusammenhang mit *Just-in-Time (JIT)* Zielsetzungen im Rahmen von *CIM-Organisationen* von Interesse sein. Ein Überblick über dieses Gebiet findet sich in einer Arbeit von K. R. Baker und G. D. Scudder, VII.2–182. Die Veröffentlichung enthält allein achtzehn Referenzen zu diesem speziellen Thema aus den Jahren 1988 und 1989, ein Beweis über die Aktualität dieser Problemstellung.

Wir haben bereits in den Abschnitten I.13 und V.3 *Reihenfolgeprobleme* kennengelernt, die vom Typ *Flow Shop* sind. Alle Produkte hatten den gleichen Ablaufpan. Eine Verallgemeinerung ist das *Job Shop Problem*, wobei die *Ablaufpläne* aller Produkte verschieden sein können und für jede Maschine eine

Produktfolge gesucht wird. Die *Produktfolgen* müssen dabei mit den Ablaufplänen verträglich sein und zum Beispiel die *Durchlaufzeit* minimieren. Bei n Produkten und m Maschinen gibt es theoretisch $(n!)^m$ verschiedene Produktfolgen, die für die Maschinen einen sogenannten *Belegungsplan* festlegen. J. F. Muth und G. L. Thompson haben in ihrem Buch "Industrial Scheduling", VII.2–01, bereits 1963 ein General Job Shop Problem (m = n = 10) dargestellt. E. L. Lawler bemerkte 1982, daß es erstaunlich sei, daß dieses Problem immer noch nicht optimal gelöst werden konnte und unterstrich damit die extreme Komplexität des allgemeinen Job Shop Problems. Diese Feststellung von E. L. Lawler dürfte auch bis zum heutigen Tag noch gültig sein.

Die Problematik wird manchmal noch dadurch erschwert, daß entweder die Aufgabe nicht scharf beschrieben ist oder dadurch daß stochastische Elemente einfließen.

Die Problematik zeigt sich im einfachsten Fall bei der Reihenfolgeplanung von Jobs auf einer einzigen Maschine (Engl.: Single Machine Scheduling) bereits sehr deutlich. Für dieses Problem existieren schon überraschend viele Arbeiten, die das Problem bei Annahme verschiedener Zielfunktionen untersuchen. Ein Teil der Literatur ist in Abschnitt VII.2 erwähnt. Wir weisen insbesondere auf die Arbeiten (44), (46–47), (103), (120), (128) und (174–178) hin.

Die erfolgreichsten Methoden sind *Heuristik, Branch-and-Bound* und *gemischt ganzzahlige Programmierung*. Auch können kombinierte Methoden vorteilhaft sein.

Ein Vergleich verschiedener Heuristiken für das *Flow Shop Sequencing* Problem findet sich bei E. Taillard, VII.2–199. Insbesondere wird die Methode von M. Nawaz, E. Enscore Jr. und I. Ham, VII.2–228, sowie sogenannte *Tabu-Suchverfahren* untersucht, die 1989 von F. Glover eingeführt wurden, siehe VIII.1. 10–16. Tabu-Suchverfahren liefern dabei sehr gute Ergebnisse. Ein Nachteil ist der relativ hohe Rechenaufwand. Eine interessante Arbeit von F. A. Ogbu und D. K. Smith zeigt die Anwendung der Methode *Simulated Annealing* auf das Flowshop Problem, VII.2–179. Eine weitere interessante jüngere Arbeit von C. N. Potts und K. R. Baker betrachtet das klassische Flow Shop Problem im Hinblick auf die Komplikation, daß für jeden Job ein Los zu fertigen ist, das dann zu kürzeren Durchlaufzeiten führen kann, wenn man es in Teillose aufteilt. Durch die Aufteilung in Teillose, wird für die einzelnen Jobs eine Parallelverarbeitung auf den Maschinen ermöglicht.

Dieses im Englischen "*Lot Streaming*" genannte Vorgehen, dürfte besonders für automatische Fertigungsabläufe aber auch allgemein im Hinblick auf *Just-in-Time Forderungen* nicht unbedeutend sein. Die Arbeit, VII.2–186, zeigt die Komplexität der Problemstellung auf, ohne eine allgemeine Lösung anbieten zu können.

Für Einzelheiten der einzelnen Verfahren muß auf die Literatur verwiesen werden. Der Interessierte findet in Abschnitt VII.2 eine Vielfalt an Literaturbeiträgen. Die überdurchschnittliche Anzahl der Literaturstellen in diesem Abschnitt beweist rege Forschungstätigkeit auf diesem Gebiet, das für traditionelle und automatisierte Fertigungsabläufe von hoher Bedeutung ist.

IV.3 Fließbandbelegung

Die Problematik, ein *Fließband* mit Arbeitsgängen so zu belegen, daß
Anordnungsbeziehungen zwischen den Arbeitsgängen berücksichtigt werden und
die einzelnen Arbeitsplätze entlang des Fließbandes in ihrer Kapazität möglichst
stark belastet aber nicht überlastet werden, findet in der OR Literatur bereits
recht früh ihren Niederschlag. Es gibt zwei Varianten des *Fließbandbelegungs-
problems* (Engl.: Assembly Line Balancing). Bei der einen ist die Anzahl der
Arbeitsplätze (Engl.: Work Stations) gegeben und das Ziel ist die Minimierung der
Zykluszeit (Engl.: Cycle Time). Bei der anderen Variante ist die *Zykluszeit* des
Fließbandes gegeben und das Ziel ist die Minimierung der Anzahl der Arbeitsplätze.

Eine klassische Arbeit ist die von M. E. Salveson (1955), VII.3–04. M. Held,
R. M. Karp und R. Shareshian (1963), VII.3–02, beschreiben eine Lösungsmögli-
chkeit dieses Problems mittels *Dynamischer Programmierung*. Auch P. C. Kao und
M. Queyranne, VII.3–30, verwenden die Dynamische Programmierung als
Lösungstechnik.

Eine Formulierung des Problems als ganzzahliges Programm findet sich bereits
bei E. H. Bowman, VII.3–08. Weitere Modellformulierungen als ganzzahlige
Programme finden sich bei F. B. Talbot und J. H. Patterson, VII.3–01, sowie bei
J. H. Patterson und J. J. Albracht, VII.3–37. *Branch-and-Bound* Verfahren finden
sich bei N. V. R. Johnson, VII.3–38 und VII.3–39, bei T. S. Wee und M. J.
Magazing, VII.3–40, sowie bei J. Betts und K. I. Mahmoud, VII.3–29.

Zusätzlich zu den oben erwähnten grundsätzlichen Nebenbedingungen, können
bei der Fließbandbelegung noch eine Vielzahl von einschränkenden Bedingungen
hinzukommen, die unter anderem aus der Organisation der Materialanlieferung
an das Montageband und aus der Notwendigkeit resultieren, mehere Modelle eines
Produktes gemischt auf dem gleichen Montageband zu produzieren.

Das Problem, mehrere Varianten eines Produktes zu planen (Engl.: Mixed
Model Assembly Line Problem), wird in der Arbeit von E. M. Dar-El, VII.3–48,
beschrieben. Eine *Just-In-Time-orientierte* Problematik dieses Problems und die
Lösung mittels Dynamischer Programmierung wird von G. J. Miltenburg et al.,
VII.4–50, beschrieben.

Der Leser wird bezüglich weiterer Anwendungsdetails und Lösungsmöglichkeiten auf den Literaturteil verwiesen.

IV.4 CIM-Anwendungen (FMS, JIT)

Mit dem Aufkommen automatisierter Fertigungsverfahren im Rahmen des *CIM*
(*Computer Integrated Manufacturing*)-*Konzeptes*, ergeben sich insbesondere im
Zusammenhang mit *FMS* (*Flexible Manufacturing Systems*) und *JIT* (*Just-In-
Time*) vielfältige und oft komplexe Planungsprobleme.

Diese Planungsprobleme haben ein vergleichsweise höheres Gewicht für eine
automatisierte Fertigung, als sie es ohnehin schon im Falle einer herkömmlichen

Werkstattfertigung haben. Das hängt damit zusammen, daß der Aufbau einer *automatisierten Fertigung* mit erheblichen Investitionen in Fertigungseinrichtungen verbunden ist, und damit eine Amortisation dieser Einrichtungen natürlich erheblich von der optimalen Nutzung dieser Ressourcen abhängt. Ohne eine Optimierung wird die Ausschöpfung der Ressourcen nur ungenügend sein, da die Nutzung an kombinatorische Strukturen gebunden ist, deren optimale Gestaltung ohne Methoden der Optimierung nicht gelingen kann.

Ein wichtiger Aspekt beim Design von automatischen Fertigungsverfahren ist das Layoutproblem für Maschinen. S. S. Heragu und A. Kusiak, VII.4–44, betrachten eine kombinierte Vorgehensweise aus Optimierungsverfahren und Expertensystem zur Lösung des Layoutproblems.

In Abschnitt VII.4 findet sich eine Reihe von Literaturstellen für CIM/JIT/FMS-bezogene Fragestellungen. Insbesondere verweisen wir auf K. E. Stecke et al. (01), (04)–(07) und (13), und die Arbeiten von A. Kusiak et al. (08), (10)–(12), (23), (24), (29) und (48). Insbesondere erscheint die Arbeit von A. Kusiak, VII.4–48, interessant. Sie beschreibt eine kombinierte Vorgehensweise aus Expertensystem und Optimierungsverfahren zur Lösung von Scheduling Problemen in automatisierten Fertigungssystemen.

Einen Überblick über moderne Planungstechniken im Rahmen von CIM-Organisationen findet man in dem Buch "Computer-Aided Production Management" von A. Rolstadas, VII.1–49. Eine Reihe interessanter Arbeiten enthält auch ein von A. Kusiak herausgegebenes Buch, VII.1–77. Weitere Literaturhinweise ermittelt man über Abschnitt XIV unter Verwendung der Stichworte "CIM", "FMS" und "JIT".

Planungsprobleme für automatisierte Fertigungsabläufe haben naturgemäß Beziehungen zu Problemen, die bereits von herkömmlichen Vorgehensweisen in der Fertigung bekannt sind. Die in den Abschnitten IV.2 und IV.3 vorhandenen Informationen können daher auch für den an CIM-, FMS-, oder JIT-Problemstellungen interessierten Leser wichtig sein. Entsprechendes gilt für die in den Abschnitten VII.2 und VII.3 vorhandenen Literaturhinweise.

IV.5 Mineralölindustrie

Die *Mineralölindustrie* ist zweifellos der größte Anwender von LP-Techniken. *Distributionsanwendungen, Mischungsanwendungen* (siehe IV.8), *Ressource Allocation und Vertriebsplanung* stehen in Vordergrund des Interesses.

Für mittelfristige Planungen können sehr große Modelle entstehen, die Aspekte der Distributionsplanung, Mischungsplanung, Produktionsplanung und zum Teil der Vertriebsplanung enthalten. Solche Modelle können tausende oder sogar zehn-tausende von Nebenbedingungen enthalten. H. P. Williams beschreibt in VIII.1.1–11, Seite 244–246, ein Problem der Optimierung eines *Raffinerieablaufs*, das Aspekte der *Destillation*, der *Reformierung* (Engl.: Reforming), des *Crack-Prozesses* (Engl.: Cracking) und der *Mischung* (Engl.: Blending) enthält. Das zugehörige Modell findet sich ebendort auf den Seiten 276–279.

Eine ähnliche Aufgabenstellung ist auch in der Referenz VII.1.2–0.9 auf den Seiten 23–31 zu finden.

Andere Anwendungsaspekte in der Mineralölindustrie sind in den in Abschnitt VII.5 angegebenen Literaturstellen zu finden. Einen Überblick über Anwendungen der Linearen Programmierung in der Mineralölindustrie findet sich bei W. W. Garvin, H. W. Crandall, J. B. John and R. A. Spellman (03) und bei L. K. Cheney, R. J. Ullman and T. T. Kawarantani (12). Ein Rück- und Ausblick der Verwendung von Methoden der Mathematischen Programmierung in der Mineralölindustrie findet sich in einer neuen Arbeit von C. E. Bodington und T. E. Baker, VII.5–22.

IV.6 Mischungsplanung

Wir haben bereits in Abschnitt I.9 eine Planungsaufgabe kennengelernt, die zur *Mischungsplanung* zu rechnen ist. Mischungsprobleme treten vor allem in Raffinerien, bei der Herstellung von Nahrugsmitteln (z.B. bei Wurst, Margarine, Eiskrem) und von Futtermitteln auf.

Mischungsprobleme haben immer als Bestandteil die Kombination von vorgegebenen *Rohstoffen* zu einem Endprodukt, das bestimmte Mengenanteile an *Inhaltsstoffen* hat, die in bekanntem Umfang in den Rohstoffen enthalten sind.

Zusätzliche Bedingungen können aus Produktions- und Lagerhaltungsbegrenzungen resultieren. Außerdem kann die Anzahl der für die Mischung verwendeten Rohstoffe Bedingungen unterliegen, es können Mindestmengen eines Rohstoffes vorgeschrieben sein, falls dieser überhaupt verwendet wird oder es bestehen Koppelungen zwischen der Verwendung von Rohstoffen. Mischungsplanung kann in erheblichem Umfang die Einkaufs- und Lagerhaltungsstrategie eines Unternehmens beeinflussen. Als Zielsetzung wird meist eine Produktionskostenminimierung verwendet.

Mischungsprobleme können durch ihre Bedeutung für die Produktions- und Lagerplanung auch in mittelfristigen Planungen eine Rolle spielen. Die häufigste Anwendung liegt jedoch in der kurzfristigen operationellen Planung.

Anwendungen in der Nahrungsmittelindustrie sind in Abschnitt VII.6 zu finden, insbesondere bei V. E. Smith (04), H. P. Williams and A. C. Redwood (08) und W. G. Jones and C. M. Rope (09).

Weitere Mischungsanwendungen beziehen sich zum Beispiel auf Futtermittelmischung bei E. R. Swanson (01) und C. Van de Panne (02), sowie auf Mischungsprobleme der Mineralölindustrie bei G. H. Symonds (03) und R. Koehler (06) sowie bei A. Charnes, W. W. Cooper und B. Mellon (10).

IV.7 Vertriebsplanung

Im Vertrieb eines Unternehmens gibt es eine Reihe von Planungsproblemen, die natürlicherweise zum Teil auch Bezüge zu Produktionsplanungsproblemen und Problemen der Distribution haben können.

Ein typisches *vertriebslogistisches Planungsproblem* ist zum Beispiel die Bestimmung von Stückzahlen für Endprodukte, die Vertriebsgesellschaften in verschiedenen Ländern zugeordnet werden. Diese Zuordnung muss dem Absatzpotential und der Produktionskapazität Rechnung tragen. Dabei ist die Produktionskapazität oft bezüglich bestimmter Komponenten beschränkt, die in den Endprodukten vorkommen. Eine Zielsetzung kann zum Beispiel in der Deckungsbeitragmaximierung liegen.

In Abschnitt VII.7 finden sich einige Veröffentlichungen über Anwendungen quantitativer Planungstechniken im Marketing. Insbesondere weisen wir auf H. Müller-Merbach (05) und E. Topritzhofer (06) hin.

IV.8 Standortplanung

In Abschnitt I.13 haben wir uns bereits beispielhaft mit einem *Standortproblem* beschäftigt.

Standortprobleme kommen in vielerlei Zusammenhängen vor. Es kann sich um Standorte für Fabriken, Lagerhäuser, Warenhäuser, Verkaufstellen, Depots, Krankenversorgungsbetriebe, Notfallstationen oder innerbetriebliche Einrichtungen handeln.

Weitere Aspekte sind Standortprobleme des Typs *Quadratisches Zuordnungsproblem*, wie in I.17 beschrieben oder das Dreidimensionale Zuordnungsproblem, wie in V.4 beschrieben.

Standortprobleme enthalten häufig Aspekte von *Transportproblemen*, da natürlicherweise die Wahl der Standorte von entscheidendem Einfluß auf die Transportkosten sind, die zum Beispiel zwischen Fabriken und Abnehmern auftreten. In der Zielfunktion treten bei Standortproblemen häufig *Fix-Kosten* (Engl.: Fixed-Charge) auf. In Abschnitt I.14 ist gezeigt, wie man das im Modell berücksichtigen kann. Man vergleiche hierzu auch in Abschnitt I.13. Dort ist in dem Beispiel Standortplanung ebenfalls die Fix-Kosten Situation enthalten.

Standortprobleme führen in der Regel auf *gemischt-ganzzahlige Modelle*. Der Leser findet in Abschnitt VII.8 vielerlei Veröffentlichungen zum Thema Standortplanung. Ein Überblick findet sich in W. Domschke (02).

IV.9 Transport- und Tourenplanung

F. L. Hitchcock, VII.9–45, beschrieb bereits 1941 das *klassische Transportproblem*. Weitere frühe Arbeiten zu diesem Thema finden sich ebenfalls unter den Literaturhinweisen in Abschnitt VII.9. Wir weisen insbesondere auf G. B. Dantzig (58) und L. R. Ford und D. R. Fulkerson (59) hin. Eine wichtige frühe Arbeit ist auch diejenige von A. Charnes und W. W. Cooper (115) über die sogenannte *Stepping-Stone Methode* zur Lösung des Transportproblems. Einen guten Überblick über die rechentechnische Effizienz verschiedener Methoden findet sich bei S. I.

Gass (109). Das klassische Transportproblem haben wir an Hand eines Beispieles in Abschnitt I.9 kennengelernt. In Abschnitt I.15 haben wir auch erfahren, daß dieses klassische Transportproblem besondere Eigenschaften im Hinblick auf *ganzzahlige optimale Lösungen* hat. Das ebenfalls in Abschnitt I.15 vorgestellte Zuordnungsproblem ist mit dem klassischen Transportproblem eng verwandt. Während beim zweidimensionalen Zuordnungsproblem eine kostenminimale Zuordnung der Elemente zweier Mengen—bei industriellen Anwendungen handelt es sich in der Regel um zwei Produktionsfaktoren—gesucht wird, tritt beim dreidimensionalen Zuordnungsproblem häufig die Dimension Raum oder Zeit hinzu, so daß wir dreifach indizierte Variable $x(i, j, k)$ einführen müssen. Beim *dreidimensionalen Transportproblem* geht die oben erwähnte Ganzzahligkeitseigenschaft verloren.

Außer den Transportproblemen, haben auch die *Netzwerkflußprobleme* eine praktische Bedeutung, zumal besondere Algorithmen zu ihrer effizienten Lösung bereitstehen. Sie wurden in Abschnitt I.15 erklärt. Transportprobleme haben naturgemäß auch Berührungspunkte mit Produktionsplanungsproblemen. Eine Arbeit die diesen Aspekt verfolgt, ist die von Y. Bard, VII.1–20.

Viele Fragestellungen die im weiteren Sinn Transportprobleme sind, betreffen den Aspekt der *Tourenplanung* (Engl.: Vehicle Scheduling oder Vehicle Routing). Dieses Problem hat jedoch einen *hochkombinatorischen Charakter*. Das Tourenproblem besteht in der Planung von Touren für jedes Fahrzeug eines Fuhrparks bei gegebenem Auftragsbestand und Wegenetz. Es können ferner terminliche Nebenbedingungen vorhanden sein, die die Anlieferungszeit auf einen bestimmten Zeitraum beschränken. In der einfachsten Form handelt es sich um ein Depot von dem aus die Fahrzeuge zu den Abnehmern fahren. Es können jedoch auch mehrere Depots eine Rolle spielen. Vehicle Routing Probleme können auch bei strategischen Planungen der Struktur des gesamten Distributionssystems eines Unternehmens eine wichtige Rolle spielen. Hierzu siehe man etwa bei N. Christofides, VII.9–09.

Für das Vehicle Scheduling Problem finden sich eine ganze Reihe von Veröffentlichungen in Abschnitt VII.9. Insbesondere sei hier auf die Arbeiten von N. Christofides, A. Mingozzi und P. Toth (07), P. Carraresi und G. Gallo (04), G. Clarke und J. W. Wright (11), G. B. Dantzig and J. H. Ramser (12), C. D. J. Waters (03), T. J. Gaskell (39) und R. Paulik (49) hingewiesen. Einen Überblick gibt ein von B. L. Golden und A. A. Assad herausgegebenes Buch (83).

Die erste Formulierung des Vehicle Scheduling Problems als 0/1-Programm geht auf M. L. Balinski und M. H. Quandt (13) zurück. Obwohl für praktische Zwecke kaum geeignet, ist dieses Modell konzeptionell interessant. Für die Praxis geeigneter sind die von W. W. Garvin et al., VII.5–03, und B. A. Foster und D. M. Ryan (100) vorgeschlagenen ganzzahligen Modelle. Interessant ist auch die Arbeit von B. L. Golden und C. C. Skiscim (94) über den Einsatz der Methode "*Simulated Annealing*" für Touren- und Standortprobleme.

Das Vehicle Routing Problem ist eines der Optimierungsprobleme, die einer exakten Lösung erheblichen Widerstand entgegensetzen. Ein Überblick über exakte Verfahren findet sich bei G. Laporte und Y. Nobert (102). Eine interessante Arbeit mit Perspektiven über zukünftige Vorgehensweisen zur Lösung von Vehicle

Routing Problemen stammt von T. L. Magnanti (105). Eine weitere Gruppe von Transportanwendungen im weiteren Sinne sind die *Einsatzplanung für das fliegende Personal* einer Fluggesellschaft (Engl.: Airline Crew Scheduling) und für die *Flotte* (Engl.: Fleet Scheduling).

Eine andere Fragestellung der Transportoptimierungen betreffen die Abwicklung des *schienengebundenen* Verkehrs. Hierzu findet man weitere Informationen in den Arbeiten von M. H. Keaton, VII.19–180 und 181. Eine Komplizierung des Transportproblems entsteht durch den stochastischen Charakter von Einflußgrößen.

Literaturhinweise bezüglich dieser drei zuletzt genannten Anwendungen finden sich ebenso wie Arbeiten über andere Aspekte von Transportplanungsanwendungen in Abschnitt VII.9.

IV.10 Distributionsplanung

Distributionsprobleme sind in der Regel strategische Planungen, in denen Standort-Entscheidungen und strukturelle Entscheidungen der Distributionswege eingebettet sind. Hierbei kann es um eine Kostenminimierung gehen, wobei die Transportkosten, sowie Fixkosten und operationelle Kosten von Lagerhäusern oder Depots eine Rolle spielen. Häufig handelt es sich um *mehrstufige Distributionsstrukturen*, zum Beispiel von Fabriken zu Depots und weiter zu Kunden (Abb. 13).

Die Kunden (in der Realität können das auch Händler sein) haben einen bestimmten Bedarf an einem oder mehreren Produkten, die in den Fabriken F1 und/oder F2 hergestellt werden. Jeder Kunde soll von einem Depot beliefert werden. Die Depots erhalten die Produkte direkt von den Fabriken. Das Problem besteht nun in der Auswahl von fiktiven Depotstandorten und deren Zuordnung zu Kunden, so daß die gesamten operativen Kosten (Transportkosten, Depot-Fixkosten, Depot-Operative Kosten) möglichst gering sind.

Eine solche Anwendung wird in der Arbeit von T. G. Mairs et al., VII.10–04, beschrieben.

Distributionsmodelle sind meist *gemischt-ganzzahlige Modelle*, die oft eine recht große Anzahl von 0/1-Variablen enthalten können. Distributionsmodelle können unter Umständen als Netzwerkflußmodelle formuliert werden und von der

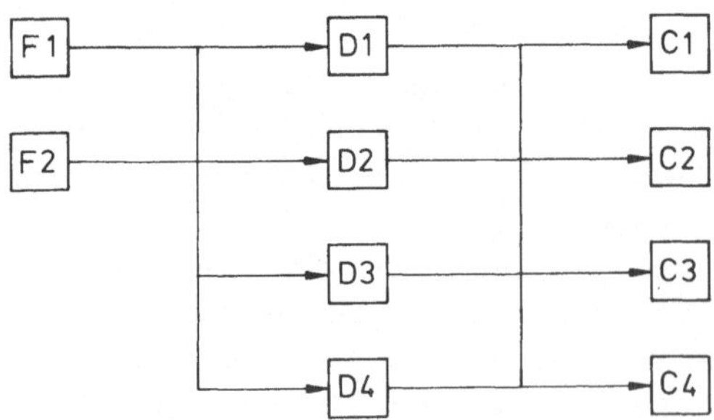

Abb. 13. Struktur eines typischen Distributionsproblems

Unimodularität der Koeffizientenmatrix profitieren. Man vergleiche hierzu die diesbezüglichen Bemerkungen in Abschnitt I.15.

Wir weisen insbesondere auf die Arbeiten von N. Christofides (01), A. T. Kearney (02), J. Bloech und G.-B. Ihde (03), sowie F. Glover et al. (07) in Abschnitt VII.10 hin. Ferner können in den Referenzen in Abschnitt VII.9 über Network Flows noch wertvolle Hinweise über die Gestaltung und Auswertung von Distributionsmodellen gefunden werden. Insbesondere sei hierbei auf P. A. Jensen und J. W. Barnes (62) sowie F. Glover und D. Klingman (63) hingewiesen.

IV.11 Ersatzteilplanung

Die Bereitstellung von *Ersatzteilen* ist in vielen Bereichen ein Service von hoher Bedeutung. Eine angemessen gute Versorgung mit Ersatzteilen kann ein wesentlicher Faktor für eine Kaufentscheidung sein. Hierbei spielt die *Lieferbereitschaft* (Engl.: Service Level) eine große Rolle, die ausdrückt, welcher Prozentsatz aller Anforderungen in welcher Zeit erfüllt werden konnte bzw. sollte.

Der Aufbau eines strukturierten Ersatzteilwesens ist daher für viele Unternehmen eine sehr wichtige Aufgabe. Will man einen hohen Service-Standard mit möglichst geringem Kostenaufwand realisieren, so ergeben sich im operativen und strategischen Bereich komplexe Planungsprobleme. Hierbei können Aspekte von Transport- und Distributionsproblemen eine Rolle spielen.

Die Basis jeder Ersatzteilplanung ist der erwartete Bedarf an solchen Teilen und dies insbesondere in seiner geographischen Verteilung. Der interessierte Leser findet weitere Hinweise in den in Abschnitt VII.11 aufgeführten Referenzen. Für den Aufbau von Modellen zur Ersatzteilplanung sei der Leser auch auf die Referenzen verwiesen, die in den Abschnitten VII.9 und VII.10 für Transport- und Distributionsplanung angegeben sind, wenn auch nur Teilaspekte für ein Ersatzteilplanungs-Modell verwendbar sein dürften.

IV.12 Verschnittoptimierung

Verschnittprobleme sind Fragestellungen bezüglich der günstigsten Ausnutzung von Material bei der Herstellung von Produkten. Als Materialien kommen meist "zweidimensionale Stoffe" in Betracht: Papier, Pappe, Holz oder Holzprodukte (Spanplatten), Glas, Blech, Textilien. Jedoch können auch "dreidimensionale Stoffe" betrachtet werden, zum Beispiel Stein oder Beton. Die Rohstoffe liegen entweder als Rollen vor (Papier, Pappe, Blech und Textilien), treten als Tafeln oder Platten auf (Holz, Glas) oder sind quaderförmig (Stein, Beton). Die aus den Rohmaterialien zu "schneidenden" Teile sind entweder Rollen (Papier, Pappe) bzw. Rechtecke (Papier, Holz, Glas, Blech) oder Quader (Stein, Beton) bzw. krummlinig begrenzte ebene Teile (Schnittmusterteile bei Textilien).

Je nachdem wie viele Schneiderichtungen zugelassen sind, spricht man von *ein-, zwei- oder dreidimensionalen Verschnittproblemen*.

Bei *zweidimensionalen Problemen* sind häufig Nebenbedingungen durch die besonderen Fähigkeiten und Limitierungen der eingesetzten Schneidwerkzeuge bedingt. So kann meist nur ein sogenannter *Guillotine-Schnitt* erlaubt werden, das heißt, es muß in der stufenweisen Zerteilung einer Tafel so vorgegangen werden, daß jede Teiltafel durch einen ganz durchlaufenden Schnitt, der von einer Kante zur gegenüberliegenden Kante verläuft, zerteilt wird. Bei Glas ist das zwingend, weil das Material nach dem Schneiden gebrochen wird. Jedoch wird meist auch bei anderen Materialien diese Bedingung gestellt. Häufig wird beim stufenweisen Zerteilen zusätzlich verlangt, daß die Guillotine-Schnitte der ersten Stufe parallel zu einer vorgegebenen Tafelkante sind. Diejenigen Schnitte der zweiten Stufe müssen dann parallel zur anderen Tafelkante sein. Hierzu verweisen wir auf die Arbeit von J. E. Beasley, VII.12–12.

Andere Bedingungen können sich auf die Materialqualität beziehen. So können zum Beispiel fehlerhafte Stellen im Glas vorhanden sein, die beim Zuschnitt in Verschnittflächen liegen müssen.

Häufig ist es sinnvoll, das Verschnittproblem nicht isoliert zu betrachten, sondern die Bestimmung von *Zuschnittplänen* mit dem terminierten Auftragsbestand zu verknüpfen. Dadurch erhält man häufig mehr Flexibilität in der Kombination von Aufträgen und erreicht geringere Verschnittquoten.

Eine weitere Fragestellung im Zusammenhang mit Verschnittoptimierungen ist die Auswahl der *optimalen Lagergrößen*. Dabei geht es um die bestmögliche Abstimmung der gelagerten Rohmaße auf die zu erwartenden Auftragsabmessungen.

Algorithmen zur Lösung von Verschnittproblemen machen häufig Gebrauch von Methoden zur Lösung des *Knapsack Problems*.

In der englischen Literatur spricht man bei Verschnittproblemen von *"cutting stock problems"* und Verschnitt wird als *"trim loss"* bezeichnet. Der interessierte Leser findet eine Auswahl von veröffentlichten Lösungsansätzen zur Verschnittoptimierung in Abschnitt VII.12. Als klassische Arbeiten gelten die von P. C. Gilmore und R. E. Gomory (1961–1965), (05)–(07).

IV.13 Energieversorgungsunternehmen

Von zentraler Bedeutung für ein *Energieversorgungsunternehmen* ist die Frage, wie der Energiebedarf in einem Versorgungsnetz kostenoptimal durch Eigenstrom oder fremdbezogenen Strom gedeckt werden kann. E. Steinbauer et al. beschreiben eine solche Anwendung für einen hydrothermischen Verbundbetrieb, VII.13–01. Als Kosten werden Brennstoffkosten sowie die mit Anfahrvorgängen thermischer Einheiten verbundenen Kosten und Kosten für vertraglich bezogene elektrische Energie berücksichtigt. Diese Anwendung wird in einer Arbeit von H. Kümmerling, X-263, beschrieben. Sie benutzt MPSX/370 für die eigentliche Optimierung, besteht jedoch aus einer umfangreichen endbenutzerorientierten Software für Ein-/Ausgabe und den Matrixgenerator. Das Modell ist ein umfangreiches gemischt-ganzzahliges MIP-Modell.

Andere Aspekte solcher Anwendungen sind verkoppelte Energiesysteme und industrielle Energieversorgungssysteme.

Der interessierte Leser findet in den Referenzen des Abschnitts VII.13 weitere Informationen über verschiedene Energie-Anwendungen.

Insbesondere sei auf H. Edelmann und K. Theilsiefje (03), P. P. J. Van den Bosch und F. A. Lootsma (08), sowie E. Steinbauer (09) hingewiesen. Modelle für Energieanwendungen sind häufig *gemischt-ganzzahlig*, da Entscheidungsvariable und die Abbildung von *Nichtlinearitäten* eine große Rolle spielen.

IV.14 Personalplanung

Personal ist mehr und mehr eine wertvolle und teuere Ressource. Daher ist es sinnvoll und notwendig, auch in diesem Bereich sorgfältig zu planen. Die entscheidende Frage bei der *Personalplanung* ist, wie geeignetes Personal mit den geforderten Fähigkeiten möglichst kostengünstig bereitgesetellt und auch eingesetzt werden kann. Maßnahmen der Schulung und Umschulung sind dabei ebenso zu beachten, wie auch die Verwendung von Zeitpersonal, um Bedarfsspitzen abzudecken, ohne unnötige Neueinstellungen vornehmen zu müssen. Weitere Aspekte können Kurzarbeit, Einstellungslimitierungen, Urlaubsansprüche, Abfindungen und Pensionen sein. Solche Personalplanungsanwendungen können besonders im Zusammenhang mit Umstrukturierungsmaßnahmen eines Unternehmens bedeutsam sein. Ein weiterer Aspekt der Personalplanung ist die projektbezogene Verwendung qualifizierter Mitarbeiter. Hierbei sind oft Termine und Abhängigkeiten zwischen den Projektaktivitäten zu berücksichtigen. Bei mehreren parallel einzuplanenden Projekten, ergibt sich ein komplexes *Multiproject Scheduling Problem.*

Modelle für Personalplanung findet der Leser in den vielen Veröffentlichungen, die in Abschnitt VII.14 zu finden sind.

Insbesondere sei auf die Arbeiten von S. Vajda (21), W. L. Price und W. G. Piskor (22), G. L. Lilien und A. G. Rao (23), A. Charnes et al. (24), sowie G. S. Davies (25) hingewiesen.

Im Zusammenhang mit Personalplanung auf der Basis von Multiprojektplanung sei auf die Arbeit von A. Alan, Pritsker, B., Watters, L. J. and Wolfe, P. M. (06) hingewiesen.

IV.15 Investitions- und Finanzplanung

In Abschnitt I.11 haben wir bereits ein Problem der *Investitionsplanung* betrachtet. Dabei ging es um die Auswahl von Investitionsvorhaben bei beschränkten Ressourcen und Ausschließungsbedingungen zwischen den teilweise konkurrierenden Vorhaben. Als Zielsetzung diente die Maximierung der Rendite der Investitionsausgaben.

Probleme der Investitionsplanung sind eng verknüpft mit der *Finanzplanung* eines Unternehmens. Dies ist sehr anschaulich in der Arbeit von D. Teichroew, A. Robichek und M. Montalbano, VII.15–55, Seite 93, dargestellt. Ein Unternehmen investiert einerseits Kapital in Investitionsvorhaben, deren Erträge dem Unternehmen (später) zugute kommen. Auf der anderen Seite muß ein Unternehmen sich am Kapitalmarkt aus verschiedenen Finanzierungsquellen bedienen, wodurch Erträge aus dem Unternehmen in Form von Zinsen herausfließen.

Man kann zwischen Finanzierungs-, Investitions- und gemischten Projekten unterscheiden.

Mit jedem Projekt ist eine Folge von *Zahlungsströmen* $a_0, a_1, \ldots, a_n$ verbunden. Dabei ist a_j der Zahlungsstrom in der Periode j. Falls die Auszahlung des Unternehmens in der Periode j größer als die Einzahlungen (von dem Projekt) sind, ist a_j negativ. Anderenfalls ist a_j nicht-negativ.

Der (diskontierte) *Kapitalwert* eines Projektes ist dann gegeben durch

$$P(z) = a_0 + \frac{a_1}{1+z} + \frac{a_2}{(1+z)^2} + \cdots + \frac{a_n}{(1+z)^n}$$

Mit dem Kapitalwert eines Projektes eng verbunden ist der sogenannte interne Zinsfuß eines Projektes z_i. Er erfüllt die Gleichung $P(z_i) = 0$. Eine häufige Zielsetzung bei der Auswahl von Projekten bei einer Investitions- und Finanzplanung ist die Maximierung des diskontierten Kapitalwertes des Unternehmens.

Nebenbedingungen betreffen Ressource-Engpässe, Ausschlußbedingungen zwischen Projekten, Kopplungsbedingungen zwischen Projekten sowie Beschränkungen der Kapitalaufnahme.

Ein typisches Modell für ein Problem der Bestimmung des Kapitalbudgets (Engl.: Capital Budgeting) findet sich in der Referenz VIII.1.3–03, Seiten 40–43. Das Modell ist ein gemischt-ganzzahliges lineares Programm. Ein wichtiger Punkt ist die Frage, ob die Zinsfüße, Zahlungsströme und zukünftigen Entscheidungsalternativen mit Sicherheit bekannt sind, oder ob sie mit *Risiko oder Unsicherheit* verbunden sind. Die Berücksichtigung von Abhängigkeiten zwischen Projekten und die Berücksichtigung von Unsicherheiten können zu *nichtlinearen*, insbesondere *quadratischen*, Modellen führen.

Ein weiteres Anwendungsgebiet ist die *Portfolio Selection*, wo es um die Diversifikation von Kapital auf verschiedene Anlageoptionen mit unterschiedlicher Gewinnerwartung und unterschiedlichem Risiko geht. Für jede Anlageoption (z.B. Aktien) müssen die mittlere Gewinnerwartung (Engl.: Expected Return) und die *Streuung* bekannt sein. Außerdem werden häufig *Korrelationskoeffizienten* für jedes mögliche Paar von Anlageoptionen im Portfolio benötigt.

Portfolio Optimierung maximiert den erzielbaren Gewinn (Return) für verschiedenen *Risikoebenen*. Das klassische Modell für Portfolio Anwendungen geht auf H. M. Markowitz, VII.13–28, zurück und stammt bereits aus dem Jahre 1959. Hier wird bei gegebenem Return das Risiko minimiert. Voraussetzung für Portfolio Anwendungen sind Daten, die für die einzelnen Anlageoptionen abhängig vom Return die Wahrscheinlichkeiten angeben. Solche Daten können aus statistisch verarbeiteten Vergangenheitsverläufen stammen oder aus anderen Überlegungen resultieren. Portfolio Modelle sind in der Regel *quadratische*

Programme. Finanzplanungsanwendungen sind von besonderem Interesse für Banken. Einen Überblick über die Verwendung von OR-Techniken bei Banken gibt die Arbeit von T. C. E. Cheng, VII.19–191. Weitere Anwendungen bei Banken beschreiben Arbeiten, die man über das Stichwort "Banking Applications" in Abschnitt XIV identifiziert.

Der Interessierte findet in Abschnitt VII.15 eine reichhaltige Literatur über Anwendungen quantitativer Verfahren auf Probleme der Investitionsplanung.

Wir weisen insbesondere auf die Arbeiten von H. M. Weingartner (22), (24), (25), (27) und (56), sowie auf klassischen Arbeiten von H. M. Markowitz (28) und (29) hin. Theoretische Erkenntnisse finden sich über Investitionstheorie in dem Buch von H. Albach (17) und über Portfolio Theory in dem Buch von E. J. Elton und M. J. Gruber (43).

R. Wilson, VII.15–01, E. A. Pazner und A. Razin, VII.15–09, und H. Albach, VII.15–13 und 14, betrachten Investitionsplanungsprobleme insbesondere unter Berücksichtigung von Unsicherheiten in den Annahmen über die Verzinsung von Kapital.

R. Hanuscheck, VII.15–16, und J. Wolf, VII.15–18, betrachten unscharfe Formulierungen für Investitionsplanungsmodelle.

IV.16 Optimierung technischer Produkte

Ein junges vielversprechendes Anwendungsgebiet der Mathematischen Programmierung findet sich im Bereich des *Entwurfs technischer Produkte* (Engl.: Engineering Design Optimization oder auch Structural Design Optimization).

Modelle in diesem Anwendungsbereich sind in der Regel nichtlinearer Natur.

Diese Optimierungsanwendungen treten oft im Zusammenhang mit Finite Element Berechnungen auf, die ein Konstrukteur im Rahmen von *CAD-Anwendungen* (CAD = Computer Aided Design) verwendet. Oft geht es dabei um Gewichtsreduzierungen, besonders bei konstruktiven Aufgaben im Automobil- und Flugzeugbau.

Ein wichtiges Anwendungsgebiet steht im Zusammenhang mit dem *Entwurf elektronischer Systeme* und Bauteile. Ein Teilproblem betrifft die Anordnung der Komponenten (Engl.: Placement Problem), ein weiteres die Verdrahtung der Komponenten (Engl.: Wiring Problem). Hier konnten sehr gute Ergebnisse mit der Methode *Simulated Annealing* gewonnen werden. Literaturhinweise finden sich in Abschnitt XIV unter dem Stichwort "Placement". Hinsichtlich "Wiring" ist die Arbeit von M. P. Vecchi und S. Kirkpatrick, VII.16–43, von Bedeutung. Außerdem sei auf die Arbeit von D. F. Wong, H. W. Leong und C. L. Liu, VII.19–175, über VLSI Design mittels Simulated Annealing hingewiesen. Der Leser beachte in diesem Zusammenhang auch die Arbeit von R. M. Kling, VII.16–60. Eine interessante Anwendung beschreibt die Referenz X-234. Hierbei geht es um die Optimierung des Entwurfs eines Satelliten, wobei eine Anzahl von Komponenten räumlich so zu plazieren sind, daß eine Reihe von Nebenbedingungen beachtet werden, die die (gegenseitige) Lage der Komponenten und den Schwerpunkt des

Satelliten betreffen. Wenn man annimmt, daß die Komponenten quaderförmig und homogen sind (also der Schwerpunkt im geometrischen Zentrum liegt), führt dieses Problem auf ein MIP-Modell, also ein gemischt-ganzzahliges Modell. Die Größe dieses Modells wächst dabei sehr schnell mit der Anzahl der Komponenten. Um dies verständlich zu machen, betrachten wir zwei quaderförmige Komponenten mit den Seitenlängen (a_1, b_1, c_1) und (a_2, b_2, c_2). Die Schwerpunkte seien (x_1, y_1, z_1) und (x_2, y_2, z_2). Die Lage der beiden Komponenten kann nicht unabhängig voneinander gewäht werden. Vielmehr muß mindestens eine der folgenden Bedingungen erfüllt sein:

$$(1) \quad x_2 \geqq x_1 \; + \; \frac{a_1}{2} + \frac{a_2}{2}$$

$$(2) \quad x_2 \leqq x_1 \; - \; \frac{a_1}{2} - \frac{a_2}{2}$$

$$(3) \quad y_2 \geqq y_1 \; + \; \frac{b_1}{2} + \frac{b_2}{2}$$

$$(4) \quad y_2 \leqq y_1 \; - \; \frac{b_1}{2} - \frac{b_2}{2}$$

$$(5) \quad z_2 \geqq z_1 \; + \; \frac{c_1}{2} + \frac{c_2}{2}$$

$$(6) \quad z_2 \leqq z_1 \; - \; \frac{c_1}{2} - \frac{c_2}{2}$$

Die sechs Bedingungen resultieren aus der Überlegung, daß die zweite Komponente nur in einem der sechs Halbräume liegen kann, die durch die Lage und Ausdehnung der ersten Komponente definiert sind. Um diese Bedingungen alternativ zu erfüllen, müssen 0/1-Hilfsvariablen eingeführt werden, wie im Abschnitt I.14 unter "Alternative Nebenbedingungen" beschrieben. Für jede Nebenbedingung ergibt sich eine zusätzliche 0/1-Variable.

Bei n Komponenten muß man alle Kombinationen von 2 Komponenten, also $\frac{n(n-1)}{2}$ Kombinationen, betrachten. Für jede Kombination ergeben sich nach obigem Muster sechs Nebenbedingungen mit jeweils einer zugeordneten 0/1-Variablen. Für $n = 10$ hat man dann bereits 270 ganzzahlige Variablen, für $n = 20$ sind es 1140 und für $n = 50$ sogar 7350 0/1-Variablen. Da man mit dem Branch-and-Bound Verfahren nur bis etwa $n = 25$ in vernünftiger Rechenzeit eine Optimallösung ermitteln kann, ist für diese Entwurfsoptimierung eines Satelliten für eine größere Anzahl von Komponenten ein Weg gewählt worden, wo der Benutzer in den Prozeß der Suche nach einer praktikablen Lösung eingebunden wird. Dem Benutzer wird dabei eine zulässige (im allgemeinen nicht-optimale Lösung) grafisch angezeigt. Er kann dann Änderungen an dieser vorgeschlagenen Lösung vornehmen, die zu Änderungen im MIP-Modell führen. Die Optimierung wird dann mit dem modifizierten Modell fortgesetzt, bis dem Benutzer erneut eine zulässige Lösung vorgeschlagen wird. Auf diese Weise erhält man in wenigen Iterationen eine akzeptable Lösung.

Diese Anwendung stellt ein Beispiel einer Optimierungsanwendung mit Benutzerinteraktion dar, eine Vorgehensweise, die in der Zukunft nicht ohne Bedeutung sein dürfte.

Für weitere Informationen über Anwendungen im Zusammenhang mit dem Entwurf technischer Produkte, wird der Leser auf den Literaturteil verwiesen.

Einen Überblick findet der Interessierte in dem Buch von R. R. Levary (Ed.), VII.16–09, sowie in der Arbeit von A. D. Belegundu und J. S. Arora, VII.16–15, 16. Einen ausgezeichneten Überblick bietet die Arbeit von J. S. Arora, VII.16–55. Diese Arbeit enthält auch ein umfangreiches Literaturverzeichnis.

Weitere Arbeiten finden sich in Kapitel VII.16. T. Elpertin (05) berichtete über den Einsatz der Methode Simulated Annealing, während C. B. Brown und J. T. P. Yao (08) über den Einsatz der Methode der Unscharfen Mengen (Engl.: Fuzzy Sets) auf Probleme der Entwurfsoptimierung informierten.

IV.17 Landwirtschaftliche Planung

Linear Programming ist eine häufigere Anwendung im Bereich von Farm Management. *Farmplanungsmodelle* beinhalten Fragestellungen über die Nutzung des Ackerlandes (was soll wo angebaut werden), über die Fruchtfolge (Engl.: Crop Rotation), über Erweiterungsalternativen der Produktion, Düngemitteleinsatz, Einsatz landwirtschaftlicher Maschinen sowie Investitionsprobleme.

Weitere Fragestellungen betreffen Futtermittelmischungen, Verteilungsprobleme für Endprodukte, Probleme der Preisgestaltung und der Bewässerung.

Ein Überblick über mathematische Modelle für Landwirtschaftliche Planung findet sich bei J. J. Glen, VII.17–16.

IV.18 Unternehmensplanung

Unternehmensplanung ist dann mit Methoden der Mathematischen Programmierung durchführbar, wenn es gelingt, die Unternehmensfunktionen, die in verschiedenen organisatorischen Einheiten mit teilweise gegenläufigen Zielsetzungen operieren, in einem Modell zu erfassen und einzuordnen. *Unternehmensplanungsmodelle* (Engl.: Corporate Models) sind also in der Regel *integrierte Modelle*, die Teilaspekte des Unternehmens zu einem Gesamtmodell verbinden.

In Abschnitt IV.1 haben wir im Rahmen der Produktionsplanung bereits auf integrierte Modelle hingewiesen.

In Abschnitt VII.18 finden sich eine Reihe von Veröffentlichungen, die im Zusammenhang mit Unternehmensplanungsmodellen beachtenswert sind. Außerdem weisen wir auf die Arbeiten von L. J. Corner und A. Harvey, IX-44, 45, hin.

Eine ausgezeichnete Zusammenfassung der Imponderabilien bei der Implementierung von Optimierungsproblemen, die naturgemäß um so gravierender in

Erscheinung treten je integrierter und umfassender ein Modell ist, findet sich bei H. P. Williams, VIII.1.1–11, Kapitel 11.

IV.19 Diverse Anwendungen

Von den vielfältigen Anwendungen von Optimierungstechniken, die nicht in die obigen Kategorien fallen, erwähnen wir hier nur einige:

—Optimale Steuerung (Optimum Control)
—System Verfügbarkeit (Systems Reliability)
—Erstellung von Stundenplänen (School Timetabling)
—Disposition von Öltransporten in Ölleitungsnetzen (Scheduling of Batches of Oil in Pipelines)
—Vorbeugende Wartung (Preventive Maintenance)
—Qualitätskontrolle (Optimal Inspections)
—Auslegungsprobleme (Layout Problems)
—Anwendungen im Versicherungswesen (Applications in the Insurance Industries)
—Anwendungen im Bankwesen (Bank Planning Problems)
—Planung des Einsatzes der Flugbegleiter (Scheduling of Airline Flight Crews)
—Planung des Einsatzes einer Flugzeug-Flotte (Fleet Routing and Scheduling for Air Transportation)
—Beladungsprobleme (Loading Problems)
—Mehrprojektplanung bei begrenzten Ressourcen (Multi-Project Scheduling with Limited Resources)
—Lagerhaltung bei verderblichen Gütern (Inventory Management for Perishable Goods)
—Lagerhaltung bei Unsicherheit (Inventory Management under Uncertainty)
—Kombination von Experten-Meinungen (Combining Expert Opinions)
—Anwendungen in der Medizin (Applications in Medicine)
—Anwendungen im Krankenhaus- und Gesundheitswesen (Applications in Health)
—Optimale Einkaufsmengen (Optimum Purchasing)
—Synchronisation von Verkehrsampeln (Synchronization of Traffic Lights)
—Währungstausch (Foreign Exchange Operations)
—Werbeträgerauswahl (Media Selection)
—Planung der Fuhrparkgröße (Vehicle Fleet Size Planning)
—Optimierung chemischer Prozesse (Optimization of Chemical Processes)
—Linear Complementarity Problems
—Landwirtschaftliche Regionalplanungsprobleme (Agricultural Regional Planning)
—Volkswirtschaftliche Modelle (Economy Models).

Der interessierte Leser möge sich aufgrund der entsprechenden Literaturstellen in Abschnitt VII.19 näher informieren.

Außerdem wird auf Abschnitt XIV verwiesen, um andere Literaturstellen zu finden, die möglicherweise in anderen Abschnitten des Literaturverzeichnisses eingeordnet sind.

V Bemerkungen zu den OR-Verfahren

V.1 Die Simplex-Methode

Das wohl bekannteste OR-Verfahren ist die von George B. Dantzig 1947 erfundene
Simplex-Methode zur Lösung von Linearen Programmen. Die Veröffentlichung
erfolgte erst 1951 in dem von T. C. Koopmans herausgegebenen Buch, VII.1–27.

Die Methode wurde inzwischen vielfältig verfeinert und im Hinblick auf
effiziente Implementerung in Optimierungssoftware untersucht. Die Simplex-
Methode liegt allen bedeutenden kommerziell verfügbaren Software-Paketen zur
Lösung von Linearen Programmen zugrunde.

Wir wollen hier nicht die algorithmischen Details dieses Verfahrens schildern,
sondern beschränken uns auf die *konzeptionellen* Aspekte der Simplex-Methode.

In *Matrixschreibweise* kann ein LP-Problem wie folgt formuliert werden:

$$\text{Min} \qquad f(\mathbf{X}) = \mathbf{C}' \times \mathbf{X}$$

$$\text{wobei} \quad \mathbf{A} \times \mathbf{X} \leqq \mathbf{B}$$

$$\mathbf{X} \geqq 0$$

Dabei ist $\mathbf{C}$ ein n-dimensionaler *Spaltenvektor* $\mathbf{C} = (c_1, \dots, c_n)$, $\mathbf{C}'$ dann als
Transponierte von $\mathbf{C}$ ein n-dimensionaler *Zeilenvektor*. $\mathbf{X}$ ist ein n-dimensionaler
Spaltenvektor $\mathbf{X} = (x_1, \dots, x_n)$. $\mathbf{C}' \times \mathbf{X}$ ist das *Skalarprodukt* von $\mathbf{C}'$ und $\mathbf{X}$ und
$f(\mathbf{X}) = f(x_1, \dots, x_n)$.

$\mathbf{A}$ ist eine (m, n)-*Matrix* und $\mathbf{B}$ ein m-dimensionaler Spaltenvektor, also
$\mathbf{B} = (b_1, \dots, b_m)$.

Das *Ungleichungssystem* eines LP-Problems definiert bei n Variablen im
n-dimensionalen Raum eine *konvexe Punktmenge*, die die Lösungsmenge des
LP-Problems darstellt. Diese Lösungsmenge enthält alle zulässigen Lösungen als
Lösungspunkte. Mathematisch gesprochen stellt die Lösungsmenge ein n-
dimensionales *Polyeder* dar, das man sich dreidimensional am besten als Diamant
vorstellt. Dabei entsprechen die Facetten des Diamanten den Nebenbedingungen.

Die Zielfunktion eines LP-Problems wird geometrisch als sogenannte
Hyperebene repräsentiert, d.h. es ist eine Ebene mit einer Dimension, die um 1
niedriger ist als die Dimension des Raumes n, also $n - 1$. Für $n = 3$ haben wir eine
herkömmlich als Ebene bezeichnete Geometrie für die Zielfunktion.

Da verschiedene Werte der Zielfunktion durch parallele Ebenen repräsentiert
sind, ist anschaulich klar, daß bei einer Maximierung oder Minimierung ein

Optimum nicht im Inneren der Lösungsmenge zu suchen sein wird sondern auf deren *Oberfläche*.

Man kann nachweisen, daß eine Optimallösung nicht nur auf der Oberfläche des Polyeders sondern unter den *Eckpunkten* des Polyeders zu finden ist.

Nun könnte man denken, daß damit das Optimierungsproblem bereits gelöst sei, da ein Abprüfen aller Eckpunkte zu einer Optimallösung führen würde. Das ist jedoch weit gefehlt, da die Anzahl der Eckpunkte bei Problemen der Praxis sehr groß werden kann.

Die Simplex-Methode funktioniert nun so, daß Schritt für Schritt von einem Eckpunkt zu einem benachbarten Eckpunkt gewandert wird. In jedem Schritt wird die Zielfunktion im Sinne der Optimierung (Min/Max) verbessert. Ist keine Verbesserung mehr möglich, ist eine Optimallösung erreicht.

Die Simplex-Methode verlangt die Darstellung eines LP-Modells in einer Form, in der die Nebenbedingungen als Gleichungen auftreten. Jedes Modell kann in diese Form durch Einführung von sogenannten *Schlupfvariablen* gebracht werden.

Wir betrachten das LP-Modell

$$\text{Max!} \quad 40x_1 + 120x_2$$
wobei
$$10x_1 + 20x_2 \leqq 1100$$
$$x_1 + 4x_2 \leqq 160$$
$$x_1 + x_2 \leqq 100$$
$$x_1 \geqq 0$$
$$x_2 \geqq 0$$

Dieses Modell ist dem folgenden gleichwertig.

$$\text{Max!} \quad 40x_1 + 120x_2$$
wobei
$$10x_1 + 20x_2 + y_1 \qquad\qquad = 1100$$
$$x_1 + 4x_2 + \quad y_2 \qquad = 160$$
$$x_1 + x_2 + \qquad\quad y_3 = 100$$
$$x_1 \geqq 0, \quad x_2 \geqq 0, \quad y_1 \geqq 0, \quad y_2 \geqq 0, \quad y_3 \geqq 0$$

Waren im ursprünglichen Modell n Variable und m Nebenbedingungen, so hat das modifizierte aber gleichwertige Modell nunmehr $m + n$ Variable und m Nebenbedingungen. Die Variablen y_1, y_2 und y_3 sind die oben erwähnten Schlupfvariablen. Die weiteren Ausführungen beziehen sich auf diese sogenannte *Standardmodell* der Linearen Programmierung. Die Simplex-Methode beruht auf den folgenden beiden Prinzipien:

— Elementare Zeilen-Operationen (d.h. Vertauschung von zwei Zeilen, Muliplikation einer Zeile mit einem positiven Faktor, Addition eines Vielfachen einer Zeile zu einer anderen Zeile) ändern den zulässigen Lösungsraum nicht

— Die Anzahl der positiven Variablen in der Optimallösung ist niemals größer als m, die Anzahl der Nebenbedingungen. Eine zulässige Lösung heißt *Basislösung*, wenn sie höchstens m positive Variable enthält. Eine Basislösung entspricht einem Eckpunkt des Lösungspolyeders

Auf dieser Grundlage besteht die Simplex-Methode in jeder Iteration aus folgenden Schritten:

(S1) Prüfung, ob die gegenwärtige Lösung zulässig und optimal ist
(S2) Falls nicht beide Eigenschaften erfüllt sind, wird eine nicht in der Basis auftretende sogenannten *Nichtbasisvariable* bestimmt, die mit positivem Wert in die Basis aufgenommen wird. Der Wert wird so festgelegt, daß eine bisher in der Basis auftretende Variable mit dem Wert Null aus der Basis ausscheidet.
(S3) Ermittlung der durch den Austausch einer *Basisvariablen* sich ergebenden Lösung. Weiter bei S1.

Wir wollen die Simplex-Methode am Standardmodell obigen Beispiels demonstrieren. Wir beginnen mit einer Ausgangslösung $(x_1, x_2, y_1, y_2, y_3) = (0, 0, 1100, 160, 100)$ mit dem Zielwert $z = 0$. Diese *Ausgangslösung* ergibt sich, indem man die beiden sogenannten *Strukturvariablen* x_1 und x_2 Null setzt und aus dem Nebenbedingungsgleichungen die Werte für die Schlupfvariablen gewinnt.

$$\text{Max!} \quad 40x_1 + 120x_2$$

wobei

$$y_1 = 1100 - 10x_1 - 20x_2$$
$$y_2 = \ 160 - \ \ x_1 - \ 4x_2$$
$$y_3 = \ 100 - \ \ x_1 - \ \ x_2$$

$$x_1 \geqq 0, \ x_2 \geqq 0, \ y_1 \geqq 0, \ y_2 \geqq 0, \ y_3 \geqq 0$$

Hier sind die Basisvariablen y_1, y_2 und y_3 durch die Nichtbasisvariablen x_1 und x_2 ausgedrückt. Um eine Nichtbasisvariable für den Eintritt in die Basis auszuwählen, betrachten wir die Zielfunktion. Den höchsten positiven Koeffizienten hat die Nichtbasisvariable x_2. Für eine Maximierung erscheint diese Variable besonders attraktiv. Wenn nämlich x_2 einen positiven Wert erhält, wird der Wert der Zielfunktion stark ansteigen. Betrachten wir die obigen Gleichungen, so wird klar, daß x_2 höchstens den Wert 40 erhalten kann. Die erste Gleichung begrenzt x_2 auf 55 und die letzte Gleichung auf 100. Die zweite Gleichung begrenzt x_2 auf 40. Da alle Gleichungen so zu erfüllen sind, daß die Nichtnegativität von y_1, y_2 und y_3 beachtet wird, ist damit x_2 auf maximal 40 begrenzt. x_2 tritt mit dem Wert 40 in die Basis ein und y_2 verläßt mit dem Wert Null die Basis. Wir erhalten als Basislösung die Lösung $(x_1, x_2, y_1, y_2, y_3) = (0, 40, 300, 0, 60)$. Der Wert der Zielfunktion ist für diese Lösung 4800.

Nunmehr drücken wir wiederum die Basisvariablen x_2, y_1, und y_3 durch die

Nichtbasisvariablen x_1 und y_2 aus, indem wir x_2 durch $40 - \dfrac{x_1}{4} - \dfrac{y_2}{4}$ ersetzen:

$$\text{Max!}\quad 10x_1 - 30y_2 + 4800$$

wobei

$$y_1 = 300 - 5x_1 + 5y_2$$

$$x_2 = 40 - \frac{x_1}{4} - \frac{y_2}{4}$$

$$y_3 = 60 - \frac{3x_1}{4} + \frac{y_2}{4}$$

$$x_1 \geqq 0,\quad x_2 \geqq 0,\quad y_1 \geqq 0,\quad y_2 \geqq 0,\quad y_3 \geqq 0$$

Betrachten wir wiederum die Zielfunktion, so hat lediglich x_1 einen positiven Koeffizienten. Aufgrund der ersten Gleichung ist x_1 auf den Wert 60 begrenzt. Die anderen beiden Gleichungen sind weniger restriktiv. Damit wird $x_1 = 60$ gesetzt und y_1 verläßt die Basis. Wir erhalten als Basislösung $(x_1, x_2, y_1, y_2, y_3) =$ $(60, 25, 0, 0, 15)$. Der Zielwert ist 5400. Nunmehr drücken wir wiederum die Basisvariablen x_2, y_1 und y_3 durch die Nichtbasisvariablen x_1 und y_2 aus, indem wir x_1 durch $60 - y_1/5 + y_2$ ersetzen:

$$\text{Max!}\quad -2y_1 - 20y_2 + 5400$$

wobei

$$x_1 = 60 - \frac{y_1}{5} + y_2$$

$$x_2 = 25 + \frac{y_1}{20} - \frac{y_2}{2}$$

$$y_3 = 15 + \frac{3y_1}{20} + \frac{y_2}{2}$$

$$x_1 \geqq 0,\quad x_2 \geqq 0,\quad y_1 \geqq 0,\quad y_2 \geqq 0,\quad y_3 \geqq 0$$

In der Zielfunktion haben nunmehr alle Nichtbasisvariablen (y_1 und y_2) negative Koeffizienten. Eine Aufnahme der Variablen y_1 oder y_2 mit positivem Wert in die Basis würde demnach eine Verminderung des Wertes der Zielfunktion nach sich ziehen. Daraus ergibt sich, daß die Basislösung $(x_1, x_2, y_1, y_2, y_3) = (60, 25, 0, 0, 15)$ optimal ist.

Man benutzt häufig eine andere Darstellung des gleichen soeben geschilderten Vorgehens. Hier stellt man die Standardform in einem sogenannten *Simplex-Tableau* dar. Wir benutzen wiederum unser Beispiel.

Pivotspalte ↓

		x_1	x_2	
z	0	40	120	
y_1	1100	-10	-20	
y_2	160	-1	-4	← Pivotzeile
y_3	100	-1	-1	

Man bestimmt das Maximum der Elemente des Tableaus in der ersten Zeile und den den Nichtbasisvariablen zugeordneten Spalten. Ist das Maximum nicht positiv, so ist die Optimallösung gefunden. Die Spalte mit dem maximalen Wert (in unserem Fall 120 für die mit x_2 bezeichnete Spalte) ist die sogenannte *Pivotspalte*. Dann ermittelt man das Minimum der Quotienten Element erste Spalte/Abs (Element Pivotspalte) über alle Zeilen mit negativen Elementen in der Pivotspalte. Die dadurch ermittelte Zeile ist die *Pivotzeile* (in unserem Fall die mit y_2 bezeichnete Zeile). Das durch Pivotspalte und Pivotzeile festgelegte Element des Simplex-Tableaus heißt Pivotelement.

Nunmehr wird das Tableau transformiert. Dies geschieht nach folgenden *Transformationsregeln*:

—Alle Elemente die weder in der Pivotspalte noch in der Pivotzeile stehen, werden um einen Quotienten vermindert, dessen Zähler das Produkt aus den Tableauelementen ist deren Spalten- bzw. Zeilenindex dem zu transformierenden Element entsprechen und deren zugehöriger Zeilen- bzw. Spaltenindex der Pivotzeile bzw. der Pivotspalte entsprechen, und dessen Nenner das Pivotelement selbst ist

—Alle Elemente der Pivotzeile mit Ausnahme des Pivotelementes werden durch das negative Pivotelement dividiert

—Alle Elemente der Pivotspalte mit Ausnahme des Pivotelementes werden durch das Pivotelement dividiert

—Das Pivotelement selbst wird durch seinen Kehrwert ersetzt

—Die Benennungen der Pivotzeile und Pivotspalte werden vertauscht

Wir wenden diese Transformationsregeln auf unser obiges Tableau an und erhalten:

Pivotspalte ↓

		x_1	y_2	
z	4800	10	-30	
y_1	300	-5	5	←Pivotzeile
x_2	40	$-\frac{1}{4}$	$-\frac{1}{4}$	
y_3	60	$-\frac{3}{4}$	$-\frac{1}{4}$	

Die nächste Transformation ergibt dann folgendes Lösungstableau:

		y_1	y_2
z	5400	-2	-20
x_1	60	$-\frac{1}{5}$	1
x_2	25	$\frac{1}{20}$	$-\frac{1}{2}$
y_3	15	$\frac{3}{20}$	$\frac{1}{2}$

Die Simplex-Methode verlangt eine zulässige Basislösung als Ausgangslösung. Eine solche Ausgangslösung haben wir für unser Beispiel einfach dadurch gewonnen, indem wir die *Strukturvariablen* Null gesetzt haben und die Schlupfvariablen aus den Gleichungen ermittelt haben. Das ist immer möglich, falls die sich dadurch ergebenden Werte der Schlupfvariablen nicht-negativ sind. Wenn das nicht der Fall ist, gibt es spezielle Verfahren, um zu einer zulässigen Ausgangsbasis zu kommen.

Eine genauere Beschreibung der Simplex-Methode findet der Interessierte beispielsweise in dem Buch von C. H. Papadimitriou und K. Steiglitz (1982), VIII.1.6–174, Seiten 26–62. Man findet die Simplex-Methode ebenso in fast allen Büchern über Lineare Programmierung, die im Kapitel VIII.1.2 angegeben sind, so zum Beispiel bei G. B. Dantzig (01) und (05) oder G. Hadley (02), um nur einige zu nennen. Eine leichtverständliche Dartellung findet sich in der Referenz VIII.1.2–09.

V. Klee und G. L. Minty wiesen 1972 nach, daß es LP-Probleme gibt, bei denen die *Anzahl der Iterationen* mit wachsender Problemgröße *exponentiell* wächst. Die Erfahrung zeigt jedoch, daß bei den meisten Problemen der Praxis lediglich ein lineares Wachstum der Iterationen mit der Anzahl der Nebenbedingungen zu beobachten ist.

Die Arbeit von V. Klee und G. L. Minty findet sich im Literaturteil, VIII.1.2–14.

Den Nachweis, daß die Simplex-Methode kein *polynomisches* Verfahren ist, findet man zum Beispiel ebenfalls in dem soeben genannten Buch von C. H. Papadimitriou und K. Steiglitz auf den Seiten 166–170. In der oben beschriebenen Simplex-Methode sind im Schritt S2 zwei Freiheitsgrade

—die Wahl der aus der Basis austretenden Basisvariablen
—die Wahl der in die Basis eintretenden Nichtbasisvariablen

Durch Festlegung von sogenannten *Pivotregeln* entsteht eine (spezielle) Simplex-Methode.

Die Ursache für die bei konstruierten Beispielen sehr hohe Anzahl von Iterationen liegt in zwei Erscheinungen, die man *Cycling* und *Stalling* nennt.

Beim *Cycling* durchläuft die Simplex-Methode eine unendliche, sich wiederholende Folge von Basislösungen, die demselben Eckpunkt des Polyeders zugeordnet sind. Beim *Stalling* durchläuft die Methode eine exponentiell lange, endliche Folge von Basislösungen eines Eckpunktes.

R. G. Bland, VIII.1.2–108, konnte 1977 zeigen, daß durch einfache Pivotregeln Cycling vermieden werden kann. In diesem Zusammenhang wichtig ist die Erkenntnis von D. Avis und V. Chvatal (1978), VIII.1.2–162, daß eine Pivotregel, die generell Cycling und Stalling verhindert, auf eine polynomische Simplex-Methode führt.

Für besonders strukturierte Problemklassen gelang inzwischen die Bestimmung von solchen Pivotregeln. Hierzu siehe man die Arbeiten (Abschnitt VIII.1.2) von W. H. Cunningham (163), R. S. Barr, F. Glover und D. Klingman (164), E. Roohy-Laleh (165) und K. H. Borgwardt (64 und 80). Informationen über die Anzahl der Iterationen der Simplex-Methode findet der Interessierte in den Literaturstellen aus Abschnitt VIII.1.2, insbesondere sei auf K. H. Borgwardt (64, 79, 80), M. Haimovich (81), T. Liebling (82) und S. Smale (83) hingewiesen.

Es wurde 1979 bewiesen, daß LP-Probleme einen Algorithmus gestatten, der mit wachsender Problemgröße im Rechenaufwand nur *polynomisch* wächst. Diese Erkenntnis geht auf L. G. Khachiyan zurück. Man vergleiche hierzu die Referenz

VIII.1.2–15 oder ebenfalls in dem genannten Buch von C. H. Papadimitriou und K. Steiglitz, Seiten 170–185.

Im folgenden Abschnitt beschreiben wir ein polynomisches Verfahren zur Lösung von LP-Problemen, das N. Karmarkar 1984 beschrieb. Zur Frage der *Komplexität von Algorithmen* findet sich Näheres in Abschnitt V.10. In der Praxis hat sich am meisten eine Variante der Simplex-Methode, die sogenannte *Revidierte Simplex-Methode* (Engl.: Revised Simplex Algorithm), durchgesetzt. Sie wird in praktische allen kommerziell angebotenen Software-Paketen benutzt. Die Revidierte Simplex-Methode ist zum Beispiel bei E. M. L. Beale, VIII.1.1–31, beschrieben. Dort ist auch die für separable Programme erweiterte Revidierte Simplex–Methode beschrieben.

Die Effizienz der Simplex-Methode hängt in der Praxis auch von der Struktur und der Dichte der Koeffizientenmatrix ab, siehe hierzu auch in Abschnitt I.8 und in der Arbeit von W. Murray, VIII.1.2–203.

Dort ist als Erfahrungswert angegeben, daß eine große Matrix mit M besetzten Stellen in der Regel einen kleineren Rechenaufwand verursacht als ein kleineres LP-Problem mit dichtbesetzter Matrix, falls nur $mn > 5M$, wobei das kleinere Problem m Zeilen und n Spalten hat. In Abschnitt VIII.1.2 finden sich viele gute Abhandlungen über LP und die Simplex-Methode. Wir weisen auf die Werke von G. B. Dantzig (01, 05), G. Hadley (02), W. Orchard-Hays (10), N. J. Driebeek (29), D. B. Judin (65 und 66), K. J. Richter (67) und V. Chvatal (68) besonders hin. Ein wichtiger Aspekt vor dem Einsatz der Simplex-Methode ist noch das Erkennen von *redundanten Nebenbedingungen* (Engl.: Inessential Constraints) oder solchen, deren Vorhandensein im Modell die Optimallösung nicht beeinflußt.

Während redundante Nebenbedingungen ohne Einfluß auf die Lösungsmenge sind, schränken die zweite Art von Nebenbedingungen (Engl.: Nonbinding Constraints oder Inactive Constraints) die Lösungsmenge zwar ein, ohne jedoch einen Einfluß auf die Optimallösung zu haben. In Abschnitt XII ist die mit (III) bezeichnete Nebenbedingung in dem LP-Modell von dieser zweiten Art. Ihre Entfernung aus dem Modell ist ohne Auswirkungen auf die Optimallösung möglich.

Näheres findet sich zu diesem Thema in den Referenzen VIII.1.1–68, 69 und VIII.1.2–93–97.

Besondere Aspekte gibt es bei der Anwendung der Simplex-Methode auf sogenannte *Dynamische Lineare Programme*. Solche Probleme haben zeitabhängige Variable und treten bei Problemen der optimalen Steuerung (Engl.: Optimum Control) auf. Man vergleiche hierzu die Arbeiten von R. Fourer, VIII.1.2–194, 195, sowie die Veröffentlichung von A. Propoi und V. E. Krivonozhko, VIII.1.2–197. Weitere Referenzen für theoretische und anwendungsbezogene Arbeiten über Dynamische Lineare Programme können über das Stichwortverzeichnis zum Literaturteil, Abschntt XIV, mit Hilfe des Stichwortes "Dynamic Linear Programs" ermittelt werden.

Eine andere Erweiterung der Simplex-Methode geht auf R. G. Jeroslow (1973) zurück, siehe VIII.1.2–200. Hier wird ein LP-Modell betrachtet, dessen Elemente der Koeffizientenmatrix (rationale) Funktionen der Zeit sind. Man bezeichnet ein solches Modell als *Asymptotisches Lineares Programm*. Die Zielsetzung ist die

Ermittlung einer Lösung, die für alle hinreichend großen Werte des Zeitparameters optimal ist.

V.2 Das Verfahren von N. Karmarkar

Narendra Karmarkar veröffentlichte 1984, siehe VIII.1.2–23, ein zur Simplex-Methode grundverschiedenes Verfahren zur Lösung linearer Programme. Karmarkar wies in dieser Arbeit nach, daß sein Verfahren eine *Polynomische Konvergenz* hat, also mit wachsender Problemgröße im Aufwand nur polynomisch wächst. Diese Eigenschaft hat die Simplex-Methode nicht, da es spezielle Problemstrukturen gibt, für die die Simplex-Methode einen *exponentiell* wachsenden Rechenaufwand zeigt. Für die Masse der praktischen Anwendungen zeigt die Simplex-Methode jedoch eine sehr vernünftige, meist linear mit der Zahl der Nebenbedingungen wachsende Anzahl von Iterationen. Näheres über die Frage der Komplexität von Algorithmen findet sich in Abschnitt V.10.

Karmarkar's Algorithmus wurde mit der Behauptung veröffentlicht, daß er eine wesentlich verbesserte Performance gegenüber den besten bisher bekannten Methoden habe. Diese Erwartung findet sich nicht nur in Karmarkar's Originalarbeit, sondern auch in im Abschnitt IX zitierten Artikeln der Tagespresse, wie New Scientist (19), Science (37), The Economist (38), Time (39), Business Week (40) and Interfaces (54).

Leider enthält Karmarkar's Arbeit und seine nachfolgenden Veröffentlichungen kaum Hinweise über die Implementierung seines Verfahrens. Obwohl manche unabhängigen Implementierungen des Karmarkar Verfahrens bemerkenswert gute Performance zeigten, kann von einer Bestätigung obiger Behauptung bisher keine Rede sein. Hierzu siehe man die in Abschnitt VIII.1.2 angegebenen Arbeiten von M. C. Ferris und A. B. Philpott (22), J. A. Tomlin (31) und P. E. Gill et al. (33).

Für eine abschließende Wertung des Verfahrens von Karmarkar erscheint es zu früh.

Wir beschreiben das Karmarkar Verfahren hier nur in groben Zügen. Es handelt sich um ein Verfahren, das sich auf einer Folge *innerer* Punkte an eine optimale Lösung herantastet (Engl.: Interior Point Method). Die Simplex-Methode bewegt sich im Gegensatz hierzu auf der Oberfläche des Lösungspolyeders von Eckpunkt zu benachbartem Eckpunkt.

Karmarkar beschreibt sein Verfahren für ein LP-Modell, das bestimmte Eigenschaften hat:

—die lineare Zielfunktion ist zu minimieren
—die Nebenbedingungen bilden ein homogenes Gleichungssystem (d.h. die rechten Seiten sind Null)
—die Summe aller Variabler ist 1
—die Zielfunktion ist für alle zulässigen Lösungen nichtnegativ und das Minimum ist Null

In Matrixschreibweise kann das von Karmarkar betrachtete LP-Modell wie folgt formuliert werden:

$$\text{Min!} \quad f(\mathbf{X}) = \mathbf{C}' \times \mathbf{X}$$
$$\text{wobei} \quad \mathbf{A} \times \mathbf{X} = 0$$
$$\mathbf{E}' \times \mathbf{X} = 1$$
$$\mathbf{X} \geqq 0$$

Dabei ist $\mathbf{C}$ ein n-dimensionaler Spaltenvektor $\mathbf{C} = (c_1, \ldots, c_n)$, $\mathbf{C}'$ dann als Transponierte von $\mathbf{C}$ ein n-dimensionaler Zeilenvektor. $\mathbf{X}$ ist ein n-dimensionaler Spaltenvektor $\mathbf{X} = (x_1, \ldots, x_n)$. $\mathbf{C}' \times \mathbf{X}$ ist das Skalarprodukt von $\mathbf{C}'$ und $\mathbf{X}$ und $f(\mathbf{X}) = f(x_1, \ldots, x_n)$.

$\mathbf{A}$ ist eine (m, n)-Matrix und $\mathbf{E}$ ein n-dimensionaler Spaltenvektor, also $\mathbf{E} = (e_1, \ldots, e_n) = (1, \ldots, 1)$, d.h. alle Elemente von $\mathbf{E}$ sind Eins.

Außerdem wird angenommen, daß die Zielfunktion $f(\mathbf{X})$ im Optimum den Wert Null hat.

Durch geeignete Umformung kann jedes LP-Modell in diese Form gebracht werden.

Das Verfahren beginnt mit einem zulässigen Punkt im Inneren des durch die dritte Bedingung definierten Simplex. Um eine möglichst große Verbesserung der Zielfunktion zu erreichen, wird der Simplex durch eine sogenannte *projektive Abbildung* auf sich selbts abgebildet, so daß der Ausgangspunkt im Zentrum des Bild-Simplex liegt. Dann bestimmt man eine Richtung, die so gewählt wird, daß sich die Zielfunktion am meisten verbessert. In dieser Richtung wird ein nächster zulässiger Punkt ermittelt. Die Umkehrung der projektiven Abbildung ergibt den nächsten Punkt im Ur-Bild-Simplex.

Falls der Wert der Zielfunktion für die neue zulässige Lösung kleiner als ein vorgegebener Toleranzwert Epsilon ist, wird die Lösung als Optimallösung akzeptiert.

Falls sich der Wert der Zielfunktion gegenüber dem Zielwert der vorausgehenden zulässigen Lösung nur um weniger als ein weiterer Toleranzwert Delta unterscheidet, so ist das LP-Modell entweder unzulässig (Engl.: infeasible) oder unbeschränkt (Engl.: unbounded).

Falls keine dieser beiden Situationen vorliegt, wird erneut eine projektive Abbildung des Simplex auf sich durchgeführt, um den neuen Lösungspunkt in das Zentrum des Bild-Simplex zu bringen.

Das Verfahren endet in einer der beiden obigen Situationen.

Der Interessierte findet eine leicht verständliche Darstellung des Verfahrens, sowie eine Anwendung auf ein numerisches Beispiel in einer Arbeit von A. Schönlein, VIII.1.2–131.

Im Verfahren von Karmarkar spielt eine oben erwähnte sogenannte projektive Abbildung (auch projektive Transformation genannt) eine große Rolle. Projektive Abbildungen führen Geraden in Geraden und Ebenen in Ebenen über. Parallele Geraden bzw. Ebenen gehen jedoch nicht notwendig in parallele Geraden bzw. Ebenen über. Wir betrachten eine solche Abbildung bezogen auf einen $(n-1)$-dimensionalen *Simplex $S(n)$*. Dabei ist ein solcher Simplex im $\mathbb{R}^n$ wie folgt definiert:

$$S(n) = \left(x \in \mathbb{R}^n \mid x \geqq 0 \quad \text{und} \quad \sum_{i=1}^{n} x_i = 1 \right)$$

Ein Simplex im $\mathbb{R}^n$ ist also ein $(n-1)$-dimensionales Polyeder mit den Eckpunkten $(x_1, \ldots, x_n)$, wobei x_i zwischen 0 und 1 liegt und die Summe aller Koordinaten Eins ist. Betrachten wir den Fall $n = 2$, so ist $S(2)$ eine Strecke mit den Endpunkten $(0, 1)$ und $(1, 0)$. Für $n = 3$ ist $S(3)$ ein Dreieck im Raum $\mathbb{R}^3$ mit den Eckpunkten $(0, 0, 1)$, $(0, 1, 0)$ und $(1, 0, 0)$. Im Simplex $S(n)$ gibt es einen zentralen Punkt der Mittelpunkt der Inkugel (für $n = 3$ des Inkreises) und der Umkugel (für $n = 3$ des Umkreises) ist. Dieser Punkt hat die Koordinaten $z = (z_1, \ldots, z_n) = \left(\dfrac{1}{n}, \ldots, \dfrac{1}{n} \right)$.

Sei nun $x_0 = (x_{01}, \ldots, x_{0n})$ ein innerer Punkt von $S(n)$, so betrachten wir die folgende Transformation, die Punkte $x = (x_1, \ldots, x_n)$ des Simplex $S(n)$ in Punkte $x' = (x'_1, \ldots, x'_n)$ überführt:

$$x'_i = \frac{x_i}{x_{0i}} \Bigg/ \sum_{j=1}^{n} \frac{x_j}{x_{0j}}, \quad i = 1, \ldots, n$$

Diese Transformation $S(n) \to S(n)$ hat die Eigenschaft, den Punkt x_0 in den Punkt z abzubilden und Seitenflächen des Urbild-Simplex in Seitenflächen des Bild-Simplex zu transformieren. Darüberhinaus ist die Abbildung umkehrbar eindeutig. Die Inverse Abbildung ist gegeben durch:

$$x_i = \overline{(x'_i x_{0i})} \Bigg/ \sum_{j=1}^{n} \frac{x'_j}{x_{0j}}, \qquad i = 1, \ldots, n$$

Die Idee des Verfahrens von Karmarkar geht auf die Tatsache zurück, daß ein LP-Problem mit einer Kugel als Lösungsraum auf die Lösung eines linearen Gleichungssystems zurückgeführt werden kann. Karmarkar löst in jedem Iterationsschritt ein solches Gleichungssystem bezogen auf die Inkugel des Simplex.

Die bisherige Erfahrung zeigt, daß das Verfahren von Karmarkar zwar eine geringe Anzahl von Iterationen benötigt, der rechentechnische Aufwand pro Iteration jedoch erheblich ist.

Einen guten Überblick über die rechentechnischen Vor- und Nachteile der Simplex-Methode und der Methode von Karmarkar findet sich in der Arbeit von W. Murray, VIII.1.2–203.

Während die Simplex-Methode immer eine sogenannte Basislösung liefert, die einem Eckpunkt des Lösungspolyeders entspricht, endet das Verfahren von Karmarkar nicht notwendig an einer Basislösung. Man kann jedoch von der optimalen Nicht-Basis Lösung ausgehend eine gleichwertige Basislösung erzeugen. Eine Methode für diese Transformation ist zum Beispiel bei M. Benichou et al., VIII.1.3–18, beschrieben.

Der Nachweis, daß Karmarkar's Verfahren zu einer schon einige Zeit bekannten Klasse von Methoden, den sogenannten "Projected Newton Barrier Methods" gehört, gelang 1985 P. E. Gill, W. Murray, M. A. Saunders, J. A. Tomlin und M. H. Wright. Hierzu vergleiche man die Literaturstelle VIII.1.2–33. Die "*Barrier-Function Method*" löst ein LP-Problem dadurch, daß eine Folge von Problemen der folgenden Form gelöst wird:

$$\text{Min!} \quad F(x,u) = c_1 x_1 + \cdots + c_n x_n - u \sum_{j=1}^{n} \ln(x_j)$$

$$\text{wobei} \qquad a_{11} x_1 + \cdots + a_{1n} x_n = b_1$$
$$a_{21} x_1 + \cdots + a_{2n} x_n = b_2$$
$$\cdots\cdots\cdots\cdots\cdots\cdots\cdots\cdots$$
$$a_{m1} x_1 + \cdots + a_{mn} x_n = b_m$$

Der Skalar u ist der sogenannte "Barrier Parameter". Er wird für jedes zu lösende Teilproblem festgelegt. Sei $x(u)$ die Lösung eines Teilproblems bei bekanntem Parameter u. Man kann nachweisen, daß $x(u)$ gegen eine Optimallösung des zugeordneten LP-Problems konvergiert, wenn u gegen Null strebt. In diesem Zusammenhang ist auch die oben bereits erwähnte Arbeit von W. Murray, VIII.1.2–203, sehr zu empfehlen.

V.3 Das Branch-and-Bound Verfahren

Das *Branch-and-Bound Verfahren* ist eine allgemeingültige Vorgehensweise zur Lösung von Optimierungsproblemen, die eine *diskrete* Lösungsmenge besitzen. Eine diskrete Lösungsmenge besitzt eine endliche Vielfalt zulässiger Lösungen, die sich häufig aufgrund *kombinatorischer* Sachverhalte ergibt.

Die Idee des Branch-and-Bound Verfahrens geht auf A. Land und A. G. Doig (1960), VIII.1.8–09, zurück. Der Name wurde erstmals 1963 von J. D. C. Little, K. G. Murty, D. W. Sweeney und C. Karel, VIII.1.8–14, verwendet. Sie benutzten das Verfahren zur Lösung des *Travelling Salesman Problems*.

Das Branch-and-Bound Verfahren ist im Grunde ein Verfahren der *impliziten Enumeration*. Das heißt, es werden alle möglichen Lösungen implizit erfaßt, um zu einer optimalen Lösung zu kommen. Wichtig ist der Unterschied zu *expliziten Enumerationsverfahren*, wo einfach alle möglichen Lösungen untersucht werden und eine Optimallösung durch einfachen Vergleich der Werte der Zielfunktion ermittelt wird. Die rechentechnischen Probleme und engen Grenzen der Anwendbarkeit der expliziten Enumeration sind in der enormen Größe der kombinatorisch bedingten zulässigen Lösungsmengen zu suchen. Trotz schnellster Rechner ist eine Abarbeitung von beispielsweise 20! möglichen *Permutationen* völlig ausserhalb des Bereich der akzeptablen Rechenzeiten. Daran wird *Vektor- und Parallelverarbeitung* im Prinzip nichts ändern. Der Leser möge die Rechenzeit bei Enumeration von 20! Permutationen berechnen, wenn pro Permutation nur eine Nanoşekunde angesetzt wird (eine äußerst optimistische Annahme).

Um das Branch-and-Bound Verfahren zu erklären, betrachten wir folgende Aufgabenstellung:

$$\text{Min!} \quad f(x_1, x_2, \ldots, x_n), \quad \text{wobei } (x_1, x_2, \ldots, x_n) \text{ ein}$$

zulässiger Lösungsvektor aus der Menge X sei. Dabei sei X die Menge aller zulässigen Lösungsvektoren und sei endlich.

Das ist eine allgemeingültige Formulierung eines diskreten Optimierungsproblems.

Das Branch-and-Bound Verfahren basiert nun auf der Möglichkeit, die Lösungsmenge X in *disjunkte Teilmengen* $X1, X2, \ldots, Xm$ aufzuteilen, wobei die *Vereiningungsmenge* von $X1, X2, \ldots, Xm$ die Gesamtmenge X ergibt. Ferner müssen für die Teilmengen $X1, X2, \ldots, Xm$ untere *Schranken* (bei Maximierung: obere Schranken) für den Wert der Zielfunktion f errechnet werden. Wir bezeichnen diese unteren Schranken mit $S1, S2, \ldots, Sm$.

Es gilt also folgendes (wenn wir verkürzend $x = (x_1, x_2, \ldots, x_n)$ setzen):

$$- \operatorname*{Min}_{x \in X1} f(x) \geqq S1$$

$$- \operatorname*{Min}_{x \in X2} f(x) \geqq S2$$

$$- \operatorname*{Min}_{x \in X3} f(x) \geqq S3$$

$$\cdots\cdots\cdots\cdots$$

$$- \operatorname*{Min}_{x \in Xm} f(x) \geqq Sm$$

Wir setzen lediglich die Kenntnis unterer Schranken für die Teilmengen $X1, X2, \ldots, Xm$ voraus, jedoch keineswegs die Kenntnis eines Lösungsvektors, der obige Ungleichungen mit Gleichheit erfüllt.

Würden wir letzteres verlangen, wäre das Optimierungsproblem gelöst, da wir dann nur den Lösungsvektor auszuwählen hätten, der den minimalen Zielwert f hat.

Nehmen wir nun weiter an, daß zum Beispiel $S1$ die kleinste untere Schranke ist. Dann brechen wir die Teilmenge $X1$ in kleinere Teilmengen $X11, X12, \ldots, X1m1$ auf, wobei diese Teilmengen wiederum disjunkt seien und die Gesamtmenge $X1$ darstellen. Außerdem werden wiederum untere Schranken $S11, S12, \ldots, S1m1$ gebildet.

Wir entscheiden uns ein weiteres Mal für die Teilmenge mit der kleinsten Schranke. Diese Teilmenge brechen wir erneut in Teilmengen auf und berechnen die unteren Schranken.

Dieser Prozeß führt irgendwann dazu, daß einelementige Teilmengen entstehen. Bei einelementigen Teilmengen sei die Schranke gleich dem Wert der Zielfunktion. Wenn nun dieser Zielwert $f^* = f(x^*)$ ist, wobei x^* das einzige Element einer einelementigen Teilmenge ist, und f^* nicht größer als alle unteren Schranken von Teilmengen ist, die noch nicht weiter aufgebrochen wurden, dann ist x^* eine Optimallösung. Zur Veranschaulichung betrachten wir in Abbildung 14 einen Baum von Teilmengen.

Zum Beispiel sei $X222$ einelementig und $S222 = f(x^*)$, x^* sei Element von $X222$, und es gelte:

$$S222 \leqq S221$$
$$S222 \leqq S21$$
$$S222 \leqq S1$$
$$S222 \leqq S3$$
$$S222 \leqq S4$$
$$S222 \leqq S5$$
$$S222 \leqq S6$$

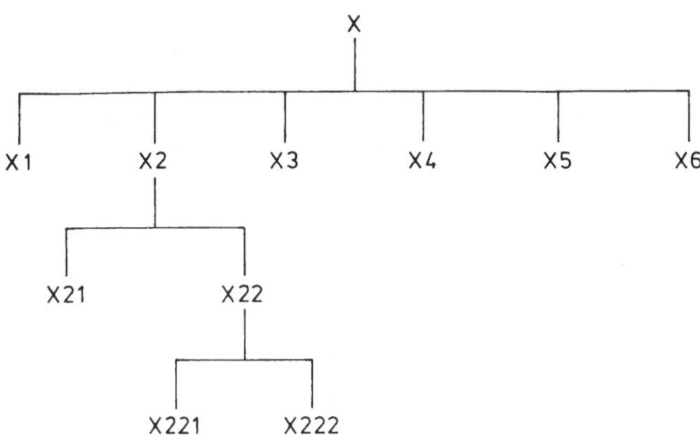

Abb. 14. Teilmengen von Lösungen im Branch-and-Bound Verfahren

In diesem Fall ist $f(x^*) = S222$ mindestens gleichwertig wie die beste noch möglicherweise existierende andere Lösung und damit optimal. Bei der Schrankenbildung wird angenommen, daß die Schranken nicht abnehmen, je kleiner die Teilmengen werden. Also ist in unserem Beispiel etwa $S2 \leqq S22 \leqq S222$. Das läßt sich immer erreichen.

Wir hatten am Anfang erwähnt, daß man bei der Teilmenge mit der kleinsten Schranke weiter in Teilmengen aufbricht. Das ist jedoch nur eine Möglichkeit unter beliebig anderen Möglichkeiten, das heißt, man kann jede Teilmenge auswählen und weiter aufbrechen.

Wir wollen das Branch-and-Bound Verfahren an einem kleinen Beispiel verdeutlichen. Wir betrachten das in Abschnitt I.13 vorgestellte *Reihenfolgeproblem der Fertigung* für Erzeugnisse mit gleichem Ablaufplan. Die Zielsetzung war die Minimierung der Durchlaufzeit $T = T(A, R)$, wobei $A = (a(i,j))$ die Matrix der Vorgabezeiten und $R = (j_1, j_2, \ldots, j_n)$ die Folge der Produkte darstellt. Wir wollen auf dieses Problem jetzt die Branch-and-Bound Methode anwenden und benutzen das in Abschnitt I.13 angegebene Beispiel mit folgender Matrix der Vorgabezeiten A, wobei $m = n = 3$ ist:

	$j = 1$	$j = 2$	$j = 3$
$i = 1$	14	20	7
$i = 2$	1	35	19
$i = 3$	6	11	21

Dazu müssen wir uns Gedanken über die Lösungsmenge und deren Aufspaltung beim Branch-and-Bound Verfahren machen.

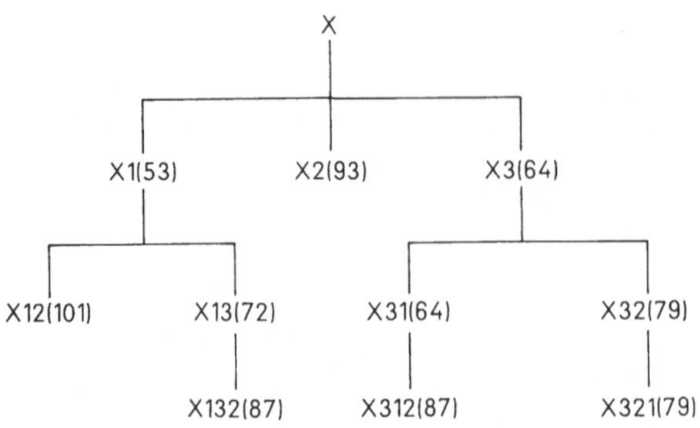

Abb. 15. Baum des Branch-and-Bound Verfahrens für das Beispiel

Die Lösungsmenge besteht aus allen $n!$ Permutationen von $(1, 2, \ldots, n)$, die wir mit $(j_1, j_2, \ldots, j_n)$ bezeichnen.

Teilen wir diese Lösungsmenge $X = $ (alle Reihenfolgen) in Teilmengen $Xi = $ (alle Reihenfolgen mit $j_1 = i$), $i = 1, \ldots, n$, auf, so entstehen n Teilmengen $X1, \ldots, Xn$. Diese Teilmengen können wir in weiteren Schritten des Branch-and-Bound Verfahrens ihrerseits so aufteilen, daß das zweite Glied der Reihenfolge (j_2) und später jedes weitere Glied der Reihenfolge festgelegt wird.

Die nächste Frage ist die Bestimmung der unteren Schranken der Teilmenge von Permutationen mit festgelegter Anfangsteilfolge $(j_1, \ldots, j_k)$. Hier verwenden wir einfach die Durchlaufzeit bezogen auf die durch die Anfangsteilfolge $(j_1, \ldots, j_k)$ gegebenen Spalten von A erhöht um die Summe der Vorgabezeiten aller in der Anfangsteilfolge nicht vorhandenen Spaltennummern bezogen auf die Maschine m. Es ist klar, daß dieser Wert eine untere Schranke für die Durchlaufzeit aller Reihenfolgen mit der Anfangsteilfolge $(j_1, \ldots, j_k)$ darstellt, da die Summe der Leerzeiten auf der letzten Maschine bezogen auf die noch nicht festgelegten Produkte in der Reihenfolge als Null angenommen wurde und die entsprechenden Vorgabezeiten selbst zur Einplanung gelangen müssen.

Aus diesen Überlegungen ergibt sich beim Branch-and-Bound Verfahren der in Abb. 15 dargestellte Baum.

Die Werte in Klammern stellen die unteren Schranken für die Durchlaufzeiten aller durch einen Knoten repräsentierten Teilmengen von Reihenfolgen dar. Der Branch-and-Bound Baum wurde so entwickelt, daß immer beim Knoten mit der kleinsten unteren Schranke weiter aufgeteilt wurde. X321 stellt dann eine einelementige Teilmenge dar und repräsentiert die Reihenfolge $R = (3, 2, 1)$. Die untere Schranke entspricht der Durchlaufzeit für diese Reihenfolge. Da $T = 79$ nicht größer als die Schranken aller anderen Knoten des Baumes ist, haben wir die Optimalität von $R = (3, 2, 1)$ nachgewiesen.

Der Leser möge eine etwas umfangreichere Aufgabe gleichen Typs mit $m = 4$ und $n = 9$ selbst durchführen. Die Matrix der Vorgabezeiten $A = (a(i, j))$ ist dabei wie folgt:

	$j=1$	$j=2$	$j=3$	$j=4$	$j=5$	$j=6$	$j=7$	$j=8$	$j=9$
$i=1$	13	48	21	27	14	15	19	8	16
$i=2$	6	22	45	33	7	21	23	25	35
$i=3$	24	17	26	18	16	9	31	29	41
$i=4$	16	19	14	25	28	24	17	31	18

Die optimale Durchlaufzeit ist $T = 265$. Eine optimale Reihenfolge ist $R = (8, 1, 6, 7, 4, 5, 9, 3, 2)$.

Entscheidend für die *Effizienz des Branch-and-Bound Verfahrens* ist die *Qualität der unteren Schranken*. Trotz guter Schranken, kann es allerdings beim Branch-and-Bound Verfahren vorkommen, daß mit der Identifikation einer tatsächlich optimalen Lösung, der Branch-and-Bound Prozess noch nicht beendet ist, da die Endbedingung, daß der Zielwert der gefundenen Lösung nicht größer als alle Schranken noch offener (d.h. mehr als einelementiger) Teilmengen ist, noch nicht erfüllt ist. Dann muß der Branch-and-Bound Prozess solange fortgesetzt werden, bis diese Bedingung erfüllt ist. Dieser nur zum Nachweis der Optimalität einer bereits gefundenen Lösung notwendige Aufwand kann in der praktischen Anwendung oft aufwendiger sein, als der Ablauf bis zur Identifikation einer Lösung, die unbewiesenermaßen optimal ist. Das Branch-and-Bound Verfahren findet häufige Anwendung bei kombinatorischen Optimierungsproblemen.

In kommerziell verfügbarer Software ist es in Paketen zu finden, die *gemischt-ganzzahlige Programme* unterstützen. Man beachte, daß man ein gemischt-ganzzahliges Programm als ein kombinatorisches Optimierungsproblem im Hinblick auf die ganzzahligen Variablen auffassen kann. So hat zum Beispiel ein MIP-Problem mit k 0/1-Variablen 2^k mögliche 0/1-Kombinationen für die ganzzahligen Variablen.

Eine Beschreibung des Branch-and-Bound Verfahrens zur Lösung von MIP-Problemen findet sich bereits 1965 bei R. J. Dakin, VIII.1.3–13.

Die Schranken werden bei MIP-Problemen so gebildet, daß man das Problem ohne die Ganzzahligkeitsforderungen als LP-Problem löst und dadurch mit der kontinuierlichen Optimallösung eine untere Schranke für den Zielwert der MIP-Lösungen erhält. Teilmengen erhält man, in dem man fortschreitend die ganzzahligen Variablen zu fixieren sucht. Sei x zum Beispiel eine ganzzahlige Variable mit $u_x = 3 \leq x \leq o_x = 8$ und ergibt sich als LP-Lösung für diese Variable ein Wert $x = 5.678$, so fügt man die Bedingungen $x \leq 5$ beziehungsweise $x \geq 6$ hinzu und erhält damit eine Aufspaltung in zwei Teilmengen. Falls im nächsten Schritt die Teilmenge mit der zusätzlichen Bedingung $x \leq 5$ zu einer LP-Lösung mit $x = 4.324$ führt, so erhält man wiederum zwei weitere Teilmengen mit $x \leq 4$ und $x = 5$. Damit ist im zweiten Fall x auf den ganzzahligen Wert 5 fixiert. Das Branch-and-Bound Verfahren schreitet dann solange fort, bis eine Teilmenge entsteht, in der alle ganzzahligen Variablen auf einen ganzzahligen Wert fixiert sind.

Eine solche Teilmenge stellt eine zulässige ganzzahlige Lösung dar. Das Branch-and-Bound Verfahren endet, wenn eine ganzzahlige Lösung gefunden wurde, deren Zielwert nicht größer ist als alle Schranken noch offener Teilmengen.

Eine genaue Beschreibung des Branch-and-Bound Verfahrens im Hinblick auf die Lösung von MIP- oder PIP-Modellen findet sich bei R. S. Garfinkel und G. L. Nemhauser, VIII.1.4–10.

Bei einem MIP- oder PIP-Modell mit n 0/1-Variablen ergibt sich ein Entscheidungsbaum mit maximal $2^{n+1} - 1$ Knoten und maximal 2^n Knoten auf der untersten Stufe des Baumes. Das entspricht allen 0/1-Kombinationen für die n 0/1-Variablen. 2^n ist eine sehr große Zahl schon für relativ kleine Werte von n. Für $n = 100$ ergibt sich $2^{100} > 10^{30} = 1000000^5 = 1000000000000000000000000000000$. Der Leser möge nicht erschrecken, da praktisch niemals der Entscheidungsbaum ausgeschöpft wird. Die Branch-and-Bound Methode eliminiert große Teile des Entscheidungsbaumes wegen Unzulässigkeit der Lösung oder einem Zielwert der schlechter ist als der einer bereits gefundenen Lösung. Es gibt Beispiele wo ein Modell mit 100 0/1-Variablen optimal gelöst wurde und nur einige hundert Knoten betrachtet werden mußten. Diese Effektivität des Branch-and-Bound Verfahrens ist sehr überraschend, denn einige hundert Knoten sind nur 0,000...01% aller möglichen Knoten, wobei hier 28 Nullen nach dem Dezimalpunkt stehen! Daher ist lediglich die Anzahl der 0/1-Variablen, oder allgemeiner der ganzzahligen Variablen, kein sehr aussagefähiger Indikator für die rechentechnische Komplexität des Problems.

Es kann sogar günstiger sein, zusätzliche 0/1-Variable in ein Modell einzuführen, die man im Branch-and-Bound Prozess als Steuerparameter für die Abarbeitung des Entscheidungsbaumes verwendet. Hierzu findet man Näheres bei M. Jeffreys, VIII.1.8–16.

Weitere einfach verständliche Hinweise über den effektiven Einsatz von Branch-und-Bound Methoden für die Lösung von PIP- oder MIP-Modellen findet man in einem Buch von H. P. Williams, VIII.1.1–11.

Erstaunlich ist, daß manche Probleme mit tausenden ganzzahligen Variablen sich vergleichsweise leicht lösen lassen, Probleme mit weniger als hundert ganzzahligen Variablen sich jedoch als praktisch unlösbar erweisen. Der Grund hierfür ist in der unterschiedlichen Qualität der Schranken zu suchen. Daher ist die sorgfältige Formulierung von gemischt-ganzzahligen und rein-ganzzahligen Programmen von höchster Wichtigkeit. Es kann zum Beispiel sinnvoll sein, zusätzliche Nebenbedingungen mit in das Modell aufzunehmen, die an sich redundant sind, für das Modell ohne Ganzzahligkeitsforderungen jedoch den Lösungsraum erheblich einschränken.

Als Beispiel betrachte man die Nebenbedingung

$$6x_1 + 9x_2 + 4x_3 \leqq 8 \quad \text{wobei } x_1, x_2 \quad \text{und} \quad x_3 \text{ 0/1-Variable sind.}$$

Für eine wirksamere Behandlung im Branch-and-Bound Prozeß kann man die Nebenbedingungen

$$x_1 + x_2 \leqq 1$$
$$x_1 + x_3 \leqq 1$$
$$x_2 + x_3 \leqq 1$$

hinzufügen. Diese sind an sich redundant, für eine bessere Qualität der Schranken im Branch-and-Bound Prozess jedoch sehr wesentlich. Neuere Arbeiten befassen sich in diesem Zusammenhang mit der "Reformulierung" genannten Behandlung von Programmen mit Ganzzahligkeitsforderungen. Hierzu findet man Literaturhinweise im Abschnitt XIV unter dem Stichwort *"Reformulation"*. In diesem Zusammenhang ist auch die Arbeit von E. L. Johnson, VIII.1.3–34, von Interesse.

Eine andere Methode zur Ermittlung von Schranken in einem Branch-und-Bound Verfahren zur Lösung eines ganzzahligen Programs ist die *"Lagrangean Relaxation"* genannte Methode, wobei ein Teil der Nebenbedingungen auf dem Wege von Lagrangeschen Multiplikatoren in der Zielfunktion berücksichtigt wird. Auf diesem Wege können sich wirksamere Schranken ergeben als in dem üblichen Vorgehen, das man auch "Linear Programming Relaxation" nennt. Ein Überblick über diese Methoden findet sich bei M. L. Fisher, VIII.1.4–91.

Bei MIP-Formulierungen, insbesondere von separablen, nicht-konvexen Problemen, spielen sogenannte *"Special Ordered Sets"* eine große Rolle, die im Branch-and-Bound Prozess verwendet werden.

Dabei faßt man Variablen zu Special Ordered Sets (SOS) zusammen, falls die Summe dieser Variablen den Wert Eins ergibt. Wichtig ist die Reihenfolge der Variablen in einem SOS, da hiervon die Branching-Entscheidungen im Branch-and-Bound Verfahren abhängen. Einen Überblick über SOS findet man in L. F. Escudero, VIII.1.5–41. Bei separablen Problemen benutzt man Special Ordered Sets vom Typ 2 (SOS2). Hierbei müssen in einer solchen Menge von Variablen mindestens eine Variable aber höchstens zwei benachbarte Variablen positiv sein. Die Idee, für solche Mengen von Variablen den Branch-and-Bound Prozess besonders zu gestalten, geht auf E. M. L. Beale und J. A. Tomlin (1969), VIII. 1.5–40, zurück. Bei Special Ordered Sets vom Typ 1 (SOS1) verlangt man, daß von den Variablen einer solchen Menge genau eine der Variablen positiv ist und damit den Wert Eins hat.

Eine Beschreibung des Branch-and-Bound Verfahrens für SOS1 und SOS2 findet sich bei P. Schmitz und A. Schönlein, X-08, Seiten 296–330. Ein spezielles Branch-and-Bound Verfahren für das sogenannte interaktive Fixed-Charge Problem (Fix-Kosten sind nicht nur jeweils an eine Aktivität gebunden, sondern von dem Wert mehrerer Aktivitäten abhängig) findet sich bei H. P. Benson und S. S. Erenguc, VIII.1.2–185, 186.

In Abschnitt VIII.1.8 finden sich viele weitere Literaturhinweise zum Thema Branch-and-Bound.

V.4 Kombinatorische Verfahren

Die *Kombinatorische Optimierung* beschäftigt sich mit Lösungsmöglichkeiten für Optimierungsprobleme mit ausgesprochen kombinatorischem Charakter. Allgemein kann man solche Probleme wie folgt formulieren: Gegeben ist eine endliche Menge E und eine Familie FA von Teilmengen F von E und Gewichte $c(e)$, wobei $e \in E$ ist und $c(e)$ reelle Zahlen sind. Gesucht ist eine Teilmenge F^* aus FA, für die

die Zielfunktion $z(F^*) = \sum_{e \in F^*} c(e)$ minimal ist. Man vergleiche hierzu die Arbeit von K. Hoffman und M. Padberg, VIII.1.6–25. Die Bedeutung von E, FA, F und $c(e)$ ist natürlich für konkrete kombinatorische Optimierungsaufgaben ganz unterschiedlich.

Um kombinatorische Probleme als Mathematische Programme zu formulieren, führt man sogenannte *Inzidenzvariablen* ein:

$$x(e, F) = 1 \text{ falls } e \in F$$

$$x(e, F) = 0 \text{ sonst}$$

Damit gehört zu jeder Teilmenge F umkehrbar eindeutig ein 0/1-Vektor in einem Raum, dessen Dimension durch die Anzahl der Elemente von E bestimmt ist. Diese 0/1-Vektoren heißen auch Inzindenzvektoren. Wir betrachten jetzt die konvexe Hülle der Inzidenzvektoren und erhalten ein *Polyeder*, dessen Eckpunkte umkehrbar eindeutig den Teilmengen F von FA zugeordnet sind. Wir nennen dieses Polyeder $P(FA)$. Falls die Beschreibung dieses Polyeders durch ein System von linearen Ungleichungen bekannt ist, können wir die Methoden der Linearen Programmierung zur Lösung des kombinatorischen Problems anwenden. Leider ist $P(FA)$ im allgemeinen nicht bekannt. Eine Erzeugung wäre sehr rechenaufwendig und würde zu einer sehr großen Zahl von Nebenbedingungen führen. Man faßt daher notgedrungen kombinatorische Probleme häufig als Mathematische Programme mit Ganzzahligkeitsforderungen, also als rein-ganzzahlige oder gemischt-ganzzahlige Programme auf und nimmt in Kauf, daß das zugehörige Lösungspolyeder naturgemäß eine Obermenge von $P(FA)$ darstellt. Eine Implikationen dieser ungenauen Erfassung des Lösungspolyeders des kombinatorischen Problems ist zum Beispiel der Einsatz der *Branch-and-Bound Methode*, um die Ganzzahligkeitsforderungen zu erfüllen. Viele neuere Arbeiten über kombinatorische Optimierungsmethoden bemühen sich, die Kluft zwischen dem Polyeder ohne Ganzzahligkeitsforderungen und dem Polyeder, dessen Eckpunkte den ganzzahligen Lösungen entsprechen, im Englischen Integrality Gap genannt, zu verringern. Man vergleiche hierzu auch die über eine mögliche Reformulierung des Modells im Abschnitt V.3 gemachten Bemerkungen. Neuere Gedanken über die effiziente Lösung großer, kombinatorisch geprägter, Optimierungsprobleme finden sich bei F. Glover, X-171.

Als Beispiel eines kombinatorischen Problems sei hier das Problem erwähnt, eine quadratische Zielfunktion zu minimieren, deren Variable nur die Werte 0 oder 1 annehmen können. Dieses sogenannte quadratische 0–1 Problem (Engl.: Quadratic 0–1 Problem) kann durch eine Kombination von Branch-and-Bound Verfahren und *Schnittebenen-Verfahren* (Engl.: Cutting Plane Methods) gelöst werden. Schnittebenen-Verfahren führen dabei zusätzliche Nebendedingungen ein, um das Branch-and-Bound Verfahren wirksamer zu gestalten. Hierzu siehe etwa F. Barahona, M. Jünger und G. Reinelt, VIII.1.4–94. Solche sogenannten Branch-and-Cut Verfahren werden auch von M. Padberg und G. Rinaldi zur Lösung großer Travelling Salesman Probleme angewandt, siehe VIII.1.6–90. Verfahren für allgemeine nichtlineare 0–1 Probleme findet man bei E. Balas und J. B. Mazzola, siehe VIII.1.6–18 und 19.

Einen Überblick über Optimierungsprobleme mit endlich vielen Alternativen für einige oder alle Variablen, sogenannte diskrete Probleme, findet sich bei W. Dueck, VIII.1.6–131.

Eine wichtige Arbeit im Hinblick auf die Lösung kombinatorischer Probleme mit LP-Methoden ist K. Hoffman und M. Padberg, LP-Based Combinatorial Problem Solving, VIII.1.6–25.

Eine Vielzahl von speziellen Arbeiten über Aspekte von kombinatorischen Problemen und deren Lösungspolyeder findet man in Abschnitt VIII.1.6. Auf diese spezielleren Aspekte können wir hier nicht eingehen. Die Bedeutung von kombinatorischen Fragestellungen hat im Verlaufe der letzten drei Jahrzehnte zur Ausbildung von mathematischen Disziplinen geführt, die sich *"Diskrete Mathematik"*, *"Kombinatorische Optimierung"* oder *"Diskrete Optimierung"* nennen. Diese Gebiete bauen auf mathematischen Grundlagen auf, zu denen die *Graphentheorie*, die *Algebra* und die *Topologie* gehören.

Ein wichtiges Teilgebiet ist die sogenannte *Matroidtheorie* (Engl.: Theory of Matroids). Dabei sind Matroide spezielle Mengensysteme für die man zugeordnete Optimierungsprobleme definieren kann, welche sich durch Anwendung eines sogenannten Greedy Algorithmus lösen lassen. Wir betrachteten am Anfang dieses Abschnitts Mengensysteme $M = (E, F)$, wobei E eine endliche Menge ist und F eine Menge von Teilmengen von E und erklärten dort auch das zugeordnete Optimierungsproblem.

Ein *Greedy Algorithmus* ist einfach ein Vorgehen des steilsten Anstiegs. Wir erwähnen einen solchen Algorithmus für das bekannte Problem, einen *optimalen spannenden Baum* (Engl.: Minimal/Maximal Spanning Tree) für einen Graphen zu ermitteln. Ein spannender Baum ist dabei als eine Teilmenge der Kanten eines Graphen definiert, die einen Baum bildet und je zwei Knoten des Graphen verbindet. Ordnet man nun jeder Kante eines Graphen ein Gewicht zu, so entsteht das Problem, einen spannenden Baum mit minimalem oder maximalem Gesamtgewicht zu finden.

Für dieses Problem hat J. B. Kruskal, VIII.1.6–76, bereits 1957 einen Greedy Algorithmus angegeben, der von der (im Falle der Minimierung) aufsteigend nach Gewichten sortierten Liste der Kanten ausgehend, einen optimalen spannenden Baum dadurch ermittelt, daß jede Kante mit nächsthöherem Gewicht in die den spannenden Baum bildende Menge von Kanten aufgenommen wird, sofern nur kein Zyklus entsteht. Für zusammenhängende Graphen bildet dieses Vorgehen einen optimalen spannenden Baum. Der Leser möge einem minimalen und maximalen spannenden Baum für den Graphen mit den Knoten $1, \dots, 6$ und den Kanten $(1, 2), (1, 3), (1, 4), (2, 4), (3, 5), (4, 5), (4, 6), (5, 6)$ ermitteln, wenn die Gewichte den Kanten wie folgt zugeordnet sind:

$$g(1, 2) = 4 \quad g(1, 3) = 1 \quad g(1, 4) = 2 \quad g(2, 4) = 3$$
$$g(3, 5) = 5 \quad g(4, 5) = 7 \quad g(4, 6) = 9 \quad g(5, 6) = 6$$

Das Gewicht eines minimalen spannenden Baums ergibt sich zu 17 und das eines maximalen spannenden Baums zu 28.

Ein *Mengensystem* $M = (E, F)$ heißt *Matroid*, falls F bezüglich der Teilmengeneigenschaft (Engl.: Inclusion) abgeschlossen ist. Wenn also $F1$ eine

Teilmenge aus F ist und $F2$ eine Teilmenge von $F1$, so ist auch $F2$ Element von F. Eine gleichwertige Definition des Matroids ist, daß ein Mengensystem ein Matroid ist, falls ein Greedy-Algorithmus das zugeordnete Optimierungsproblem löst.

Obwohl der Begriff des Matroids ursprünglich von H. Whitney bereits 1935, VIII.1.6–251, in theoretischem Zusammenhang zur abstrakten Definition des Begriffs der linearen Unabhängigkeit von Vektoren eingeführt wurde, hat sich der Begriff des Matroids wesentlich später durch die Arbeiten von J. Edmonds, siehe zum Beispiel VIII.1.6–231 und 232, für die Theorie der kombinatorischen Optimierung als überraschend fruchtbar erwiesen. Eine Einführung in die *Matroidtheorie* findet sich zum Beispiel bei R. von Randow, VIII.2–57.

In Abschnitt VIII.1.6 findet der Leser eine große Anzahl von Literaturstellen über kombinatorische Methoden.

In Abschnitt I.17 haben wir einige typische kombinatorische Optimierungsprobleme erwähnt, auf die wir in diesem Abschnitt etwas näher eingehen wollen, ohne jedoch auf Einzelheiten der einzelnen Lösungsansätze eingehen zu können. Alle diese Probleme können als lineare ganzzahlige Programme formuliert werden. Für die praktische Verwendung sind diese Modelle jedoch nur bedingt geeignet. Wir wollen trotzdem diese Formulierung bei der Vorstellung dieser Probleme benutzen.

Assignment Problem

Als Assignment Problem oder Zuordnungsproblem bezeichnet man folgendes Problem:

$$\text{Max!} \sum_{i=1}^{n} \sum_{j=1}^{n} c(i,j)\, x(i,j)$$

wobei

$$\sum_{i=1}^{n} x(i,j) = 1 \quad \text{für } j = 1, \ldots, n$$

$$\sum_{j=1}^{n} x(i,j) = 1 \quad \text{für } i = 1, \ldots, n$$

$$x(i,j) = 0 \text{ oder } 1 \text{ für } i = 1, \ldots, n \text{ und } j = 1, \ldots, n$$

Ein solches Problem ergibt sich zum Beispiel, wenn n Mitarbeiter n Aufgaben zuzuordnen sind. Die Zuordnung des i-ten Mitarbeiters zur j-ten Aufgabe sei mit einem Nutzen $c(i,j)$ verbunden. Dieser Nutzen kann sich etwa aufgrund des Anforderungsprofils der j-ten Aufgabe und dem Skillprofil des i-ten Mitarbeiters ergeben. Die Frage ist nun, welcher Mitarbeiter welcher Aufgabe zuzuordnen ist, um den Gesamtnutzen zu maximieren.

Interpretiert man die Koeffizienten $c(i,j)$ zum Beispiel als Kosten, so handelt es sich um eine Minimierungsaufgabe.

Die Variablen $x(i,j)$ stellen eine sogenannte Permutationsmatrix dar, da jede mögliche 0/1-Besetzung mit Zeilen- und Spaltensumme 1 eine Permutation von $(1,\ldots,n)$ repräsentiert.

Die besondere Struktur des Assignment Problemes zieht nach sich, daß das Problem als kontinuierliches LP-Problem ohne Ganzzahligkeitsforderungen behandelt werden kann. Eckpunkte des zulässigen Lösungsraumes haben für alle Variablen die Werte 0 oder 1.

Für Assignment Probleme steht ein sehr wirksames Verfahren zur Verfügung, das in VIII.1.6–133 beschrieben wurde, die *Ungarische Methode* (Engl.: Hungarian Method). Diese Methode stammt von H. W. Kuhn und wurde auf der Basis von Arbeiten von J. Egervary, VIII.1.6–146 und 147, entwickelt.

Wir betrachten nun ein Beispiel mit $n = 20$ mit Minimierungszielsetzung. Die $c(i,j)$-Werte seien wie folgt:

	1	2	3	4	5	6	7	8	9	10	11	12	13	14	15	16	17	18	19	20
1	3	4	7	1+	3	6	5	8	1	2	9	4	6	9	5	3	*1	7	3	7
2	5	6	7	2	1+	4	6	9	2	1	4	5	3	7	4	6	8	*1	2	7
3	2	3	5	7	*1	2	4	6	9	5	3	7	1+	2	7	6	8	9	9	7
4	4	3	2	*1	7	6	9	3	2	8	7	5	8	9	2	4	1+	5	7	3
5	5	3	8	1	7	3	7	5	3	1+	9	7	6	6	3	*1	8	7	3	2
6	2	5	4	7	8	*1+	2	6	4	8	9	2	1	4	3	6	2	7	8	6
7	4	6	3	1	7	6	9	3	4	6	2	7	8	1+	8	5	4	8	*1	9
8	2	5	6	4	8	1	2	7	6	4	2	*1+	7	4	4	1	7	4	8	2
9	3	4	7	2	1	8	3	5	2	*1	2	6	2	8	1+	7	5	4	3	7
10	*2	1+	6	7	4	3	6	9	1	2	6	4	7	5	2	6	8	9	3	6
11	3+	4	5	1	6	4	3	9	3	1	6	7	3	*1	6	7	5	4	3	8
12	7	5	4	2	1	8	5	4	9	3	*1	6	5	2	7	8	3	1	6	3
13	5	6	3	1	6	8	4	2+	9	8	6	3	*1	5	6	3	7	7	4	3
14	2	1	6	3	2	7	6	3	8	9	3	1	5	6	7	6	2	6	2	*1+
15	5	3	1+	3	7	1	6	*1	6	1	6	1	5	1	4	1	5	1	7	2
16	6	6	5	3	1	3	9	5	4	3	6	7	8	3	*1	2+	6	8	9	3
17	2	*1	6	4	3	7	8	3	1+	9	2	4	6	8	9	2	1	7	4	9
18	4	3	*1	7	4	8	2+	9	1	4	1	6	8	4	5	3	1	8	9	1
19	2	5	5	7	4	2	*2	3	5	2	8	4	1	2	6	2	2	5+	7	4
20	3	5	6	7	5	8	4	2	*1	7	4	1	8	6	3	8	9	4	2+	6

Eine mit "$+$" nach dem $c(i,j)$-Wert gekennzeichnete Zuordnung ergibt sich mittels eines einfachen heuristischen Entscheidungskriteriums: man geht zeilenweise und von links nach rechts vor und wählt die günstigste noch mögliche Zuordnung. Der Zielwert ergibt sich damit zu 30. Eine mit "*" vor dem $c(i,j)$-Wert gekennzeichnete Zuordnung ist optimal und hat den Zielwert 22. Mittels MPSX/370 wurde diese optimale Zuordnung in 168 Iterationen gefunden. Vier Zuordnungen der heuristischen und der optimalen Lösung stimmen überein, sechszehn sind unterschiedlich. Der Leser möge beachten, daß in diesem Assignment Problem mit $n = 20$ bereits 20! (mehr als 10^{18}) Möglichkeiten der Zuordnung existieren. Eine Verallgemeinerung des Assignment Problems ist das Quadratische Assignment Problem, das in Abschnitt I.17 behandelt wurde.

Eine weitere Komplizierung des Assignment Problems tritt auf, wenn Zuordnungen von Elementen dreier verschiedener Kategorien getroffen werden müssen. Wir verwenden ein Beispiel von O. Leue, VIII.1.6–80, um ein solches *dreidimensionales Zuordnungsproblem* zu schildern: Die Geschäftsleitung eines Unternehmens der Kaufhausbranche plant das Verkaufssystem durch die Errichtung von drei neuen verschiedenartigen Kaufhäusern zu erweitern. Es steht nicht nur vor dem Problem, wo die Kaufhäuser gebaut werden sollen. In jedem der drei folgenden Jahre beabsichtigt man aus Finanzierungsgründen, in einer der drei bereits ausgewählten Städte jeweils nur ein Kaufhaus zu eröffnen. Die Geschäftsleitung sucht eine optimale Zuordnung von Kaufhaustyp, Ort und Zeit, so daß die gesamte Erweiterungsinvestition minimal ist. Die Koeffizienten der Zielfunktion $c(i,j,k)$ bedeuten hier die Kosten, die bei der Errichtung des Kaufhauses entstehen. Sie enthalten unter anderem die diskontierten Baukosten und die zukünftigen Frachtkosten. Auch können Gewinnerwartungen mit negativem Vorzeichen in den $c(i,j,k)$ berücksichtigt sein. $x(i,j,k) = 1$ bedeutet, daß Kaufhaustyp i am Ort j zur Zeit k errichtet wird. Entsprechend bedeutet, $x(i,j,k) = 0$, daß Kaufhaustyp i am Ort j zur Zeit k nicht errichtet wird. Die Arbeit von O. Leue gibt einen Überblick über verschiedene mögliche Modelltypen beim dreidimensionalen Zuordnungsproblem.

Travelling Salesman Problem

Das Travelling Salesman Problem oder Problem des Handlungsreisenden besteht in der Aufgabe, eine Reiseroute für einen Vertreter festzulegen, die, ausgehend von einem Ausgangsort, alle Orte einer vorgegebenen Liste von Orten genau einmal berücksichtigt und schließlich zum Ausgangsort zuruckkehrt. Die Reiseroute soll so bestimmt werden, daß die Gesamtentfernung der Route minimal ist.

Sei $d(i,j)$, $i = 1,\ldots,n$ und $j = 1,\ldots,n$, die Entfernung von Ort i zum Ort j. Diese Entfernungsmatrix kann symmetrisch oder unsymmetrisch sein. Je nachdem spricht man vom symmetrischen beziehungsweise unsymmetrischen Travelling Salesman Problem.

Man führt die Variablen $y(i,j)$ ein, $i = 1,\ldots,n$ und $j = 1,\ldots,n$. Dabei haben diese Variable folgende Bedeutung:

$y(i,j) = 1$ falls die Strecke Ort i-Ort j in der Tour vorkommt

$y(i,j) = 0$ sonst

Damit kann man das Travelling Salesman Problem wie folgt formulieren:

$$\text{Min!} \quad \sum_{i=1}^{n} \sum_{j=1}^{n} d(i,j)x(i,j)$$

wobei

$$\sum_{j=1}^{n} y(i,j) = 1 \quad \text{für } i = 1,\ldots,n$$

$$\sum_{i=1}^{n} y(i,j) = 1 \quad \text{für } j = 1,\ldots,n$$

$$y(i, j) = 0 \text{ oder } 1 \quad \text{für } i = 1, \ldots, n \text{ und } j = 1, \ldots, n$$

$$\sum_{i \in S} \sum_{j \in V \setminus S} y(i,j) \geq 1 \text{ für alle nichtleeren Teilmengen } S \text{ von } V = \{1, \ldots, n\}$$

Wir haben damit das Travelling Salesman Problem als ganzzahliger lineares Programm dargestellt. Man beachte die letzte Bedingung, die dafür sorgt, daß die optimale Tour eine Tour ist, die jeden Ort genau einmal berührt und zum Ausgangspunkt zurückkehrt (sogenannter Hamiltonian Circuit). Ohne diese Bedingung wäre die optimale Tour nicht notwendig eine Tour mit dieser Eigenschaft. Diese Formulierung des Travelling Salesman Problems ist bereits seit 1954 bekannt.

Das Travelling Salesman Problem bietet uns eine willkommene Gelegenheit zur Demonstration, daß das gleiche Problem, welches wir soeben als ganzzahliges lineares Programm formulieren konnten, auch ganz anders formuliert werden kann, wenn man nur andersartig definierte Variable verwendet.

Man führt die Variablen $y(i, k)$ ein, $i = 1, \ldots, n + 1$ und $k = 1, \ldots, n + 1$. Dabei haben diese Variable folgende Bedeutung:

$$y(i, k) = 1 \text{ falls der Ort } i \text{ an } k\text{-ter Stelle in der Tour steht}$$

$$y(i, k) = 0 \text{ sonst}$$

Damit kann man das Travelling Salesman Problem wie folgt formulieren:

$$\text{Min!} \quad \sum_{l=1}^{n+1} \sum_{i=1}^{n+1} \sum_{k=1}^{n} y(i, k) y(l, k + 1) d(i, l)$$

wobei

$$\sum_{i=1}^{n+1} y(i, k) = 1 \qquad \text{für } k = 1, \ldots, n + 1$$

$$\sum_{k=1}^{n+1} y(i, k) = 1 \qquad \text{für } i = 1, \ldots, n + 1$$

$$y(i, k) = 0 \text{ oder } 1 \quad \text{für } i = 1, \ldots, n + 1 \quad \text{und} \quad k = 1, \ldots, n + 1$$

$$y(1, 1) = y(1, n + 1) = 1$$

Damit haben wir das Travelling Salesman alternativ zur Darstellung als lineares ganzzahliges Programm als quadratisches ganzzahliges Programm formuliert.

Eine Klassifikation verschiedener Formulierungen des Travelling Salesman Problems findet sich in der Referenz VIII.1.6–270.

Das Travelling Salesman Problem kommt in vielerlei Anwendungszusammenhängen vor, so zum Beispiel bei Tourenproblemen (Vehicle Scheduling, Crew Scheduling) und bei Problemen der Fertigungsplanung (Job Scheduling with Set-Up Times).

Knapsack Problem

Das Knapsack Problem oder Rucksack-Problem hat seinen Namen von der Problemstellung, einen Rucksack mit einer Auswahl von Dingen zu bepacken, denen jeweils ein Gewicht und ein Nutzen zugewiesen ist. Die Auswahl ist so zu treffen, daß ein vorgegebenes Gesamtgewicht nicht überschritten wird und der Gesamtnutzen maximiert wird.

Die Formulierung als lineares ganzzahliges Program ist höchsteinfach. Sei G das höchstzulässige Gesamtgewicht, $g(j)$ das Gewicht eines Stücks vom Ding j und $v(j)$ der Nutzen von einem Stück vom Ding j.

Dann ist das Modell des Knapsack Problems wie folgt:

$$\text{Max!} \quad \sum_{j=1}^{n} v(j)x(j)$$

wobei

$$\sum_{j=1}^{n} g(j)x(j) \leqq G$$

$$x(j) \geqq 0 \text{ ganzzahlig} \quad \text{für } j = 1,\ldots,n$$

Das Rucksack Problem kommt in vielen Anwendungszusammenhängen vor, unter anderem bei Fracht-Beladungsproblemen (Cargo Loading Problems), Verschnittproblemen (Cutting Stock Problems) und beim Problem der Kapitalbudgetierung (Capital Budgeting Problems).

Bin Packing Problem

Das Bin Packing Problem hat seinen Namen von dem Problem, eine Anzahl von Teilen in möglichst wenigen Lagerorten (Bins) zu lagern, ohne die Kapazität der einzelnen Lagerorte zu überschreiten.

Es sei eine Liste von reellen Zahlen $0 < a(j) \leqq 1, j = 1,\ldots,n$ gegeben. Man bestimme eine minimale Anzahl von Bins, ordne jedem Bin eine Teilmenge der Zahlen $a(j)$ zu, wobei alle einem Bin zugeordneten Zahlen in der Summe maximal 1 ergeben.

Wir führen zur Formulierung als lineares ganzzahliges Programm die Variablen $x(j, k)$ ein:

$$x(j,k) = 1: \quad \text{Element } j \text{ ist in Bin } k$$
$$x(j,k) = 0: \quad \text{Element } j \text{ ist nicht in Bin } k$$

Damit läßt sich das Bin Packing Problem wie folgt formulieren:

$$\text{Min!} \quad \sum_{j=1}^{n} \sum_{k=1}^{n} x(j,k)$$

wobei

$$\sum_{k=1}^{n} x(j,k) = 1 \quad \text{für } j = 1,\ldots,n$$

$$\sum_{j=1}^{n} a(j)x(j,k) \leqq 1 \quad \text{für } k = 1,\ldots,n$$

$$x(j,k) = 0 \text{ oder } 1 \quad \text{für } j = 1,\ldots,n \quad \text{und} \quad k = 1,\ldots,n$$

Graph Colouring Problem

Das Graph Colouring Problem besteht in der Aufgabe, die Knoten eines Graphen so einzufärben, daß möglichst wenige Farben verwendet werden und kein Paar von Knoten, das durch eine Kante verbunden ist, dieselbe Einfärbung erhält.

Die kleinstmögliche Anzahl von Farben ist die *Chromatische Zahl* (Chromatic Number) des Graphen.

Anwendungen, die ihrer Struktur nach dem Graph Colouring Problem gleichen oder ähneln, sind unter anderem Scheduling Probleme, Ressource Allocation Probleme, Beladungsprobleme und das Problem der Verdrahtung von gedruckten Schaltungen.

Das Graph Colouring Problem kann als Set Partitioning Problem dargestellt werden. Hierzu vergleiche man in der Literaturstelle VIII.1.6–05.

Set Partitioning Problem

Das Set Partitioning Problem hat die folgende Struktur:

$$\text{Min!} \quad c_1 x_1 + c_2 x_2 + \cdots + c_n x_n$$

wobei

$$a_{11} x_1 + a_{12} x_2 + \cdots + a_{1n} x_n = 1$$
$$a_{21} x_1 + a_{22} x_2 + \cdots + a_{2n} x_n = 1$$
$$\dots\dots\dots\dots\dots\dots\dots\dots\dots\dots\dots$$
$$a_{m1} x_1 + a_{m2} x_2 + \cdots + a_{mn} x_n = 1$$
$$a_{ij} = 0 \text{ oder } 1 \text{ für } i = 1, \dots, m \text{ und } j = 1, \dots, n$$
$$x_j = 0 \text{ oder } 1 \text{ für } j = 1, \dots, n$$

Der Name Set Partitioning kommt von folgender Interpretation: man betrachte die Menge $M = \{1, \dots, m\}$ der Zeilen. Dann definiert jede Spalte $(j = 1, \dots, n)$ eine Teilmenge von M dadurch, daß man i als Element der Teilmenge betrachtet falls $a_{ij} = 1$.

Das Set Partitioning Problem besteht dann in der Bestimmung derjenigen Partition von M in Teilmengen, die das geringste Gewicht als Summe der Koeffizienten c_j hat.

Die Anwendungen mit der Struktur des Set Partitioning Problems sind sehr vielfältig und umfassen Railroad Crew Scheduling, Truck Deliveries, Airline Crew Scheduling, Tanker Routing, Information Retrieval, Stock Cutting, Assembly Line Balancing und Facility Location Probleme. Eine umfangreiche Bibliographie von Anwendungen findet sich in der Arbeit von E. Balas und W. M. Padberg, VIII.1.6–39.

Set Covering Problem

Das Set Covering Problem hat die gleiche Struktur wie das Set Partitioning Problem mit der Ausnahme, daß alle Gleichungen durch $\geq$ –Ungleichungen ersetzt werden. Das Set Covering Problem hat ebenfalls vielfältige Anwendungen, unter anderem das Problem, Schaltkreise für Computer, Telefonzentralen oder automatische Fertigungssysteme zu entwerfen, sowie das Warenverteilungsproblem, das bei der Auslieferung von Depots zu Kunden entsteht.

Der interessierte Leser findet mehr Informationen in den im Literaturteil angegebenen Referenzen.

Matching Problem

Matching Probleme sind verwandt mit Set Covering Problemen. Wir erklären sie an einem Graphen (V, E). Ein Matching ist eine Teilmenge der Kanten des Graphen, also eine Teilmenge von E, so daß keine zwei Kanten des Matching einen Knoten gemeinsam hat. Von Interesse sind Matchings mit einer maximalen Anzahl von Kanten.

Eine Variante des Matching Problems auf Graphen ist das sogenannte Euklidische Matching Problem, bei dem eine "Punktwolke" in der Ebene in eine Menge von Paaren von Punkten zu partitionieren ist, so daß die Summe der Abstände der Endpunkte von Paaren minimal oder maximal ist.

Matching Probleme finden sich im Zusammenhang mit vielen Anwendungen. J. Edmonds, VIII.1.6–213, konnte bereits 1965 zeigen, daß Matching Probleme eine Lösung mit polynomialem Aufwand zulassen.

Der interessierte Leser findet mehr Informationen in den im Literaturteil angegebenen Referenzen, die über das Stichwort "Matching" im Abschnitt XIV leicht auffindbar sind.

V.5 Dynamische Programmierung

Wir haben bereits in Abschnitt I.18 einige Informationen zum Thema *Dynamische Programmierung* gegeben. Der Begriff geht auf Richard Bellman zurück, der seine Theorie 1954 begründete. Er orientiert sich an der Zeitorientierung vieler *mehrstufiger Entscheidungsprozesse*. Es hat sich jedoch gezeigt, daß auch zeitunabhängige, statische Probleme sich häufig als mehrstufige Entscheidungsprozesse auffassen lassen. Damit ist die Dynamische Programmierung dann auch auf statische Probleme anwendbar. Man unterscheidet in diesem Zusammenhang statische und dynamische mehrstufige Entscheidungsprozesse. Für die weitere Beschreibung des Verfahrens, ist diese Unterscheidung jedoch irrelevant. Betrachten wir ein physikalisches oder ökonomisches System, das verschiedene Zustände annehmen kann. Diese Zustände seien durch einen Vektor von Zustandsvariablen beschrieben, den wir mit $\mathbf{s} = (s_1, s_2, \ldots, s_m)$ bezeichnen. $\mathbf{s}$ ist ein Element aus dem sogenannten *Zustandsraum* S. Nehmen wir an, daß sich der Zustand des Systemes von Zeit zu Zeit (oder Stufe zu Stufe) regeln läßt, und daß dazu Entscheidungen notwendig sind. Die Entscheidungen sind durch einen Vektor von *Entscheidungsvariablen* $\mathbf{x} = (x_1, x_2, \ldots, x_m)$ beschrieben. Diese *Entscheidungsvektoren* sind Elemente des *Entscheidungsraumes* E. Den durch die Entscheidungen von einem Zustand zu einem anderen bedingten *Zustandswechsel* nennt man *Transformation,* die wir mit T bezeichnen. Mit Hilfe dieser Begriffe, können wir das Entscheidungsproblem der Dynamischen Programmierung nunmehr wie folgt beschreiben:

Durch eine Folge von N Entscheidungen

$$\mathbf{x}(j) = (x_1(j), x_2(j), \ldots, x_m(j)) \in E(j), \quad j = 1, 2, \ldots, N$$

ist ein Zustand

$$\mathbf{s}(N) = (s_1(N), s_2(N), \ldots, s_m(N)) \in S(N)$$

eines vorgegebenen Systems mit dem *Anfangszustand* $\mathbf{s}(0)$ zu ermitteln, so daß ein bestimmtes *Kriterium* $K(\mathbf{s}(0), \mathbf{x}(1), \mathbf{x}(2), \ldots, \mathbf{x}(N))$ ein Minimum oder Maximum annimmt. Hierzu sind N Transformationen T erforderlich, und es gilt

$$\mathbf{s}(j) = T_j(\mathbf{s}(j-1), \mathbf{x}(j)), \quad j = 1, 2, \ldots, N$$

Dabei sind die Entscheidungen $\mathbf{x}(j)$ nur von dem Zustand $\mathbf{s}(j-1)$ nicht aber von dem bisherigen Prozeßablauf abhängig.

N ist die *Anzahl der Stufen* oder Stufenzahl, m die *Dimension* des Prozesses. Jede zulässige Folge von Entscheidungsvektoren $\mathbf{x}(1), \mathbf{x}(2), \ldots, \mathbf{x}(N)$ wird *Strategie* oder *Politik* genannt. Entsprechend spricht man von einer optimalen Politik, die das Kriterium optimal erfüllt.

Wir müssen jetzt eine Reihe von Voraussetzungen nennen, die für die Anwendbarkeit der Dynamischen Programmierung gelten.

Das Kriterium $K(\mathbf{s}(0), \mathbf{x}(1), \mathbf{x}(2), \ldots, \mathbf{x}(N))$ ist additiv, das heisst es setzt sich additiv aus den Zielwerten für die einzelnen Zustände des Systems zusammen, also gilt

$$K(\mathbf{s}(0), \mathbf{x}(1), \mathbf{x}(2), \ldots, \mathbf{x}(N)) = \sum_{j=1}^{N} (K_j(\mathbf{s}(j-1), \mathbf{x}(j)))$$

Dabei ist $K_j(\mathbf{s}(j-1), \mathbf{x}(j))$ der Wert des Kriteriums, der in der j-ten Stufe bei Wahl der Entscheidung $\mathbf{x}(j)$ und dem Anfangszustand dieser Stufe $\mathbf{s}(j-1)$ angenommen wird.

Die Werte des Kriteriums für eine Stufe müssen also unabhängig von dem Systemzustand in anderen Stufen sein. Weiter müssen die Werte des in den Stufen gemessenen Kriteriums in gleichen Maßeinheiten gemessen werden.

Das Kriterium K heisst auch Zielfunktion. Eine optimale Politik optimiert die Zielfunktion. Die Methode der Dynamischen Programmierung beruht auf dem von Bellman so genannten *Optimalitätsprinzip* (Engl.: Principle of Optimality). Bellman hat es wie folgt formuliert:

> Eine optimale Politik hat die Eigenschaft, daß unabhängig vom Anfangszustand und der Anfangsentscheidung die verbleibenden Entscheidungen eine optimale Politik für den aus der ersten Entscheidung resultierenden Zustand darstellen.

Alle Algorithmen der Dynamischen Programmierung beruhen auf der wiederholten Anwendung dieses Optimalitätsprinzips.

Wir machen für die weitere Darstellung des Verfahrens jetzt die Annahme, daß es sich um eine Maximierung einer Gewinnfunktion handelt. Die Allgemeingültigkeit der Darstellung ist davon jedoch nicht betroffen. Sei $G(N)$ der Gewinn der letzten Stufe, $G(N-1, N)$ der Gewinn der letzten beiden Stufen und $G(j, j+1,\ldots,N)$ der Gewinn der letzten $N-j+1$ Stufen. Es gilt also

$$G(j, j+1,\ldots, N) = \sum_{v=j}^{N} (K_v(\mathbf{s}(v-1), \mathbf{x}(v)))$$

Analog zu den Werten G führen wir jetzt Werte G' ein, die den maximalen Gewinn bezüglich einer Stufe darstellen. Wir bezeichnen sie also mit $G'(j, j+1,\ldots,N; \mathbf{s}(j-1), \mathbf{x}(j))$. Durch Anwendung des Optimalitätsprinzips ergibt sich

$$G'(j, j+1,\ldots, N; \mathbf{s}(j-1), \mathbf{x}(j)) = \underset{\mathbf{x}(j)\in E(j)}{\mathrm{Max}} (K_j(\mathbf{s}(j-1), \mathbf{x}(j))$$
$$+ G'(j+1, j+2,\ldots, N; T_j, \mathbf{x}'(j+1; \mathbf{s}(j))))$$

Dabei bedeutet $\mathbf{x}'(j+1; \mathbf{s}(j))$ die optimale Entscheidung beim Übergang von Zustand $\mathbf{s}(j)$ zur Stufe $j+1$.

Wie man sieht, muß die *rekursive* Gleichung für $j = N, N-1, N-2,\ldots, 1$ durchgeführt werden. So werden optimale Entscheidungen aufgrund der Additivität der Zielfunktion K und der Gültigkeit des Optimalitätsprinzips rückwärtsschreitend ermittelt.

Umgekehrt erhält man die optimale Politik durch Anwendung der Transformationen

$$\mathbf{s}'(1) = T_1(\mathbf{s}(0), \mathbf{x}'(1))$$
$$\mathbf{s}'(2) = T_2(\mathbf{s}'(1), \mathbf{x}'(2))$$
$$\ldots\ldots\ldots\ldots\ldots\ldots$$
$$\mathbf{s}'(N) = T_N(\mathbf{s}'(N-1), \mathbf{x}'(N))$$

Die optimale Politik wird dann durch die Folge der Entscheidungsvektoren $\mathbf{x}'(1), \mathbf{x}'(2),\ldots, \mathbf{x}'(N)$ wiedergegeben.

Man kann das Verfahren auch auf mehr als einen Anfangszustand $\mathbf{s}(0)$ erweitern.

Zusammenfassend kann man feststellen, daß das Verfahren der Dynamischen Programmierung aus zwei Phasen besteht. In der *ersten Phase*, die gegen die Stufenfolge (meist zeitliche Folge) abläuft, werden optimale Entscheidungen in den einzelnen Stufen getroffen und der optimale Wert der Zielfunktion ermittelt. Hierbei wird rückwärtsschreitend ständig das Optimalitätsprinzip von Bellman eingesetzt. In der *zweiten Phase* wird die optimale Politik ermittelt und der Endzustand des Systemes $s'(N)$ bestimmt. Diese zweite Phase vollzieht sich in der natürlichen Reihenfolge der Stufen.

Wir verdeutlichen diese Methode an einem einfachen *Beispiel*. Dazu benutzen wir ein Belegungsproblem einer Ressource (Engl.: Single Facility Scheduling Problem).

Eine Anzahl von Aufgaben (Engl.: Jobs) sind auf einer Ressource einzuplanen. Diese nennen wir $P_1,\ldots, P_n$. Die Operationszeiten seien bekannt und mit a_j bezeichnet, $j = 1,\ldots, n$. Sei $t(j)$ der Endzeitpunkt der Bearbeitung von P_j. Dann ist mit der Durchführung der Aufgabe P_j ein Nutzen (Engl.: Return) von $c_j(t(j))$ verknüpft. Die Endzeitpunkte für die Bearbeitung der Aufgaben P_j sind von der Reihenfolge oder Permutation der Augaben P_j, $j = 1,\ldots,n$, abhängig. Für eine vorgegebene Reihenfolge $R = (P_{j_1}, P_{j_2}, \ldots, P_{j_n})$ ist der Gesamtnutzen gegeben durch:

$$N(R) = \sum_{v=1}^{n} \left(c_{j_v} \sum_{u=1}^{v} a_{j_u} \right)$$

Gesucht ist eine Reihenfolge R für die $N(R)$ maximal ist. Um dieses Problem als mehrstufiges Entscheidungsproblem zu bearbeiten, müssen wir überlegen, was wir unter den Zuständen des Systems verstehen wollen. Sei S eine beliebige Teilmenge von $\{1,\ldots,n\}$. Dann charakterisiere S einen Zustand des Systems der besagt, daß alle Aufgaben, die in S enthalten sind, bearbeitet sind. Die Mächtigkeit von S entspreche der Stufe des Entscheidungsprozesses. Es ergibt sich dargestellte (Abb. 16) Entscheidungsnetzwerk (für den Fall $n = 4$).

Hierbei entpricht ϕ der leeren Menge. Wir haben insgesamt 16 Zustände die den möglichen Teilmengen entsprechen. Die Anzahl der Stufen ist 5. Von Stufe zu Stufe können Zustände dadurch auseinander hervorgehen, daß der Teilmenge S der Vorgängerstufe jeweils ein Element hinzugefügt wird, das nicht in S vorhanden war.

Sei $C(1,\ldots,n)$ der maximale Nutzen bei Betrachtung aller möglichen Reihenfolgen, also

$$C(1,\ldots,n) = \underset{R}{\text{Max}} \left(\sum_{v=1}^{n} \left(c_{j_v} \sum_{u=1}^{v} a_{j_u} \right) \right)$$

Dabei wird über alle Reihenfolgen $R = (P_{j_1}, P_{j_2}, \ldots, P_{j_n})$ maximiert und P_{j_v} ist die v-te Aufgabe in der Reihenfolge R.

Sei $C(S)$ allgemeiner der maximale Nutzen bei Betrachtung aller Reihenfolgen der Elemente aus S.

Für die leere Menge setzen wir $C(\phi) = 0$. Für einelementige Mengen setzen wir $C(\{j\}) = c_j(a_j)$, $j = 1,\ldots,n$.

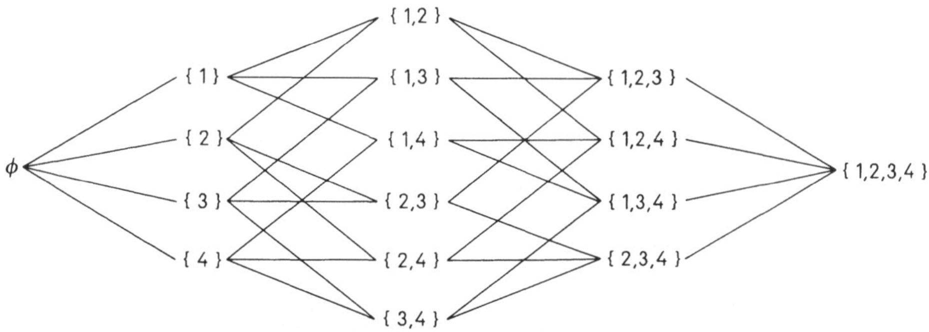

Abb. 16. Entscheidungsnetzwerk beim Dynamischen Programm

Aus der Anwendung des Optimalitätsprinzips ergibt sich folgende Beziehung:

$$C(S) = \max_{l \in S}\left(C(S \setminus \{l\}) + c_l \sum_{j \in S} a_j \right)$$

Rekursiv können nun mittels dieser Formel alle $C(S)$ stufenweise ermittelt werden. Damit ist dann auch $C(1, \ldots, n)$ bekannt. Eine optimale Reihenfolge ergibt sich rückwärtschreitend durch Aufsuchen der von Stufe zu Stufe relevanten Entscheidung, die die Optimalwerte für die Teilmengen ergaben.

Sei $a_1 = 10$, $a_2 = 6$, $a_3 = 15$ und $a_4 = 19$. Ferner seien die Nutzenwerte $c_j(t)$ durch folgende Tabelle vorgegeben:

c_1	t	c_2	t	c_3	t	c_4	t
11	10	28	6	18	15	29	19
19	16	7	16	7	25	11	29
24	31	15	31	19	31	39	35
17	50	11	50	24	50	4	50
15	35	14	21	9	21	7	25
19	25	16	25	11	34	19	34
4	44	9	35	17	44	25	44
8	29	31	40	8	40	11	40

Nunmehr berechnen wir die $C(S)$ wie folgt:

$$C(1) = 11; \quad C(2) = 28; \quad C(3) = 18; \quad C(4) = 29$$

$$C(1,2) = \max(C(1) + c_2(16), \quad C(2) + c_1(16)) = \max(18, 47) = 47$$

$$C(1,3) = \max(C(1) + c_3(25), \quad C(3) + c_1(25)) = \max(18, 37) = 37$$

$$C(1,4) = \max(C(1) + c_4(29), \quad C(4) + c_1(29)) = \max(22, 37) = 37$$

$$C(2,3) = \max(C(2) + c_3(21), \quad C(3) + c_2(21)) = \max(37, 32) = 37$$

$$C(2,4) = \max(C(2) + c_4(25), \quad C(4) + c_2(25)) = \max(35, 45) = 45$$

$$C(3,4) = \max(C(3) + c_4(34), \quad C(4) + c_3(34)) = \max(37, 40) = 40$$

$$C(1,2,3) = \max(C(2,3) + c_1(31), \quad C(1,3) + c_2(31), \quad C(1,2) + c_3(31))$$
$$= \max(61, 52, 66) = 66$$

$$C(1,2,4) = \max(C(2,4) + c_1(35), \quad C(1,4) + c_2(35), \quad C(1,2) + c_4(35))$$
$$= \max(60, 46, 86) = 86$$

$$C(1,3,4) = \max(C(3,4) + c_1(44), \quad C(1,4) + c_3(44), \quad C(1,3) + c_4(44))$$
$$= \max(44, 54, 62) = 62$$

$$C(2,3,4) = \max(C(3,4) + c_2(40), \quad C(2,4) + c_3(40), \quad C(2,3) + c_4(40))$$
$$= \max(71, 53, 48) = 71$$

$$C(1,2,3,4) = \max(C(2,3,4) + c_1(50), \quad C(1,3,4) + c_2(50),$$
$$\cdot C(1,2,4) + c_3(50), \quad C(1,2,3) + c_4(50))$$
$$= \max(88, 73, 110, 70) = 110$$

Durch Rückwärtschreiten erkennt man sofort als optimale Folge $(2, 1, 4, 3)$. Zur Probe ermitteln wir den Gesamtnutzen dieser Reihenfolge wie folgt:

$$N(2, 1, 4, 3) = c_2(6) + c_1(16) + c_4(35) + c_3(50)$$
$$= 28 + 19 + 39 + 24 = 110$$

Der Leser möge sich überzeugen, daß 110 der maximal mögliche Nutzen ist. Bezüglich der Würdigung der Methode der Dynamischen Programmierung kann gesagt werden, daß dieses auch "*Funktionalgleichungsmethode*" geannte Verfahren recht vielseitig und elegant einsetzbar ist. Es ist für diskrete und kontinuierliche Probleme verwendbar. Die Grenzen der praktischen Verwendbarkeit liegen im *Rechen- und Speicheraufwand* und in dem Nachteil gegenüber der Mathematischen Programmierung begründet, daß das Verfahren speziell für jede Problemstellung formuliert werden muß und damit eine allgemeingültige Implementierung für größere Problemklassen nicht möglich erscheint. Jedoch deuten neuere Erkenntnisse darauf hin, daß das sich ändern könnte. Hierzu siehe man die Arbeit von P. Helman, VIII.1.7–25.

Der Interessierte findet in Abschnitt VIII.1.7 vielerlei Literaturhinweise. Als Einführung seien besonders die Arbeiten von R. Bellman und S. Dreyfus (02), G. Hadley (03), A. Kaufmann und R. Cruon (09) sowie K. Neumann (12) empfohlen.

V.6 Verfahren der Nichtlinearen Programmierung

Bei *nichtlinearen Programmen* gelten die im Abschnitt V.1 gemachten Aussagen über die Natur des Lösungsraums und die Lage der Optimallösung unter Umständen nicht mehr. Betrachten wir nichtlineare Programme, die ein lineares System von Nebenbedingungen haben, so ist zwar der Lösungsraum ein *konvexes Polyeder*. Durch die Nichtlinearität der Zielfunktion ist jedoch die Lage eines Optimalpunktes nicht mehr auf die Eckpunkte des Polyeders beschränkbar. Vielmehr kann ein Optimalpunkt irgendwo auf der *Oberfläche des Polyeders* liegen und sogar im *Inneren des Polyeders* zu finden sein.

Als Beispiel diene uns die folgende Aufgabe

$$\text{Min!} \quad (x_1 - 4)^2 + (x_2 - 5)^2$$

$$\text{wobei} \quad 9x_1 + 3x_2 \leqq 27$$
$$2x_1 + x_2 \leqq 7$$
$$2x_1 + 2x_2 \leqq 12$$

Das eindeutige Optimum ergibt sich zu $x_1 = 1.6$ und $x_2 = 3.8$. Die Zielfunktion ist eine Kreis–Schar um den Punkt $(4, 5)$. Der Kreis mit dem Radius $\dfrac{6}{\sqrt{5}}$ berührt den Lösungsraum in obigem Optimalpunkt, der kein Eckpunkt ist, aber auf der Oberfläche des Lösungsraumes liegt. Der Leser möge sich diese Situation graphisch darstellen. Eine geringfügige Änderung der Zielfunktion zu $(x_1 - 1)^2 + (x_2 - 2)^2$ bewirkt, daß der Optimalpunkt im Inneren des Lösungsraums im Punkt $(1, 2)$ liegt.

Sind Nebenbedingungen *nichtlinear*, so kann der Lösungsraum *nichtkonvex* und sogar *nicht-zusammenhängend* sein.

Folgendes Beispiel hat einen nicht-zusammenhängenden und folglich nicht-konvexen Lösungsraum:

$$\text{Max!} \quad x_2$$

$$\text{wobei} \quad (x_1 - 1)x_2 \leqq \quad 1$$
$$- x_1 - x_2 \leqq - 4$$
$$- x_1 + x_2 \leqq \quad 5$$

Der eindeutige Optimalpunkt ist der Punkt $(1, 6)$. Der Leser ist aufgefordert, sich dieses Beispiel wiederum graphisch zu verdeutlichen.

Die Nichtlineare Programmierung hat sich parallel zur Linearen Programmierung entwickelt.

Wir knüpfen an unser allgemeines NLP-Modell an, wie in Abschnitt I.16 vorgestellt. Setzt man von den beteiligten Funktionen $f, g_1, \ldots, g_m$ voraus, daß sie differenzierbar sind und betrachtet nur Gleichungen als Nebenbedingungen, so kann man eine auf das Jahr 1761 zurückgehende Methode von Lagrange benutzen.

Dabei geht es im Prinzip darum, daß aus dem Optimierungsproblem mit Nebenbedingungen (Engl.: Constrained Problem) ein solches ohne Nebenbedingungen (Engl.: Unconstrained Problem) dadurch gemacht wird, daß man statt der Zielfunktion $f(x_1, x_2, \ldots, x_n)$ die Funktion $F(x_1, x_2, \ldots, x_n; v_1, v_2, \ldots, v_m)$ betrachtet, die wie folgt definiert ist:

$$F(x_1, \ldots, x_n; v_1, \ldots, v_m) = f(x_1, \ldots, x_n) - \sum_{i=1}^{n} v_i g_i(x_1, \ldots, x_n)$$

Dabei heißen die m Variablen $v_1, \ldots, v_m$ *Lagrangesche Multiplikatoren* und die Funktion F heißt *Lagrangesche Funktion*.

Man kann nun unter Benutzung der *Differenzierbarkeit* von f und $g_1, \ldots, g_m$ notwendige und unter bestimmten Bedingungen auch hinreichende Bedingungen für ein *lokales* oder *globales* Optimum ableiten.

Diese Bedingungen sind durch ein *homogenes Gleichungssystem* von $n + m$ Gleichungen gegeben, deren rechte Seiten die *partiellen Ableitungen* nach den $n + m$ Variablen $x_1, \ldots, x_n; v_1, \ldots, v_m$ sind.

Wir betrachten zur Illustration ein Beispiel, das wir dem Buch von L. R. Foulds, VIII.1.1–02, entnehmen.

$$\text{Max!} \quad f(x_1, x_2, x_3) = - 2x_1^2 - x_2^2 - 3x_3^2$$
$$\text{wobei}$$

$$g_1(x_1, x_2, x_3) = \quad x_1 + 2x_2 + \quad x_3 - 1 = 0$$
$$g_2(x_1, x_2, x_3) = 4x_1 + 3x_2 + 2x_3 - 2 = 0$$

$$F(x_1, x_2, x_3; v_1, v_2) = - 2x_1^2 - x_2^2 - 3x_3^2 - v_1(x_1 + 2x_2 + x_3 - 1)$$
$$- v_2(4x_1 + 3x_2 + 2x_3 - 2)$$

Durch partielle Differentiation von F nach den 5 Variablen x_1, x_2, x_3, v_1 und v_2, ergibt sich folgendes Gleichungssystem zur Bestimmung einer Lösung:

$$\frac{dF}{dx_1} = -4x_1 - v_1 - 4v_2 \quad = 0$$

$$\frac{dF}{dx_2} = -2x_1 - 2v_1 - 3v_2 \quad = 0$$

$$\frac{dF}{dx_3} = -6x_3 - v_1 - 2v_2 \quad = 0.$$

$$\frac{dF}{dv_1} = -x_1 - 2x_2 - x_3 + 1 \quad = 0$$

$$\frac{dF}{dv_2} = -4x_1 - 3x_2 - 2x_3 + 2 = 0$$

Aus diesem Gleichungssystem ergibt sich als Lösung $(\frac{5}{27}, \frac{10}{27}, \frac{2}{27}, -\frac{4}{27}, -\frac{4}{27})$.

Eine Verallgemeinerung der Technik der Lagrangeschen Multiplikatoren auf den Fall von Nebenbedingungsungleichungen und nicht-negativen Variablen, stellen die sogenannten *Kuhn–Tucker Bedingungen* dar. Siehe hierzu bei H. W. Kuhn und A. W. Tucker, VIII.1.5–44, oder zum Beispiel in dem Buch von L. R. Foulds, VIII.1.1–02.

Viele Verfahren der Nichtlinearen Programmierung behandeln den Fall, daß die Nebenbedingungen des NLP-Modells linear sind und die Zielfunktion bestimmte Eigenschaften hat. So ist etwa der Fall einer *quadratischen* bzw. *konvexen Zielfunktion* von E. M. L. Beale, VIII.1.5–26 und VIII.1.5–47, behandelt worden. Für den Fall einer quadratischen Zielfunktion hat auch P. Wolfe, VIII.1.5–11, ein Verfahren entwickelt. Die Verfahren von Beale und Wolfe zur Lösung eines quadratischen Programms basieren auf der Simplex-Methode. Andere Verfahren für quadratische Programme gehen auf Arbeiten von H. Thiel und C. Van de Panne sowie C. E. Lemke zurück, siehe hierzu VIII.1.5–48 sowie VIII.1.5–49.

Eine andere Klasse von nichtlinearen Programmen sind diejenigen mit *separabler Zielfunktion* und linearen Nebenbedingungen. Für solche Probleme können die Methoden zur Lösung gemischt-ganzzahliger Programme verwendet werden. Sie hierzu die Ausführungen im Abschnitt I.17. Wenn ein NLP-Modell weder ein *quadratisches Programm*, noch ein separables Programm und auch kein (siehe weiter unten in diesem Abschnitt) *geometrisches Programm* ist, müssen besondere Verfahren eingesetzt werden. Wir erwähnen noch zwei frühe Methoden zur Lösung von NLP-Problemen mit Nebenbedingungen.

G. Zoutendijk veröffentlichte 1960 seine *Methode der zulässigen Richtungen* (Engl.: Method of Feasible Directions), VIII.1.5–15. Diese Methode beginnt bei einem zulässigen Punkt des Lösungsraums und geht schrittweise zu anderen zulässigen Lösungen über, die bezüglich der Zielfunktion besser sind. Um eine Richtung zu finden, die einen möglichst großen Fortschritt in Richtung des gesuchten Optimums bringt und zulässig ist, wird in jedem Verfahrensschritt ein LP-Subproblem gelöst.

J. B. Rosen erfand ebenfalls 1960 sein *Gradient Projection Method* genanntes Verfahren. Hierbei ist keine iterative Lösung von LP-Subproblemen notwendig. Das Verfahren ist besonders effektiv, wenn die Nebenbedingungen linear sind. Siehe hierzu VIII.1.5–17.

Seit diesen frühen Methoden sind beträchtliche Fortschritte in der numerischen Behandlung allgemeiner NLP-Probleme gemacht worden. Am besten bewährt haben sich zur Lösung nichtlinearer Probleme die folgenden Verfahren:

—Generalized Reduced Gradient Method   (GRG)
—Successive Linear Programming Method   (SLP)
—Successive Quadratic Programming Methods   (SQP)
—Projected Lagrangean Method   (PLM)
—Ellipsoidal Methods for NLP   (ELM)

Die *GRG-Methode* geht auf J. Abadie und J. Carpentier (1969) zurück, siehe hierzu VIII.1.5–75.

Die *SQP-Methoden* gehen auf Ideen von R. B. Wilson (1963), VIII.1.5–28, S. P. Han (1976), VIII.1.5–101, sowie M. J. D. Powell (1977), VIII.1.5–148, zurück. Sie werden daher manchmal auch Wilson–Han–Powell Methoden genannt.

Diese Verfahren können hier nicht erklärt werden. Einzelheiten finden sich in den in Abschnitt VIII.1.5 angegebenen Veröffentlichungen. Wir weisen insbesondere auf J. Zhang, N.-H. Kim und L. S. Lasdon (63) bezüglich SLP-Verfahren, auf B. A. Murtagh und M. Saunders (65) über PLM-Verfahren, auf Y. Fan, S. Sarkar und L. S. Lasdon (51) wegen SQP-Verfahren, auf J. G. Ecker und M. Kupferschmid (66) wegen ELM-Verfahren und auf J. Abadie und J. Carpentier (75) sowie auf J. Abadie und J. Guigou (76) bezüglich GRG-Verfahren hin.

Die Methoden der Nichtlinearen Programmierung setzen meist die Differenzierbarkeit der involvierten Funktionen voraus. Darüberhinaus hat sich jedoch eine Theorie von Funktionen herausgebildet, die zwar nicht differenzierbar sind, jedoch andere Eigenschaften haben, die auf ihr lokales Verhalten schließen lassen. Solche Funktionen heißen im Englischen *Nonsmooth oder Subdifferential Functions*. Darauf aufbauend können dann analog zu den Gradienverfahren auch sogenannte *Subgradientenverfahren* (Engl.: Subgradient Methods) entwickelt werden. Einen wesentlichen Anteil an der Entwicklung dieser für die praktische Anwendung wichtigen Erweiterung hat R. T. Rockafellar. Hierzu vergleiche man die beiden entsprechenden Arbeiten von R. T. Rockafellar, VIII.1.5–166 und 167.

Eine Klasse nichtlinearer Programme mit Anwendungen im Ingenieurbereich und besonderen Lösungsverfahren ist die der sogenannten *Geometrischen Programme*.

Dabei hat ein Geometrisches Programm folgende Form:

$$\text{Min!} \quad f(x_1,\ldots,x_n) = \sum_{j=1}^{m} \left(c_j \prod_{i=1}^{n} x_i^{a_{ij}} \right)$$

wobei

$$x_i > 0 \quad \text{für} \quad i = 1,\ldots,n$$

In der Zielfunktion ist $c_j > 0$ für $j = 1,\dots,m$ und a_{ij} reell für $i = 1,\dots,n$ und $j = 1,\dots,m$.

Da die Zielfunktion $f(x_1,\dots,x_n)$ nicht immer ein *Polynom* ist (a_{ij} kann negativ sein), führten R. J. Duffin, E. L. Peterson und C. Zener für solche Funktionen einen neuen Namen ein. Wegen $c_j > 0$ nannten sie sie *Posynome* (Engl.: Posynomial).

Der Schwierigkeitsgrad für die Lösung eines Geometrischen Programms hängt von der Größe von $m - (n + 1)$ ab. Wenn $m = n + 1$ führen klassische Methoden zum Ziel. Wenn $m > n + 1$ müssen besondere Verfahren eingesetzt werden. Die Differenz $m - (n + 1)$ nennt man den Schwierigkeitsgrad des Geometrischen Programms.

R. L. Foulds, VIII.1.1–02, gibt ein Beispiel für $m = 4$ und $n = 3$, also vom Schwierigkeitsgrad Null.

$$f(x_1, x_2, x_3) = 2x_1 x_2^{-1} + 3x_2 x_3^{-2} + 2x_1^{-2} x_2 x_3 + x_1 x_2$$

Die Lösung ergibt sich zu eindeutig zu

$$(x_{\text{opt}1}, x_{\text{opt}2}, x_{\text{opt}3}) = (0.869255252, 0.534522483, 1.213626700)$$

Wir verweisen auf R. J. Duffin, E. L. Peterson und C. Zener, VIII.1.5–116. Bezüglich Anwendungen der Geometrischen Programmierung, empfehlen wir die Arbeit von C. S. Beightler und D. T. Phillips, VII.19–10.

Neuere Verfahren zur Lösung komplexer nichtlinearer Optimierungsprobleme sind sogenannte *Homotopie-Verfahren* (Engl.: Homotopy Methods). Sie sind sehr aufwendig und finden Anwendung bei technischen Problemen, die es nicht gestatten, mit einfachen Mitteln eine Näherungslösung als Ausgangslösung zu ermitteln.

Homotopie-Verfahren führen immer zu einer globalen Lösung, ohne daß eine Ausgangslösung bekannt ist. Die Konzeption beruht auf dem Gedanken, ein komplexes Problem in ein einfacheres zu *"deformieren"*. Für dieses einfachere Problem ist die Ermittlung einer Optimallösung mit vergleichsweise geringem Aufwand möglich. Man deformiert nun schrittweise das abgeleitete Problem in Richtung auf das Ausgangsproblem und nutzt die "Verwandtschaft" der Optimallösungen benachbarter deformierter Probleme, um schließlich eine Optimallösung für das Ausgangsproblem zu gewinnen.

Die *Deformation* wird durch eine sogenannte *Homotopie-Abbildung* durchgeführt. Der Begriff Homotopie stammt aus der Topologie.

Einen Überblick über diese Vorgehensweise und Hinweise auf Anwendungen findet sich in einer Arbeit von L. T. Watson und R. T. Haftka, VII.16–49.

V.7 Heuristische Verfahren

Heuristische Methoden sind solche, die nicht nach einem nachweisbaren Optimum suchen, sondern sich mit der Ermittlung einer zulässigen Lösung begnügen, die unter Verwendung einfacher Entscheidungsregeln ermittelt wird. Es kann hierbei durchaus eine gewisse Optimierung stattfinden, jedoch wird die Lösungsmenge nie ausgeschöft und sind die Entscheidungsregeln meist einstufiger Art, das heißt, es wird so entschieden wie es der Zielsetzung offensichtlich entgegenkommt, ohne zu verfolgen, wie diese Entscheidung den Spielraum anderer Einflußgrößen einengt. Dadurch kann im allgemeinen keine Optimallösung ermittelt werden und die Güte der Lösung häufig auch nicht abgeschätzt werden.

Trotzdem sind heuristische Verfahren zur ersten Behandlung von Problemen der Optimierung oft wertvoll. Sie können nämlich durchaus Vorteile gegenüber herkömmlichen Verfahren produzieren und sind relativ einfach zu implementieren. Ein weiterer Vorteil ist die meist leichte Verständlichkeit und der Verzicht auf ein formales Modell. Auch ist der Rechenaufwand meist gering im Vergleich zu den komplexeren Optimierungsmethoden, die ein nachweisbares Optimum anstreben. Heuristiken spielen manchmal auch im Zusammenhang mit Methoden der Mathematischen Programmierung oder anderen Optimierungstechniken eine Rolle. Hier geht es dann meist um die Ermittlung einer günstigen zulässigen Anfangslösung, die als Ausgangspunkt für das eigentliche Optimierungsverfahren herangezogen wird.

Ein allgemeingültiges Konzept zur Entwicklung von Heuristiken kann nicht gegeben werden. Diese Methoden sind der jeweiligen individuellen Problemstruktur entsprechend auszulegen.

Zwei häufige verwendete Typen des Vorgehens sind die Methode der Aufteilung in kleinere Teilprobleme und die Methode der iterativen Verbesserung. Im ersten Fall wird ein komplexes Problem dadurch näherungsweise optimiert, daß das Problem in Teilprobleme kleinerer Dimension zerlegt wird. Diese kleineren Teilprobleme werden dann optimiert und die Lösungen der Teilprobleme werden zu einer Gesamtlösung des Problemes zusammengefügt. Im zweiten Fall geht man von einer zulässigen Lösung aus und modifiziert die Lösung um eine andere zulässige Lösung zu finden, die bezüglich der Zielsetzung besser ist. Die gefundene bessere Lösung ist nunmehr Ausgangspunkt weiterer Modifikationen. Das Verfahren endet, wenn keine Verbesserung mehr möglich ist. Man hat dann gewöhnlich ein lokales Optimum ermittelt. Durch Variation der Anfangslösung kann man mehrere lokale Optima finden, unter denen man durch Vergleich das beste auswählt.

Ein immer vorhandener Bestandteil von heuristischen Verfahren ist die Abprüfung von Bedingungen, um sicherzustellen, daß eine zulässige Lösung ermittelt wird. Es kann auch eine begrenzte Anzahl von Alternativen durchgespielt werden. Häufig wird eine vorgegebene Prioritätsliste als Kernstück einer Heuristik verwendet.

Ob im konkreten Fall einer Optimierungsanwendung eine heuristische Vorgehensweise gewählt wird, hängt von vielen Einflußgrößen ab. Hier müssen sorgfältig Aufwand und Ertrag untersucht werden. Es kann auch sinnvoll sein, eine Heuristik einer formalen Optimierung gegenüberzustellen, um die *Effizienz der Heuristik* zu beurteilen. Hierbei kann man sich bei der formalen Optimierung unter Umständen mit einer für produktive Zwecke unbrauchbaren Methode begnügen, die auf einfache Weise aufzubauen ist.

Ein bekanntes Beispiel für heuristische Entscheidungen sind etwa Regeln, die im Zusammenhang mit Reihenfolgeproblemen der Fertigung benutzt werden, um der kombinatorischen Problematik solcher Probleme zu entgehen. Die Reihenfolge-Entscheidung, welches Produkt als nächstes an einem bestimmten Arbeitsplatz zu bearbeiten ist (wenn mehrere Produkte, die an diesem Arbeitsplatz als nächstes aufgrund ihrer Arbeitsgangfolge bearbeitet werden müssen, in Wartestellung vor diesem Arbeitsplatz sind), wird dabei zum Beispiel so vorgenommen, daß Produkte eine um so größere Priorität zugewiesen bekommen, je höher das in dem jeweiligen Halbfertigfabrikat bereits gebundene Kapital ist. Damit wird tendenziell die Kapitalbindung in Halbfertigfabrikaten niedrig gehalten.

Andere Einflußfaktoren, wie zum Beispiel Termine, können andere Prioritäten nach sich ziehen. Alle aufgrund verschiedener Aspekte sich ergebenden Prioritäten, müssen dann zu einer Gesamtpriorität zusammengefaßt werden.

In die Kategorie der heuristischen Verfahren kann auch die in Abschnitt VI. 16 beschriebene Vorgehensweise der Optimierung mit Benutzerinteraktion eingereiht werden, die in der Referenz X-234 beschrieben wurde. Versuche einer Klassifikation von heuristischen Verfahren finden sich in den Arbeiten von H. Müller-Merbach, VIII.1.10–02, und H. Streim, VIII.1.10–03.

Eine interessante Arbeit über heuristische Suchverfahren, die sich auch der Methoden der künstlichen Intelligenz bedienen, ist diejenige von F. Glover und H. J. Greenberg, VIII.1.10–15.

In diesem Zusammenhang sind auch sogenannte *Tabu-Suchverfahren* (Engl.: Taboo Search oder Tabu Search Techniques) von Interesse, siehe hierzu bei F. Glover, VIII.1.10–16. Hierbei wird der Suchprozess von einer zulässigen Lösung so gesteuert, daß die beste Lösung in einer geeignet definierten Nachbarschaft gesucht wird und eine Tabu–Liste geführt wird, in der verbotene Transformationen aufgeführt sind, die bei wiederholter Anwendung eine Bildung von Zyklen weitgehend vermeiden sollen. Weitere Informationen über Heuristische Verfahren finden sich in den im Abschnitt VIII.1.10 angegebenen Referenzen. Andere Literaturhinweise lassen sich im Kapitel XIV mittels des Stichworts "Heuristik" ermitteln.

V.8 Methoden, die auf statistischen Verfahren basieren

Monte-Carlo-Methode

Die Monte Carlo Methode beruht auf der Verwendung von *Zufallszahlen*. Wir wollen eine typische Anwendung an einem Beispiel erklären. Wir betrachten die Funktion $f(x) = x^3$ im Intervall $0 \leqslant x \leqslant 1$ und wollen die Fläche unterhalb der entsprechenden Kurve im ersten Quadranten berechnen.

Dazu erzeugen wir zum Beipiel 50 zufällig gewählte Punkte $P(i)$, $i = 1, \ldots, 50$ mit den Koordinaten $x(i)$ und $y(i)$:

i	$x(i)$	$y(i)$	$y(i) \leqslant f(x(i))$
1	.639	.130	*
2	.474	.687	
3	.850	.049	*
4	.864	.465	*
5	.573	.672	
6	.080	.436	

i	$x(i)$	$y(i)$	$y(i) \leqslant f(x(i))$
7	.496	.055	
8	.878	.221	*
9	.212	.159	
10	.805	.905	
11	.286	.121	
12	.340	.242	
13	.251	.001	*
14	.102	.699	
15	.632	.590	
16	.442	.371	
17	.140	.533	
18	.144	.660	
19	.528	.417	
20	.869	.245	*
21	.541	.466	
22	.778	.949	
23	.320	.319	
24	.065	.611	
25	.476	.168	
26	.954	.953	
27	.464	.324	
28	.977	.607	*
29	.917	.572	*
30	.307	.403	
31	.069	.151	
32	.462	.886	
33	.338	.569	
34	.291	.088	
35	.231	.715	
36	.923	.256	*
37	.649	.355	
38	.235	.009	*
39	.991	.724	*
40	.017	.266	
41	.237	.334	
42	.887	.352	*
43	.110	.694	
44	.537	.223	
45	.497	.961	
46	.688	.983	
47	.789	.486	
48	.097	.086	
49	.885	.090	*
50	.997	.455	*

In 14 Fällen von den 50 aufgeführten Punkten ist $y(i) \leqq f(x(i))$, also ist $P(i)$ ein Punkt der zu berechnenden Fläche unterhalb der Kurve. In 36 von 50 Fällen war das nicht der Fall. In erster Näherung kann man daher annehmen, daß $\frac{14}{50}$ der Fläche des Quadrates mit der Seitenlänge 1 im ersten Quadranten, wobei $0 \leqq x \leqq 1$ und $0 \leqq y \leqq 1$, unterhalb der Kurve liegt, die durch die Funktion $y = f(x) = x^3$, gekennzeichnet ist. Damit ist der Flächeninhalt unterhalb der Kurve im ersten Quadranten näherungsweise $\frac{14}{50} = 0.28$. Der genaue Wert für den besagten Flächeninhalt liegt bei 0.25. Hätten wir mehr als 50 zufällig gewählte Punkte betrachtet, wären wir dem echten Wert noch näher gekommen. Man kann beweisen, daß man mit zunehmender Anzahl von zufällig gewählten Punkten dem wahren Flächeninhalt beliebig nahe kommt.

Dieses Beispiel zeigt, daß man hinreichend genaue Aussagen über Sachverhalte erhalten kann, auch wenn keine analytischen Gesetzmässigkeiten oder Abhängigkeiten bekannt sind oder verwendet werden.

Über Zufallszahlen und deren Erzeugung informiert sich der Interessierte zum Beispiel bei K. Potschka, VIII.1.9–31 oder R. Chambers, VIII.1.9–32. Die Verwendung von Zufallszahlen spielt auch bei Optimierungsmethoden eine Rolle. Man spricht dann von *zufälligen Suchverfahren* (Engl.: Random Search Methods).

Hat man etwa ein komplexes kombinatorisches Optimierungsproblem mit einer Vielzahl von möglichen Permutationen als Entscheidungsalternativen, so kann man eine gewisse Zahl von Permutationen zufällig erzeugen und jeweils den Wert den Zielfunktion des Optimierungsproblemes ausrechnen. Man nimmt dann diejenige zufällig gewählte Permutation als näherungsweise optimale Lösung, die im Falle der Minimierung zum Beispiel den kleinsten Wert der Zielfunktion induziert. Häufig ist es jedoch sinnvoll nicht gewissermaßen blind zufällige Alternativen zu erzeugen, sondern diese Erzeugung an einer Heuristik zu orientieren, die aufgrund der Struktur des Optimierungsproblemes eine gewisse Vorauswahl an Alternativen beziehungsweise eine gewisse Prioritisierung von Teilentscheidungen bewirkt.

Zufallszahlen spielen auch bei *Simulationen* eine große Rolle, man spricht dann auch von *Monte-Carlo Simulationen*. Siehe hierzu die Arbeit von J. Kohlas, VIII. 1.9–01. Allgemeinere Darstellungen der Monte-Carlo Methode finden sich im Abschnitt VIII.1.9. Wir weisen insbesondere auf N. P. Buslenko (20), Y. A. Schreider (27), I. M. Sobol (28) und P. D. Soran (29) hin.

Im Folgenden wird die Optimierungsmethode "*Simulated Annealing*" beschrieben, eine Methode, die auch an die Verwendung von Zufallszahlen gebunden ist.

Simulated Annealing

Simulated Annealing ist eine Technik zur Behandlung von Optimierungsaufgaben mit oder ohne Nebenbedingungen. Nichtlinearitäten und multiple Extrema sind kein Hindernis für diese Methode.

Diese Technik hat ihren Namen aus der Metallurgie, wenn es darum geht, geschmolzene Metalle so abzukühlen, daß eine Kristallisationsstruktur entsteht, die einem möglichst niedrigen Energieniveau entspricht. Um dieses möglichst niedrige Niveau zu erreichen, greift man zur Methode der zwischenzeitlichen Erhitzung, in der Hoffnung, bei der nachfolgenden Abkühlung eine bevorzugte Situation zu erreichen.

In Anlehnung an dieses technische Verfahren, haben N. Metropolis et. al. (1953) und S. Kirkpatrick (1983) ein rechentechnisches Vorgehen für die globale Optimierung von Funktionen $f(x_1,\ldots,x_n)$ entworfen. Sei $X0 = (x_{01},\ldots,x_{0n})$ eine zulässige Anfangslösung. Dann betrachtet man im Raum der n unabhängigen Variablen $x_1,\ldots,x_n$ eine Kugel mit dem Mittelpunkt $X0$ und dem Radius dr und wählt auf der Oberfläche dieser Kugel zufällig einen Punkt aus. Dieser Punkt wird mit $X1 = (x_{11},\ldots,x_{1n})$ bezeichnet.

Sei nun $f_1 = f(x_{11},\ldots,x_{1n})$, $f_0 = f(x_{01},\ldots,x_{0n})$ und $df = f_1 - f_0$. Nun wird $X1$ nach folgenden Kriterien mit der *Wahrscheinlichkeit* p akzeptiert (im Falle Minimierung):

$$p = 1 \qquad \text{falls} \quad df = f_1 - f_0 < 0$$
$$p = e^{-df/\beta} \quad \text{falls} \quad df \qquad\qquad \geqq 0$$

Dabei ist der Parameter β, den man auch *Temperatur* nennt, am Anfang des Verfahrens positiv. Für den Fall, daß f_1 kleiner als f_0 ist, wird $X1$ bedingungslos akzeptiert. Falls jedoch f_1 nicht kleiner als f_0 ist, wird $X1$ nur mit einer Wahrscheinlichkeit p akzeptiert, d.h. man wählt eine Zufallszahl (gleichverteilt) aus dem Intervall $(0,1)$ und prüft ob diese Zufallszahl kleiner als $e^{-df/\beta}$ ist. Ist dies der Fall, wird $X1$ akzeptiert. Anderenfalls wird $X1$ verworfen und ein neuer Kandidat für $X1$ auf der Hyperkugel mit Radius dr zufällig gewählt.

Die Punkte $X0, X1,\ldots,Xk\ldots$ bilden eine Folge von Punkten, die bei geeigneter Wahl der Parameter dr und β zum globalen Optimum oder in dessen unmittelbare Nähe führt.

Die Annealing Prozedur ist ein Verfahren, das sich oft ohne großen Aufwand programmieren läßt. Eine typische Annealing Prozedur sieht wie folgt aus:

(1) Parameter $\beta > 0$ festlegen
(2) Zulässige Lösung S auswählen und $f(S)$ berechnen
(3) Bestimmung einer anderen zufällig gewählten zulässigen Lösung $S*$
(4) Berechnung von $f(S*)$ und $df = f(S*) - f(S)$
(5) Falls $df < 0$: Weiter bei (9)
(6) Berechne $p = e^{-df/\beta}$
(7) Erzeuge eine Zufallszahl x, gleichverteilt in $0 \leqq x \leqq 1$
(8) Falls $x \geqq p$: Weiter bei (3)
(9) $S := S*$ und $f(S) := f(S) + df$
(10) Regelabhängig weiter bei (11) oder weiter bei (3)
(11) Regelabhängige Verminderung von β und weiter bei (2), falls $\beta = 0$ Programm-
     ende

Wichtig sind die Punkte (10) und (11). Hier wird entschieden, unter welchen Bedingungen eine Verminderung der Temperatur β vorgenommen wird. Die hierbei verwendete Regel nennt man auch *Annealing Schedule*. Der Aufwand und Erfolg des Algorithmus ist sehr stark von der geeigneten Wahl dieser Regel abhängig.

Wie man sieht, wird beim Simulated Annealing sehr häufig der Wert der zu optimierenden Zielfunktion, im obigen Programmablauf f, ausgerechnet. Es ist daher wichtig, daß der Rechenaufwand für die Berechnung von f an einer zulässigen Stelle nicht zu aufwendig ist.

Simulated Annealing hat vielversprechende Resultate bei der Anwendung auf schwierig lösbare kombinatorische Probleme gezeigt.

In der Literaturstelle VIII.1.9–04 findet der Leser ein Beispiel für die Minimierung der Funktion

$$f(x, y) = x^2 + 2y^2 - 0.3\cos(3\pi y) - 0.4\cos(4\pi y) + 0.7$$

Diese Funktion hat viele lokale Minima und ein globales Minimum bei $x = y = 0$ mit dem Funktionswert $f(0, 0) = 0$.

Das folgende FORTRAN-Programm zeigt einen Simulated Annealing Algorithmus für diese Funktion $f(x, y)$.

```
C   SIMULATED ANNEALING
C
          PROGRAM SIMAN
C
C T           TEMPERATUR
C X0          ABSZISSE DER LFD. LöSUNG (X0, Y0)
C Y0          ORDINATE DER LFD. LöSUNG (X0, Y0)
C F0          FUNKTIONSWERT BEI (X0, Y0)
C X1          ABSZISSE DER MOD. LöSUNG (X1, Y1)
C Y1          ORDINATE DER MOD. LöSUNG (X1, Y1)
C F1          FUNKTIONSWERT BEI (X1, Y1)
C XOPT        ABSZISSE DER BESTEN GEF. LöSUNG (SOPT, YOPT)
C YOPT        ORDINATE DER BESTEN GEF. LöSUNG (XOPT, YOPT)
C FOPT        FUNKTIONSWERT BEI (XOPT, YOPT)
C R           RADIUS DES KREISES UM (X0, Y0) AUF DEM ZUFÄLLIG
C             GEWÄHLTE MOD. LöSUNGEN UNTERSUCHT WERDEN
C RN          ZUFALLSZAHL, GLEICHVERTEILT IM INTERVALL (0, 1)
C DF          F1 – F0
C P           AKZEPTANZ-WAHRSCHEINLICHKEIT
C
C
          INTEGER*4 IX, IY, I, IAT
          REAL*4 T, R, X0, Y0, X1, Y1, PI, RN, P, YFL, F0, F1, DF, W, XOPT,
     1          YOPT, FOPT, X, Y
C
          F(X, Y) = X**2 + 2.*Y**2 – .3*COS(3.*PI*Y) – .44*COS(4.*PI*Y)
     1     + .7
C
          PI = ACOS(– 1.)
C
```

```fortran
C   ANFANGSWERTE SETZEN
C
              IAT   = 50
              X0    = 1.
              Y0    = 1.
              T     = 4.
              R     = .1
              FO    = F(X0, Y0)
              XOPT = X0
              YOPT = Y0
              FOPT = F0
              IX    = 123
              RN    = RANDU(IX, IY, YFL)
C
  101         DO 100 I = 1, IAT
C
C   ERMITTELN ZUFÄLLIG GEWÄHLTEN PUNKT IM ABSTAND R
              IX  = IY
              RN = RANDU(IX, IY, YFL)
              X1  = X0 − R + RN*2.*R
              IX  = IY
              RN = RANDU(IX, IY, YFL)
              IF  = (RN − 0.5)10, 10, 11
   10         W   = − 1.
              GOTO 12
   11         W   = 1.
   12         Y1  = Y0 + W*SQRT((R**2) − ((X1 − X0)**2))
C
              F1  = F(X1, Y1)
              DF = F1 − F0
              IF (DF) 14, 13, 13
C
C   BERCHNEN AKZEPTANZ-WAHRSCHEINLICHKEIT
C
   13         P = 1./EXP(DF/T)
C
C   AKZEPTANZ PRÜFEN
C
              IX  = IY
              RN = RANDU(IX, IY, YFL)
              IF (RN − P) 14, 100, 100
C
C   NEUE LöSUNG AKZEPTIEREN
C
   14         X0 = X1
              Y0 = Y1
              F0 = F1
```

```fortran
C         WRITE(6, *) 'X0 = ',X0,' Y0 = ',Y0,' F(X, Y) = ',F0
          IF (F0 .LT FOPT) THEN
              XOPT = X0
              YOPT = Y0
              FOPT = F0
          ENDIF
C
 100      CONTINUE
          IF (T. LE. 1E − 4) GOTO 102
C
C TEMPERATUR UND RADIUS REDUZIEREN
C
          T = T*.9
          R = R*.9
          X0 = XOPT
          Y0 = YOPT
          F0 = FOPT
          GOTO 101
C
 102      WRITE (6,*) 'BESTE: LöSUNG:', 'XOPT = ',XOPT,'YOPT =
     1         ',YOPT, 'FOPT = ',FOPT
C
          END
C
          SUBROUTINE RANDU (IX, IY, YFL)
C
          IY = IX*65539
          IF (IY) 5, 6, 6
 5        IY = IY + 2147483647 + 1
 6        YFL = IY
          YFL = YFL*.4656613E − 9
          RETURN
          END
```

Dabei wird zur Erzeugung von Zufallszahlen die FORTRAN Subroutine RANDU verwendet. Der Leser möge sich durch Studium des Programms den hierbei verwendeten Annealing Schedule klarmachen, der nicht nur die Temperatur senkt sondern parallel auch den Radius vermindert.

Das FORTRAN Programm liefert folgende Lösungen für das globale Minimum von $f(x, y)$:

$$XOPT = − 0.00000257446 \quad YOPT = − 0.00000157317$$

$$FOPT = 0.00000000000$$

Dieses Ergebnis wurde nach etwa 5000 Funktionswertberechnungen erzielt. Ein Vergleichslauf mit der gleichen Zahl von solchen Berechnungen nach einem einfachen Random Search Verfahren erzielte eine Lösung wesentlich geringerer

Qualität (XOPT = .035, YOPT = − .0042, FOPT = .0021). Eine gleichwertige Lösung wie die durch Simulated Annealing erzielte konnte mit einem einfachen *Random Search Verfahren* selbst nach 10000000 *Funktionswertberechnungen* nicht erzielt werden.

In der Literaturstelle VIII.1.9–21 zeigt S. Kirkpatrick die Anwendung des Simulated Annealing auf das Travelling Salesman Problem.

M. Weber und Th. M. Liebling zeigen die Anwendung von Simulated Annealing auf das Euklidische Matching Problem, das drain besteht, eine Menge von n Punkten in der Ebene derart in eine Menge von $\frac{n}{2}$ Paaren aufzuteilen, daß die Summe der Abstände zwischen den Endpunkten der Paare minimal beziehungsweise maximal wird.

Weitere Literaturhinweise finden sich in Abschnitt VIII.1.9. Insbesondere sei auf Arbeiten von N. Metropolis et al. (25) sowie auf die von S. Kirkpatrick et al. (06) hingewiesen.

G. Dueck und T. Scheuer, X-45, beschreiben eine Methode *"Threshold Accepting"*, die ohne die Berechnung von Wahrscheinlichkeiten auskommt und eine andere Lösung akzeptiert, sofern sie nur um weniger als ein vorgegebenes Delta von der bisherigen Lösung abweicht. Der vorgegebene Wert für Delta (Threshold) wird dann schrittweise, ähnlich der Reduzierung der Temperatur im Annealing Schedule, herabgesetzt. Vergleichsläufe zeigten bessere Ergebnisse als mit Simulated Annealing erreichbar waren.

Genetische Algorithmen

Eine interessante Klasse von Suchalgorithmen nennt sich *Genetische Algorithmen* (Engl.: Genetic Algorithms). Hierbei wird eine Menge von zufällig gewählten zulässigen Lösungen, eine sogenannte Population, betrachtet, die nach Gesetzen, die der *Darwinschen Selektionstheorie* entlehnt sind, weiterentwickelt wird. Dabei wird nach dem Prinzip *"Survival for the Fittest"* vorgegangen. Ein wichtiges Merkmal dieser Methoden ist das parallele Vorgehen, um Populationen von Lösungen immer höherer Qualität zu erzeugen. Damit unterscheiden sich diese Verfahren wesentlich von anderen Suchverfahren, die jeweils nur eine zulässige Lösung betrachten und von dieser ausgehend eine weitere Lösung entwickeln. Die Idee dieses Verfahrens geht auf J. H. Holland, X-271, zurück und stammt bereits aus dem Jahre 1975.

Eine Einführung in dieses interessante Gebiet gibt D. E. Goldberg, VIII.1.9–53.

Im Zusammenhang mit Placement Problemen beim VLSI-Design haben sich Methoden wie Simulated Annealing und Genetische Algorithmen bereits bewährt. R. M. Kling entwirft in seiner Ph.D. Dissertation ein Verfahren, das er *Simulated Evolution* nennt. Es baut auf Ideen der anderen Methoden auf und bildet ein neues Verfahren, das sich am Vorbild der biologischen Evolution orientiert, siehe VII.16–60.

V.9 Methoden zur Behandlung probabilistischer oder unscharfer Problembeschreibungen

Die *Stochastische Programmierung* (Engl.: Stochastic Programming) behandelt den Fall, daß die in ein Mathematisches Programm eingehenden Daten nicht genau bekannt sind, jedoch durch eine *Verteilungsfunktion* beschrieben werden können. Damit sind die Daten des Modells nicht bekannte skalare Größen, sondern Zufallsvariable mit bekannter Verteilungsfunktion. *Zufallsvariable* können in die Zielsetzung oder/und in die Nebenbedingungen eingehen.

G. B. Dantzig beschreibt bereits 1963 ein Stochastisches Programm, siehe VIII. 1.2–01, 572–597. Wir geben dieses Modell im Folgenden wieder. Eine Fluggesellschaft steht vor dem Problem, Flugzeuge verschiedenen Types den Flugrouten zuzuordnen, um eine unsichere Nachfrage so zu befriedigen, daß die Kosten des Flugdienstes und die verlorenen Gewinne der abgewiesenen Passagiere minimiert werden.

In der folgenden Modellformulierung bedeuten kleine Buchstaben skalare Größen, während Großbuchstaben Zufallsvariable symbolisieren.

Variable und Daten

$x_1, \ldots, x_5$ Anzahl Flugzeuge vom Typ 1 die den Routen $1, \ldots, 5$ zugeordnet werden

$x_6, \ldots, x_9$ Anzahl Flugzeuge vom Typ 2 die den Routen $2, \ldots, 5$ zugeordnet werden

x_{10}, x_{11}, x_{12} Anzahl Flugzeuge vom Typ 3 die den Routen $2, 4, 5$ zugeordnet werden

$x_{13}, \ldots, x_{17}$ Anzahl Flugzeuge vom Typ 4 die den Routen $1, \ldots, 5$ zugeordnet werden

b_i Anzahl der vorhandenen Flugzeuge vom Typ $i = 1, 2, 3, 4$

c_j Kosten für den Flugdienst Flugzeugtyp/Route, $j = 1, \ldots, 17$

q_k Entgangener Gewinn pro Passagier, der auf der Route $k = 1, \ldots, 5$ abgewiesen wird

t_j Kapazität (Anzahl Fluggäste) für Flugzeug/Route $j = 1, \ldots, 17$

VE_k Nichtgenutzte Kapazität (Anzahl Fluggäste) auf Route $k = 1, \ldots, 5$

VA_k Abgewiesene Fluggäste auf Route $k = 1, \ldots, 5$

N_k Nachfrage (Anzahl Fluggäste) auf Route $k = 1, \ldots, 5$

Modell

$$\text{Min!} \quad \sum_{j=1}^{17} c_j x_j + E\left(\sum_{k=1}^{5} q_k VA_k \right)$$

wobei

$$x_1 + x_2 + x_3 + x_4 + x_5 \leqq b_1$$
$$x_6 + x_7 + x_8 + x_9 \qquad \leqq b_2$$

$$x_{10} + x_{11} + x_{12} \qquad\qquad \leq b_3$$
$$x_{13} + x_{14} + x_{15} + x_{16} + x_{17} \leq b_4$$
$$x_j \geq 0 \text{ für } j = 1, \ldots, 17$$
$$VE_k \geq 0 \text{ und } VA_k \geq 0 \text{ für } k = 1, \ldots, 5$$
$$VE_1 - VA_1 = t_1 x_1 + t_{13} x_{13} - N_1$$
$$VE_2 - VA_2 = t_2 x_2 + t_6 x_6 + t_{10} x_{10} + t_{14} x_{14} - N_2$$
$$VE_3 - VA_3 = t_3 x_3 + t_7 x_7 + t_{15} x_{15} - N_3$$
$$VE_4 - VA_4 = t_4 x_4 + t_8 x_8 + t_{11} x_{11} + t_{16} x_{16} - N_4$$
$$VE_5 - VA_5 = t_5 x_5 + t_9 x_9 + t_{12} x_{12} + t_{17} x_{17} - N_5$$

Der zweite Term der Zielfunktion ist der Erwartungswert (Mittelwert) des entgangenen Gewinns aller abgewiesenen Fluggäste.

Datenbeispiel

$$\mathbf{c} = (18, 21, 18, 16, 10, 15, 16, 14, 9, 10, 9, 6, 17, 16, 17, 15, 10)$$
$$\mathbf{q} = (13, 13, 7, 7, 1)$$
$$\mathbf{b} = (10, 19, 25, 15)$$
$$\mathbf{t} = (16, 15, 28, 23, 81, 10, 14, 15, 57, 5, 7, 29, 9, 11, 22, 17, 55)$$

N_1

200	220	250	270	300
0.2	0.05	0.35	0.2	0.2

N_2

50	150
0.3	0.7

N_3

140	160	180	200	220
0.1	0.2	0.4	0.2	0.1

N_4

10	50	80	100	340
0.2	0.2	0.3	0.2	0.1

N_5

580	600	620
0.1	0.8	0.1

Die Verteilungen $N_1, \ldots, N_5$ sind als diskrete Verteilungen mit den entsprechenden Wahrscheinlichkeiten dargestellt.

Die Lösung dieses stochastischen Programmes ist wie folgt:

Flugzeugtyp Route	1	2	3	4
1	$x_1 = 10$	—	—	$x_{13} = 7.4$
2	$x_2 = 0$	$x_6 = 12.8$	$x_{10} = 4.3$	$x_{14} = 0$
3	$x_3 = 0$	$x_7 = 0.9$	—	$x_{15} = 7.6$
4	$x_4 = 0$	$x_8 = 5.3$	$x_{11} = 0$	$x_{16} = 0$
5	$x_5 = 0$	$x_9 = 0$	$x_{12} = 20.7$	$x_{17} = 0$

Die Methoden der Stochastischen Programmierung können hier nicht näher erklärt werden. Der Interessierte wird auf die im Abschnitt VIII.1.12 angegebenen Literaturstellen verwiesen.

Wir haben bereits in Abschnitt I.22 erläutert, daß es nicht immer angebracht ist, einen Sachverhalt der einem Planungsproblem zugrundeliegt, exakt unter Zuhifenahme der klassischen mathematischen Hilfsmittel zu beschreiben. Auch gibt es häufig Situationen, in denen sich die Unsicherheit nicht durch Anwendung der Methoden der Wahrscheinlichkeitstheorie modellieren lassen, ganz zu schweigen von der Verfügbarkeit der Daten (der Wahrscheinlichkeitsverteilungen).

L. A. Zadeh hat bereits 1962 erkannt, daß ein Bedarf für die axiomatische Einführung von *"unscharfen Objekten"* vorhanden war. Er nannte in seiner Arbeit (siehe VIII.1.12–39) seinen Wunsch "mathematics of fuzzy or cloudy quantities which are not describable in terms of probability distributions". 1965 führte Zadeh dann diese Begriffe selbst ein (siehe VIII.1.12–23) und in den darauf folgenden Jahren entwickelte sich eine umfangreiche *Theorie der Fuzzy Mathematics*, die nicht nur im *Operations Research* Anwendungen fand, sondern auch in ganz anderen Feldern, wie *Psychologie, Linguistik, Medizinische Diagnostik* und *Experten Systemen*. Diese Theorie basiert im Grunde auf dem Gedanken, den Begriff des Elementes einer Teilmenge einer Grundmenge so zu erweitern, daß ein Element nicht nur zu einer Teilmenge gehören oder nicht gehören kann, sondern daß ein Element zu einem unterschiedlichem Grade zu einer Teilmenge gehören kann.

Wir machen das an einem kleinen Beispiel klar. Sei X eine Grundmenge $X = \{1, 2, 3, 4, 5, 6, 7, 8, 9\}$ und wir wollen eine unscharfe Menge A als Teilmenge von X definieren, die die Aussage "die Elemente von X die etwa 5 sind" widerspiegelt. Dann können wir A durch eine sog. *"membership funktion"* $m(A)$ beschreiben:

$$m(A, x) = 0 \quad \text{falls } x = 1, 2, 8, 9$$

$$\frac{1}{1 + |5 - x|} \quad \text{falls } x = 3, 4, 5, 6, 7$$

Damit erhalten wir:

$$
\begin{array}{ll}
m(A, 1) = 0 & m(A, 3) = \tfrac{1}{3} \\
m(A, 2) = 0 & m(A, 4) = \tfrac{1}{2} \\
m(A, 8) = 0 & m(A, 5) = 1 \\
m(A, 9) = 0 & m(A, 6) = \tfrac{1}{2} \\
 & m(A, 7) = \tfrac{1}{3}
\end{array}
$$

Die membership function nennt man *Zugehörigkeitsfunktion*, Wahrheitsfunktion oder Kompatibilitätsfunktion. Sie hat einen unzweifelhaft subjektiven Charakter, muß jedoch der unscharfen Aussage angemessen sein.

Aufgrund solcher unscharfer Mengen lassen sich dann unscharfe Zahlen als Teilmengen der reellen Zahlen definieren und eine Algebra und eine Topologie definieren. In dem Buch von A. Kandel "Fuzzy Mathematical Techniques" (siehe VIII.1.12–36) sind etwa 1000 Literaturstellen angegeben. Der Leser mag daraus ersehen, wie weit sich die Theorie und Anwendung inzwischen entwickelt hat. Das

Buch von Kandel ist eine überaus empfehlenswerte Einführungslektüre in das interessante Gebiet der Fuzzy Mathematics.

Die Anwendung der Fuzzy Mathematics auf Entscheidungsprobleme ist bei R. Bellman und L. A. Zadeh, VIII.1.12–17, beschrieben.

W. Rödder und H.-J. Zimmermann (siehe VIII.1.12–18) zeigen die Übertragung auf Lineare Programme. Hier wird statt eines scharfen LP-Problems ein unscharfes Problem formuliert, dem man ein äquivalentes scharfes LP-Problem zuordnen kann. Damit ist es möglich, unscharfe Problembeschreibungen durch die zur Verfügung stehenden Methoden zur Lösung scharfer LP-Probleme angemessen zu bearbeiten. In diesem Zusammenhang sind auch die Arbeiten von H. Rommelfanger sowie H. Rommelfanger, R. Hanuscheck und J. Wolf, VIII.1.12–69 sowie VIII.1.12–70, von Bedeutung.

Betrachten wir ein Mathematisches Programm

$$\text{Min!} \quad f(\mathbf{X})$$
$$\text{wobei} \quad g_i(\mathbf{X}) \leqq b_i \quad i = 1, \ldots, m$$
$$\mathbf{X} \geqq 0$$

Dabei ist $\mathbf{X} = (x_1, \ldots, x_n)$ ein n-dimensionaler Vektor reeller Zahlen und die Funktionen f und g_i sind ebenfalls reellwertige Funktionen. Das ist ein *"scharfes"* *Programm* (Engl.: Crisp Program). Falls nun die Nebenbedingungen $g_i(\mathbf{X}) \leqq b_i$ nicht in dieser Schärfe erfüllt sein müssen, sondern ein gewisser Spielraum bei der Erfüllung der Nebenbedingungen besteht, kann man die Nebenbedingungen als *"unscharfe Nebenbedingungen"* (Engl.: Fuzzy Constraints) auffassen, indem man die Menge der Vektoren $\mathbf{X}$ die die Ungleichung $g_i(\mathbf{X}) \leqq b_i$ erfüllen nunmehr durch eine unscharfe Menge ersetzt, die durch eine der Nebenbedingung zugeordnete Zugehörigkeitsfunktion definiert ist. Sei $u(g_i, \mathbf{X})$ diese Zugehörigkeitsfunktion, dann ist $0 \leqq u(g_i, \mathbf{X}) \leqq 1$. Je größer der Wert von $u(g_i, \mathbf{X})$ ist, umso besser ist die unscharfe Nebenbedingung erfüllt. Führt man etwa einen Parameter $\beta_i \geqq 0$ ein, der den unscharfen Bereich quantifiziert, so gilt

$$u(g_i, \mathbf{X}) = 0 \qquad \text{für} \quad g_i(\mathbf{X}) > b_i + \beta_i$$
$$0 < u(g_i, \mathbf{X}) < 1 \quad \text{für} \quad b_i < g_i(\mathbf{X}) \leqq b_i + \beta_i$$
$$u(g_i, \mathbf{X}) = 1 \qquad \text{für} \quad g_i(\mathbf{X}) \leqq b_i$$

Falls eine Nebenbedingung scharf zu verstehen ist, setzt man das entsprechende β_i gleich Null.

Faßt man auch die Zielfunktion $f(\mathbf{X})$ als unscharfe Zielsetzung in dem Sinne auf, daß man ihr eine unscharfe Menge $u(f, \mathbf{X})$ zuordnet, die die Präferenz der Zielsetzung festlegt, so kann nach R. Bellman und L. A. Zadeh, VIII.1.12–17, ein *unscharfes Mathematisches Programm* zur Bestimmung von $(s^*, \mathbf{X}^*)$ wie folgt definiert werden:

$$s^* = \underset{\mathbf{X}}{\text{Max}} \, \text{Min}(u(f, \mathbf{X}), u(g_1, \mathbf{X}), \ldots, u(g_m, \mathbf{X}))$$

$$= \text{Min}(u(f, \mathbf{X}^*), u(g_1, \mathbf{X}^*), \ldots, u(g_m, \mathbf{X}^*))$$

Dieses Programm läßt sich auch wie folgt formulieren:

$$\text{Max!} \quad s$$

wobei

$$s \le u(g_i, \mathbf{X}) \quad i = 1, \ldots, m$$
$$s \le u(f, \mathbf{X})$$
$$0 \le s \le 1$$

Als lineare Zugehörigkeitsfunktion definiert man beispielsweise im Falle von Nebenbedingungen vom Typ $\le$:

$$u(g_i, \mathbf{X}) + ((b_i + \beta_i) - g_i(\mathbf{X}))/\beta_i$$

Verwendet man diese linearen Zugehörigkeitsfunktionen in obigem unscharfen Programm, so erhält man im Falle von linearen Funnktionen f und g_i ein scharfes lineares Programm.

Y. Terasawa und S. Iwamoto, VII.13–23, wenden diese Vorgehensweise auf ein Problem der Bestimmung des optimalen Lastflußes an.

Wir betrachten hier das in Abschnitt V.1 verwendete kleine Beispiel

$$\text{Max!} \quad 40x_1 + 120x_2$$
wobei

$$
\begin{aligned}
10x_1 + 20x_2 &\le 1100 \quad &\text{(I)}\\
x_1 + 4x_2 &\le 160 \quad &\text{(II)}\\
x_1 + x_2 &\le 100 \quad &\text{(III)}\\
x_1 &\ge 0\\
x_2 &\ge 0
\end{aligned}
$$

Betrachten wir die Zielfunktion als Nebenbedingung des Typs $\ge$ und setzen $40x_1 + 120x_2 \ge 6000$ oder $-40x_1 - 120x_2 \le -6000$ und wählen die unscharfen Bereichsparameter $\beta_1 = 1000$, $\beta_2 = 100$, $\beta_3 = 10$ und $\beta_4 = 0$, so ergibt sich folgendes scharfe Ersatzproblem für das an sich unscharfe Programm:

$$\text{Max!} \; s$$

$$
\begin{aligned}
\text{wobei} \quad -40x_1 - 120x_2 + 1000s &\le -5000\\
10x_1 + 20x_2 + 100s &\le 1200\\
x_1 + 4x_2 + 10s &\le 170\\
x_1 + x_2 &\le 100
\end{aligned}
$$

Als Optimallösung ergibt sich $x_1 = 64.286$, $x_2 = 25$ und $s = .571$, der Zielfunktionswert $40x_1 + 120x_2$ ergibt sich zu 5571.429, die Nebenbedingung (I) hat eine linke Seite von 1142.86, die Nebenbedingung (II) eine solche von 164.286 und die Bedingung (III) eine linke Seite von 89.286. Der maximierte Parameter s entspricht dem maximal möglichen Grad der Befriedigung der unscharfen Bedingungen.

Weitere interessante Arbeiten findet der Leser insbesondere in dem von A. Jones, A. Kaufmann und H.-J. Zimmermann herausgegebenen Buch "Fuzzy Sets —Theory and Applications" (siehe VIII.1.12–24).

Für weitere Details aus dem Gebiet der unscharfen und stochastischen Problembeschreibungen, muß auf den Literaturteil verweisen werden.

V.10 Komplexität von Algorithmen

Alle Algorithmen benötigen zu ihrer Ausführung auf Rechenanlagen Zeit. Die Güte bezüglich des benötigten *Zeitaufwandes eines Algorithmus* ist ein Maß, um verschiedene Algorithmen zur Lösung desselben Problems hinsichtlich ihrer Qualität vergleichen zu können. Natürlich ist der Zeitaufwand eines Algorithmus nur ein Aspekt der Qualität eines Verfahrens, auf den wir uns jedoch hier beschränken wollen. Man spricht in diesem Zusammenhang auch von *Zeitkomplexität* eines Algorithmus. Ein anderes Kriterium könnte zum Beispiel der Speicherbedarf sein. Um die Zeitkomplexität eines Algorithmus zu quantifizieren, ist vor allem der Rechenaufwand mit zunehmender Problemgröße interessant. Man sagt, daß der Rechenaufwand in Abhängigkeit von der Problemgröße n, $f(n)$, von der Größenordnung $O(g(n))$ ist, falls mit wachsendem n die Beziehung $f(n) = cg(n)$ gilt, wobei c eine positive Konstante ist. Als Problemgröße betrachtet man meist die Größe der Eingabedaten für eine Problembeschreibung und als Rechenaufwand zum Beispiel die Anzahl der Iterationen.

Wir wollen uns einmal vergegenwärtigen, was es bedeutet, ob man einem Algorithmus zum Beispiel das Attribut *"polynomial"* oder *"exponentiell"* hinsichtlich der Zeitkomplexität zuordnen kann.

Ist der *Rechenaufwand* von der *Größenordnung* $O(n^k)$, so spricht man von polynomialem Verhalten, dagegen ist ein exponentielles Verhalten durch eine Größenordnung $O(k^n)$ charakterisiert.

Wir betrachten nur zwei typische Situationen mit $k = 2$ und zeigen das Wachstum in Abhängigkeit von dem Problemumfang n:

$f(n)$	n	10	20	30	40	50
n^2		100	400	900	1600	2500
2^n		10^3	10^6	10^9	10^{15}	10^{30}

Im *polynomialen* Fall wächst der Rechenaufwand mit wachsender Problemgröße deutlich, aber sehr viel moderater als im *exponentiellen* Fall. Eine sehr schöne Darstellung für diese Abhängigkeit findet sich in dem auch aus anderen Gründen sehr interesseanten Buch von Keith Devlin, VIII.2–68, Seite 300.

Ein weiterer Vorteil polynomialer Algorithmen ist ihr Verhalten hinsichtlich von Technologiesprüngen. Kann man etwa auf einer zur Zeit verfügbaren Rechenanlage ein Problem des Umfangs $n = 10$ in angemessener Zeit lösen, so kann man im Falle einer 25 mal schnelleren Anlage im polynomialen Falle ein Problem des Umfangs $5n$ in etwa derselben Zeit lösen, während im exponentiellen Falls lediglich ein Problem des Umfangs $n + 5$ lösbar wäre.

All dies hat dazu geführt, daß man in der Komplexitätstheorie von Algorithmen das polynomiale Verhalten in den Mittelpunkt der Betrachtungen gestellt hat. Hierzu vergleiche man bei M. R. Garey und D. S. Johnson, VIII.2–30.

Wenn ein Problem mit einem polynomialen Algorithmus lösbar ist, wird es als ein *"leichtes"* *Problem* (Engl.: Easy Problem) bezeichnet. Entsprechend wird der Algorithmus als "gut" bezeichnet.

Probleme, für die kein polynomialer Algorithmus bekannt ist, werden als *"schwierig"* (Engl.: Hard or Intractable Problems) bezeichnet.

Eine Frage von besonderem Interesse ist die Existenzfrage bezüglich polynomialer Algorithmen für bestimmte Problemklassen.

Bezüglich des Rechenaufwandes eines Algorithmus unterscheidet man zwischen dem *ungünstigsten Verhalten* (Engl.: Worst Case Behavior) und dem *durchschnittlichen Verhalten* (Engl.: Average Case Behavior). Da theoretisch einfacher zu beherrschen, wird meist das ungünstigste Verhalten betrachtet, obwohl für die praktische Verwendung das durchschnittliche Verhalten wichtiger ist. So zeigt zum Beispiel die Simplex-Methode als ungünstigstes Verhalten einen exponentiellen Aufwand, während das durchschnittliche Verhalten sehr günstig ausfällt. Hierzu findet man Näheres bei S. Smale, VIII.1.2–83.

Für das sehr interessante Gebiet der Komplexitätstheorie findet der Leser eine Reihe von Literaturstellen in Abschnitt XIV unter dem Stichwort "Komplexität von Algorithmen".

Insbesondere sei der Abschnitt "Die Leistungsfähigkeit von Algorithmen" in dem soeben erwähnten Buch von Keith Devlin zu empfehlen.

VI. DV Software und Entwicklungstendenzen

VI.1 Kommerziell angebotene Optimierungssoftware

Optimierungssoftware und damit in Beziehung stehende komplementäre Softwareprodukte werden von EDV-Herstellern und Software-Häusern angeboten. Der Verfasser nennt am Schluß dieses Abschnitts einige solcher Produkte. Der Leser beachte, daß diese Aufstellung keineswegs vollständig ist und lediglich der unvollständigen Kenntnis des Verfassers entspricht. Auch können hier keinerlei Aussagen über die Qualität der einzelnen Produkte gemacht werden.

Ziel dieses Abschnitts ist, einen Überblick über die häufigsten Funktionen zu geben, die in kommerziell angebotenen Softwareprodukten zu finden sind, um dem Leser einen gewissen Rahmen aufzuzeigen, was er erwarten kann.

Wir haben gesehen, daß im Rahmen der Mathematischen Programmierung Algorithmen zur Lösung linearer Programme, separabler Programme und ganzzahliger Programme im Vordergrund der methodischen Möglichkeiten stehen. Entsprechend bieten die meisten Softwareprodukte auch diese Techniken an. Diese Methoden bestehen in der Regel aus:

—der *Revidierten Simplex-Methode* für LP-Modelle (beschrieben bei E. M. L. Beale, VIII.1.1–31)

—der separablen Erweiterung der Revidierten Simplex-Methode (beschrieben bei E. M. L. Beale, VIII.1.1–31)

—dem *Branch-and-Bound* Verfahren für ganzzahlige Programme (beschrieben bei R. S. Garfinkel und G. L. Nemhauser, VIII.1.4–10)

Trotz der Vielfalt existierender anderer Verfahren, haben sich diese drei Methoden als am wirksamsten erwiesen und haben daher auch Eingang in die kommerziell angebotenen Softwareprodukte gefunden.

Die meisten Pakete von Optimierungsoftware gestatten dem Benutzer eine Fülle von Optionen im Zusammenhang mit diesen Methoden. Wir wollen die wichtigsten kurz erwähnen.

—Entdeckung und Beseitigung von Redundanzen in Modellen (siehe hierzu etwa VIII.1.1–68 und VIII.1.1–69)

—Ermittlung einer Anfangslösung (Engl.: Starting Solution) mittels spezieller Verfahren, Crash Verfahren (Engl.: Crash Algorithms) genannt

—Untere und Obere Schranken für Variablen (Engl.: Lower and Upper Bounds), Nebenbedingungen der Form $x \geq l$ oder $x \leq u$ können explizit angegeben werden und brauchen nicht als Nebenbedingungen formuliert zu werden
—Untere und Obere Schranken für Nebenbedingungen (Engl.: Ranged Constraints), Nebenbedingungen der Form

$$b_1 \leq \sum_{i=1}^{n} a(i)x(i) \leq b_2$$

Können als RANGES definiert werden
—Generalized Upper Bounds der Form $x_1 + x_2 + \cdots + x_k \leq M$ Es gibt eine Erweiterung der Revidierten Simplex-Methode (GUB-extension), die wirksam eingetzt werden kann, falls solche verallgemeinerten oberen Schranken häufiger im Modell vorkommen und bestimmte Voraussetzungen erfüllt sind
—*Sensitivitätsanalyse* (Engl.: Sensitivity Analysis), meist RANGE-facility genannte Fähigkeit, nach optimaler Lösung die Auswirkung von Änderungen der Daten (Koeffizienten der Zielfunktion, rechte Seiten und Koeffizienten in der Matrix) auf die Optimallösung anzugeben
—Parametrische Programmierung (Engl.: Parametric Programmig), eine gegenüber der RANGE-facility erweiterte Möglichkeit, Sensitivitätsstudien durchzuführen
—*Kontrollprogramm* zur Steuerung des Lösungsvorgangs. In Abschnitt II.5 haben wir am Beipiel des Produktionsplanungsmodells aus Abschnitt I.13 das DV-gerechte Modell im sogenannten MPS-Format dargestellt. Die meisten Optimierungspakete benötigen außer diesen Modell-Daten noch ein sogenanntes Kontrollprogramm, in dem u.a. die Verwendung der verschiedenen algorithmischen Hilfsmittel festgelegt wird
—SAVE- und RESTORE-Funktionen zum Abspeichern einer Lösung für die spätere Verwendung als Anfangslösung für einen neuen Lauf oder zur Fortsetzung des unterbrochenen Laufs
—Fähigkeiten bezüglich der Steuerung des Branch-and-Bound Prozesses
—Interaktive Fähigkeiten für Modell-Erstellung, Modell-Verwaltung und Modell-Auswertung. Außer den Paketen zur Optimierung, gibt es noch komplementär angebotene Softwareprodukte, die meist *Matrix-Generatoren* bzw. *Report-Generatoren* sind. Sie dienen zur Vorbereitung des DV-gerechten Modells bzw. zur Erzeugung endbenutzergerechter Berichte.

Zum Abschluß dieses Abschnitts nun einige angebotene Produkte:

—MPSX/370 V2, MIP/370—Mathematical Programming System Extended (IBM Deutschland GmbH, Postfach 800880, 7000 Stuttgart 80)
—OSL—Optimization Subroutine Library (IBM Deutschland GmbH, Postfach 800880, 7000 Stuttgart 80)
—MPSIII, MIPIII, WHIZARD, GUB, DATAFORM (Ketron Inc., Great Valley Corporate Center, 305 Technology Dr., Malvern, PA 19355-1315)
—SCICONIC/VM (Scicon Ltd., Wavendon Tower, Wavendon, Milton Keynes MK17 8LX, United Kingdom)

—LINDO—Linear Interactive Discrete Optimizer
  (LINDO Systems Inc., PO Box 148231, Chicago IL 60614)
—IMSL LP/PROTRAN
  (IMSL Inc., 2500 City West Blvd, Houston TX 77042-3020)
—APEX IV
  (Control Data Corporation, Minneapolis, Minn.)
—GAMS/MINOS—General Algebraic Modeling System/Modular In-Core Non-
  linear Optimization System
  (The Scientific Press, 507 Seaport Court, Redwood City, CA 94063)
—SUPER GINO—General Interactive Optimizer
  (LINDO Systems Inc., PO Box 148231, Chicago IL 60614)
—IFPS—Interactive Financial Planning Systems, IFPS/Optimum
  (Execucom Systems Corp., Capital of Texas Highway, Austin TX 78759)
—OMNI Model Management System (Matrix-/Report-Generator)
  (Haverly Systems Inc., 78 Broadway, Denville NJ 07834)
—GAMMA 4—General Purpose Matrix/Report Generator
  (Bonner & Moore Consulting Service, 2727 Allen Pkwy, Houston TX 77019)

Informationen über weitere Softwareprodukte sind den unter dem Stichwort
"Software" in Kapitel XIV genannten Literaturstellen zu entnehmen. Insbesondere
weisen wir auf A. D. Waren und L. S. Lasdon, X-43, sowie K. Schittkowski, X-182,
und E. A. Wasil, B. L. Golden und L. Liu, X-210, hin.

VI.2 Host/Personal Computer

In jüngster Zeit setzt sich in vielen Fachbereichen von Unternehmungen der *PC*
(*Personal Computer*) durch. Es gibt auch bereits eine ganze Reihe von Anwendungs-
produkten für Optimierung, die auf dem PC betrieben werden können. Einen
Überblick über Linear Programming auf dem PC gibt R. Sharda, X-61. Eine weitere
in diesem Zusammenhang interessante Arbeit ist die von A. Roy, L. S. Lasdon
und D. Plane, X-138, wo über Möglichkeiten der Optimierung im Rahmen von
Spreadsheet Modellen berichtet wird. Ein Überblick über einige Pakete zur Lösung
nichtlinearer Optimierungsaufgaben auf dem PC findet sich bei E. A. Wasil, B. L.
Golden und L. Liu, X-210.

   Die Frage, ob Optimierungsanwendungen auf dem PC oder auf dem Host
entwickelt werden sollen, läßt sich nicht generell in der einen oder anderen Weise
beantworten. Vielmehr kommt es auf den Umfang und die Natur der Anwendung
an.

   Wir geben eine Reihe von Gründen an, die für den Einsatz von Optimierungsanwendungen als *Host-Anwendungen* sprechen:

—Es gibt keine geeignete PC-Optimierungssoftware
—Der Rechenaufwand übersteigt die Leistung des PC im Hinblick auf Speicherkapazität oder Geschwindigkeit
—Es gibt vielfältige Schnittstellen zwischen der neuen Optimierungsanwendung
  und Host-Datenbeständen/Host-Datenbanken und/oder anderen Host-Anwendungen

—Es existiert ein Optimierungspaket auf dem Host, das alle benötigten Funktionen hat, eine PC-Optimierungssoftware soll nicht zusätzlich angeschafft werden und eine aufwendige Einarbeit in die Host-Software ist kein Hinderungsgrund

Daraus ergibt sich, daß Optimierungsanwendungen immer dann vorzugsweise auf dem PC durchzuführen sind, wenn der PC bezüglich Speicherkapazität und Rechenleistung ausreichend ist, es nur wenige Schnittstellen mit Host–Daten und/oder Host–Anwendungen gibt und entweder bereits eine geeignete PC-Optimierungssoftware vorhanden ist, oder eine Benutzung vorhandener Host–Software nur mit umfangreicher Einarbeitung möglich ist und daher eine Anschaffung einer PC-Optimierungssoftware gerechtfertigt ist.

Generell is zu sagen, daß für den Fall, daß Optimierungsmethoden als systematisch auszuschöpfende Technolgie zum Wohle eines Unternehmens gesehen wird, eine entsprechend fortschrittliche Host–Software vorzuziehen ist, die dann als logisches Herzstück von Optimierungsanwendungen benutzt wird und einer Funktion DV Mathematische Anwendungen als wesentliches Werkzeug dient. Der Skill–Aufbau kann sich dann auf die Funktionen dieser Software ausrichten und die Möglichkeiten voll ausschöpfen. Das Gegenteil dieser Situation ist eine verteilte Benutzung von unterschiedlichen PC-Softwareprodukten, die typischerweise nur von einem Endanwender benutzt werden. Damit sind solche Anwendungen und der damit verbundene Skill auf diesen einen Endanwender beschränkt. Solche Anwendungen sind damit an die Person des Endbenutzers gekoppelt, eine natürlicherweise unerwünschte Situation insbesondere bei entscheidungsstützenden Anwendungen.

VI.3 Tendenzen für Optimierungssoftware

Es gibt eine Reihe von Tendenzen, die den zukünftigen Inhalt von Software-produkten auf dem Gebiet der Optimierung und insbesondere der Mathematischen Programmierung beeinflussen werden.

Darüberhinaus sind noch Entwicklungen von Interesse, die eine Lösung von Optimierungsproblemen ausschließlich auf der Basis von Hardware anstreben. Diese sogenannten *"Neuronalen Netze"* stellen Rechnerarchitekturen mit ausge-prägter Parallelverarbeitung dar.

Tendenzen bezüglich der Verwendung von Optimierungstechniken in Kombi-nation mit *Expertensystemen* oder anderen KI-Methoden behandeln wir im nächsten Abschnitt.

Model Management Systems

Werden Optimierungsmodelle in größerer Zahl und für unterschiedliche Anwen-dungen verwendet, so tritt die Notwendigkeit auf, Modelle der Anwendungen zu verwalten und zu manupulieren. Dazu dienen sogenannte Model Management Systems. Es sind vielfältige Lösungen im Rahmen der interaktiven, graphischen und datenbankbezogenen Fähigkeiten moderner Datenverarbeitungssysteme denkbar.

Model Management Systeme sind nicht nur vom administrativen Standpunkt aus wünschenswert. Auch im Zusammenhang mit experimentellen Arbeiten bei der Erstellung geeigneter Modelle für eine konkrete Anwendung sind sie von großem Nutzen.

Mathematical Programming Language

Mathematical Programming Languages bemühen sich, den Modellierungsvorgang, der heutzutage meist noch ausserhalb des DV-untertützten Rahmens von Optimierungssoftware liegt, in diesen Rahmen einzubeziehen. Solche Sprachen gestatten die Formulierung beliebiger mathematischer Programme und bieten auch ein Interface für die Datenbereitstellung und die Ausgabe des MPS-Files.

Ein Beispiel einer solchen Sprache ist in einer Arbeit von R. Fourer, D. M. Gay und B. W. Kernighan, X-264, beschrieben. Weitere Literaturhinweise finden sich in Kapitel XIV unter dem Stichwort "Modeling Languages".

In diesem Zusammenhang können Expertensysteme oder allgemeiner Methoden der Künstlichen Intelligenz hilfreich sein.

Vektor- und Parallelverarbeitung

Für rechenintensive Anwendungen setzt sich mehr und mehr der Einsatz von Vektor- und Parallelverarbeitung durch. Diese erweiterten Möglichkeiten von DV-Hardware können für die Zwecke der Optimierung genutzt werden.

Bei der Vektorverarbeitung handelt es sich um Rechnerarchitekturen, die eine überlappte Bearbeitung mehrerer gleichartiger Rechenoperationen ermöglicht. Hat man beispielsweise in einem Programm zwei Vektoren $\mathbf{V1}$ und $\mathbf{V2}$ zu addieren, so kann mittels Vektorverabeitung eine wesentliche Reduktion des Rechenzeit erreicht werden, falls nur die Länge der Vektoren nicht zu klein ist (z.B. $\geqq 5$). Während bei der herkömmlichen Skalarverarbeitung die Rechenschritte $\mathbf{V1}(i) + \mathbf{V2}(i)$ für $i = 1,\ldots,n$ zeitlich aufeinander ohne Überlappung folgen, kann bei Vektorverarbeitung eine weitgehende Überlappung dieser Rechenschritte erfolgen.

Dasselbe gilt für andere Arten von Rechenoperationen. Wenn Programme häufig Vektoroperationen beinhalten, was sich in FORTRAN-Programmen zum Beispiel im Auftreten von DO-Loops zeigt, so kann eine erhebliche Verringerung der Programm-Laufzeit dadurch erreicht werden, daß das Programm auf einer Vektor-Hardware ausgeführt wird. Es gibt eigene Compiler zur Umsetzung von Programmen für die Vektorverarbeitung. Bei Parallelverarbeitung hat man mehrere Prozessoren, denen man parallel verschiedene Programmabschnitte zuordnet, um die Laufzeit einer Anwendung zu verringern. Bei Parallelverarbeitung tritt ein zusätzliches Koordinationsproblem auf, um die Abarbeitung von Programmteilen den Erfordernissen der Anwendung gemäß zu synchronisieren.

Von besonderem Interesse sind Arbeiten zum Thema "Parallel Branch-and-Bound". Wir verweisen auf die Arbeit von C. Roucairol, X-261.

Teilweise sind Algorithmen neu zu strukturieren, um den besonderen Vorteil dieser Technologien auszuschöpfen. Der Interessierte findet einige Veröffentlichungen im Kapitel X zu diesen Themen. Diese Arbeiten können leicht über die

Stichworte "Parallel Processing" und "Supercomputing" im Kapitel XIV identifiziert werden.

Neuronale Netze

Eine weitere Entwicklung auf dem Gebiet der Parallelverarbeitung hat sich unter dem Begriff "Neuronale Netze" etabliert. Hierbei geht es um den Aufbau massiv paralleler Rechnerstrukturen, die nach dem Vorbild biologischer neuronaler Netze (Gehirne) arbeiten. J. J. Hopfield und D. W. Tank, X-188, zeigten die Anwendbarkeit auf Optimierungsprobleme. Eine gute Einführung in das interessante Thema "Neuronale Netze", das insbesondere einen alternativen Ansatz zur künstlichen Intelligenz im Gegensatz zu den regelbasierten Systemen darstellt, stellt das Buch von H. Ritter, T. Martinetz und K. Schulten dar, X-260.

Weitere neue Arbeiten zur Anwendung neuronaler Netze zur Lösung nichtlinearer Optimierungsprobleme sind diejenigen von M. P. Kennedy und L. O. Chua, X-265, und von A. Rodriguez-Vazquez et al., X-266.

Das sich in lebhafter Entwicklung befindliche Gebiet der neuronalen Netze verfolgt verschiedene Forschungsrichtungen, die sich als digitale und analoge neuronale Netze kennzeichnen lassen. Hierbei sind die Bausteine sehr unterschiedlich.

Insbesondere analoge Optimierungsnetze bieten vielfältige potentielle Anwendungen in Fällen, in denen eine On-Line-Optimierung gefordert wird, wie etwa bei Roboter- oder Satellitenanwendungen.

Interior Point Methods

Die Entdeckung des Karmarker Algorithmus und seiner inzwischen vielfältigen Varianten wird nicht ohne Auswirkungen auf die kommerziell angebotene Software bleiben. Standardpakete bieten bereits teilweise solche Interior Point Methoden an und werden in Zukunft verstärkt Alternativen zur Simplex-Methode bieten. Der Stellenwert und die Bedeutung der Simplex Methode dürfte jedoch auf absehbare Zeit erhalten bleiben.

VI.4 Optimierung und Expertensysteme/KI-Methoden

Expertensysteme sind eine DV-Technologie, die es erlauben, Wissen in Anwendungssystemen zu verankern, so daß ein Endbenutzer von dem Wissen eines bzw. anderer Experten profitieren kann. Diese Technik kann sehr wohl als Ergänzung oder in Kombination mit Anwendungen der Optimierung verwendet werden.

Eine augenfällige Möglichkeit besteht im Rahmen von Arbeiten, die im Rahmen bei der Modellvorbereitung notwendig sind. Ebenso kann ein Expertensystem die Aufgabe übernehmen, Aktionen zu generieren, die im Zusammenhang mit der Berichtssteuerung und/oder Update-Steuerung enstehen, wenn Optimierungsanwendungen produktiv eingesetzt werden.

Der Aspekt der Kopplung von Expertensystemen mit Anwendungen der Optimalen Planung kann mindestens in zwei verschiedenen Varianten vorkommen. Zum einen kann ein Optimierungsprozeß im Rahmen der Benutzung eines Expertensystemes ablaufen, um eine Abfrage an das Expertensystem zu beantworten (Abb. 17).

In diesem Falle erfüllt die Optimierungssoftware eine Dienstleistung für das Expertensystem. Diese Konstellation könnte sehr interessant sein im Zusammenhang mit Decision Support Systemen (DSS), siehe Abschnitt 6 in diesem Kapitel.

Die zweite Möglichkeit eröffnet sich, wenn ein Expertensystem im Rahmen einer Optimierungsanwendung benutzt wird, um Daten zu liefern (Abb. 18).

Hier erfüllt das Expertensystem eine Dienstleistung gegenüber der Optimierungsanwendung. Die Dienstleistung kann im Bereich der Datenbereitstellung, der Modellauswahl, der Endbenutzerkommunikation oder der Behandlung von Schnittstellen zwischen der Anwendung der Optimalen Planung und anderen DV-Anwendungen oder Datenbanken liegen. Diese Konstellation kann sehr sinnvoll sein, wenn es darum geht, die produktive Optimierungsanwendung von der physischen DV-Organisation zu entkoppeln.

Ein anderer Aspekt im Zusammenhang mit Expertensystemen ist der, daß manchmal behauptet wird, daß Expertensysteme auch einen alternativen Weg zu optimalen Entscheidungen anbieten könnten und damit eine Alternative zu den klassischen OR-Methoden darstellen. Diese Aussage wird vom Verfasser nur sehr bedingt unterstützt. Natürlich kann man ein Expertensystem und eine damit gekoppelte Wissensbasis auch so organisieren, daß Alternativen betrachtet werden, um zu einer optimalen Antwort zu kommen. Diese Variante führt jedoch letzlich

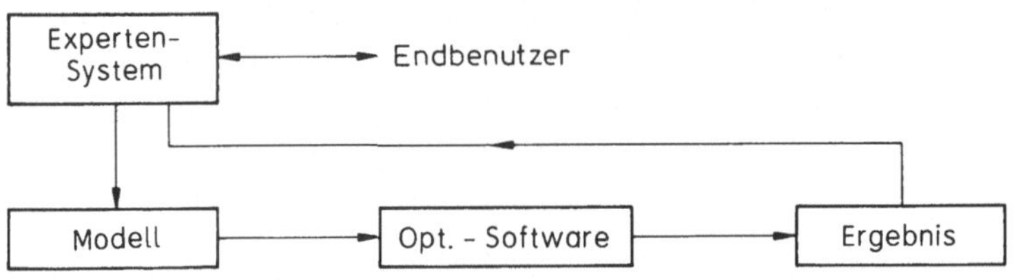

Abb. 17. Optimierungsanwendung als Komponente eines Expertensystems

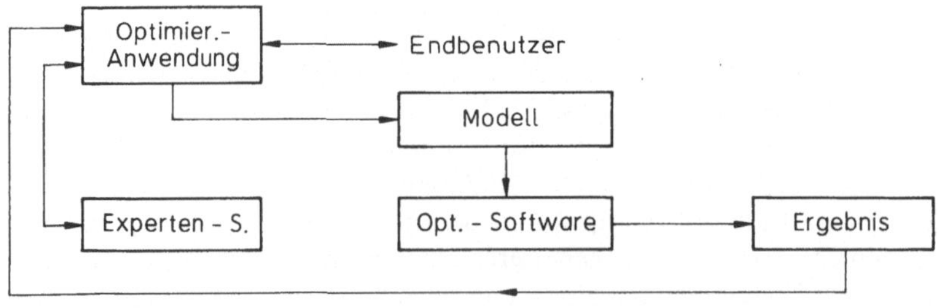

Abb. 18. Expertensystem als Komponente eines Optimierungsanwendung

auf die erste Form der Benutzung von Optimierungssoftware als Subsystem eines Expertensystemes. Es gibt Zwischenstufen, wie etwa in der in X-95 zitierten Arbeit gezeigt wird. Hier wird ein Expertensystem als Rule Based Decision Support System vorgestellt.

Expertensysteme sind nur ein Aspekt von Methoden der *Künstlichen Intelligenz* (KI-Methoden), Englisch Artificial Intelligence (AI) oder Knowledge-Based Systems genannt.

Einen eindrucksvollen Beweis, wie KI-Methoden im Rahmen von klassischen OR-Problemen nutzbringend eingesetzt werden können, liefert F. Glover, X-171. In gleicher Weise interessant ist die Arbeit von F. Glover und C. Mc Millan, VIII.14–29.

Einen Überblick über das Thema "Expert Systems and Optimization" findet sich bei A. Kusiak und S. S. Heragu, X-205.

Der Verfasser ist überzeugt, daß die OR-Technologie und die Technologie der Expertensysteme oder allgemeiner der KI-Methoden sich in vielfältiger Weise befruchten können. Jeder der beiden Aspekte hat jedoch seine eigenständige Berechtigung.

VI.5 Kombinierter Einsatz verschiedener OR-Methoden

Komplexe Entscheidungsprobleme bedürfen gelegentlich des kombinierten Einsatzes verschiedener OR-Techniken. So kann es zum Beispiel sinnvoll sein, Eingangsdaten für ein Optimierungsmodell durch *Simulation* zu bestimmen, oder umgekehrt optimale Lösungen als Ausgangspunkt für Detailsimulationen zu verwenden.

Solche Anwendungsstrukturen bedürfen in jedem Falle besondere Vorkehrungen für die Kommunikation zwischen den für Simulation und Optimierung eingesetzten Paketen.

Als Simulationstechniken können sowohl die diskrete Simulation als auch die dynamische oder kontinuierliche Simulation im Zusammenspiel mit Optimierungen auftreten.

VI.6 Decision Support Systeme (DSS)

Entscheidungsstützende Endbenutzersysteme (Engl.: Decision Support Systems (DSS)) sind endbenutzergerechte Systeme, die den Endbenutzer in Entscheidungssituationen unterstützen und dabei von Technologien wie OR und/oder Expertensystemen Gebrauch machen.

Dem mancherorts vertretenen Standpunkt, daß das Bereistellen von Daten in einer benutzerorientierten Form (z.B. mittels Präsentationsgrafik), bereits eine Art DSS ist, kann sich der Verfasser nicht anschließen. Dieses als MIS (Management Information System) bezeichnete Vorgehen, das für den Anwender eigentlich nur die Bereitstellung von auf Datenbanken explizit vorhandener Information und deren unmittelbare Folgerungen bedeutet, kann zwar auch eine Unterstützung für den Anwender bei der Entscheidungsbildung sein, trifft jedoch nicht den Kern des Wesens der Optimierung, der systematischen Betrachtung aller zulässigen Alternativen, und wird daher hier ausgeklammert.

Die verschiedenen Architekturen, die bereits vorgeschlagen und teilweise erprobt wurden, können im Rahmen dieser Arbeit nicht näher betrachtet werden. Der interessierte Leser wird auf die Literatur verwiesen, die sich in Abschnitt X findet. Inbesondere sind folgende Arbeiten interessant: A. M. Geoffrion and R. F. Powers (16), R. H. Sprague and E. D. Carlson (17), S. Alter (18), R. D. Hackathorn (21), R. H. Bonczek, C. W. Holsapple and A. B. Whinston (26) und A. Beulens and J. Van Nunen (72). Speziellere Aspekte bezüglich spezifischer Decision Support Systeme finden sich in vielen anderen Arbeiten, auf die in Kapitel XIV unter dem Stichwort "DSS" hingewiesen wird.

VII. Überblick über anwendungsbezogene Veröffentlichungen

VII.1 Produktionsplanung

1. Kilger, W.: Optimale Produktionsplanug and Absatzplanung, Entscheidungsmodelle für den Produktions- und Absatzbereich industrieller Bestriebe, Westdeustscher Verlag, Opladen, 1973
2. Arrow, K. J., Karlin, S., and Scarf, H.: Studies in the Mathematical Theory of Inventory and Production, Stanford Univ. Press, Stanford, Cal., 1963
3. Hanssmann, F.: Operations Research in Production and Inventory, Wiley, New York, 1962
4. Peterson, R. and Silver, E. A.: Decision Systems for Inventory Management and Production Planning, Wiley, New York, 1985
5. Riggs, J. L.: Production Systems, Wiley, New York, 1970
6. Royce. N. J.: Linear Programming Applied to Production and Operation of a Chemical Process, Operational Res. Quarterly, Vol. 21, No. 1, 1970, 61–80
7. Peters, L.: Simultane Produktions- und Investitionsplanung mit Hilfe der Portfolio Selection, Duncker & Humblot, 1971
8. Jarr, K.: Simultane Produktions- und Personalplanung, Zeitschrift für Betriebswirtschaft, Vol. 44, No. 10, 1974, 685–702
9. Johnson, A. and Montgomery, D. C.: Operations Research in Production Planning, Scheduling and Inventory Control, Wiley, New York, 1974
10. Zangwill, W. I.: A Deterministic Multi-Period Production Scheduling Modell with Backlogging, Mgmt. Science, Vol. 13, 1966, 105–119
11. Zangwill, W. I.: A Deterministic Multiproduct Multifacility Production and Inventory Model, Oper. Res., Vol. 14, 1966, 486
12. Lee, E. S. and Shaikh, M. A.: Optimal Production Planning by Gradient Techniques, Mgmt. Sci., Vol. 16, No. 1, 1969, 109–117
13. Kantorovich, L. V.: Mathematical Methods of Organizing and Planning Production, Leningrad, 1939, Mgmt. Sci., Vol. 6, 1958, 366–422
14. Eilon, S.: Elements of Production Planning and Control, MacMillan, New York, 1962
15. Hollier, R. H. and Moore, J. M. (Eds.): The Production System—An Efficient Integration of Resources, Proceedings of the Third Int. Conf. on Prod. Res., Massachusetts, U.S.A., August 1975
16. Hanssmann, F. and Hess, S. W.: A Linear Programming Approach to Production and Employment Scheduling, Mgmt. Techn., Vol. 1, 1960, 1
17. Hitomi, K. and Nakamura, N.: Optimal Production Planning for a Multiproduct, Multistage Production System, in VII.1–15, 1975
18. Lawrence, K. D. and Burbridge, J. J.: A Multiple Goal Linear Programming Model for Coordinated Production and Logistics Planning, Intern. J. Prod. Res., Vol. 14, No. 2, 1976, 215–220
19. Adam, D.: Produktionsplanung bei Sortenfertigung, ein Beitrag zur Theorie der Mehrproduktunternehmung, Diss., Hamburg, 1965
20. Bard, Y.: Production-Transportation-Marketing Model, IBM New York Scientific Center, Report No. 320-2933, New York, 1966
21. Pfaffenberger, U.: Probleme der Produktionsplanung bei Mehrprodukten—Mehrstufenfertigung, Diss., Tübingen, 1963
22. Wittmann, W.: Lineare Programmierung und traditionelle Produktionstheorie, Zeitschrift für handelswirtsch. Forschung, Vol. 12, 1960
23. Dinkelbach, W.: Zum Problem Der Produktionsplanung in Ein- und Mehrproduktunternehmen, Physica, Würzburg

24. Bussmann, K. F. und Mertens, P. (Eds.): Operations Research und Datenvererbeitung bei der Produktionsplanung, Poeschel, Stuttgart, 1968
25. Von Rago, Louis: Operations Research in der Produktionspraxis. Ein Handbuch für den Praktiker, Gabler, Wiesbaden, 1970
26. Stoica, M. and Scarlat, E.: Some Fuzzy Concepts in the Management of Production Systems, Modern Trends in Cybern. and Systems, Vol. 2, 1977, 175–181
27. Koopmans, T. C. (Ed.): Activity Analysis of Production and Allocation, Wiley, New York, 1951
28. Glover, F., Jones, G., Karney, D., Klingman, D., and Mote, J.: An Integrated Production, Distribution and Inventory Planning Systems, Interfaces, Vol. 9, 1979, 21–35
29. Clark, A.J.: A System for the Specification and Generation of Matrices for Multi-Period Prod. Scheduling Models, in VIII.1.1–32, 1970
30. Guenther, H. O.: Revidierende Produktionsplanung bei Sortenfertigung, in VIII.1.1–57, 1985, 140–147
31. Scheer, A.-W.: Stand und Trends der computergestützten Produktionsplanung und -steuerung (PPS) in der Bundesrepublik Deutschland, Zeitschr. für Bertriebswirtschaft, Vol.53, 1983, 138–155
32. Zimmermann, H.-J. and Sovereign, M.: Quantitative Models in Production Management, Prentice-Hall, Englewood Cliffs, N. J., 1972
33. Schmitt, H.: Produktionsplanung mit linearer Programmierung, Elektronische Rechenanlagen, Vol. 4, No. 3, 1962, 117–120
34. Eppen, G. D. and Martin, R. K.: Solving Multi-Item Capacitated Lot Sizing Problems Using Variable Redefinition, Oper. Res., Vol. 35, No. 6, 1987, 832–848
35. Jones, W. G. and Rope, C. M.: Linear Programming Applied to Production Planning—A Case Study, Oper. Res. Quart., Vol. 15, 1964, 293–302
36. Knolmayer, G.: Computational Experiments in the Formulation of Linear Product-Mix and Non-Convex Production-Investment Models, Comp. & Oper. Res., Vol. 9, 1982, 207–219
37. Lawrence, J. R. and Flowerdew, A. D. J.: Economic Models for Production Planning, Oper. Res. Quarterly, Vol. 14, 1963, 11–30
38. Ahrsoje, G. and Svednunger, S.: A Production Planning System Based on Linear Programming, OMEGA, Vol. 1, 1973, 499–504
39. Karwowski, W. and Evans, G. W.: Fuzzy Concepts in Production Management Research—A Review, Int. J. Production Research, Vol. 24, No. 1, 1986, 129–148
40. Billington, P. J., Mc Clain, J. O., and Thomas, L. J.: Mathematical Programming Approaches to Capacity Constrained MRP Systems—Review, Formulation and Problem Reduction, Mgmt. Sci., Vol. 29 1983, 1126–1141
41. Steinberg, E. and Napier, H. A.: Optimal Multi-Level Lot Sizing for Requirements Planning Syst., Mgmt., Sci., Vol. 26, 1980, 1258–1271
42. Zahorik, A., Thomas, L. J., and Trigeiro, W. W.: Network Programming Models for Production Scheduling in Multi-Stage, Multi-Item Capacitated Systems, Mgmt. Sci., Vol. 30, 1984, 308–325
43. Salveson, M. E.: On a Quantitative Method in Production Planning and Scheduling, Econometrics, Vol. 20, No. 4, 1952, 554–590
44. Holt, C. C., Modigliani, F., Muth, J. F., and Simon, H. A.: Planning Production, Inventories and Work Force, Prentice-Hall, Englewood Cliffs, New Jersey, 1960
45. Mc Clain, J. O., Thomas, L. J., and Weiss, E. N.: Efficient Solutions to a Linear Programming Model for Production Scheduling With Capacity Constraints and no Initial Stock, IIE Trans., Vol. 21, No. 2, 1989, 144–152
46. Ramsey, T. E. Jr.: Integer Programming Approaches to Capacitated Concave Cost Production Planning Problems, Ph.D. Diss., Georgia Institute of Technology, 1980
47. Bowman, E. H.: Production Scheduling by the Transportation Method of Linear Programming, Operations Research, Vol. 3, No. 1, 1956
48. Scheer, A.-W.: Anforderungen und Anregungen für den Einsatz von OR-Modellen Im Produktionsbereich aus der Sicht neuer Entwick-lungen der Datenverarbeitung, in VIII.1.1–56, 1979
50. Chow, W. S., Heragu, S. S., and Kusiak, A.: Operations Research Models and Techniques, in VII.1–49, 135–148
51. Vollmann, T. E., Berry, W. L., and Whybark, D. C.: Manufacturing Planning and Control Systems, Richard D. Irwin, Homewood, Ill., 1984
52. Bahl, H. C. and Zionts, S.: A Noniterative Multiproduct Multiperiod Prod. Planning Method, Oper. Res. Letters, Vol. 1, No. 6, 1982
53. Afentakis, P. and Gavish, B.: Optimal Lot Sizing Algorithms for Complex Product Structures, Oper. Res., Vol. 34, 1986, 237–250

54. Billington, P. J., Mc Clain, J. O., and Thomas, L. J.: Heuristics for Multilevel Lot Sizing with a Bottleneck, Mgmt. Science,Vol. 32, No. 8, 1986

55. Hax. A. C. and Candea, D.: Production and Inventory Management, Prentice Hall, Englewood Cliffs, New Jersey, 1984

56. Camp, W. E.: Determining the Production Order Quantity, Management Engineering, Vol. 2, 1922, 17–18

57. Ford, F. N., Bradbard, D. A., Ledbetter, W. N., and Cox, J. F.: Use of Operations Research in Production Management, Prod. Inv. Management, Vol. 28, No. 3, 1987, 59–63

58. Graves, S. C.: Using Lagrangian Techniques to Solve Hierarchical Prod. Planning Problems, Mgmt. Sci., Vol. 28, No. 3, 1982, 260–275

59. Afentakis, P., Gavish, B., and Karmarkar, U.: Computationally Efficient Optimal Solutions to the Lot Sizing Problem in Multi-Stage Assembly Systems, Mgmt. Sci., Vol. 30, 1984, 222–239

60. Pochet, Y.: Valid Inequalities and Separation for Capacitated Economic Lot Sizing, Oper. Res. Letters, Vol. 7, 1988, 109–115

61. Pochet, Y. and Wolsey, L. A.: Lot Size Models with Backlogging—Strong Reformulation and Cutting Planes, Math. Progr., Vol. 40, 1988, 317–335

62. Ho, J. K. and Mc Kenney, W. A.: Triangularity of the Basis in Linear Programs for Material Requirements Planning, Report of the College of Bus. Administration, Univ. of Tennessee, Knoxville, TN., 1988

63. Mc Kenney, W. A.: Doctoral Dissertation, Univ. of Tennessee, 1987

64. Leung, J. M. Y., Magnanti, T. L., and Vachani, R.: Facets and Algorithms for Capacitated Lot Sizing, Math. Progr. Ser. B, Vol. 45, No. 2, 1989, 331–359

65. Barany, I., Van Roy, T. J., and Wolsey, L. A.: Uncapacitated Lot Sizing—The Convex Hull of Solutions, Math. Progr. Study, Vol. 22, 1984, 32–43

66. Barany, I., Van Roy, T. J., and Wolsey, L. A.: Strong Formulations for Multi-Item Capacitated Lot Sizing, Mgmt. Sci., Vol. 30, 1984, 1255–1261

67. Manne, A. S.: Programming of Economic Lot Sizes, Mgmt. Science, Vol. 4, 1958, 115–135

68. Wagner, H. M. and Whitin, T. M.: Dynamic Version of the Economic Lot Size Model, Mgmt. Sci., Vol. 5, 1958, 89–96

69. Dzielinski, B. P., Baker, C. T., and Manne, A. S.: Simulation Tests of Lot Size Programming, Mgmt. Sci., Vol. 9, 1963, 229–258

70. Dzielinski, B. P. and Gomory, R. E.: Optimal Programming of Lot Sizes, Inventory and Labor Allocations, Mgmt. Sci., Vol. 11, 1965, 874

71. Buffa, E. S. and Taubert, W. L.: Production-Inventory Systems-Planning and Control, Richard D. Irwin, Homewood, Ill., 1972

72. Wild, R.: Mass Production Management, Wiley, London, 1972

73. Mc Clain, J. O. and Thomas, L. J.: Operations Management—Production of Goods and Services, Prentice Hall, Englewood Cliffs, N. J., 1985

74. Minch, R.: A Partitioning Technique for Leontief Type Linear Programming Production Models, Operations Research Quart., 1976

75. Trigeiro, W. W., Thomas, L. J., and Mc Clain, J. O.: Capacitated Lot Sizing with Setup Times, Mgmt. Sci., Vol. 35, No. 3, 1989

76. Schwarz, L. (Ed.): Multi-Level Production/Inventory Systems—Theory and Practice, North-Holland, New York, 1981

77. Kusiak, A. (Ed.): Modern Production Management Systems, North-Holland, Amsterdam, 1987

78. Bastian, M.: Lot-Trees—A Unifying View and Efficient Implementation of Forward Procedures for the Dynamic Lot-Size Problem, Comput. Oper. Res., Vol. 17, No. 3, 255–263, 1990

79. Chand, S. and Morton, T. E.: Minimal Forecast Horizon Procedures for Dynamic Lot Size Models, Nav. Res. Log. Quart., Vol. 33, 1986, 111–122

80. Fleischmann, B.: The Discrete Lot Sizing and Scheduling Problem, Europ. J. Oper. Res., Vol. 46, No. 3, 1990, 337–348

81. Miller, T. and Liberatore, M. J.: Implementing Integrated Production and Distribution Planning Systems, Intern. J. Oper. & Prod. Mgmt. (UK), Vol. 8, No. 7, 1988, 31–41

82. Biethahn, J.: Praktische Erfahrungen bei der Anwendnung der linearen Optimierung auf Mehrproduktunternehmen mit Kuppelproduktion, in VIII.1.1–146, 1974

83. Zoller, K. and Robrade, A.: Efficient Heuristics for Dynamic Lot Sizing, Int. J. Prod. Res., Vol. 26, 1988, 249–265

84. Ritchie, E. and Tasdo, A. K.: Review of Lot-Sizing Techniques for Deterministic Time-Varying Demand, Prod. Inv. Mgmt., Vol. 27, 1986, 65–97

VII.2 Fertigungsplanung

1. Muth, J. F. and Thompson, G. L. (Eds.): Industrial Scheduling, Prentice Hall, Eglewood Cliffs, N.J., 1963
2. Obrien, J. J.: Scheduling Handbook, McGraw-Hill, New York, 1969
3. Coffman, E. G. Jr. (Ed.): Computer and Job Shop Scheduling Theory, Wiley, New York, 1976
4. Kompass, E. and Williams, T. J. (Ed.): On-Line Production Scheduling and Plant-Wide Control, Proc. of the 8th Annual Adv. Contr. Conf., West Lafayette, Indiana 1982, Control Eng., Barrington, 1982
5. Tang, J. C. S. and Quah, T. C.: Comparsion of Solution Techniques for the Production Scheduling Problem, Int. J. Policy Inf., Vol. 8, No. 1, 1984
6. Ballakur, A. and Steudel, H. J.: Integration of Job Shop Control Syst.—A State-of-the-Art Review, J. Manuf. Syst., Vol. 3, 1984
7. Baker, K. R.: Sequencing Rules and Due-Date Assignments in a Job Shop, Mgmt. Sci., Vol. 30, No. 9, 1984
8. Dumitru, V. and Luban, F.: Membership Functions, Some Mathematical Programming Models and Production Scheduling, Fuzzy Sets and Systems, Vol. 8, No. 1, 1982
9. Mc Hugh, J. A. M.: Hu's Precedence Tree Scheduling Algorithm—A Simple Proof, Naval Res. Logist. Quart., Vol. 31, No. 3, 1984
10. Kiran, A. S. and Smith, M. L.: Simulation Studies in Job Shop Scheduling—I: A Survey, Comp. Ind. Eng., Vol. 8, No. 2, 1984
11. Kiran, A. S. and Smith, M. L.: Simulation Studies in Job Shop Scheduling—II: Performance of Priority Rules, Vol. 8, No. 2, 1984
12. Kantsedal, S. A.: Decomposition Approach to the Solution of Large-Scale Scheduling Problems, Autom. Remote Control, Vol. 44, 1983
13. Adiri, I. and Amit, N.: Route-Dependent Open-Shop Scheduling, IIE Trans., Vol. 15, No. 3, 1983
14. Glacebrook, K. D.: On Stochastic Scheduling Problems with Due Dates, Int. J. Syst. Sci., Vol. 24, No. 11, 1983
15. Panayiotopoulos, J.-C.: Generalized Multi-Item Lot Size Scheduling, Eur. J. Oper. Res., Vol. 14, No. 1, 1983
16. Bakshi, M. S. and Arora, S. R.: The Sequencing Problem, Management Science. Vol. 16. No. 4, 1969, 247–263
17. Dannenbring, D. G.: An Evaluation of Flow Shop Sequencing Heuristics, Mgmt. Sci., Vol. 23, 1977, 1174–1182
18. Lageweg, B. J., Lenstra, J. K., and Rinnooy Kan, H. G.: Job-Shop Scheduling by Implicit Enumeration, Mgmt. Sci., Vol. 24. No. 4, 1977, 441–450
19. Hoss, K.: Fertigungsplanung mittels operationsanalytischer Methoden, Physica Verlag, Würzburg, 1965
20. Baker, K. R.: Intr. to Sequencing and Schedul., Wiley, New York, 1975
21. Müller-Merbach, H: Optimale Reihenfolgen, Springer, Berlin, 1970
22. Charlton, J. M. and Death, C. C.: A Generalized Machine-Scheduling Alogrithm, Operations Research Quarterly, Vol. 21, No. 1, 1970
23. Haase, L.: Näherungsverfahren Zum Bestimmen kostenguenstiger Reihenfolgen von Fertigungslosen bei gleicher technologischer organisatorischer Folge, Fertigungstechnik und Betrieb, Vol. 25, No. 1, 1975, 27–32
24. Arkin, E. M. and Silverberg, E. B.: Scheduling Jobs with Fixed Start and End Times, Discrete Appl. Math., Vol. 18, No. 1, 1987, 1–18
25. Prabhakar, T.: A Production Scheduling Problem with Sequencing Considerations, Mgmt. Sci., Vol. 21, No. 1, 1974, 34–42
26. Sielken, R. L.: Sequencing with Setup Costs by Zero-One Mixed-Integer Linear Programming, AIIE Trans., Vol. 8, No. 3, 1976, 369–371
27. Taha, H.: Sequencing by Implicit Ranking and Zero-One Polynomial Programming, AIIE Transactions, Vol. 3, No. 4, 1971, 299–301
28. Geoffrion, A. M. and Graves, G. W.: Scheduling Parallel Production Lines with Changeover Costs—Practical Appl. of a Quadratic Assignment/LP Appr., Res., Vol. 24, No. 4, 1976, 595–610
29. Bruvold. N. T. and Evans, J. R.: Flexible Mixed-Integer Programming, Formulations for Production Scheduling Problems, IIE Trans., Vol. 17, No. 1, 1985, 2–7
30. Szwarc, W.: Mathematical Aspects of the $3 \times n$ Jobshop Sequencing Problem, Nav. Res. Logist. Quart., Vol. 21, 1974, 145–153

31. Johanson, S. M.: Optimal Two and Three Stage Prod. Scheduling with Set-up Times Included, Nar. Res. Logist. Quart., Vol. 14, 1954, 61–68
32. Garey, M. R., Johnson, D. S., and Sethi, R.: The Complexity of Flowshop and Jobshop Scheduling, Math. of Oper. Res., Vol. 1, 1976, 117–129
33. Pinedo, M. L.: Minimizing the Makespan in a Stochastic Flowshop, Oper. Res., Vol. 30, 1982, 148–162
34. Cunningham, A. A. and Dutta, S. K.: Scheduling Jobs with Exponentially Distributed Processing Times on Two Machines of a Flowshop, Naval Res. Logist. Quart., Vol. 23, 1973, 69–81
35. Frostig, E. and Adiri, I.: Three-Machine Flowshop Stochastic Scheduling to Minimize Distribution of Scheduling Length, Nav. Res. Logist. Quart., Vol. 32, 1985, 179–183
36. Seitz, R.: Ermittlung kuerzester Durchlaufzeiten auf Fertigungsstrassen, Unternehmensforschung, Band 6, Heft 4, 1962
37. Akers, S. B. Jr. and Friedman, J.: A Non-Numerical Approach to Production Scheduling, Oper. Res., Vol. 3, No. 4, 1955, 429–442
38. Heller, J.: Combinatorial, Probabilistic and Statistical Aspects of an $M \times J$ Scheduling Problem, Report NYO-2540, AEC Computing and Applied Mathematics Center, Inst. of Math. Sciences, New York Univ., New York, 1959
39. Heller, J. and Logemann, G.: An Algorithm for the Construction and Evaluation of Feasible Schedules, Mgmt. Sci., Vol. 8, No. 2, 1962
40. Giffler, B. and Thompson, G.: Algorithm for Solving Production Scheduling Problems, and Journal of the Oper. Res. Soc. of America, Vol. 8, No. 4, 1960
41. Conway, R. W., Maxwell, W. L., and Miller, L. W.: Theory of Scheduling, Addison-Wesley, Reading, Mass., 1967
42. Rinnooy Kan, A. H. G.: Machine Scheduling Problems—Classification, Complexity and Computations, Nijhoff, the Hague, 1976
43. Mc Mahon, G. and Florian, M.: On Scheduling with Ready Times and Due Dates to Minimize Maximum Lateness, Oper. Res., Vol. 23, 1975, 475
44. Dessouky, M. L. and Margenthaler, C. R.: The One-Machine Sequencing Problem with Early Starts and Due Dates, AIIE Trans., Vol. 4, 1972, 214–222
45. Baker, K. R. and Su, Z.-S.: Sequencing with Due-Dates and Early Start Times to Minimize Maximum Tardiness, Nav. Res. Logist. Quart., Vol. 21, 1974, 171–176
46. Smith, W. E.: Various Optimizers for Single-Stage Production, Naval Res. Logist. Quart., Vol. 3, 1956, 59–66
47. Lageweg, B., Lenstra, J. K., and Rinnooy Kan, A. H. G.: Minimizing Maximum Lateness on One Machine—Algorithms and Applications, in VIII.1–6–5, 1979
48. Gere, W. S.: Heuristics in Job Scheduling, Mgmt. Sci., Vol. 13, 1966, 167–190
49. Balas, E.: Teoria grafurilor si incarcarea optima a utilajelor la fabricile de mobila (Graph Theory and Optimal Machine Loading in the Manufacturing of Furniture), Proc. Scientific Session of the Forestry Research Institute, Bucharest, June 1966
50. Nemeti, L.: Das Reihenfolgeproblem in der Fertigungsprogrammierung und Linearplanung mit logischen Bedingungen, Mathematica, Vol. 6, No. 29, 1964, 87–92
51. Dantzig, G. B.: A Machine-Job Scheduling Model, Mgmt. Sci., Vol. 6, 1960, 191–196
52. Bowman, F. H.: The Schedule-Sequencing Problem, Operations Research, Vol. 7, 1959, 621–624
53. Smith, R. D. and Dudek, R. A.: A General Algorithm for Solution of the n-Job, M-Machine Sequencing Problem of the Flow Shop, Oper. Res., Vol. 15, No. 1, 1967, 71–82
54. Rinnooy Kan, A. H. G.: Machine Scheduling Problems, H. E. Stenfert Kroese B. V., Leiden, Netherlands, 1976
55. Piehler, J.: Ein Beitrag Zum Reihenfolgeproblem, Unternehmensforschung, Vol. 4, 1960, 138–142
56. Liesegang, G. und Schirner, A.: Heuristische Verfahren Zur Maschinenbelegungsplanung bei Reihenfertigung, Zeitschr. für Oper. Res., Vol. 19, 1975, 195–211
57. Lomnicki, Z. A.: A Branch-and-Bound Algorithm for the Exact Solution of the Three-Machine Scheduling Problem, Oper. Res. Quart., Vol. 16, 1965, 89–100
58. Ignall, E. J. and Schrage, L.: Application of the Branch-and-Bound Techniques to Some Flow Shop Scheduling Problems, Oper. Res., Vol. 13, No. 3, 1965, 400–412
59. Charlton, J. M. and Death, C. C.: A Method of Solution for General Machine-Scheduling Problems, Oper. Res., Vol. 18, No. 4, 1970, 689–707
60. Zangwill, W. I.: A Deterministic Multi-Period Production Scheduling Modell with Backlogging, Mgmt. Sci., Vol. 13, 1966, 105–119
61. Pierce, J. F.: Some Large Scale Production Scheduling Problems in the Paper Industry, Prentice-Hall, Englewood Cliffs, N. J., 1964

62. Giglio, R. J. and Wagner, H. M.: Approximate Solutions to the Three-Machine Scheduling Problem, Oper. Res., Vol. 12, 1964, 306–324
63. Palmer, D. S.: Sequencing Jobs Through a Multi-Stage Process in the Minimum Total Time, Oper. Res. Quart., Vol. 16, 101–107, 1965
64. Wagner, H. M.: An Integer Linear Programming Model for Machine Shop Scheduling, Naval Res. Log. Quart., Vol. 6, No. 2, 1959, 131–140
65. Lenstra, J. K., Rinnooy Kan, A. H. G. and Bruckner, P.: Complexity of Machine Schedul. Probl., Ann. Discr. Math., Vol. 1, 1977, 342–362
66. Lenstra, J. K.: Sequencing by Enumerative Methods, Mathematical Centre Tracts 69, Mathematisch Centrum, Amsterdam, 1977
67. Szwarc, W.: On Some Sequencing Problems, Nav. Res. Logist. Quart., Vol. 15, 1968, 127–155
68. Arthanari, T. S. and Mukhopadhyay, A. C.: A Note on a Paper by W. Szwarc, Nav. Res. Log. Quart., Vol. 15, 1971, 135–138
69. Raghavachari, M.: On an Approximate Solution to the 3-Machine Sequencing Problem, Journal of Math. Sciences, Vol. 4, 1969, 47–50
70. Mitten, J. G.: Sequencing n Jobs of Two Machines with Arbitrary Time Lags, Mgmt. Sci., Vol. 5, 1959, 293–298
71. Szwarc, W.: Solutiion of the Akers-Friedman Scheduling Problem, Oper. Res., Vol. 8, No. 6, 1960, 782–788
72. Raimond, J.-F.: An Algorithm for the Exact Solution of the Machine Scheduling Problem, IBM New York Scientific Center, Report No. 320–2930, March 1986
73. Hardgrave, W. W. and Nemhauser, G. L.: A Geometric Model and A Graphical Algor. for a Sequencing Probl., Vol. 11, No. 6, 1963, 889–900
74. Florian, M., Trepant, P. and Mc Mahon, G.: An Implicit Enumeratioin Algorithm for the Machine Sequencing Problem, Mgmt. Sci., Vol. 17, No. 12, 1971, 782–792
75. Panwalkar, S. S., Dudek, R. A., and Smith, L. M.: Sequencing Research and the Industrial Scheduling Problem, Proc. of Symposium on Theory of Scheduling and its Applications, Raleigh, North Carolina, 1972, Springer, Berlin, 1973
76. Nabeshima, I.: On the Bound of Makespans and its Applications in M Machine Scheduling Problem, Journal of the Oper. Res. Soc. of Japan, Vol. 9, No. 3 and No. 4, 98–136
77. Mc Mahon, G. B. and Burton, P. G.: Flow-Shop Scheduling with the Branch-and-Bound Method, Oper. Res., Vol. 15, No. 3, 1967, 473–481
78. Page, E. S.: An Approach to the Scheduling of Jobs on Machines, J. Royal Statistical Soc., Series B, Vol. 23, No. 2, 1961, 484–492
79. Brooks, G. H. and White, C. R.: An Algorithm for Finding Optimal or Near Optimal Solutions to the Production Scheduling Problem, J. of Ind. Eng., Vol. 16, No. 1, 1965, 34–40
80. Lasdon, L. S. and Terjung, R. C.: An Efficient Algorithm for Multi-Item Scheduling, Oper. Res., Vol. 19, No. 4, 1971, 946–969
81. Madigan, J. G.: Scheduling a Multi-Product Single Machine System for an Infinite Planning Period, Mgmt. Sci., Vol. 14, No. 11, 1968, 713–719
82. Dudek, R. A. and Teuton, O. F. Jr.: Development of M-Stage Decision Rule for Scheduling n Jobs Through m Machines, Oper. Res., Vol. 12, 1964, 471–497
83. Story, A. E. and Wagner, H. M.: Computational Experience with Integer Programming for Job-Shop Scheduling, in VII.2–01, 1963
84. Lawler, E. L., Lenstra, J. K., and Rinnooy Kan, A. H. G.: Recent Developments in Deterministic Scheduling and Sequencing, in VII.2–85, 1982, 35–73
85. Dempster, M. A. H. et al. (Eds.): Derterministic and Stochastic Scheduling, D. Reidel Publ. Company, Boston, Mass., 1982
86. Mahendra, S. B. and Arora, S. R.: The Sequencing Problem, Management Science, Vol. 16, 1969, B247
87. Spinner, A. H.: Sequencing Theory—Development the Date, Naval Res. Log. Quarterly, Vol. 15, 1968, 319–330
88. Rochette, R.: A Statistical Analysis of a Job Shop Scheduling Problem, Unpubl. Ph.D. Diss., Dept. of Ind. Eng. and Oper. Res., Univ. of Massachusetts, U.S.A., 1975
89. Eilon, S. and Hodgson, R. M.: Job Shop Scheduling with Due Dates, Int. Journal of Prod. Res., Vol. 6, 1967, 1
90. Littger, K.: A New Approach for the Optimum Solution of the M by J Production Scheduling Problem, in VII.1–15, 1975
91. Littger, K.: A New Approach for the Optimum Solution of the M by J Production Scheduling Problem, Int. J. Prod. Res., Vol. 15, 1976

92. Littger, K.: Bearbeitung komplexer Reihenfolgeprobleme mit elektronischen Rechenanlagen, IBM Fachbibliotheck, Form-No. 78100, 1963

93. Holloway, C. A. and Nelson, R. T.: Job Shop Scheduling with Due Dates and Overtime Capacity, Mgmt. Sci., Vol. 21, 1974, 68

94. Eilon, S. and Chowdhury, I. G.: Due Dates in Job Shop Scheduling, in VII.1–15, 1975

95. Abernathy, W. J.: Subjective Estimates and Scheduling Decisions, Mgmt. Sci., Series B, Vol. 18, No. 2, 1971, 80–88

96. Ackermann, S. S.: Even-Flow, A Scheduling Method for Reducing Lateness in Job Shops, Management Techn., Vol. 3, No. 1, 1963, 20–32

97. Adam, D.: Simultane Ablauf- und Programmplanung bei Sortenfertigung mit ganzzahliger linearer Programmierung, Zeitschr. für Betriebswirtschaft, Vol. 33, No. 4, 1963, 233–245

98. Akers, S. B.: A Graphical Approach to Production Scheduling Problems, Oper. Res., Vol. 4, 1956, 244–245

99. Algan, M.: Reihenfolgeprobleme und Graphentheorie, Unternehmensforschung, Vol. 8, No. 2, 1964, 53–64

100. Littger, K.: Bearbeitung komplexer Reihenfolgeprobleme mit elektronischen Rechenanlagen, Elektronische Rechenanlagen, Vol. 6, No. 4, 1964, 184–197

101. Ashour, S.: An Experimental Investigation and Comparative Evaluation of Flow-Shop Scheduling Techniques, Oper. Res., Vol. 18, 1970, 541–549

102. Balas, E.: Machine Sequencing—Disjunctive Graphs and Degree-Constrained Subgroups, Nav. Res. Logist. Quart., Vol. 17, No. 1, 1970, 1–10

103. Banerjee, B. P.: Single Facility Sequencing with Random Execution Times, Operations Research, Vol. 13, No, 3, 1965, 358–364

104. Lightenberg, E.: Minimal Cost Sequencing of N Grouped and Ordered Jobs on M Machines, J. of Ind. Eng., Vol. 17, No. 4, 1966

105. Müller-Merbach, H.: Die Bestimmung Optimaler Losgrößen bei Mehrproduktfertigung, TH Darmstadt, Diss., 1963

106. Müller-Merbach, H.: Optimale Losgrößen bei mehrstufiger Fertigung, Ablauf- und Plannungsforsch., Vol. 4, No. 4, 1963, 264–274

107. Müller-Merbach, H.: Ein Verfahren zur Lösung von Reihenfolgeproblemen der industriellen Fertigung, Zeitschr. für wirtsch. Fertigung, Vol. 61, No. 3. 1966, 147–152

108. Beenhakker, H. L.: Development of Alternative Criteria of Optimality in the Machine Sequencing Problem, Purdue Univ., Ph.D. Thesis, 1963

109. Bellman, R.: Some Mathematical Aspects of Scheduling Theory, J. SIAM, Vol. 4, No. 3, 1956, 168–205

110. Gavett, J. W.: Three Heuristic Rules for Sequencing Jobs to a Single Production Facility, Mgmt. Sci., Vol. 11, No. 8, 1965, B166–B176

111. Lockett, A. G. and Muhlemann, A. P.: A Scheduling Problem Involving Sequence Dependent Changeover Times, Oper. Res., Vol. 20, No. 4, 1972, 895–902

112. Staehly, P.: Kurzfristige Fabrikationsplanung in der industriellen Werkstattfertigung, Physica, Würzburg

113. Pressmar, D. B.: Formulierung von Reihenfolgebedingungen in LP-Produktionsplanungsmodellen, in VIII.1.1–57, 1985

114. Huckert, K.: Ein nicht-lineares Optimierungsmodell für das Job-Shop Problem, in VIII.1.1–58, 1980

115. Prade, H.: Using Fuzzy-Set Theory in a Scheduling Problem—A Case Study, J. of Fuzzy Sets and Systems, Vol. 2, No. 2, 1979, 153–165

116. Bank, B.: Branch-and-Bound-Algorithmen für zwei Reihenfolgeprobleme, Math. Operationsforsch. und Statistik, Vol. 1, 1970, 217–228

117. Seiffart, E.: Verbesserung des Lösungsweges eines Reihenfolgeproblems, Fertigungstechnik und Betrieb, Vol. 13, 1963, 570–572

118. Seiffart, E.: Exakte und approximative Lösungsmöglichkeiten von Reihenfolgeproblemen, Elektron. Informationsverarb. Kybern., Vol. 2, 1966, 123–150

119. Terno, J.: Algorithmen für das klassische Maschinenbelegungsproblem, Math. Operationsforschung und Statistik, Vol. 3, 1972, 195–201

120. Gupta, J. N. D. and Gupta, S. K.: Single Facility Scheduling with Nonlinear Processing Times, Comput. Ind. Eng., Vol. 14, No. 4, 1988, 387–393

121. Trappey, J.-F. C., Liu, C. R. and Chang, T. C.: Fuzzy Non-Linear Programming—Theory and Appl. in Manuf., Int. J. Prod. Res., Vol. 26, No. 5, 1988, 975–985

122. Adams, J., Balas, E., and Zawack, D.: Shifting Bottleneck Procedure for Jop Shop Sched., Mgmt. Sci., Vol. 34, No. 3, 1988, 391–401

123. Smith-Daniels, V. L., and Ritzman, L. P.: Model for Lot Sizing and Sequencing in Process Industries, Int. J. Prod. Res., Vol. 26, No. 4, 1988, 647–674

124. Gupta, J. N. D.: An Improved Combinatorial Algorithm for the Flowshop Scheduling Problem, Oper. Res., Vol. 20, 1971, 1753–1758

125. Gupta, J. N. D.: Optimal Scheduling in a Multi-Stage Flowshop, AIIE Trans., Vol. 4, 1972, 238–243

126. Schild, A. Fredman, I. J.: Scheduling Tasks with Dealines and Non-Linear Loss Functions, Mgmt Sci., Vol. 9, 1962, 73–81

127. Beletskii, S. A.: Minimizing the Maximum Penalty on Permutations, Cybernetics, Vol. 22, No. 1, 1986, 82–86

128. Lawler, E. L.: Optimal Sequencing of a Single Machine Subject to Precedence Constr., Mgmt. Sci., Vol. 19, No. 5, 1973, 544–546

129. Graham, R. L., Lawler, E. L., Lenstra, J. K., and Rinnooy Kan, A. H. G.: Optimization and Approximation in Deterministic Sequencing and Sched.—A Survey, Ann. of Discr. Math., Vol. 5, 1979, 287–326

130. Krone, M. J.: Heuristic Programming Applied to Scheduling Problems, Ph.D. Diss., Princeton Univ., 1970

131. Krone, M. J. and Steiglitz, K.: Heuristic-Programming Solution of a Flowshop Scheduling Problem, Oper. Res., Vol. 22, No. 3, 1974, 629–638

132. Lenstra, J. K. and Rinnooy Kan, A. H. G.: Complexity of Scheduling under Precedence Constraints, Oper. Res., Vol. 26, 1978, 22–35

133. Day, J. E. and Hottenstein, M. P.: Review of Sequencing Problems, Nav. Res. Logist. Quart., Vol. 17, No. 1, 1970, 11–40

134. Szwarc, W.: Elimination Methods in the $m \times n$ Sequencing Problem, Nav. Res. Logist. Quart., Vol. 18, 1971, 295–305

135. Szwarc, W.: Optimal Elimination Methods in the $m \times n$ Sequencing Problem, Operations Research, Vol. 21, 1973, 1250–1259

136. Szwarc, W.: Dominance Conditions in the Three-Machine Flowshop Problem, Operations Research, Vol. 26, 1978, 203–206

137. Achuthan, N. R.: Flow-Shop Scheduling Problems, Ph.D. Thesis, Indian Statistical Institute, Calcutta, 1980

138. Dar-El, E. M., and Wysk, R. A.: Job Shop Scheduling—Systematic Approach, J. of Manuf. Systems, Vol. 1, N0. 1, 1986, 77–88

139. Panwalkar, S. S., Smith, M. L., and Wollam, C. R.: Counterexamples to Optimal Permutation Schedules for Certain Flowshop Problems, Nav. Res. Log. Quart., Vol. 28, 1981, 339–340

140. Guignard, M., Lee, H., and Spielberg, K.: Solving Makespan Minimization Problems with Lagrangean Decomposition, Report 89-02-04, The Warthon School, Univ. of Pennsylvania, Philadelphia, 1989

141. Mc Naughton, R.: Scheduling with Deadlines and Loss Functions, Mgmt. Sci., Vol. 6, 1959, 1–12

142. Gupta, J. N. D.: M-Stage Scheduling Problem—A Critical Appraisal, Int. J. of Prod. Res., Vol. 9, No. 2, 1971, 267–281

143. Graves, S. C.: Review of Production Scheduling, Oper. Res., Vol. 29, No. 4, 1981, 646–675

144. Gonzalez, T. and Sahni, S.: Open Shop Scheduling to Minimize Finish Time, J. ACM, Vol. 23, 1976, 665–679

145. Gonzalez, T. and Sahni, S.: Flowshop and Jobshop Schedules—Complexity and Approximation, Oper. Res., Vol. 26, 1978, 36–52

146. Gonzalez, T. and Sahni, S.: Preemptive Scheduling of Uniform Processor Systems, J. ACM, Vol. 25, 1978, 92–101

147. Eastman, W. L., Even, S., and Isaacs, I. M.: Bounds for the Optimal Scheduling of n Jobs on m Processors, Mgmt. Sci., Vol. 11, 1964, 268–279

148. Emmons, H.: One-Machine and Sequencing to Minimize Certian Functions of Job Tardiness, Oper. Res., Vol. 17, 1969, 701–715

149. Garey, M. R., Johnson, D. S., Simons, B. B., and Tarjan, R. E.: Scheduling Unit-Time Tasks with Arbitrary Release Times and Deadlines, SIAM J. Comput., Vol. 10, 1981, 256–269

150. Panwalkar, S. S. and Iskander, W.: A Survey of Scheduling Rules, Oper. Res., Vol. 25, 1977, 45–61

151. Papadimitriou, C. H. and Kannelakis, P. C.: Flowshop Scheduling with Limited Temporary Storage, J. ACM., Vol. 27, 1980, 533–549

152. Reddi, S. S. and Ramamoorthy, C. V.: On the Flow-Shop and Sequencing Problem with no Wait in Process, Oper. Res. Quart., Vol. 23, 1972, 323–331

153. Lehtonen, T.: Scheduling Jobs with Exponential Processing Times on Parallel Machines, J. Appl. Probab., Vol. 25, No. 4, 1988, 752–762

154. Weber, R. R.: Scheduling Jobs with Stochastic Processing Requirements on Parallel Machines to Minimizes Makespan or Flowtime, J. Appl. Probab., Vol. 19, 1982, 167–182

155. Weiss, G. and Pinedo, M. L.: Scheduling Tasks with Exponential Service Times on Non-Identical Processors to Minimize Various Cost Functions, J. Appl. Probab., Vol. 17, 1980, 187–202

156. Pinedo, M. L. and Weiss, G.: Scheduling Jobs with Exponentially Distributed Processing Times and Intree Precedence Constraints on Two Parallel Machines, Oper. Res., Vol. 33, 1985, 1381–1388

157. Weber, R. R., Varaiya, P. P., and Walrand, J.: Scheduling Jobs with Stochastically Ordered Processing Times on Parallel Machines to Minimize Expected Flowtime, J. Appl. Prob., Vol. 23, 1986, 841–847

158. Sisson, R. L.: Methods of Sequencing in Job Shops—a Review, Oper. Res., Vol. 7, No. 1, 1959, 10–29

159. Sisson, R. L.: Sequencing Theory, in VIII.1.1–13, 1961, 293–326

160. Florian, M., Tilquin, C., and Tilquin, G.: An Implicit Enumeration Algorithm for Complex Scheduling Problems, Int. J. Prod. Res., Vol. 12, 1975, 25–40

161. Terno, J. and Ullrich, M.: Dynamische Optimierung bei Reihenfolgeproblemen, Wiss. Z. TU Dresden, Vol. 22, H. 3, 1973

162. Seiffart, E.: Reihenfolgeprobleme mit gleichen Maschinen- und Bearbeitungsfolgen, Habilitation, TH Magdeburg, 1969

163. Ullman, J. D.: NP-Complete Scheduling Problems, J. Comp. Syst. Sci., Vol. 10, 1975, 384–393

164. Stafford, E. F.: On the Development of a Mixed-Integer Linear Programming Model for the Flowshop Sequencing Problem, J. Oper. Res. Soc. (UK), Vol. 39, No. 12, 1988, 1163–1174

165. Selim, S. Z. and Al-Turki, U. M.: A New Heuristic Algorithm for the Flowshop Problem, in VII.1–77, 1987, 91–96

166. Al-Turki, U. M.: A New Heuristic Algorithm for the n-Job, m-Machine Flowshop Scheduling Problem, Master's Thesis, Univ. of Petroleum and Minerals, Dhahran, Saudi Arabia, 1986

167. Campbell, H. G., Dudek, R. A., and Smith, M. L.: A Heuristic Algorithm for the n-Job, m-Machine Sequencing Problem, Mgmt. Sci., Ser. B, Vol. 16, No. 10, 1970, 630–637

168. Park, Y. B.: A Simulation Study and Analysis for Evaluation of Performance-Effectiveness of Flowshop Sequencing Heuristics—A Static and Dynamic Flowshop Model, Master's Thesis, Pennsylvania State Univ., 1981

169. Setiaputra, W.: a Survey of Flowshop Permutation Scheduling Techniques and an Evaluation of Heuristic Solution Methods, Master's Thesis, Pennsylvania State Univ., 1980

170. Blazewicz, J.: Selected Topics in Scheduling Theory, in VII.19–169, 1987, 1–60

171. Blazewicz, J., Lenstra, J. K., and Rinooy Kan, A. H. G.: Scheduling Subject to Resource Constraints—Classification and Complexity, Discrete Applied Mathematics, Vol. 5, 1983, 11–21

172. French, S.: Sequencing and Scheduling—An Introduction to the Mathematics of the Job Shop, Horwood, Chichester, 1982

173. Lawler, E. L.: Recent Results in the Theory of Machine Scheduling, in VIII.1.1–16, 1983, 202–234

174. Sen, T., Dileepan, P., and Ruparel, B.: Minimizing a Generalized Quadratic Penalty Function of Job Completion Times—An Improved Branch-and Bound Approach, Eng. Costs and Production Economics, Vol. 18, 1990, 197–202

175. Townsend, W.: The Single-Machine Problem with Quadratic Penalty Function of Completion Times—A Branch-and-Bound Solution, Mgmt. Sci., Vol. 24, No. 5, 1978, 530–534

176. Bagga, P. C. and Kalra, K. R.: A Node Elimination Procedure for Townsend's Algorithm for Solving the Single Machine Quadratic Penalty Function Scheduling Problem, Mgmt. Sci., Vol. 26, No. 6, 1980, 633–636

177. De, P., Ghosh, J. B., and Wells, C. E.: Scheduling About a Common Due Date with Earliness and Tardiness Penalties, Comp. Oper. Res., Vol. 17, No. 2, 1990, 231–241

178. Sidney, J. B.: Optimal Single-Machine Scheduling with Earliness and Tardiness Penalties, Oper. Res., Vol. 25, 1977, 62–69

179. Ogbu, F. A. and Smith, D. K.: The Application of the Simulated Annealing Algorithm to the Solution of the n/m/Cmax Flowshop Problem, Comput. Oper. Res. Vol. 17, No. 3, 1990, 243–253

180. Gupta, J. N. D.: A Functional Heuristic Algorithm for the Flowshop Scheduling Problem, Oper. Res. Quarterly, Vol. 22, 1971, 39–47

181. Szwarc, W.: Single Machine Scheduling to Minimze Absolute Deviation of Completion Times from a Common Due Date, Nav. Res. Log. Quart., Vol. 36, 1989, 663–673

182. Baker, K. R. and Scudder, G. D.: Sequencing with Earliness and Tardiness Penalties—A Review, Oper. Res., Vol. 38, No. 1, 1990, 22–36

183. Chand, S. and Schneeberger, H.: Single Machine Scheduling to Minimize Weigthted Earliness Subject to no Tardy Jobs, Eur. J. Oper. Res., Vol. 34, 1988, 221–230

184. Schneeberger, H.: Job Shop Scheduling in Pull Type Production Environments, Ph.D. Thesis, Krannert Graduate School of Management, Purdue Univ., West Lafayette, Indiana, May 1984
185. Chand, S. and Schneeberger, H.: A Note on the Single Machine Scheduling Problem with Minimium Weigthted Completion Time and the Maximum Allowable Tardiness, Nav. Res. Log. Quart., Vol. 33, No. 3, 1986, 551–557
186. Potts, C. N. and Baker, K. R.: Flow Shop Scheduling with Lot Streaming, Oper. Res. Letters, Vol. 8, 1989, 297–303
187. Page, E. S.: On the Scheduling of Jobs by Computer, Computer J., Vol. 5, 1962, 214–220
188. Ow, P. and Morton, T.: The Single Machine Early-Tardy Problem, Mgmt. Sci., Vol. 35, 1989, 177–191
189. Szwarc, W.: Parametric Precedence Relations in Single Machine Scheduling, Oper. Res. Letters, Vol. 9, No. 2, 1990, 133–140
190. Cheng, T. C. E.: Dynamic Programming Approach to the Single-Machine Sequencing Problem with Different Due-Dates, Computers and Math. with Appl., Vol. 19, No. 2, 1990, 1–7
191. Cheng, T. C. E.: Note on a Partial Search Algorithm for the Single-Machine Optimal Common Due-Date Assignment and Sequencing Probl., Comp. & Oper. Res., Vol. 17, No. 3, 1990, 321–324
192. Widmer, M. and Hertz, A.: A New Heuristic Method for the Flow Shop Sequencing Problem, Eur. J. of Oper. Res., Vol. 41, No. 2, 1989, 186–193
193. Cheng, T. and Gupta, M.: Survey of Scheduling Research Involving Due Date Determination Decisions, Eur. J. Oper. Res. Vol. 38, 1989, 156–166
194. Baker, K. R. and Scudder, G. D.: On the Assignment of Optimal Due Dates, J. Oper. Res. Soc., Vol. 40, 1989, 93–95
195. Raghavachari, M.: Scheduling Problems with Non-Regular Penalty Functions—A Review, Oper. Res., Vol. 25, 1988, 141–164
196. Quaddus, M.: A Generalized Model of Optimal Due-Date Assignment by Linear Programming, J. Oper. Res. Soc., Vol. 38, 1987, 353–359
197. Bornstein, C. T.: Heuristic Algorithms for the Minimization of Tardiness for the n-Job, m-Machine Scheduling Problem, AMSE Review, Vol. 12, No. 1, 1989, 11–25
198. Du, J. and Leung, J. Y. T.: Minimizing Total Tardiness on One Machine is NP Hard, Math. of Oper. Res., Vol. 15, No. 3, 1990, 483–495
199. Taillard, E.: Some Efficient Heuristic Methods for the Flow Shop Sequenc. Probl., Eur. J. Oper. Res., Vol. 47, No. 1, 1990, 65–74
200. Kunnathur, A. S. and Gupta, S. K.: Minimizing the Makespan with Late Start Penalties Added to Processing Times in a Single Facility Scheduling Problem, Eur. J. Oper. Res., Vol. 47, No. 1, 1990, 56–64
201. Szwarc, W., Posner, M. E., and Liu, J. J.: The Single Machine Problem with a Quadratic Cost Function of Completion Times, Management Science, Vol. 34, No. 12, 1988, 1480–1488
202. Kang, B. S. and Markland, R. E.: Solving the No Intermediate Storage Flowshop Scheduling Problem, Int. J. Oper. and Prod. Mgmt., Vol. 9, No. 3, 1989, 48–59
203. Brucker, P. J. and Hamacher, H. W.: k Optimal Solutions for Some Polynomially Solvable Scheduling Problems, Eur. J. Oper. Res., Vol. 41, No. 2, 1989, 194–202
204. Garey, M. R., Graham, R. L., and Johnson, D. S.: Performance Guarantees for Scheduling Algorithms, Oper. Res., Vol. 26, 1978, 3–21
205. Van Wassenhove, L. N. and Gelders, L. F.: Solving a Bicriterion Scheduling Problem, Europ. J. Oper. Res., Vol. 4, 1980
206. Selen, W. J. and Hott, D. D.: A Mixed-Integer Goal-Programming Formulation of the Standard Flow-Shop Scheduling Problem, J. Oper. Res. Soc., Vol. 37, No. 12, 1986, 1121–1128
207. Bellman, R. E., Esogbue, A. O., and Nabeshima, I.: Mathematical Aspects of Scheduling and Applications, Pergamon Press, Oxford, 1982
208. Hu, T. C., Kuo, Y. S. and Ruskey, F.: Some Optimum Algorithms for Scheduling Problems with Changeover Costs, Oper. Res., Vol. 33, No. 1, 1987, 94–99
209. Kurisu, T.: Two-Machine Scheduling Under Required Precedence Among Jobs, J. Oper. Res. Soc., Japan, Vol. 19, 1976, 1–13
210. Szwarc, W.: Flow Shop Problems with Time Lags, Mgmt. Sci., Vol. 29, 1983, 477–481
211. Mitten, L. G.: A Scheduling Problem—An Analytical Solution Based Upon Two Machines, N Jobs, Abitrary Start and Stop Lags, and Common Sequence, J. Ind. Eng., Vol. 10, No. 2, 1959, 131–135
212. Baker, K. R.: Scheduling Groups of Jobs in the Two-Machine Flow-Shop, Math. Comp. Modelling (Oxford), Vol. 13, No. 3, 1990, 29–36
213. Otolorin, O.: Flow-Shop Setting for Job-Shop Scheduling, Modell. Simul. & Contr., Vol. 17, No. 1, 1989, 47–55

214. Gapp, W., Mankekar, P. S., and Mitten, L. G.: Sequencing Operations to Minimize In-Process Inventory Costs, Mgmt. Sci., Vol. 11, No. 3, 1965, 476–484
215. King, J. R. and Spachis, A. S.: Scheduling—Bibliography and Review, Int. J. Phys. Distr. & Mater. Mgmt., Vol. 10, 1980, 105–132
216. Sen, T. and Gupta, K.: A State-of-the-Art Survey of Static Scheduling Research Involving Due Dates, OMEGA, Vol. 12, 1984, 63–75
217. Elmaghraby, S. E.: The Machine Sequencing Problem—Review and Extensions, Naval Res. Log. Quart., Vol. 15, 1968, 205–232
218. Mellor, P.: A Review of Job-Shop Scheduling, Oper. Res. Quart., Vol. 17, 1966, 161–171
219. Spachis, A. S.: Job Shop Scheduling with Approximate Methods, Ph.D. Thesis, Imperial College of Science and Technology, Univ. of London, 1978
220. Hariri, A. M. A. and Potts, C. N.: Branch and Bound Algorithms to Minimize the Number of Late Jobs in a Permutation Flow Shop, Eur. J. Oper. Res., Vol. 38, No. 2, 1989, 228–237
221. Posner, M. E.: The Deadline Constrained Weighted Completion Time Problem—Analysis of a Heuristic, Oper. Res., Vol. 36, No. 5, 1988, 742–746
222. Azim, M. A., Moras, R. G., and Smith, M. L.: Antithetic Sequences in Flow Shop Schedul., Comp. & Ind. Eng., Vol. 17, 1989, 353–358
223. Barker, J. B. and McMahon, G. B.: Scheduling the General Job-Shop, Mgmt. Sci., Vol. 31, No. 5, 1985, 594–598
224. Kim, Y.-D.: A Comparison of Dispatching Rules for Job Shops with Multiple Identical Jobs and Alternative Routeings, Int. J. Prod. Res., Vol. 28, No. 5, 1990, 953–962
225. Vepsalainen, A. P. J. and Morton, T. E.: Priority Rules for Job Shops with Weighted Tardiness Costs, Mgmt. Sci., Vol. 33, No. 8, 1987, 1035–1047
226. Potts, C. N. and Van Wassenhove, L. N.: A Decomposition Algorithm for the Single Machine Total Tardiness Problem, Oper. Res. Letters, Vol. 1, No. 5, 1982, 177–181
227. Baker, K. R. and Kanet, J. J.: Job Shop Scheduling with Modified Due Dates, J. Operations Management, Vol. 4, No. 1, 1983, 11–22
228. Nawaz, M., Enscore, E. Jr., and Ham, I.: A Heuristic Algorithm for the M-Machine, N-Job Flow Shop Sequencing Problem, OMEGA, Vol. 11, No. 1, 1983, 91–95

VII.3 Fließbandbelegung

1. Talbot, F. B. and Patterson, J. H.: Integer Programming Algorithm with Network Cuts for Solving the Assembly Line Balancing Problem, Mgmt. Sci., Vol. 30, No. 1, 1984, 85–99
2. Held, M., Karp, R. M., and Shareshian, R.: Assembly-Line Balancing—Dynamic Programming with Precedence Constraints, Oper. Res., Vol. 11, 1963
3. Hoffmann, T. R.: Assembly Line Balancing with a Precedence Matrix, Mgmt. Sci., Vol. 9, No. 4, 1963
4. Salveson, M. E.: The Assembly Line Balancing Problem, Journal of Industrial Engineering, Vol. 6, No. 3, 1955, 519–526
5. Freeman, D. R. and Jucher, J. V.: The Line Balancing Problem, Journal of Industrial Engineering, Vol. 18, 1967, 361–364
6. Steinman, H. and Schwinn, R.: Computational Experience with a Zero-One Programming Problem, Oper. Res., Vol. 17, No. 5, 1969, 917–920
7. Gutjahr, A. L. and Nemhauser, G. L.: An Algorithm for the Line Balancing Problem, Mgmt. Sci., Vol. 11, 1964, 308–315
8. Bowman, E. H.: Assembly Line Balancing by Linear Programming, Oper. Res., Vol. 8, No. 3, 1960, 385–389
9. Thomopoulos, N. T.: Line Balancing Sequencing for Mixed-Model Assembly, Mgmt. Sci., Vol. 14, No. 2, 1967, 59–75
10. Thomopoulos, N. T.: A Sequencing Procedure for Multi-Model Assembly Lines, Illinois Institute of Technology, Industrial Engineering Department, Doctoral Thesis, Chicago, 1966
11. Tonge, F. M.: Summary of a Heuristic Line-Balancing Procedure, Mgmt. Sci., Vol. 7, No. 1, 1960, 21–42
12. Tonge, F. M.: A Heuristic Program for Assembly Line Balancing, Prentice-Hall, Englewood Cliffs, N. J., 1961
13. Wedekind, H.: Ein linearer Programmansatz fur das Fließbandproblem, Ablauf und Planungsforschung, Vol. 4, No. 4, 1963, 246–248
14. Jackson, J. R.: A Computing Procedure for a Line Balancing Problem, Mgmt. Sci., Vol. 2, 3, 1956, 261–271

15. Jackson, J. R.: Scheduling a Production Line to Minimize Maximum Tardiness, Univ. of California, Management Science Research Proj., Research Report No. 43, Los Angeles, 1955
16. Mertens, P.: Fließbandabstimmung mit dem Verfahren der begrenzten Enumeration nach Müller-Merbach, Ablauf und Planungsforschung, Vol. 8, No. 4, 1967, 173–182
17. Sawyer, J. H. F.: Line Balancing, Machinery Publishing Corporation, Brighton, Sussex, England, 1970
18. Mansoor, E. M.: Assembly Line Balancing—An Improvement of the Ranked Positional Weight Technique, Journal of Industrial Eng., Vol. 15, 1964, 73–77
19. Mansoor, E. M. and Ben Tuvia, S.: Optimizing Balanced Assembly Lines, Journal of Industrial Engineering, Vol. 17, 1966, 126–132
20. Ignall, E. J.: A Review of Assembly Line Balancing, Journal of Industrial Engineering, Vol. 16, 1965, 244–254
21. Arcus, A. L.: COMSOAL—A Computer Method of Sequencing Operations for Assembly Lines, Int. J. of Prod. Res., Vol. 4, 1966
22. Johnson, R. V.: Optimally Balancing Large Assembly Lines with FABLE, Mgmt. Sci., Vol. 34, No. 2, 1988, 240–253
23. Nouh, A.: Sequential Aggregation Algorithm for the Set Partitioning Problem, Comput. Meth. Appl. Mech. Eng., Vol. 63, No. 3, 1987, 225–232
24. Saltzman, M. J. and Baybars, I.: Two-Process Implicit Enumeration Algorithm for the Simple Assembly Line Balancing Problem, Eur. J. Oper. Res., Vol. 32, No. 1, 1987, 118–129
25. Graves, S. C. and Lamar, B. W.: An Integer Programming Procedure for Assembly System Design Problems, Oper. Res., Vol. 31, No. 3, 1983, 522–545
26. Carraway, R. L.: A Dynamic Programming Approach to Stochastic Assembly Line Balancing, Mgmt. Sci., Vol. 35, 1989, 459–471
27. Mc Cormick, S. T., Pinedo, M. L., Shenker, S., and Wolf, B.: Sequencing in an Assembly Line with Blocking to Minimize Cycle Time, Oper. Res., Vol. 37, No. 6, 1989, 925–935
28. Betts, J. and Mahmoud, K. I.: Identifying Multiple Solutions for Assembly Line Balancing Having Stochastic Task Times, Comput. Ind. Eng., Vol. 16, No. 3, 1989, 427–445
29. Betts, J. and Mahmoud, K. I.: Method for Assembly Line Balancing, Eng. Costs Prod. Econ., Vol. 18, No. 1, 1989, 55–64
30. Kao, P. C. and Queyranne, M.: On Dynamic Programming for Assembly Line Balancing, Oper. Res., Vol. 30, No. 2, 1982, 375–390
31. Arcus, A. L.: An Analysis of a Computer Method of Sequencing Line Operation, Ph.D. Diss., Univ. of California, Berkeley, 1963
32. Baybars, I.: A Survery of Exact Algorithms for the Simple Assembly Line Balancing Probl., Mgmt. Sci., Vol. 32, No. 8, 1986, 909
33. Helgeson, W. B. and Birnie, D. P.: Assembly Line Balancing Using the Ranked Positional Weight Technique, J. Ind. Eng., Vol. 12, No. 6, 1961, 394
34. Van Assche, F. and Herroelen, W. S.: An Optimal Procedure for the Single-Model Deterministic Assembly Line Balancing Problem, Eur. J. Oper. Res., Vol. 3, 1979, 142
35. Kilbridge, M. D. and Webster, L.: A Review of Analytical Systems of Line Balancing, Oper. Res., Vol. 10, 1962, 626
36. Bhattacharjee, T. K. and Sahu, S.: Complexity of Single Model Assembly Line Balancing Problems, Eng. Costs Prod. Econ., Vol. 18, No. 3, 1990, 203–214
37. Patterson, J. H. and Albracht, J. J.: Assembly Line Balancing—0/1-Programming with Fibonacci Search, Oper. Res., Vol. 23, 1975, 166
38. Johnson, N. V. R.: Assembly Line Balancing—A Branch and Bound Algorithm and Computational Comparisons, Int. J. Prod. Res., Vol. 19, No. 3, 1981, 277
39. Johnson, N. V. R.: A Branch and Bound Algorithm for Assembly Line Balancing with Formulation Irregularities, Mgmt. Sci., Vol. 29, No. 11, 1983, 1309
40. Wee, T. S. and Magazing, M. J.: An Efficient Branch-and Bound Algorithm for Assembly Line Balancing, Part I—Minimize the Number of Work Stations, Working Paper 150, Univ. of Waterloo, Ontario, Canada, 1981
41. Akagi, F., Oskai, H. and Kikuchi, S.: A Method for Assembly Line Balancing with More Than One Worker in Each Station, Int. J. Prod. Res., Vol. 21, No. 5, 1983, 755
42. Master, A. A.: An Experimental Investigation and Comparative Evaluation of Production Line Balancing Techniques, Management Science, Vol. 16, No. 11, 1970, 728
43. Omar, M. T.: Development of a New Heuristic Method for Assembly Line Balancing, M. A. Sc. Thesis, Dept. of Industrial Engineering, Univ. of Windsor, Canada, 1975
44. P. C. Kao: A Preference Order Dynamic Program for Stochastic Assembly Line Balanc., Mgmt. Sci., Vol. 22, No. 11, 1976, 1097–1104

45. Reeve. N. R.: Balancing Continuous Stochastic Assembly Line, Ph.D. Thesis, State Univ. of New York, Buffalo, 1971
46. Easton, F. F.: A Dynamic Program with Fathoming and Dynamic Upper Bounds for the Assembly Line Balancing Problem, Comp. Oper. Res., Vol. 17, No. 2, 1990, 163–175
47. Thomopoulos, N. T.: Mixed-Model Line Balancing with Smoothed Station Assignments, Mgmt. Sci., Vol. 16, 1970, 593–603
48. Dar-El, E. M.: Mixed Model Assembly Line Sequencing Problem, OMEGA, Vol. 6, 1978, 313–323
49. Okamura, K. and Yamashita, H.: A Heuristic Algorithm for the Assembly Line Model-Mix Sequencing Problem to Minimize the Risk of Stopping the Conveyor, Int. J. Prod. Res., Vol. 17, 1979, 233–241
50. Dar-El, E. M. and Cother, R. F.: Assembly Line Sequencing for Model Mixing, Int. J. Prod. Res., Vol. 13, 1975, 463–477

VII.4 CIM-Anwendungen (FMS, JIT)

1. Stecke, K. E. and Suri, R. (Eds.): Flexible Manufacturing Systems—Operations Research Models and Applications, Univ. of Michigan, Ann Arbor, 1984
2. Berrada, M. and Stecke, K. E.: A Branch and Bound Approach for Machine Loading in Flexible Manufacturing Systems, Mgmt. Sci., Vol. 32, No. 10, 1986, 1316–1355
3. Dubois, D.: A Mathematical Model for a Flexible Manufacturing System with Limited In-Process Inventory, Eur. J. Oper. Res., Vol. 14, 1983
4. Stecke, K. E.: Formulation and Solution of Nonlinear Integer Production Planning Problems for Flexible Manuf. Systems, Mgmt. Sci., Vol. 29, No. 3, 1983, 273–287
5. Chang, T. C. and Wysk, A.: An Introduction to Automated Process Planning Systems, Prentice-Hall, Englewood Cliffs, N. J., 1985
6. Stecke, K. E. and Morin, T. L.: Optimality of Balanced Workload in Flexible Manuf. Systems, Eur. J. Oper. Res., Vol. 20, 1985
7. Stecke, K. E. and Solberg, J. J.: The Optimality of Unbalancing both the Workloads and Machine Group Sizes in Closed Queueing Networks of Multi-Servers Queues, Oper. Res. (forthcoming)
8. Kusiak, A.: Application of Operational Research Models and Techniques in Flex. Manuf. Systems, Eur. J. Oper. Res., Vol. 24, 1986
9. Wittrock, R. J.: An Adaptive Scheduling Algorithm for Flexible Flow Lines, IBM Thomas J. Watson Research Center, Yorktown Heights, New York 10598, Report RC 11387 (#51282) 9/24/85, Sept. 1985
10. Kusiak, A.: Flexible Manufacturing Systems: A Structural Approach, Int. J. of Prod. Res., Vol. 23, 1985, 1057–1073
11. Kusiak, A. and Finke, G.: Modeling and Solving the Flexible Forging Module Scheduling Problem, Eng. Opt., Vol. 12, 1987, 1–12
12. Kumar, K. R., Kusiak, A., and Vanelli, A.: Grouping of Parts and Components in Flexible Manufacturing Systems, Eur. J. Oper. Res., Vol. 24, 1986, 387–397
13. Stecke, K. E.: Design, Planning, Scheduling and Control Problems of Flex. Manuf. Problems, Ann. Oper. Res., Vol. 3, 1985, 3–12
14. Kochhar, S. and Morris, R. J. T.: Heuristic Method for Flexible Flow Line Scheduling, J. Manuf. Syst., Vol. 6, No. 4, 1987, 299–314
15. Gershwin, S. B., Akella, R., and Choong, Y. F.: Short-Term Production Scheduling of an Automated Manuf. Facility, IBM J. Res. Dev., Vol. 29, 1985, 392–400
16. Wittrock, R. J.: Scheduling Algorithms for Flexible Flow Lines, IBM J Res. and Dev., Vol. 29, 401–412
17. Finke, G. and Kusiak, A.: Network Approach to Modelling of Flexible Manufacturing Modules and Cells, Proc. Conf. Production Systems, INRIA, Paris, 1985
18. Aliev, R. A.: Production Control on the Basis of Fuzzy Models, Fuzzy Sets and Systems, Vol. 22, No. 1, 1987, 43–56
19. Bastos, J. M.: Batching and Routing: Two Functions in the Operational Planning of Flex. Manuf. Systems, Eur. J. Oper. Res., Vol. 33, No. 3, 1988, 230–244
20. Jackson, R. H. F. and Jones. A. W. T.: Architecture for Decision Making in the Factory of the Future, Interfaces (Providence, Rhode Island), Vol. 17, No. 6, 1987, 15–28
21. Mc Geough, J. E. (Ed.): Int. Conf. on Computer-Aided Production Engineering, Edinburgh, Scotl., 1986, Mechanical Eng. Publ. Ltd., Bury St. Edmunds, England, 1986

22. Wilson, J. M.: Formulation and Solution of a Set of Sequencing Problems for Flexible Manufacturing Systems, Proc. Inct. Mech. Eng. Part B, Vol. 201, No. 4, 1987, 247–249

23. Kusiak, A. and Chen, M.: Expert Systems for Planning and Scheduling Manuf. Systems, Eur. J. Oper. Res., Vol. 34, No. 2, 1988, 113–130

24. Kusiak, A. and Heragu, S. S.: Computer Integrated Manufacturing—A Structural Perspective, IEEE Network, Vol. 2. No. 3, 1988, 14–22

25. Wittrock, R. J.: Adaptable Scheduling Algorithm for Flexible Flow Lines, Oper. Res., Vol. 36, No. 1988, 445–453

26. Avonts, L. H. and Van Wassenhove, L. N.: Part Mix and Routing Mix Problem in FMS—A Coupling Between an LP Model and a Closed Queueing Network, Int. J. Prod. Res., Vol. 26, No. 12, 1988, 1891–1902

27. Lashkari, R. S., Dutta, S. P., and Padhye, A. M.: New Formulation of Operation Allocation Problem in Flexible Manufacturing Systems, Mathematical Modelling and Computational Experience, Int. J. Prod. Res., Vol. 25, No. 9, 1987, 1267–1283

28. Avonts, L. H., Gelders, L. F., and Van Wassenhove, L. N.: Allocating Work Between an FMS and a conventional Job Shop—A Case Study, Eur. J. Oper. Res., Vol. 33, No. 3, 1988, 245–256

29. Heragu, S. S. and Kusiak, A.: Machine Layout Problem in Flexible Manufacturing Systems, Oper. Res., Vol. 36, No. 2, 1988, 258–268

30. De Werra, D.: On the Two-Phase Method for Preemptive Scheduling, Eur. J. Prod. Res., Vol. 37, No. 2, 1988, 227–235

31. Rembold, U. and Levi, P.: Factory of the 90s, Comput. Mech. Eng., Vol. 6, No. 6, 1988, 30–37

32. Escudero, L. F. and Perez-Sainz De Rozas, G.:Production Planning in FMS, Questiio, Vol. 6, No. 1, 1987, 85–114

33. Gupta, M. C., Judt, C., Gupta, Y. P., and Balakrishnan, S.: Expert Scheduling System for a Prototype Flexible Manufacturing Cell—A Framework, Comp. & Oper. Res., Vol. 6, No. 4, 1989, 363

34. Kimemia, J. G. and Gershwin, S. B.: Flow Optimization in Flexible Manuf. Systems, Int. J. Prod. Res., Vol. 23, No. 1, 1985, 81–96

35. Kusiak, A.: Integer Programming Approach to Process Planning, Int. J. of Advanced Manuf. Technology, 1986, 73–83

36. Philipson, R. H. and Ravindran, A.: Applications of Mathematical Programming to Metal Cutting, Math. Progr., Vol. 11, 1979, 116–134

37. Greene, T. J. and Sadowski, R. P.: A Mixed-integer Program for Loading and Scheduling Multiple Flexible Manufacturing Cells, Eur. J. Oper. Res., Vol. 24, 1986, 379–386

38. Greene, T. J. and Sadowski, R. P.: Loading the Cellularly Divided Group Technology Manufacturing Systems, Proc. of the AIIE Fall Conference, 1980

39. Greene, T. J. and Sadowski, R. P.: Celluar Manufacturing Control. J. of Manufacturing Systems, Vol. 2, No. 2, 1983, 137–146

40. Buzacott, J. A and Shanthikumar, J. G.: Models for Understanding Flex. Manuf. Systems, AIIE Trans., Vol. 12, No. 4, 1980, 339–350

41. Philipoom, P. R., Rees, L. P., Taylor, B. W. and Huang, P. Y.: A Mathematical Programming Approach for Determining Work-Center Lotsizes in a Just-In-Time System with Signal Kanbans, Int. J. Prod. Res., Vol. 28, No. 1, 1990, 1–15

42. Monden, Y.: How Toyota Shortened Supply Lot Production Time, Waiting Time, and Conveyance Time, Ind. Eng., Vol. 13, 1981, 22–30

43. Escudero, L. F.: A Mathematical Formulation of a Hierarchical Approach for Prod. Planning in FMS, in VII.1–77, 1987, 231–245

44. Heragu, S. S. and Kusiak, A.: Machine Layout—An Optimization and Knowledge-Based Approach, Int. J. Prod. Res., Vol. 28, No. 4, 1990, 615–635

45. Heragu, S. S.: Machine Layout—An Optimization and Knowledge-Based Approach, Ph.D. Diss., Dept. of Mechanical and Industrial Engineering, Univ. of Manitoba, Winnipeg, Canada, 1988

46. Sawik, T.: Modeling and Scheduling of a Flexible Manufacturing System, Eur. J. Oper. Res., Vol. 45, No. 2, 1990, 177–190

47. Hintz, G. W., and Zimmermann, H.-J.: A Method to Control Flexible Manuf. Systems, Eur. J. Oper. Res., Vol. 41, No. 3, 1989, 321–334

48. Kusiak, A.: KBSS—A Knowledge Based System for Scheduling in Automated Manufacturing, Mathematical & Computer Modelling (Oxford), Vol. 13, No. 3, 1990, 37–55

49. Escudero, L. F.: A Production Planning in FMS, Annals of Operations Research, Vol. 17, 1989, 69–104

50. Miltenburg. G. J., Steiner, G., and Yeomans, S.: A Dynamic Programming Algorithm for Scheduling Mixed-Model, Just-In-Time Production Systems, Mathematical and Computer Modelling (Oxford), Vol. 13, No. 4, 1990, 57–66

51. Miltenburg, G. J.: Level Schedules for Mixed-Model Assembly Lines in Just-In-Time Prod. Syst., Mgmt. Sci., Vol. 35, 1989, 192–207
52. Kusiak, A.: Artificial Intelligence and Operations Research in Flexible Manufacturing Systems, Inf. Proc. and Oper. Res., Vol. 25, No. 1, 1987, 2–22
53. Groeflin, H., Luss, H., Rosenwein, M. B., and Wahls, E. T.: Final Assembly Sequencing for Just-In-Time Manufacturing, Int. J. Prod. Res., Vol. 27, No. 2, 1989, 199–213
54. Hall, R. W.: Zero Inventories, Dow Jones-Irwin, Homewood, III., 1983
55. Huang, P. Y., Ress, L. P., and Taylor, B. W.: The Japanese Just-In-Time Technique (with Kanbans) for a Multiline, Multistage Production System, Decision Sciences, Vol. 14, 1983, 326–344
56. Browne, J., Harhen, J., and Shivnan, J.: Production Management Systems—A CIM Perspective, Addison-Wesley, London, 1988

VII.5 Mineralölindustrie

1. Aonuma, T., Nishi, T., and Takai, E.: Implementation of a Decomposition-Coordination Approach to Refinery Production Scheduling, Int. J. Prod. Res., Vol. 21, No. 6, 1983
2. Koehler, R.: Der Einsatz von Datenverarbeitungsanlagen für Optimierungsrechnungen bei Mineralölraffinerien, Elektronische Datenverarbeitung, Vol. 9, No. 7, 1967, 306–311
3. Garvin, W. W. Crandall, H. W., John, J. B., and Spellman, R. A.: Applications of Linear Programming in the Oil Industry, Management Science, Vol. 3, 1957, 407–430
4. Manne, A.: Scheduling of Petroleum Refinery Operations, Havard Economic Studies 48, Havard Univ. Press, Cambridge Univ. Press, Cambridge, Mass., 1956
5. Mc Coll, W. H.: Management and Operations Research in an Oil Company, Operations Research Quarterly, Vol. 20, 1969, 64–65
6. Catchpole, A. R.: An Application of LP to Integrated Supply Problems in the Oil Industry, Oper. Res. Quart., Vol. 13, 1962, 163–169
7. Charnes, A., Cooper, W. W., and Mellon, B.: Blending Aviation Gasolines—A Study in Programming Interdependent Activities in an Integrated Oil Company, Econometrica, Vol. 20, 1952, 135–159
8. Charnes, A. Cooper, W. W., and Mellon, B.: A Model for Programming and Sensitivity Analysis in an Integrated Oil Company, Econometrica, Vol. 22, No. 2, 1954
9. Symonds, G. H.: Linear Programming Solves Gasoline Refinery and Blending Problems, Ind. and Eng. Chemistry, Vol. 48, No. 3, 1956
10. Magoulas, K., Marinos-Kouris, D., and Lygeros, A.: Instructions are Given for Building Gasoline-Blending L. P., Oil Gas J., Vol. 86, No. 27, 1988, 32
11. Magoulas, K., Marinos-Kouris, D., and Lygeros, A.: Actual Blending Liner Programming Model is Developed, Oil Gas J., Vol. 86, No. 29, 1988, 44–48
12. Cheney, L. K., Ullman, R. J., and Kawarantani, T. T.: The Significance of Mathematical Programming in the Business World, RAND Symposium on Math, Programming 1959, RAND Report R-351, 1960
13. Prince, B., Purrington, B., Ramsey, J., and Pope, J.: Gasoline Blending at Texaco Using Nonlinear Programming, Presented at TIMS/ORSA National Meeting, Chicago, 1983
14. Olsbu, A. and Loeken, P. A.: Mixed-Integer Programming Model for the Design and Planning of Power Systems in Oil Production Platforms, Eng. Costs Prod. Econ., Vol. 14, No. 4, 1988, 281–296
15. Sullivan, J.: Application of Mathematical Programming Methods to Oil and Gas Field Development Planning, Math. Progr., Vol. 42, No. 1, 1988, 189–200
16. Shepard, S. W.: Computerized Fleet Planning for Bulk Petroleum Products, Exxon Corporation, CCS Department Paper, Florham Park, New Jersey, 1984
17. Diwekar, U. M., Madhavan, K. P., Swaney, R. E.: Optimization of Multicomponent Batch Distillation Columns, Ind. Eng. Chem. Res., 1989, 1011–1017
18. Aboudi, R. et al.: A Mathematical Programming Model for the Development of Petroleum Fields and Transport Systems, Eur. J. Oper. Res., Vol. 43, No. 1, 1989, 13–25
19. Diwekar, U. M.: Simulation, Design and Optimization of Multicomponent Batch Distillation Columns, Ph.D. Thesis, IIT Bombay, India, 1988
20. Brown, G. W., Graves, G. W., and Ronen, D.: Scheduling Ocean Transportation of Crude Oil, Mgmt. Sci., Vol. 33, No. 3, 1987, 335–346
21. Ramsey, J. R. Jr. and Truesdale, P. B.: Blend Optimization Integrated into Refinery-Wide Strategy, Oil and Gas J., Vol. 88, No. 12, 1990, 40–44

22. Bodington, C. E. and Baker, T. E.: A History of Mathematical Programming in the Petroleum Industry, Interfaces, Vol. 20, No. 4, 1990, 117–127
23. Symonds, G. H.: Linear Programming—The Solution of Refinery Problems, ESSO Standard Oil Company, New York, 1955

VII.6 Mischungsplanung

1. Swanson, E. R.: Solving Minimum-Cost Feed Mix Problems, Journal of Farm Economics, Vol. 37, 1955, 135–139
2. Van de Panne, C: Minimum Cost Cattle Feed Under Probabilistic Protein Constraints, Mgmt. Sci., Vol. 3, No. 3, 1963
3. Symonds, G. H.: Linear Programming Solves Gasoline Refinery and Blending Problems, Ind. Eng. Chemistry, Vol. 48, No. 3, 1956
4. Smith. V. E.: Linear Programming Models for the Determination of Palatable Human Diets, J. of Farm Econ., Vol. 41, 1959, 272–283
5. Thormaehlen, M. V.: Ein computergestütztes Produktionsplanungssystem für Rezepturbetriebe, Betriebsw. Verl. Dr. Gabler, Wiesbaden, 1974
6. Koehler, R.: Der Einsatz von Datenverarbeitungsanlagen für Optimierungsrechnungen bei Mineralölraffinerien, Elektronische Datenverarbeitung, Vol. 9, No. 7, 1967, 306–311
7. Newman, P.: Some Calculations on Least-Cost Diets Using the Simplex Method, Oxford Univ., Bull Institute of Statistics, Vol. 17, 1955, 303–320
8. Williams, H. P. and Redwood, A. C.: A Structured Linear Programming Model in the Food Ind., Oper. Res. Quart., Vol. 25, 1974, 517–527
9. Jones, W. G. and Rope, C. M.: Linear Programming Applied to Production Planning—A Case Study, Oper. Res. Quart., Vol. 15, 1964, 293–302
10. Charnes, A., Cooper, W. W., and Mellon, B.: Blending Aviation Gasolines, Econometrica, Vol. 20, 1952, 135–159
11. IBM: Aluminium Alloy Blending, IBM Form No. GE20–0127
12. IBM: Cotton Blending, IBM Form No. GE20–0164
13. IBM: Feed Manufacturing, IBM Form No. GE20–0148
14. IBM: Gasoline Blending, IBM Form No. GE20–0168
15. IBM: Ice Cream Blending, IBM Form No. GE20–0156
16. IBM: Meat Blending, IBM Form No. GE20–0161
17. Fisher, W. D. and Schruben, L. W.: Linear Programming Applied to Feed Mixing under Different Price Conditions, J. of Farm Economics, Vol. 53, 1953, 471–483
18. Hutton, R. F. and Mc Alexander, R. H.: A Simplified Feed-Mix Model. J. of Farm Economics, Vol. 39, 1957
19. Waugh, F. V.: The Minimum-Cost Dairy Feed, J. of Farm Economics, Vol. 33, No. 3, 1951, 299–310
20. Thomas, G. S., Jennings, J. C., and Abbott, P.: A Blending Problem Using Integer Progr. On-Line, Math. Progr. Study, Vol. 9, 1978, 30–47

VII.7 Vertriebsplanung

1. Kilger, W.: Optimale Produktionsplanung und Absatzplanung, Entscheidungsmodelle für den Produktions- und Absatzbereich industrieller Betriebe, Westdeutscher Verlag, Opladen, 1973
2. Lott, R.: Kostenoptimaler Vertrieb eines Konsumgutes einschliesslich Standortbestimmung mit ganzzahliger linearer Optimierung, Zeitschr. für Oper. Res., Vol. 18, No. 6, 1974, 229–235
3. Bard, Y.: Production-Transportation-Marketing Model, IBM New York Scientific Center, Report No. 320–2933, New York, 1966
4. Bass, F. M. et al. (Eds.): Mathematical Models and Methods in Marketing, R. D. Irwin, Homewood, III., 1961
5. Müller-Merbach, H.: Operations Research in Marketing—Anwendungsmöglichkeiten, Battelle Institut, Marketing, Frankfurt/M., 1968

6. Topritzhofer, E.: Modelltheoretische Ansätze zur optimalen Lösung von Logistics Probl. im Marketing, Der Markt, H. 35, 1970, 71–77
7. Rao, V. R. and Thomas, L. J.: Dynamic Models for Sales Promotion Policies, Oper. Res. Quarterly, Vol. 24, 1973, 403–417
8. Oral, M. and Kettani, O.: A Mathematical Programming Model for Market Share Prediction, Int. J. Forecasting, Vol. 5, No. 1,1989, 59–68
9. Oral, M. and Ozkan, A. O.: An Empirial Study on Measuring Industrial Competitiveness, J. Oper. Res. Soc., Vol. 37, No. 4, 1986, 345–354
10. Sinha, P. and Zoltners, A. A.: Integer Programming Models for Sales Resources Allocation, Mgmt. Sci., Vol. 26, 1980, 242–260

VII.8 Standortplanung

1. Balinski, M. L.: Integer Programming, Methods, Uses, Computation, Mgmt. Sci., Vol. 12, No. 3, 1965, 253–311
2. Domschke, W.: Modelle und Verfahren zur Bestimmung betrieblicher und innerbetrieblicher Standorte—Ein überblick, Zeitschr. für Oper. Res., Vol. 19, No. 2, 1975, 13–41
3. Heinhold, M.: Ein Operations-Research-Ansatz zur Bestimmung von Standorten und Einzugsbereichen von Krankenversorgungsbetrieben, Zeitschr. für Oper. Res., Vol 19, No. 4, 1975, 103–118
4. Heinhold, M.: Lokations- und Allokationsprobleme bei Kranken-versorgungsbetrieben, Diss., München, 1974
5. Guignard, M.: and Spielberg, K.: Algorithms for Exploiting the Structure of the Simple Plant Location Problem, Ann. Discrete Math., Vol. 1, 1977, 247–271
6. Toregas, C., Swain, R., ReVelle, C., and Bergman, L.: The Location of Emergency Service Facilities, Oper. Res., Vol. 19, 19711, 1363–1373
7. Feldman, E. F., Lehrer, A., and Ray, T. L.: Warehouse Location under Continuous Economies of Scale, Mgmt. Sci., Vol. 12, 1966, 670–684
8. Frazer, W. D.: An Approximate Alogorithm for Plant Location Under Piecewise Linear Concave Costs, IBM Res. Report RC-1875, 1967
9. Gray, P.: Mixed-Integer Programming Algorithms for Site Selection and Other Fixed Charge Problems Having Capacity Constraints, Techn. Report 101, Dept. of Operations and Statistics, Stanford Univ., Stanford, CA., 1967
10. Klein, M. and Klimpel, R. R.: Application of Linearly Constrained Nonlin. Optimiz. to Plant Location and Sizing, J. Ind. Eng., 1967
11. Baumol, W. J. and Wolfe, P.: A Warehouse Location Problem, Operations Research, Vol. 6, No. 2, 1958, 252–263
12. Spielberg, K.: Algorithms for the Simple Plant Location Problem with Some Side Conditions, Oper. Res., Vol. 17, 1969, 85–111
13. David, P. S. and Ray, T. L.: A Branch-and-Bound Algorithm for the Capacitated Facilities Location Problem, Nav. Res. Logist. Quart., Vol. 16, 1969, 331–344
14. Bilde, O. and Krarup, F.: Sharp Lower Bounds and Efficient Algorithms for the Simple Plant Location Problem, Ann. of Discrete Math., Vol. 1, 1977, 79–97
15. Armour, G. C. and Buffa, E. S.: A Heuristic Algorithm and Simulation Approach to Relative Location of Facilities , Mgmt. Sci., Vol. 9, No. 2, 1963
16. Balinski, M. L. and Wolfe, O.: On Bender's Decomposition and a Plant Location Problem, Mathematica Working Paper, ARO-27, Dec. 1963
17. Liebmann, H.-P.: Die Standortwahl als Entscheidungsproblem. Ein Beitrag zur Standortbestimmung von Produktions- und Handelsbetrieben, Physica, Würzburg, 1971
18. Beck, S.: Probleme optimaler Standortwahl, Qualitätskontrolle und Operational Research, Heft 10, 1960
19. Cooper, L.: The Transportation-Location Problem, Oper. Res., Vol. 20, No. 2, 1972, 94–108
20. Elson D. G.: Site Location Via Mixed-Integer Programming, Oper. Res. Quart., Vol. 23, 31–43
21. Guignard, M.: Lagrangean Dual Ascent Algorithm for Simple Plant Location Probl., Eur. J. Oper. Res., Vol. 35, No. 2, 1988, 193–200
22. Leung, J. M. Y. and Magnanti, T. L.: Valid Inequalities and Facets of the Capacitated Plant Location Problem, Math. Progr., Vol. 44, 1989, 271–292

23. Erlenkotter, D.: A Dual-Based Procedure for Uncapacitated Facility Location, Operations Research, Vol. 26, 992–1009
24. Fisher, M. L. and Hochbaum, D. S.: Database Location in Computer Networks, J. ACM, Vol. 27, 718–735
25. Guignard, M. and Spielberg, K.: A Direct Dual Method for the Mixed Plant Location Problem with Some Side Constraints, Math. Progr.,Vol. 17, 1979, 198–228
26. Maranzana, F. E.: On the Location of Supply Points to Minimize Transportation Costs, IBM Systems Journal, 1963, 129–135
27. Warszawski, A.: Multi-Dimensional Location Problems, Oper. Res., Quart., Vol. 24, 1973, 165–179
28. Erkut, E., Francis, R. L., Lowe, T. J., and Tamir, A.: Equivalent Mathematical Programming Formulations of Monotonic Tree Network Location Problems, Oper. Res., Vol. 37, No. 3, 1989, 447–461
29. Love, R. F., Morris, J. G., and Wesolowsky, G. O.: Facilities Location—Models & Methods, North-Holland, Amsterdam, 1988
30. Erlenkotter, D.: A Dual-Based Procedure for Uncapacitated Facility Location, Oper. Res., Vol. 26, 1978, 992–1009
31. Gavett, J. W. and Plyter, N. V.: The Optimal Assignment of Facilities to Locations by Branch-and-Bound, Oper. Res., Vol. 14, 1966, 210–233
32. Francis, R. L. and White, J. A.: Facility Layout and Location—An Analytical Approach, Prentice-Hall, Englewood Cliffs, N. J., 1974
33. Francis, R. L., Mc Ginnis, L. F., and White, J. A.: Location Analysis, Eur. J. of Oper. Res.,Vol. 12, 1983, 220–252
34. Marks, D. H., ReVelle, C., and Liebman, J. C.: Mathematical Models for Location—A Review, J. Urban Plann. Devl., Vol. 96, 1970, 81–93
35. ReVelle, C. and Swain R.: Central Facilities Location, Geogrl. Analysis, Vol. 2, 1970, 30–42
36. Fortenberry, J. C., Mitra, A., and Willis, R. D. M.: A Multi-Criteria Approach to Optimal Emergency Vehicle Location Analysis, Comp. and Eng., Vol. 16, No. 2, 1989, 339–347
37. Tompkins, J. A. and White, J. A.: Facilities Planning, Wiely, New York, 1984

VII.9 Transport- und Tourenplanung

1. Uebe, G.: Optimale Fahrpläne, Springer, Berlin, 1970
2. Golden, B., Assad, A., and Dahl, R.: Analysis of a Large Scale Vehicle Rounting Problem With an Inventory Component, Large Scale Syst., Vol. 7, No. 2, 1984
3. Waters, C. D. J.: Interactive Vehicle Scheduling, J. of the Oper. Res., Soc., Vol. 35, No. 9, 1984
4. Carraresi, P. and Gallo, G.: Network Models for Vehicle and Crew Scheduling, Eur. J. of Oper. Res., Vol. 16, No. 2, 1984, 139–151
5. Christofides, N.: Period Routing Problem, Networks, Vol. 14, No. 2, 1984
6. Frank, H. et al.: Optimierung der Transporte technischen Gasen in Stahlflaschen, Chem. Techn. (DDR), Vol. 38, Heft 9, Sept. 1986
7. Christofides, N., Mingozzi, A., and Toth, P.: Exact Methods for Vehicle Routing, Math. Progr., 1981
8. Christofides, N., Mingozzi, A., and Toth, P.: State Space Relaxations for the computation of Bounds to Routing Problems, Networks, 1981
9. Christofides, N.: Uses of a Vehicle Routing and Scheduling System in Strategic Distribution Planning, in X-47, 1986
10. Stein, D. M.: An Asympotoic Probabilistic Analysis of a Routing Problem, Math. of Oper. Res., Vol. 3, No. 2, 1978
11. Clarke, G. and Wright, J. W.: Sceduling Vehicles from a Central Depot to a Number of Delivery Points, Oper. Res., Vol. 12, 1964, 568–581
12. Dantzig, G. B. and Ramser, J. H.: The Truck Dispatching Problem, Management Science, Vol. 6, No. 1, 1960, 80–91
13. Balinski, M. L. and Quandt, M. H.: On an Integer Program for a Delivery Problem, Oper. Res., Vol. 12, 1964, 300–304
14. Pierce, J. F.: Applications of Combinatorial Programming Algorithms for a Class of All Zero-One Integer Programming Problems, Management Science, Vol. 15, 1968, 191–209
15. Christofides, N., Mingozzi, A., and Toth, P.: The Vehicle Routing Problem, in VIII.1.6–05, 1979

16. Desrochers, M., Lenstra, J. K., Savelsbergh, M. W. P., and Soumis, F.: Vehicle Routing with Time Windows—Optimization and Approximation, Centrun voor Wiskunde en Informatica, Amsterdam, Dept. of Oper. Res., and System Theory, 1987
17. Szwarc, W.: The Transportation Problem with Stochastic Demand, Mgmt. Sci., Vol. 11, 1964, 35–50
18. Arabeyre, J. P., Feanley, J., Steiger F. C. and Teather, W.: The Airline Scheduling Problem—A Survey, Trans. Sci., Vol. 3, 1969, 140–163
19. Cavanagh, R. A.: Airline Crew Scheduling, Presented at XII TIMS International Meeting, Kyoto, Japan, July 1975
20. Nicoletti, B.: Autom. Crew Rostering, Trans. Sci., Vol. 9, 1975, 33
21. Babic, O.: Optimization of Refuelling Truck Fleets at an Airpot, Transp. Res. Part B, Vol. 21B, No. 6, 1987, 479–487
22. Bard, J. F. and Cunningham, I. G.: Improving Through-Flight Schedules, IIE Trans., Vol. 19, No. 3, 1987, 242–251
23. Brucker, P. and Hurink, J.: Railway Scheduling Problem, Zeitschrift für Oper. Res., Ser. A, Vol. 30, No. 5, 1986, 223–227
24. Crainic, T. G. and Rousseau, J.-M.: Column Generating Principle and The Airline Crew Scheduling Problem, Infor J., Vol. 25, No. 2, 1987, 136–151
25. Waters, C. D. J.: Solution Procedure for the Vehicle Scheduling Problem Based on Iterative Route Improvement, J. of the Oper. Res. Soc., Vol. 38, No. 9, 1987, 833–839
26. Bellman, R. E.: On a Routing Problem, Quart. Appl. Math., Vol. 16, 1958, 87–90
27. Balas, E.: Solution of Large-Scale Transportation Problems Through Aggregation, Rumän. Akademie der Wiss., Mathem. Institut, 1963
28. Balas, E.: The Dual Method for the Generalized Transportation Problem Mgmt. Sci., Vol. 12, 1966, 555–568
29. Balas, E. and Hammer, P. L.: On the Generalized Transportation Problem, Mgmt. Sci., Vol. 11, 1964, 188–202
30. Balas, E. and Hammer, P. L.: On the Transportation Problem, Part I and II, Cahiers du Centre d'Etudes de Recherche Operationelle, Vol. 4, 1962, 98–116 and 131–160
31. Balinski. M. L.: Fixed-Cost Transportation Problems, Naval Research Logistics Quarterly, Vol. 8, 1961, 41–54
32. Balinski, M. L. and Gomory, R. E.: A Primal Method for Assignment and Transportation Probl., Mgmt. Sci., Vol. 10, 1964, 578–593
33. Bard, Y.: Production-Transportation-Marketing Model, IBM New York Scientific Center, Report No. 320–2933, New York, 1966
34. Barth, U.: Das dreidimensionale Transportproblem, Univ. Mainz, Lehrstuhl für Betriebsw., Forschungsbericht 1–1968, Mainz, 1968
35. Barth, U.: Das dreidimensionale Transportproblem der linearen Planungsrechung-Eigenschaften und Lösung, Techn. Hochschule Darmstdt, Fakultät für Math. und Physik, Diss., Darmstadt, 1971
36. Liebling, T. M.: Graphentheorie in Planungs- und Transportproblemen, am Beispiel des städt. Strassendienstes, Springer, Berlin, 1970
37. Beale, E. M. L.: An Algorithm for Solving the Transportation Problem When Shipping Cost Over Each Route is Convex, Nav. Res. Logist. Quart., Vol. 6, 1959, 43–56
38. Beckmann, M. J., Mc Guire, C. B. and Winsten, C.: Studies in the Economics of Transportation, Yale Univ. Press, New Haven, 1956
39. Gaskell, T. J.: Bases for Vehicle Fleet Scheduling, Oper. Res., Quart., Vol. 18, 1967, 281
40. Lourie, J. R.: Topology ans Computation of the Generalized Transportation Problem, Mgmt. Sci., Vol. 11, 1964, 177–187
41. Williams, A. C.: A Treatment of Transportation Problems by Decomposition, J. SIAM, Vol. 10, 1962, 35–48
42. Williams, A. C.: A Stochastic Transportation Problem, Oper. Res., Vol. 11, 1963, 759–770
43. Iri, M.: A New Method for Solving Transportation Network Problems, J. Oper. Res. Soc. of Japan, Vol. 3, 1960, 27–87
44. Witten, P. amd Zimmermann, H.-G.: Stochastische Transportprobleme, Zeitschr. für Oper. Res., Vol. 22, 1978, 55–68
45. Hitchcock, F. L.: The Distribution of a Product from Several Sources to Numerous Locations, J. Math. Phys., Vol. 20, 1941, 224–230
46. Houthakker, H. S.: On the Numerical Solution of the Transportation Problem, Operations Research, Vol. 3, 1945, 210–214
47. Wilson, D.: A Mean Cost Approximation for Transportation Problems, with Stochastic Demand, Nav. Res. Logist. Quart., Vol. 22, 1975, 181–187

48. Lindenberg, W.: Minimierung der Fahrzeuganzahl bei Transportproblemen, in VIII.1.1–57, 1985

49. Paulik, R.: Tourenplanung im Dialog, in VIII.1.1–57, 1985

50. Pierick, K. und Wiegand, K. D.: Aufbau und Anwendung von Arbeitshilfen, Entscheidungshilfen und Optimierungshilfen im Verkehr, in VIII.1.1–57, 1985

51. Schlueter, E.: Heuristisches Verfahren zur Optimierung der Fahrzeugumläufe im öffentl. Personennahverkehr, in VIII.1.1–57, 1985

52. Hentschel, D. und Wiegand, K. D.: Fahrplangestaltung und Dienstplangestaltung im öffentlichen Personennahverkehr, unterstützt durch grafische Dialogtechnik, in VIII.1.1–57, 1985

53. Rommelfanger, H.: Zur Lösung linearer Verkehrsoptimierungssysteme mit Hilfe der Fuzzy-Set Theory, in VIII.1.1–57, 1985

54. Junginger, W.: Notwendige und hinreichende Bedingungen für die Lösung mehrdimensionaler Transportproblem, in VIII.1.1–57, 1981

55. Junginger, W.: Klassifikation der mehrdimensionalen Transportproblem, in VIII.1.1–58, 1980

56. Oheigeartaigh, M.: A Fuzzy Transportation Algorithm, Fuzzy Sets and Systems, Vol. 8, No. 3, 1982, 235–244

57. Koopmans, T. C. (Ed.): Activity Analysis of Production Allocation, Wiley, New York, 1951

58. Dantzig, G. B.: Application of the Simplex-Method to a Transportation Problem, in VII.09–57, 1951

59. Ford, L. R. and Fulkerson, D. R.: Solving the Transportation Problem, Mgmt. Sci., Vol. 3, 1956, 24–32

60. Ford, L. R. and Fulkerson, D. R.: Flows in Networks, Princetion University Press, Princeton, New Jersey, 1962

61. Bradley, G. H.: Survey of Deterministic Networks, AIIE Trans., Vol. 7, 1975, 222–234

62. Jensen, P. A. und Barnes, J. W.: Network Flow Programming, Wiley, New York, 1980

63. Glover, F. and Klingman, D.: Real World Applications of Network Problems and Breakthroughs in Solving Them Efficiently, Research Report CC5159, Center for Cybernetics Studies, Univ. of Texas, Austin, 1974

64. Herman, R. (Ed.): Theory of Traffic Flow, Elsevier, Amsterdam, 1961

65. Charnes, A. and Cooper, W. W.: Multicopy Traffic Models, in VII.9, 64–1961

66. Carbon, A.: On a Three-Dimensional Transportation Problem, Rev. Roum. Math. Purse et Appl., Vol. 11, No. 1, 1966, 57–75

67. Orden, A.: The Transshipment Problem, Mgmt. Sci., Vol. 2, 1956, 276–285

68. Kopfer, H.: Enumerationsverfahren zur exakten Lösung KVO-Optimierungsproblems im gewerbichen Gueterfernverkehr, in VIII.1.1–57, 1985, 191–198

69. Domschke, W.: Logistik-Transport, München und Wien, 1981

70. Krolak, P., Felts, W. and Nelson, J.: A Man-Machine Approach Toward Solving the Generalized Truck-Dispatching Problem, Transp. Sci., Vol. 6, 1972, 149–170

71. Matthaeus, F.: Tourenplanung-Verfahren zur Einsatzdisposition von Fuhrparks, Darmstadt, 1978

72. Marsten, R. and Shepardson, F.: Exact Solution of Crew Scheduling Problems Using the Set Partitioning Model—Recent Successful Applications, Networks, Vol. 11, 1981, 165–177

73. Baker, E. and Fisher, M.: Computational Results for Very Large Air Crew Scheduling Problems, OMEGA, Vol. 9, No. 6, 1981, 613–618

74. Paessens, H.: Tourenplanung bei der regionalen Hausmuellentsorgung, Diss., Nr. 26 der Schriftenreihe des Instituts für Siedlungswasserwirtschaft der Universität Karlsruhe, 1981

75. Weuthen, H.-K.: Tourenplanung—Lösungsverfahren für Mehrdepotprobleme, Diss., Universität Karlsruhe, 1983

76. Derigs, U. und Hagberg, B.: Ein iterativer Lösungsansatz für das Rostering Problem mittels optimaler Zuordnungen, in VIII.1.1–57, 1985, 417–420

77. Paessens, H.: Savings Algorithm for the Vehicle Routing Problem, Eur. J. Oper. Res., Vol. 34, No. 3, 1988, 336–344

78. Laporte, G., Norbert, Y., and Taillefer, S.: Solving a Family of Multi-Depot Vehicle Routing and Location-Routing Problems, Transp. Sci., Vol. 22, No. 3, 1988, 161–172

79. Christofides, N. and Eilon, S.: An Algorithm for the Vehicle-Dispatching Problem, Oper. Res. Quart., Vol. 20, 1969, 309

80. Christofides, N. and Eilon, S.: Expected Distances in Distribution Problems, Oper. Res. Quart., Vol. 20, 1969, 437

81. Carpaneto, G., Dell 'Amico, M., Fischetti, M., and Toth, P.: A Branch-and-Bound Algorithm for the Multiple Depot Vehicle Scheduling Problem, to appear in Networks

82. Ali, A. I., Kennington, J. and Shetty, B.: Equal Flow Problem, Eur. J. Oper. Res., Vol. 36, No. 1, 1988, 107–115

83. Golden, B. L. and Assad, A. A. (Eds.): Vehicle Routing-Methods and Studies, North-Holland, Amsterdam, 1988
84. Magnanti, T. L. and Wong, R. T.: Network Design and Transp. Planning-Models and Algorithms, Transp. Sci., Vol. 18, 1984, 1–55
85. Meyer, R. R.: Network Optimization, in VIII.1.1–92, 1984, 125–139
86. Steenbrink, P. A.: Optimiz. of Transp. Networks, Wiley, London, 1974
87. Koopmans, T. C.: Optimum Utilization of the Transportation System, Econometrica, Vol. 17, 1949, 3–4
88. Simmonard, M. and Hadley, G.: Maximum Number of Iterations in the Transportation Problem, Nav. Res. Logist. Quart., Vol. 6, 1959, 125–129
89. Bradley, G. H., Brown, C. G. and Graves, G. W.: Design and Implementation of Large Scale Primal Transshipment Algorithms, Mnagement Science, Vol. 24, 1977, 1–34
90. Rockafellar, R. T.: Network Flows and Monotropic Optimization, Wiley, New York, 1984
91. Appa, G. M.: The Transportation Problem and its Variants, Oper. Res., Quart., Vol. 24, 1973, 79–99
92. Beasley, J. E.: Route First-Cluster Second, Methods for Vehicle Routing, OMEGA, Vol. 11, 1983, 403–408
93. Mc Closkey, J. F. and Hanssmann, F.: An Analysis of Stewardess Requirements and Scheduling for a Major Airline, Nav. Res. Logist Quart., Vol. 4, 1957, 183–192
94. Golden, B. L. and Skiscim, C. C.: Using Simulated Annealing to Solve Routing and Location Problems, Nav. Res. Logist. Quart., Vol. 33, 1986, 261–279
95. Derigs, U.: Ganzzahlige Programmierung—Methoden zur Lösung des Bottleneck Transportproblems, in VIII.1.1–56, 1979
96. Magnanti, T. L. and Golden, B. L.: Network Optimization, Wiley, New York, 1985
97. Watson-Gandy, C. and Foulds, L. R.: The Vehicle Scheduling Problem—A Survey, The New Zealand Oper. Res., Vol. 9, No. 2 1981, 73–92
98. Golden, B. L., Magnanti, T. L., and Nguyen, H.: Implementing Vehicle Routing Algorithms, M. I. T. Oper. Res. Center Techn. Report No. 115, 1975
99. Beale, E. M. L.: Two Transportation Problems, in VIII.1.1–129, 1963, 780–788
100. Foster, B. A. and Ryan, D. M.: An Integer Programming Approach to the Vehicle Scheduling Problem, Oper. Res. Quart., Vol. 27, 1976, 367–384
101. Rubin, J.: A Technique for the Solution of Massive Set Covering Problems with Application to Airline Crew Scheduling, Transp. Sci., 1973, 33–48
102. Laporte, G. and Nobert, Y.: Exact Algorithms for the Vehicle Routing Problem, in VII.19–169, 1987, 147–184
103. Assad, A. A.: Multicommodity Network Flows—A Survey, Networks, Vol. 8, 1978, 37–91
104. Kennington, J.: Multicommodity Flows—A State-of-the-Art Survey of Linear Models and Solution Techniques, Oper. Res., Vol. 26, 1978, 209–236
105. Magnanti, T. L.: Combin. Optimiz. and Vehicle Fleet Planning—Perspectives and Prospects, Networks Vol. 11, 1981, 179–214
106. Lenstra, J. K. and Rinnoy Kan, A. H. G.: Complexity of Vehicle Routing and Scheduling Problems, Networks, Vol. 11, 1981, 221–228
107. Shetty, B.: A Primal Simplex Specialization for the Equal Flow Problem. IIE Trans., Vol. 22, No. 1, 1990, 24–30
108. Desrochers, M., Lenstra, J. K., and Savelsberg, M. W. P.: A Classfication Scheme for Vehicle Scheduling Problems, Eur. J. Oper. Res., Vol. 46, No. 3, 1990, 322–332
109. Gass, S. I.: On Solving the Transportation Problem, J. Oper. Res. Soc., Vol. 41, No. 4, 1990, 291–297
110. Waters, C. D. J.: Expert Systems for Vehicle Scheduling, J. Oper. Res. Soc., Vol. 41, No. 6, 1990, 505–515
111. Golden, B. L. and Assad, A. A.: Perspectives in Vehicle Routing-Exciting New Developments, Oper. Res., Vol. 34, 1986, 803–810
112. Bodin, L., Golden, B. L., Assad, A. A., and Ball, M.: Routing and Scheduling of Vehicles and Crews—the State of the Art, Comp. & Oper. Res., Vol. 10, 1983, 69–211
113. Schrage, L.: Formulation and Structure of More Complex/Realistic Routing and Scheduling Problems, Networks, Vol. 11, 1981, 229–232
114. Solomon, M. M.: Algorithms for the Vehicle Routing and Scheduling Problems with Time Window Constraints, Oper. Res., Vol. 35, 1987, 254–265
115. Charnes, A. and Cooper, W. W.: The Stepping-Stone Method for Explaining Linear Programming Calculations in Transportation Problems, Mgmt. Sci., Vol. 1, 1954, 49–69

VII.10 Distributionsplanung

1. Christofides, N.: Uses of a Vehicle Routing and Scheduling System in Strategic Distribution Planning, in X-47, 1986
2. Kearney, A. T.: Improving Productivity in Physical Distribution, Report Undertaken for CPMD, London, 1980
3. Bloech, J. und Ihde, G.-B.: Betriebliche Distributionsplanung-Zur Optimierung logistischer Prozesse, Physica, Würzburg, 1972
4. Maris, T. G., Wakefield, G. W., Johnson, E. L., and Spielberg, K.: On a Production Allocation and Distribution Problem, Management Science, Vol. 24, No. 15, 1978, 1622–1630
5. Farrell, J.: Physical Distribution Case Studies, Boston, 1973
6. Hall, B.: Abstimmung von Bestellpolitiken der Läger eines mehrstufigen Distributionssystems zur Festlegung der notwendigen mittelfristigen Kapazitäten, in VIII.1.1–57, 1985
7. Glover, F., Jones, G., Karney, D., Klingman, D., and Mote, J.: An Integrated Production, Distribution and Inventory Planning System, Interfaces, Vol. 9, 1979, 21–35
8. Geoffrion, A. M. and Graves, G. W.: Multicommodity Distribution System Design by Bender's Decomposition, Mgmt. Sci., Vol. 20, No. 5, 1974, 822–844
9. Eilon, S., Waston-Gandy, C. D. T. and Christofides, N.: Distribution Management, Griffin, London, 1971
10. Bookbinder, J. H.and Reece, K. E.: Vehicle Routing Considerations in Distribution System Design, Eur. J. Oper. Res., Vol. 37, No. 2, 1988, 204–213
11. Van Roy, T. J. and Gelders, L.: Solving a Distribution Problem with Side Constraints, Eur. J. of Oper. Res., Vol. 6, No. 1, 1981, 61–66
12. Bell, W. J., Dalberto, L. M., Fisher, M. L., Greenfield, A. J., Jaikumar, R., Kedia, P., Mack, R. G., and Prutzman, P. J.: Improving the Distribut. of Industrial Gases with an On-Line Computerized Routing and Scheduling Optimizer, Interfaces, Vol. 13, No. 6, 1983, 4–23
13. Geoffrion, A. M.: A Guide to Computer-Assisted Methods for Distribution Systems Planning, Sloan Mgmt. Rev., Vol. 16, 1975, 17–41
14. Eiselt, H. A. and Laporte, G.: Integrated Planning in Distribution Systems, Intern. J. of Physical Distr. & Mater. Mgmt. (UK), Vol. 19, No. 4, 1989, 14–19

VII.11 Ersatzteilplanung

1. Richter, D. M.: Ausfalldichteverteilung Determiniert Langfristige Bedarfsschwankungen an Ersatzteilen und Instandhaltungsbelastungen, Maschinenbautechnik, Vol. 34, No. 9, 1985, 391–395
2. Mitchell, L. B.: Spare Parts Inventories, Plant Eng. (Barrington, 111.) Vol. 41, No. 10, 1978, 44–48
3. Kohlas, J.: Ersatzteilbemessung für reparierbare Geräte—Grund—legende Modelle und Verfahren, in VIII.1.1–55, 1981
4. Kohlas, J. and Pasquier, J.: Optimization of Spares Parts for Hierarchically Decomposable Systems, in VIII.1.1–55, 1981
5. Hofmann, H. W.: Optimale Ersatzteilausstattung bie der Einfuehrungneuer bzw. Ausphasung alter Waffensysteme, in VIII.1.1–58, 1980
6. Cohen, M. A., Kleindorfer, P. R., and Lee, H. L.: Near-Optimal Service Constrained Stocking Policies for Spare Parts, Oper. Res., Vol. 37, No. 1, 1989, 104–117
7. Bartakke, M. N.: A Method of Spare Parts Inventory Planning, OMEGA, Vol. 9, 1981, 51–58
8. Cohen, M. A., Kleindorfer, P. R., and Lee, H. L.: Optimal Stocking Policies for Low-Usage Items Multi-Echelon Inventory Systems, Nav. Res. Log. Quart., Vol. 33, 1986, 17–38
9. Schaeffer, M.: Inventory for Low-Demand Rate Reparable Items, Mgmt. Sci., Vol. 29, 1983, 1062–1068
10. Hadley, G. and Whitin, T. M.: Analysis of Inventory Systems, Prentice Hall, Englewood Cliffs, N. J., 1963
11. Dushessi, P., Tayi, G. K., and Levy, J. B.: A Conceptual Approach for Managing of Spare Parts, Int. J. Phys. Distr. & Mater. Mgmt., Vol. 18, No. 5, 1988, 8–15
12. Petrovic, R., Senborn, A., and Vujosevic, M.: A New Adaptive Algorithm for Determination of Stocks in Spare Parts Inventory Systems, Eng. Costs & Prod. Econ., Vol. 15, 1989, 405–410

13. Cohen, M., Kamesan, P. V., and Kleindorfer, P. L.: Optimizer—IBM's Multiechelon Inventory System for Managing Service Logistics, Interfaces, Vol. 20, No. 1, 1990, 65–82
14. Kostic, S. and Pendic, Z.: Optimization of Spare Parts in a Multilevel Maintenance System, Eng. Costs & Prod. Econ., Vol. 20, No. 1, 1990, 93–99

VII.12 Verschnittoptimierung

1. Hinxman, A. I.: The Trim Loss Assortment Problems—A Survey, Eur. J. of Oper. Res., Vol. 5, No. 1, 1980, 8–18
2. Farley, A.: Trim Loss Pattern Rearrangement and its Relevance to the Flat-Glass Industry, Eur. J. Oper. Res., Vol. 14, No. 4, 1983
3. Farley, A.: Note on Modifying a Two-Dimensional Trim-Loss Algorithm to Deal with Cutting Restrictions, Eur. J. Oper. Res., Vol. 14, No. 4, 1983
4. Heim, W.: Eine Näherungslösung für ein spezielles zweidimensionales Verschnittproblem, Ablauf- und Planungsforschung, Vol. 12, Heft 1, 1971
5. Gilmore, P. C. and Gomory, R. E.: A Linear Programming Approach to the Cutting Stock Problem—Part I, Oper. Res., Vol. 9, 1961
6. Gilmore, P. C. and Gomory, R. E.: A Linear Programming Approach to the Cutting Stock Problem—Part II, Oper. Res., Vol. 11, 1963
7. Gilmore, P. C. and Gomory, R. E.: Multi-Stage Cutting Stock Problems of Two and More Dimensions, Oper. Res., Vol. 13, 1965
8. Gilmore, P. C. and Gomory, R. E.: The Theory and Computation of Knapsack Functions, Oper. Res., Vol. 14, No. 6, 1966
9. Kortanek, K. and Sodaro, D.: A Generatized Network Model for Three-Dimensional Cutting Stock Problems and New Problems and New Product Analysis, The Journal of Ind. Eng., Nov. 1966, 572–576
10. Riemer, W. et al.: On-Line-Optimierung für den Zuschnitt in der Textil- und Bekleidungsindustrie (TRIGEMA, Burladingen), IBM Nachrichten, Vol. 27, Heft 237, 1977
11. Hahn, S. G.: On the Optimal Cutting of Defective Glass Sheets, Oper. Res., Vol. 16, 1968, 1100–1114
12. Beasley, J. E.: Algorithms for Unconstrained Two-Dimensional Guillotine Cutting, J. of the Oper. Res. Soc., Vol. 36, No. 4, 1985, 297–306
13. Herz, J. C.: A Recursive Computing Procedure for Two-Dimensional Cutting Stock, IBM J. of Res. and Dev., Vol. 16, 1972, 462–469
14. Christofides, N. and Whitlock, C.: An Algorithm for Two-Dimensional Cutting Problems, Oper. Res., Vol. 25, No. 1, 1977, 30–44
15. Abel, D., Dyskhoff, H., Gal, T., and Kruse, H. J.: Trim Loss and Related Problems, OMEGA, Vol. 13, 1985, 59–72
16. Wang, P. Y.: Two Algorithms for Constrained Two-Dimensional Cutting Stock Problems, Oper. Res., Vol. 31, 1983, 573–586
17. Adamowicz, M. and Albano, A.: A Solution of the Rectangular Cutting Stock Problem, IEEE Trans. Syst. Man Cybern., SMC-6, No. 4, 1976, 302–310
18. Sumichrast, R. T.: New Cutting-Stock Heuristics for Scheduling Production, Comput. Oper. Res., Vol. 13, No. 4, 1986, 403–410
19. Eisemann, K.: The Trim Problem, Mgmt. Sci., Vol. 3, 1957, 279–284
20. Art, R. C. Jr.: An Approach to the Two-dimensional Irregular Cutting Stock Problem, IBM Cambridge Scientific Center, Report 36.Y08, Cambridge, Massachusetts, 1966
21. Waescher, G., Carow, P. und Müller, H.: Ein flexibles Lösungsverf. für Zuscheneideprobleme in einem Kaltwazwerk, in VIII.1.1–57, 1985
22. Madsen, O. B. G.: Application of Travelling-Salesman Routines to Solve Pattern-Allocation Problems in the Glass Industry, J. Oper. Res. Soc., Vol. 39, No. 3, 1988, 249–256
23. Wolfson, M. L.: Selecting Best Lengths to Stock, Oper. Res., Vol. 13, No. 4, 1965, 570–585
24. Wig, M. K.: Diophantine Programming and the Stock Cutting Problem, Ph.D. Thesis, North Carolina State Univ., Raleigh, N. C., 1970
25. Elmaghraby, S. E. and Wig. M. K.: On the Treatment of Stock Cutting Problems as Diophantine Programs, North Carolina State Univ. and Corning Glass Res. Center, Report No. 61, May 11, 1970

26. Reith,P. F.: The Trimproblem, IBM Report, Amsterdam, 1962
27. Farley, A. A.: Mathematical Programming Models for Cutting Stock Problems in the Clothing Industry, J. Oper. Res., Vol. 39, No. 1, 1988, 41–53
28. Vasko, F. J., Wolf, F. E., and Stott, K. L.: Practical Solution to a Fuzzy Two-Dimensional Cutting-Stock Problem, Fuzzy Sets and Systems, Vol. 29, No. 3, 1989, 259–275
29. Dowsland, K. A.: Two-Dimensional Rectangular Packing, M.Sc. Thesis, Department of Mgmt. Sci., Univ. of Wales, Swansea, 1982
30. Albano, A. and Orsini, R.: A Heuristic Solution of the Rectangular Cutting Stock Problem, Comput. J., Vol. 23, No. 4, 1980
31. Beasley, J. E.: Bounds for Two-Dimensional Cutting, J. Oper. Res. Soc., Vol. 36, No. 1, 1985, 71–74
32. Chambers, M. L. and Dyson, R. G.: The Cutting Stock Problem in the Flat Glass Industry—Selection of Stock Sizes, Oper. Res. Quart., Vol. 27, No. 4, 1976, 949–957
33. Diegel, A. and Bocker, H. J.: Optimal Dimensions of Virgin Stock in Cutting Glass to Order, Dec. Sci., Vol. 15, No. 2, 1984, 260–274
34. Israni, S. and Sanders, J.: Two-Dimensional Cutting Stock Problem Research—A Review and a New Rectangular Layout Algorithm, J. Manuf. Systems, Vol. 1, No. 2, 1982
35. Smithin, T. and Harrison, P.: The Third Dimension of Two-Dimensional Cutting, OMEGA, Vol. 10, No. 1, 1982, 81–87
36. Biro, M. and Boros, E.: Network Flows and Non-Guillotine Cutting Patterns, Europ, J. Oper. Res., Vol. 16, 1984, 215–221
37. Maak, H.: Zweidimensionales Verschnittproblem, IBM Form No. 9.7.804, Sindelfingen, 1963
38. Goetz, H., Littger, K. und Zur Steege, R.: TRIM—Ein Verfahren zur Lösung des zweidimensionalen Verschnittproblems und sein Einsatz bei der Flachglas AG DELOG—DETAG, Wernberg/Obpf., Sonderdruck der IBM Nachrichten, 1972
39. Pierce, J. F.: On the Solution of Integer Cutting Stock Problems by Combinatorial Programming, IBM Cambridge Scientific Center, Technical Report 36Y02, May 1966
40. Daniels, J. J. and Ghandforoush, P.: An Improved Algorithm for the Non-Guillotin Constrained Cutting Stock Problem, J. Oper. Res. Soc., Vol. 41, No. 2, 1990, 141–149
41. Vasko, F. J.: A Computational Improvement to Wang's Two Dimensional Cutting Stock Algorithm, Computers & Industrial Engineering, Vol. 16, No. 1, 1989, 109–115
42. Dagli, C. H.: Knowledge Based System for Cutting Stock Problems, Eur. J. Oper. Res., Vol. 44, No. 2, 1990, 160–166

VII.13 Energieversorgungsunternehmen

1. Steinbauer, E., Muschick, A., Sillaber, A., Harhammer, P., Strobl, H. und Haschka, H.: Kraftwerkseinsatzoptimierung, Oesterr. Zeitschrift für Elektrizitätswirtschaft, Jg. 38, Heft I, Januar 1985
2. Dakin, R. J.: Application of Mathematical Programming Techniques to Cost Optimization in Power-Generating Systems, Techn. Report 19, Basser Computing Dept., School of Physiscs, Univ. of Sydney, 1961
3. Edelmann, H. und Theilsiefje, K.: Optimaler Verbundbetrieb in der elektrischen Energieversorgung, Springer, Berlin, 1974
4. Arnoff, E. L. and Chambers, J. C.: On the Determination of Optimum Reserve Generation Capacity in an Electric Utility System, Oper. Res., Vol. 4, No. 4, 1956
5. Rohde, F. G. and Zoller, E. Ch.: Mixed-Integer LP-Model for Electric Power System Planning, in Proceedings of the Intern. Conf. on Systems Modelling in Develop. Countries, Asian Institute of Technology, Bangkok, May 1978, 571–587
6. Garver, L. L.: Power Scheduling by Integer Programming, IEEE Trans. Power Apparatus and Systems, Vol. 81, 1963, 730–735
7. Fanshel, S. and Lynes, E. S.: Economic Power Generation Using Linear Programming, IEEE Trans. Power App. Syst., Vol. 83, 1964, 347–356
8. Van den Bosch, P. P. J., and Lootsma, F. A.: Scheduling of Power Generation Via Large-Scale Nonlinear Optimization, J. Optim. Theory Appl., Vol. 55, No. 2, 1987, 313–326
9. Steinbauer, E.: Suche nach optimalen Lösungen in der Energiewirtschaft gestern, heute und für morgen, Oesterreichische Zeitschrift für Elektrizitätswirtschaft, Heft 2, 1981, 32–42
10. Harhammer, P. G.: Wisrtschaftliche Lastaufteilung auf Basis der gemischt ganzzahligen Planungsrechnung, Oesterreichische Zeitschr. für Elektrizitätswirtschaft, Heft 3, 1976, 87–94

11. Habibollazadeh, H.: Optimal Short-Term Operation Planning of Hydroelectric Power Systems, Research Report of the Royal Insitute of Technology, Stockholm, 1983

12. Tomlin, J. A.: Special Ordered Sets and an Application to Gas Supply Operations, Math. Progr., Vol. 42, No. 1, 1988, 69–84

14. Ramakrishnan, H. V.: Large Scale Energy System Planning Using Quadratic Programming, J. Inst. Eng. India, Part EL, Vol. 68, No. 5, 1988, 170–176

15. Bergsman, J.: Electrical Power Systems Planning Using Linear Programming, IEEE Transactions, Vol. MIL-8, No. 2, 1964, 59

16. Dessiere, F.: The Investment 85 Model of Electricite de France, Mgmt. Sci., Vol. 17, No. 4, 1970, 192

17. Masse, P. and Gibrat, R.: Application of Linear Programming to Investments in Electric Power Ind., Mgmt. Sci., Vol. 3, 1957, 149

18. Turvey, R.: Optimal Pricing and Investment in Electricity Supply, MIT Press, Cambridge, Massachusetts, 1968

19. El-Abiad, A. H.: Power Systems Analysis and Planning, McGraw-Hill, New York, 1983

20. Carpentier, J.: Optimal Power Flows, Int. J. of Electrical Power and Energy Systems, Vol. 1, 1979, 3–15

21. Freris, L. L. and Sasson, A. M.: Investigation of the Load Flow Problem, Proceedings of the IEEE, No. 115, 1968, 1459–1470

22. Rashed, A. M. H. and Kelly, D. H.: Optimal Load Flow Solution Using Lagrangian Multipliers and the Hessian Matrix, IEEE Trans. on Power App. and Systems, PAS-93, 1974, 1292–1297

23. Terasawa, Y. and Iwamoto, S.: Optimal Power Flow Solution Using Fuzzy Mathematical Programming, Electrical Eng. in Japan, Vol. 108, No. 3, 1988, 46–54.

24. Dahr, S. B.: Power System Long-Range Decision Analysis under Fuzzy Environment, IEEE Trans. Power App. Syst., Vol. PAS-98, 1979, 585

25. Economakos, E.: Application of Fuzzy Concepts to Power Demand Forecasting, IEEE Trans. Syst. Man Cybern., Vol. SMC-9, 1979, 651

26. Evans, G. W., Morin, T. L., and Moskowitz, H.: Multiobjective Energy Generation Planning under Uncertainty, IIE Trans., Vol. 14, 1982, 183–192

27. Anderson, D.: Models for Determining Least Cost Investments in Electricity Supply, Bell J. Econom. and Mgmt. Sci., Vol. 3, 1972, 267–299

28. Santos, A. Jr., Franca, P. M., and Said, A.: An Optimization Model for Long-Range Transmission Expansion Planning, IEEE Trans. on Power Systems, Vol. 4, No. 1, 1989

29. Biggs, M. C. and Laughton, M. A.: Optimal Electric Power Scheduling—A Large Nonlinear Programming, Test Problem Solved By Recursive Quadratic Programming, Math. Progr., Vol. 13, 1977, 167–182

30. Rosenthal, R. E.: A Nonlinear Network Flow Algorithm for Maximization of Benefits in a Hydroelectric Power System, Oper. Res., Vol. 29, No. 4, 1981, 763–786.

31. Wood, A. J. (Ed.): Application of Optimization Methods in Power System Engineering, IEEE, New York, 1976

32. Merrill, H. M.: Power Plant Maintenance Scheduling with Integer Programming, in VII.13–31, 1976, 44–50

33. Biggs, M. C.: An Approach to the Optimal Scheduling of an Electrical Power System, in VIII.1.1–109, 1974, 364–380

34. Escudero, L. F.: On Energy Generators Maintenance and Operations Scheduling, IBM Scientific Center, Palo Alto, 1980

35. Werbos, P. J.: Maximizing Long-Term Gas Industry Profits in Two Minutes in Lotus Using Neural Network Methods, IEEE Trans. Syst. Man. Cyber., Vol. 19, No. 2, 1989, 315–333

36. Friedlander, A., Lyra, C., Tavares, H. and Medina, E. L.: Optimization with Staircase Structure—An Application to Generation Scheduling, Comp. & Oper. Res. Vol. 17, No. 2, 1990, 143–152

37. Friedlander, A.: Optimization with Staircase Structure in the Constraints (in Portugese), Doctoral Diss., Faculty of Engineering of the State Univ. of Campinas, Brasil, 1986

38. Kok, M.: Conflict Analysis Via Multiple Objective Programming with Experiences in Energy Planning, Thesis, Delft Univ. of Technology, Netherlands, 1986

39. Nabona, N.: Long-Term Hydro-Thermal Coordination of Electr. Generation through Multicommodity Network Flows, in VIII.1.1–148, 1989

40. Batut, J., Renaud, A., and Sandrin, P.: Daily Scheduling Optimization for Power Generation Units, E. D. F. Bulletin de la Dir. des Etudes et Rech., 1990, No. 2, 13–24

VII.14 Personalplanung

1. Holloran, T. J. and Byrn, J. E.: United Airlines Station Manpower Planning System, Interfaces, Vol. 16, No. 1, 1986
2. Rubin, J.: Manpower Scheduling Model, IBM Cambridge Scientific Center, Report No. G320-2104, 1975
3. Gaballa, A. and Pearce, W.: Telephone Sales Manpower Planning at Quantas, Interfaces, Vol. 9, No. 3, 1979
4. Jarr, K.: Simultane Produktions- und Personalplanung, Zeitschrift für Betriebswirtschaft, Vol. 44, No. 10, 1974, 685–702
5. Grinold, R. C.: Manpower Planning with Uncertain Requirements, Operations Research, Vol. 24, No. 3, 1976, 387–399
6. Alan, A., Pritsker, B., Watters, L. J. and Wolfe, P. M.: Multiproject Scheduling with Limited Resources, A Zero-One Programming Approach, Mgmt. Sci., Vol. 16, No. 1, 1969, 93–108
7. Mize, J. H.: A Heuristic Scheduling Model for Multi-Project Organizations, Ph.D. Thesis, Purdue Univ., 1964
8. Wiest, J. D.: Some Properties of Schedules for Large Projects with Limited Resources, Operations Research, Vol. 12, 1964, 395–418
9. Wiest, J. D.: A Heuristic Model for Scheduling Large Projects with Limited Resources, Mgmt. Sci., Vol. 13, No. 6, 1967, 359–377
10. Arabeyre, J. P., Feanley, J., Steiger, F. C. and Teather, W.: The Airline Scheduling Problem—A Survey, Trans. Sci., Vol. 3, 1969, 140–163
11. Cavanagh, R. A.: Airline Crew Scheduling, Presented at XII TIMS International Meeting, Kyoto, Japan, July 1975
12. Nicoletti, B.: Autom. Crew Rostering, Trans, Sci., Vol. 9, 1975, 33
13. Doenni, B.: Verfahren für optimale Personalzuordnung, Industrielle Organisation, Vol. 34, No. 6, 1965, 311–331
14. Doenni, B.: optimale Personalzuordnung, industrielle Organisation, Vol. 34, No. 8, 1965, 460–473
15. Dwyer, P. S.: Solution of the Personal Classification Problem with the Method of Optimal Regions, Psychometrika, Vol. 18, No. 1, 1954
16. Weber, W. L.: Manpower Planning in Hierarchical Organizations—A Computer Simulation Approach, Mgmt. Sci., Ser. A, Vol. 18, No. 3, 1971, 119–144
17. Votaw, D. F. Jr.: Methods of Solving Personnel Classification Problems, Psychometrica, Vol. 17, 1952, 255–266
18. Votaw, D. F. Jr.: Personnel Assignment Problem, in VIII.1.2–45, 1952
19. Van der Bij, H.: Manpower Planning Activities on Mangement Control Level, in VIII.1.1–57, 1985
20. Soehngen, L.: Modellgesteuerte Bedarfsplanung, Einsatzsteuerung und Kontrolle von Personal bei variabler Arbeitsmenge, in VIII.1.1–57, 1985, 219–222
21. Vajda, S.: Mathematical Aspects of Manpower Planning, Oper. Res. Quart., Vol. 26, 1975, 527–542
22. Price, W. L. and Piskor, W. G.: The Application of Goal Programming to Manpower Planning, Information, Vol. 10, 1972, 221–231
23. Lilien, G. L. and Rao, A. G.: A Model for Manpower Management, Management Science, Vol. 21, 1975, 1447–1457
24. Charnes, A., Cooper, W. W., Niehaus, R. J., and Scholtz, D.: A Model and a Program for Manpower Management and Planning, Graduate School of Ind. Admin., Reprint No. 383, Carnegie Mellon Univ., 1975
25. Davies, G. S.: Structural Control in a Graded Manpower System, Management Science, Vol. 20, 1973, 76–84
26. Verhoeven, C. J.: Techniques for Corporate Manpower Planning, Kluwer Nijhoff Publ., 1982
27. Smith, A. R. and Bartolomew, D. J.: Manpower Planning in the United Kingdom—A Historical Review, J. Oper. Res. Soc., Vol. 39, No. 3, 1988, 235–248
28. Venema, M. and Wessels, J.: Systematic Modelling and Model Handling for Manpower Systems, Vol. 4, No. 4, 1988
29. Glover, F. and Mc Millan, C.: The General Employee Scheduling Problem—An Integration of MS and AI, Comput. Oper. Res., Vol. 13, 1986, 563–573
30. Lawrence, J.: Manpower and Personal Models in Britain, Personn. Rev., Vol. 2, No. 3, 1973, 4–27
31. Martel, A. and Al-Nuaimi, A.: Tactical Manpower Planning Via Progr. under Uncertainty, Oper. Res. Quart., Vol. 24, 1973, 571–585
32. Drumm, H. J.: Zur Akzeptanz formaler Personalplanungsmethoden-Ergebnisse einer empirischen Untersuchung, in VIII.1.1–56, 1979
33. Bergold, V.: Personalplanung im Vertriebsbereich mit ganzzahliger linearer Optimierung, in VIII.1.1–146, 1974

VII.15 Investitions- und Finanzplanung

1. Wilson, R.: Investment Analysis under Uncertainty, Management Science, Vol. 15, No. 12, 1969, 650–664
2. Peters, L.: Simultane Produktions- und Investitionsplanung mit Hilfe der Portfolio Selection, Duncker & Humblot, 1971
3. Jacob, H.: Neuere Entwicklungen in der Investitionsrechnung, Zeitschrift für Betriebswirtschaft, Vol. 34, No. 8 und 9, 1964, 487–507 und 551–594
4. Zimmermann, W.: Flexible Investitionsplanung mit ganzzahliger lin. Progr., Ablauf und Planungsforschung, Vol. 8, No. 4, 1967, 408–412
5. Hax, H.: Investitions- und Finanzplanung mit Hilfe der linearen Progr., Zeitschr. für betriebsw. Forschung, Vol. 16, 1964, 430–446
6. Albach, H.: Linear Programming als Hilfsmittel betrieblicher Investitionsplanung, Zeitschr. für handelswirtsch. Forschung, Vol. 12, 1960, 526–549
7. Witten, P. und Zimmermann, H.-G.: Zur Eindeutigkeit des interenen Zinsfußes und seiner Bestimmung, Zeitschr. für Betriebswirtschaft, Vol. 47, 1977, 99–114
8. Teichroew, D., Robichek, A., and Montalbano, M.: Mathematical Analysis of Rates of Return under Certainty, Mgmt. Sci., Ser. A, Vol. II, 1965, 395–400
9. Pazner, E. A. and Razin, A.: A Model of Investment under Interest Rate Uncertainty, Intern. Economic Review, Vol. 15, 1974, 798–802
10. Hirshleifer, J.: Investment, Interest and Capital, Prentice-Hall, Englewood Cliffs, N. J., 1970
11. Bitz, M.: Present Value and Future Value under Uncertainty in the Cost of Capital, Zeitschr. für Oper. Res., Vol. 22, 1978, 25–31
12. Albach, H.: Investition und Liquidität, Wiebaden, 1962
13. Albach, H.: Risikomanagement und optimales Investitionsbudget, in VIII.1.1–58, 1980
14. Albach, H.: Wirtschaftlichkeitsrechung bei unsicheren Erwartungen, Westdeutschr Verlag, Köln-Opladen, 1959
15. Eitschberger, B. H.: Investitionsplanung in einem dialoggestützten LP-Modellgenerator, in VIII.1.1–57, 119
16. Hanuscheck, R.: Flexible Investitionsplanung mit Fuzzy-Zahlungsreireihen, in VIII.1.1–57, 1985, 120–127
17. Albach, H. (Ed.): Investitionstheorie, Kiepenheuer & Witsch, Köln, 1975
18. Wolf, J.: Lineare Fuzzy-Investitionsmodelle. Die Formulierung und Lösung realitätskonformer Investitionsmodelle durch Verwendung unscharfer Mengen, Diplomarbeit, Fachbereich Wirtschaftswissenschaft, Universität Frankfurt a.M., 1983
19. Ashford, R. W., Berry, R. H., and Dyson, R. G.: Oper. Res. and Financial Management, Eur. J. Oper. Res., Vol. 36, No. 2, 1988, 143–152
20. Nauss, R. M.: On the Use of Internal Rate of Return in Linear and Integer Progr., Oper. Res. Letters, Vol. 7, No. 6, 1988, 285–289
21. Naeslund, B. and Whinston, A.: A Model of Multi-Period Investment under Uncertainty, Mgmt. Sci., Vol. 8, No. 2, 1962
22. Wiengartner, H. M.: Criteria for Programming Investment Project Selection, J. Ind. Econ., 1966, 65–76
23. Naylor, T. and Mann, M. (Ed.): Portfolio Planning and Corporate Strategy, Planning Executives Institute, Oxford, 1983
24. Weingartner, H. M.: Mathematical Programming and the Analysis of Capital Budgeting, Prentice-Hall, Englewood-Cliffs, N. J., 1963
25. Weingartner, H. M.: Capital Budgeting of Interrelated Projects, Survey and Synthesis, Mgmt. Sci., Vol. 12, No. 7, 1966, 485–516
26. Langhhunn, D. J.: Quadratic Binary Programming with Application to Capital Budgeting Problems, J. of the Oper. Res. Soc. of America, Vol. 18, 1970, 454–461
27. Weingartner, H. M.: Some New Views on the Payback Period and Capital Budgeting Decisions, Mgmt. Sci., Vol. 15, No. 12, 1969, 595–607
28. Markowitz, H. M.: Porfolio Selection — Efficient Diversification of Investments, Wiley, New York, 1959
29. Markowitz, H. M.: Porfolio Selection, J. of Finance, Vol. 7, 1952
30. Sharpe, W. F.: A Simplified Model for Portfolio Analysis, Management Science, Vol. 9, No. 2, 1963
31. Sharpe, W. F.: A Linear Programming Algorithm for Mutual Fund Portfolio Selection, Mgmt. Sci., Vol. 13, 1967
32. Hanssmann, F.: Operations Research Techniques for Capital Investment, Wiley, New York, 1970
33. Kuellmer, H.: Bankbetriebliche Programmplanung unter Unsicherheit, Gabler, Wiesbaden, 1975

34. Sharpe, W. E.: A Linear Programming Approach for the General Portfolio Selection Problem, J. Financial Quant. Anal., Vol. 6, 1971, 1263–1276
35. Elton, E. J., Gruber, M. J., and Padberg, M. W.: Simple Criteria for Optimal Portfolio Selection, J. Finance, Vol. 31, 1976, 1341–1357
36. Maier, S. F. and Van der Weide, J. H.: Capital Budgeting in the Decentralized Firm, Mgmt. Sci., Vol. 23, 1976, 433–443
37. Laux, H.: Flexible Planung des Kapitalbudgets mit Hilfe der Linearen Programmierung, in VII.15-17, 1975, 411–426
38. Ashford, R. W., Berry, R. H., and Dyson, R. G.: Oper. Res. and Financial Management, Eur. J. Oper. Res., Vol. 36, No. 2, 1988, 143–152
39. Salkin, G. and Kornbluth, J.: Linear Programming in Financial Planning and Accounting, Haymarket Publishing, London, 1973
40. Srinivason, V.: A Transshipment Model for Cash Management Decisions, Mgmt. Sci., Vol. 20, 1974, 1350–1363
41. Speidell, L. S., Miller, D. H., and Ullman, J. R.: Portfolio Optimization—A Primer, Financial Analysis J., Vol. 45, No. 1, 1989, 22–30
42. Pang, J. S.: A New and Efficient Algorithm for a Class of Portfolio Selection Problems, Operations Research, Vol. 28, 1980, 754–767
43. Elton, E. J. and Gruber, M. J.: Modern Portfolio Theory and Investment Analysis, Wiley, New York, 1981
44. Szego, G. P.: Portfolio Theory, Academic Press, New York, 1980
45. Rosenblatt, M. J.: Generating the Discrete Efficient Frontier to the Capital Budgeting Problem, Oper. Res., Vol. 37, No. 3, 1989, 384–394
46. Perold, A. F.: Large Scale Portfolio Optimization, Management Science, Vol. 30, 1984, 1143–1160
47. Rudd, A. and Rosenberg, B.: Realistic Portfolio Optimization, TIMS Studies Mgmt. Science, Vol. 11, 1979, 21–46
48. Soewen, L. A.: Foreign Exchange Exposure Management—A Portfolio Approach, Sijthoff and Noordhoff, The Netherlands, 1979
49. Sharpe, W. F.: Portfolio Theory and Capital Markets, Mc Graw-Hill, New York, 1970
50. Mao, J. C.: Quantitative Analysis of Financial Decisions, Macmillan, New York, 1969
51. Brealey, R. and Myers, S.: Principles of Corporate Finance, McGraw-Hill, New York, 1981
52. Baum, S., Carlson, R. C., and Jucker, J. V.: Some Problems in Applying the Continuous Portfolio Selection Model to the Discrete Capital Budget Problem, J. Finan. Quant. Anal., 1978, 333–344
53. Rosenblatt, M. J. and Sinuany-Stern, Z.: Generating the Discrete Efficient Frontier to the Capital Budgeting Problem, Oper. Res., Vol. 37, No. 3, 1989, 384–394
54. Mulvey, J. M.: Nonlinear Network Models in Finance, Adv. Math. Progr. Finan. Plann., Vol. 1, 1987, 253–271
55. Teichroew, D., Robichek, a. and Montalbano, M.: Analyse der Kriterien der Investitions- und Finanzplanung bei Sicherheit, in VII.15-17, 1975, 92–121
56. Weingartner, M. H.: Investitionsrechnung für voneinander abhängige Projekte, in VII.15-17, 1975, 326–357
57. Morita, H., Ishii, H., and Nishida, T.: Stochastic Linear Knapsack Programming Problem and its Application to a Portfolio Selection Problem, Eur. J. Oper. Res., Vol. 40, No. 3, 1989, 329–336
58. Hirshleifer, J.: On the Theory of Optimal Investment Decisions, J. of Political Economy, Vol. 66, No. 4, 1958, 329–352
59. Hayes, J. W.: Dual Variables in Pure Capital Rationing Linear Programming Formulations, Eng. Econ., Vol. 34, No. 3, 1989, 255–260
60. Hayes, J. W.: Discount Rates in Linear Pogramming Formulations of the Capital Budgeting Problem, Eng. Econ., Vol. 29, No. 2, 1984, 113–126
61. Baumol, W. J. and Quandt, R. E.: Investment and Discount Rates Under Capital Budgeting—A Programming Approach, Economic J., Vol. 75, No. 298, 1965, 317–329
62. Jean, W. H.: Interest Rate-Independent Present Value Rankings, Eng. Econ., Vol. 34, No. 2, 1989, 129–148
63. Jean, W. H.: On Multiple Rates of Return, J. of Finance, Vol. 23, 1968, 187–191
64. Hertz, D. B.: Risk Analysis in Capital Investment, Harvard Business Reviews, Vol. 42, No. 1, 1964, 95–106
65. Ziemba, W. T. and Vickson, R. G. (Eds.): Stochastic Optimization Models in Finance, Academic Press, New York, 1975
66. Khaksari, S., Kamath, R., and Grieves, R.: A New Approach to Determining Optimum Portfolio Mix, J. of Portfolio Management., Vol. 15, No. 3, 1989, 43–49

67. Michaud, R. O.: The Markowitz Optimization Enigma—Is "Optimized" Optimal?, Financial Analysis J., Vol. 45, No. 1, 1989, 31–42
68. Booth, G. G. et al.: Managing Interest-Rate Risk in Banking Institutions, Eur. J. Oper. Res., Vol. 41, No. 3, 1989, 302–313

VII.16 Optimierung technischer Produkte

 1. Maier, G.: Mathematical Programming Applications to Structural Mechanics—Some Introductory Thoughts, Eng. Struct., Vol. 6, No. 1, Jan. 1984
 2. Ahlers, H., Schwartz, B. und Waldmann, J.: Optimierung technischer Produkte und Prozesse, VEB Verlag
 3. Gallagher, R. H. and Zienkiewicz, O. C. (Editors): Optimum Structural Design, Wiley, New York, 1973
 4. Spillers, W. R.: Iterative Design, North-Holland, Amsterdam und Oxford, 1975
 5. Elpertin, T.: Monte Carlo Structural Optimization in Discrete Variables with Annealing Algorithm, Int. J. Numer. Meth. Eng., Vol. 26, No. 4, 1988, 815–821
 6. Lightner, H. R. and Director, S. W.: Multiple Criterion Optimization for the Design of Electronic Circuits, IEEF Trans. on Circuits and Systems, Vol. 28, 1981, 169–179
 7. Ferris, M. C.: Linear Programming and Minimum Weight Structural Optimization Problems, Master of Philosophy Diss., Univ. of Cambridge, Churchill College, Cambridge, July 1985
 8. Brown, C. B. and Yao, J. T. P.: Fuzzy Sets and Structural Engineering, J. of Structural Engineering, Vol. 109, No. 5, 1983
 9. Levary, R. R. (Ed.): Engineering Design—Better Results Through Operations Research Methods, North-Holland, Amsterdam, 1988
10. Sandgren, E. and Ragsdell, K. M.: On Some Experiments which Delimit the Utility of Nonlinear Programming Methods for Engineering Design, Math. Progr. Study, Vol. 16, 1982, 118–136
11. Wiebking, R. D.: Deterministic and Stochastic Geometric Programming Models for Optimal Engineering Design Problems in Electric Power Generation and Computer Solutions, Techn. Report TR73LS132, General Electric Company, Schenectady, NY, 1974
12. Buys, J. D. and Kröger, D. G.: Cost-Optimal Design of Dry Cooling Towers Through Mathematical Programming Techniques, J. Heat Transfer Trans. ASME, Vol. 111, No. 2, 1989, 322–327
13. Adeli, H. and Chompooming, K.: Interactive Optimization of Nonprismatic Girders, Comp. & Struct., Vol. 31, No. 4, 1989, 505–522
14. Douty, R. T.: Structural Design by Conversational Solution to the Nonlin. Progr. Problem, Comp. & Struct., Vol. 6, 1976, 325–331
15. Belegundu, A. D. and Arora, J. S.: A Study of Mathematical Programming Methods for Structural Optimization, Part II—Numerical Results, Int. J. Num. Meth. Eng., Vol. 21, 1985, 1601–1623
16. Belegundu, A. D. and Arora, J. S.: A Study of Mathematical Programming Methods for Structural Optimization, Part I—Theory, Int. J.Num. Meth. Eng., Vol. 21, 1985, 1583–1599
17. Fox, R. L.: Optimization Methods for Engineering Design, Addison-Wesley, Reading, Mass., 1971
18. Vanderplaats, G. N.: Numerical Optimization Techniques for Engineering Design—With Applications, McGraw-Hill, New York, 1984
19. Diaz, A. R.: Fuzzy Set Applications in Engineering Optimization—Multilevel Fuzzy Optimization, Michigan State Univ., N89-25216/7/XAB, 1989
20. Haug, E. J. and Arora, J. S.: Applied Optimal Design—Mechanical and Strutural Systems, Wiley, New York, 1979
21. Kothawala, K. S. et al.: Shaping up—Optimization of Structural Designs, Mechnical Engineering, March 1988, 52–55
22. Esping, B. J. D.: The OASIS Structural Optimization System, Computers and Structures, Vol. 23, No. 3, 1986, 365–377
23. Vanderplaats, G. N. and Sugimoto, H.: A General Purpose Optimization Progr. for Eng. Design, Comp. & Struct., Vol. 24, No. 1, 1986, 13
24. Gödel, H., Schneider, G., and Hörnlein, H.: Aeroelastic Considerations in the Preliminary Design of Aircraft, Advisory Group for Aerospace Research & Development (AGARD), Proceedings of the 56th Structure and Meeting, 1983
25. Osyczka, A.: Multicriteria Optimization in Engineering, Horwood, Chichester, U. K., 1984
26. Jarmai, K.: Design of Economic Steel Structures, Candidate of Sci. Diss., Miskolc, Hungary, 1988

27. Olsen, G. R. and Vanderplaats, G. N.: Method for Nonlinear Optimization with Discrete Design Variables, AIAA J., Vol. 27, No. 11, 1989, 1584–1589
28. Haftka, R. T.: Integrated Nonlinear Structural Analysis and Design, AIAA J., Vol. 27, No. 11, 1989, 1622–1627
29. Hedderich, C. P., Kelleher, M. D., and Vanderplaats, G. N.: Design and Optimization of Air-Cooled Heat Exchangers, ASME J. of Heat Transfer, Vol. 104, 1982, 683–690
30. Banerjee, D. and Shanthakumaran, P.: Application of Numerical Optimization Methods in Helicopter Industry, Vertica, Vol. 13, No. 1, 1989, 17–42
31. Kumar, V., Lee, S.-J., and German, M. D.: Finite Element Design Sensitivity Analysis and its Integration with Numerical Optimization Techniques for Structural Design, Comput. Struct., Vol. 32, No. 3–4, 1989, 883–897
32. Patnaik, S. N.: Analytical Initial Design for Structural Optimization Via the Intergrated Force Method, Comp. & Struct., Vol. 33, No. 1, 1989, 265–268
33. Vanderplaats, G. N.: Effective Use of Numerical Optimization in Structural Design, Finite Element Analysis and Design, Vol. 6, No. 1, 1989, 97–112
34. Hansen, S. R. and Vanderplaats, G. N.: Approximation Method for Configuration Optimization of Trusses, AIAA J., Vol. 28, No. 1, 1990, 161–168
35. Kirsch, U.: Optimization Structural Design, Mc Graw-Hill, New York, 1981
36. Kirsch, U. and Taye, S.: Structural Optimization in Design Planes, Comp. & Struct., Vol. 31, No. 6, 1989, 913–920
37. Taye, S.: Approximation Concepts in Optimum Structural Design, Doctoral Thesis, Technion—Israel Institute of Technology, 1987
38. Atrek, E. et al. (Eds.).: New Directions in Optimum Structural Design, Wiley, New York, 1984
39. Kirsch, U.: Approximate Behaviour Models for Optimum Structural Design, in VII.16–38, 1984
40. Olsen, G. R.: Nonlinear Optimization with Discrete Design Variables, M. S. Thesis, Department of Mechanical and Environmental Engineering, Univ. of California, Santa Barbara, California, 1986
41. Haftka, R. T. and Kamat, M. P.: Elements of Structural Optimization, Martinus Nijhoff, Dordrecht, Netherlands, 1985
42. Siddall, J. N.: Optimal Eng. Design, Marcel Dekker, New York 1982
43. Vecchi, M. P. and Kirkpatrick, S.: Global Wiring by Simulated Annealing, IEEE Trans. on Computer Aided Design of Integrated Circuits and Systems, Vol. CAD-2, 1983, 215–222
44. Ringertz, U. T.: On Methods for Discrete Structural Optimization, Engineering Optimization, Vol. 13, 1988, 47–64
45. Rao, S. S.: Multiobjective Optimization of Fuzzy Structural Systems, Int. J. for Num. Meth. in Eng., Vol. 24, No. 6, 1987, 1157–1171
46. Kopp, R., Arfmann, G. H. und Becker, M.: Optimierungsstrategien in der Umformtechnik, Werkstatt und Betrieb, Vol. 122, No. 11, 1989, 939–942
47. Sandgren, E.: Structural Design Optimization for Latitude by Nonlinear Goal Programming, Comp. & Struct., Vol. 33, No. 6, 1989, 1395–1402
48. Thareja, R. R. and Haftka, R. T.: Efficient Single-Level Solution of Hierarchical Problems in Structural Optimization, AIAA J., Vol. 28, No. 3, 1990, 506–514
49. Waston, L. T. and Haftka, R. T.: Modern Homotopy Meth. in Optimization, Comp. Meth. in Appl. Mech. and Eng., Vol. 74, 1989, 289–305
50. Waston, L. T. and Yang, W. H.: Optimal Design by a Homotopy Method, Applicable Anal., Vol. 10, 1980, 275–284
51. Waston, L. T. and Wang, C. Y.: A Homotopy Method Applied to Elastica Problem, Int. J. Solids and Structures, Vol. 17, 1981, 29–37
52. Barthelemy, J.-F. M. and Riley, M. F.: Improved Multi-Level Optimization Approach for the Design of Complex Engineering Systems, AIAA J., Vol. 26, 1988, 353–360
53. Yokoi, T. and Ebihara, D.: Optimal Design Technique for High Speed Single-Sided Linear Induction Motor Using Mathematical Programming Method, IEEE Trans. on Magnetics, Vol. 25, No. 5, 1989, 3596–3598
54. Vanderplaats, G. N., Yang, Y. J., and Kim, D. S.: Sequential Linearization Method for Multilevel Optimization, AIAA J., Vol. 28, No. 2, 1990, 290–295
55. Arora, J. S.: Computational Design Optimization—A Review and Future Directions, Structural Safety, Vol. 7, 1990, 131–148
56. Arora, J. S.: Intr. to Optimum Design, McGraw-Hill, New York, 1989
57. Lee, W. D.: Simulated Annealing Applied to Shipbuilding Design, Neural Networks, Vol. 1, No. 1, 1988, 453

58. Sandgren, E.: Nonlinear Integer and Discrete Programming in Mechanical Design Optimization, ASME Journal of Mechanical Design, Vol. 112, No. 2, 1990, 223–229
59. Hajela, P.: Genetic Search—An Approach to the Nonconvex Optimization Problem, AIAA Journal, Vol. 28, No. 7, 1990, 1205–1210
60. Kling, R. M.: Optimization by Simulated Evolution and its Application to Cell Placement, Doctoral Thesis, Univ. of Illinois/Urbana-Champaign, Dept. of Electrical Eng., Urbana, III., 1990
61. Lee, H.: An Application of Integer and Discrete Optimization in Engineering Design, M. S. Thesis, Univ. Missouri-Columbia, 1983

VII.17 Landwirtschaftliche Planung

1. Boles, J. N.: Linear Programming and Farm Management Analysis, J. of Farm Economics, Vol. 37, 1955, 1–24
2. Clarke, G. B. and Simpson, I. G.: A Theoretical Approach to the Profit Maximization Problems in Farm Management, J. Agric. Economics, Vol. 13, 1959, 150–164
3. Bishop, C. E.: Programming Farm-Nonfarm Allocation of Farm Family Resources, J. of Farm Economics, Vol. 38, No. 2, 1956
4. IBM: Farm Planning with the Acid of LP, IBM Form No. GE20–0334
5. Balm, I. R.: LP Applications in Scottish Agriculture, J. Operations Research Society, Vol. 31, 1980, 387–392
6. Fokkens, B. and Puylaert, M.: A Linear Programming Model for Daily Harvesting Operations at a Large-Scale Grain Farm of the Ijsselmeerpolders Development Authority, J. Oper. Res. Soc., Vol. 32, 1981, 535–548
7. Swart, W., Smith, C. and Holderby, T.: Expansion Planning for a Large Dairy Farm, in VIII.1.2–70, 1975
8. Glen, J. J.: A Parametric Programming Method for Beef Cattle Ration Formulatation, J. Oper. Res. Society, Vol. 31, 1980, 689–698
9. Louwes, S. L., Boot, J. C. G., and Wage, S.: A Quadratic Programming Approach to the Problem of the Optimal Use of Milk in the Netherlands, J. Farm. Econ., Vol. 45, 1963, 309–317
10. Rose, C. L.: Management Science in the Developing Countries—A Comparative Approach to Irrigation Feasibility, Mgmt. Sci., Vol. 20, 423–438
11. Fisher, W. D. and Schruben, L. W.: Linear Programming Applied to Feed-Mixing under Different Price Conditions, J. of Farm Economics, Vol. 53, 1953, 471–483
12. Hutton, R. F. and Mc Alexander, R. H.: A Simplified Feed-Mix Model, J. of Farm Economics, Vol. 39, 1975
13. Waugh, F. V.: The Minimum-Cost Dairy Feed, Journal of Farm Economics, Vol. 33, No. 3, 1951, 299–310
14. Swanson, E. R.: Solving Minimum-Cost Feed Mix Problems, J. of Farm Economics, Vol. 37, 1955, 135–139
15. Van de Panne, C.: Minimum Cost Cattle Feed Under Probabilistic Protein Constraints, Mgmt. Sci., Vol. 3, No. 3, 1963
16. Glen, J. J.: Mathematical Models in Farm Planning—A Survey, Operations Research, Vol. 35, No. 5, 1987, 641–666
17. Glen, J. J.: Mixed-Integer Programming Model for Fertilizer Policy Evaluation, Eur. J. of Oper. Res., Vol. 35, No. 2, 1988, 165–171
18. Kline, D. E., Bender, D. A., Mc Carl, B. A., and Van Donge, C. E.: Machinery Selection Using Expert System and Linear Programming, Comput. Electron. Agric., Vol. 3, No. 1, 1988, 45–61
19. Minguez, M., Romero, C., and Domingo, J.: Determining Optimum Fertilizer Combinations Through Goal Programming with Penalty Functions—An Application to Sugar Beet Production in Spain, J. Oper. Res. Soc., Vol. 39, No. 1, 1988, 61–70
20. Tan, L.-P. and Fong, C.-O.: Determination of the Corp Mix of a Rubber Oil Palm Plantation—A Programming Approach, Eur. J. Oper. Res., Vol. 34, No. 3, 1988, 362–371
21. Glen, J. J.: Least-Cost Rations and Optimal Livestock Feeding Policy, J. Oper. Res. Soc., Vol. 38, No. 9, 1987, 847–851

VII.18 Unternehmensplanung

1. Naylor, T. and Mann, M. (Ed.): Portfolio Planning and Corporate Strategy, Planning Executives Institute, Oxford, 1983
2. Hahn, D. und Taylor, B.: Strategische Unternehmensplanung, Stand und Entwicklungstendenzen, Physica, Würzburg, 1983
3. Schober, F. und Ploetzeneder, H. D. (Ed.): Ökonometrische Modelle und Systeme, Oldenbourg, München, 1978
4. Ploetzeneder, H. D. (Ed.): Computergestützte Unternehmensplanung, SRA, Stuttgart, 1977
5. Geitner, U. W.: Integrierte Unternehmensplanung durch Simulation, Forkel, Wiesbaden, 1984
6. Fraundorfer, K.: Decentralized Planning in Hierarchical Organizations, Diss., Johannes-Keppler-Universität, Linz, 1983
7. Walter, K. D.: Gestaltung und Verwirklichung linearer Modelle zur Unternehmensplanung, Bochum, 1977
8. Forestner, K. und Henn, R.: Die Anwendung ökonomischer Verfahren in der Unternehmensplanung, Zeitschrift für Betriebswirtschaft, Vol. 12, 1956, 700–710
9. Popp, W.: Strategische Planung/Integrierte Gesamtplanung. Zur Anyalyse Strategischer Aspekte mit gemischt-ganzzahliger Progr., in VIII.1.1–57, 1985
10. Spatz, H.: Computergestützte integrierte Unternehmensplanung bei der Nixdorf Computer AG, in VIII.1.1–57, 1985
11. Staehly, P.: Dekompositionsverfahren und Integrierte Planung, in VIII.1.1–57, 1985, 80–92
12. Ente, W. und Schmidt, R.: Experimente mit nichtlinearen, interdependenten Unternahmensmodellen, in VIII.1.1–57, 1985
13. Mandl, C.: Konzeption, Realisierung und Einsatz eines Decision Support Systems für die Unternehmensplanung, in VIII.1.1–57, 1985
14. Von Dobschuetz, L.: Strategische Unternehmensplanung. Strategische Planung und Operations Research, in VIII.1.1–55, 1981
15. Feindor, R.: Erfahrungen bei der Entwickling eines rechnergestützten Unternehmens-Planungs-Systems, in VIII.1.1–58, 1980
16. Naylor, T. H. and Thomas, C. (Eds.): Optimization Models for Strategic Planning, North-Holland, Amsterdam, 1984
17. Shapiro, J. F.: Practical Experience with Optimization Models, in VII.18–16, 1984, 67–78
18. Kohel, K.: Direket und effiziente Ressourcenaufteilung in Unternehmen, Diplomarbeit, Universität Linz, 1984
19. Forgionne, G. A.: Corporate Management Science Activities—An Update, Interfaces, Vol. 13, No. 3, 1983, 20–23
20. Gessner, P.: Ein integriertes Gesamtmodell eines Lebensversicherungsunternehmens—Ansatz der Unternehmensplanung in der Lebensversicherung, in VIII.1.1–56, 1979
21. Bisschop, J. and Meeraus, A.: On the Development of a General Modeling System in a Strategic Planning Environment, Math. Progr. Study, Vol. 20, 1982, 1–29
22. Hammann, P.: Choice of the Organization Structur—A Framework for the Quantitative Analysis of Industrial Centralization/Decentralization Issues, Zeitschr. für Oper. Res., Vol. 20, No. 2, 1976, B17–B35
23. Freihalter, R. und Ullrich, M.: Integrierte Verkaufs-, Produktions- und Investitionsplanung, Zeitschr. für Oper. Res., Vol. 18, No. 2, 1974, B11–B16
24. Mentzel, K. und Scholz, M.: Integrierte Verkaufs-, Produktions- und Investitionsplanung, Ablauf- und Planungsforschung, Vol. 12, No. 1, 1971, 1–15

VII.19 Diverse Anwendungen

1. Tabak, D. and Huo, B. C.: Optimal Control by Mathematical Programming, Prentice Hall, Englewood Cliffs, 1971
2. Simon, J. D. and Azma, H. M.: Exxon Experience with Large Scale Linear and Nonlinear Programming Applications, Comput. Chem. Eng., Vol. 7, No. 5, 1983
3. Lasdon, L. S. and Waren, A. D.: Large Scale Nonlinear Programming, Comput. Chem. Eng., Vol. 7, No. 5, 1983, 594–604

4. Tomlin, J. A.: Large-Scale Mathematical Programming Systems, Comput. Chem. Eng., Vol. 7, No. 5

5. Mole, R. H.: Dynamic Optimization of Vehicle Fleet Size, Oper. Res., Quarterly, Vol. 26, 1975

6. Pang, J.-S.: Methods for Quadratic Programming, Comput. Chem. Eng., Vol. 7, No. 5, 1983

7. Simms, B. W., Lamarre, B. G., Jardine, A. K. S., and Boudreau, A.: Optimal Buy, Operate and Sell Policies for Fleets of Vehicles, Eur. J. Oper. Res., Vol. 15, 1984, 183–195

8. Plane, D. R. and Mc Millan, C.: Discrete Optimization, Integer Programming and Network Analysis for Management Decisions, Prentice-Hall, Englewood Cliffs, New Jersey, 1971

9. Tillmann, F.: Optimization of Systems Reliability, Dekker, New York und Basel, 1980

10. Beightler, C. S. and Phillips, D. T.: Applied Geometric Programming, Wiley, New York, 1976

11. Glover, F. and Klingman, D.: Network Applications in Industry and Government, AIIE Transactions, Vol. 9, No. 4, 1977, 363–376

12. Tillmann, F.: Optimization of Systems Reliability, Dekker, New York-Basel, 1980

13. Tripathy, A.: School Timetabling—A Case in Large Binary Integer Linear Programming, Mgmt. Sci., Vol. 30, No. 12, 1984

14. Chalaris, I. und Pape, U.: Ein heuristisches Verfahren zur Disposition von öltransporten in ölleitungsnetzen, Angew, Inf., Vol. 25, No. 12, 1983

15. Escudero, L. F.: On Maintenance Scheduling of Production Units, Eur. Journal of Oper. Res., Vol. 9, 1982, 264–274

16. Hillier, F. S.: Quantitative Tools for Plant Layout Analysis, J. of Ind. Eng., Vol. 14, No. 1, 1963, 33–40

17. Hillier, F. S. and Connors, M. M.: Quadratic Assignment Problem Algorithms and the Location of Indivisible Facilities, Management Science, Vol. 13, No. 1, 1966, 42–57

18. Burkard, R. E. and Stratmann, K. H.: Numerical Investigations on Quadratic Assignment Problems, Nav. Res. Logist. Quart., Vol. 25, 1979, 129–144

19. Wilhelm, M. R. and Ward, T. L.: Soving Quadratic Assignment Problems by Simulated Annealing, IIE Trans, Vol. 19, No. 1, 1987, 107–119

20. Lawler, E. L.: The Quadratic Assignment Problem, Mgmt. Sci., Vol. 9, 1963, 586–599

21. De Werra, D.: An Introduction to Timetabling, European Journal of Oper. Res., Vol. 19, 1985, 151–162

22. Wolff, K. H.: Methoden der Unternehmensforschung im Versicherungswesen, Springer, Berlin, 1966

23. Jewell, W. S.: Operations Research in the Insurance Industry—A Survey of Applications, J. of the Oper. Res. Soc. of America, Vol. 22, No. 5, 1974, 918–928

24. Williams, M. R.: A Graph Theory Model for the Solution of Timetables, Ph.D. Thesis, Univ. of Glasgow, 1968

25. Moreland, J. A.: Scheduling of Airline Flight Crews, M. S. Thesis, M. I. T., 1966

26. Levin, A.: Fleet Routing and Scheduling Problems for Air Transportation Systems, Ph.D. Diss., M. I. T., 1969

27. Brown, A. R.: Optimum Packing and Depletion, American Elsevier, New York, 1971

28. Christofides, N., Mingozzi, A., and Toth, P.: Loading Problems, in VIII.1.6–05, 1979

29. Eilon, S. and Christofides, N.: The Loading Problem, Management Science, Vol. 17, 1971, 259

30. Catthoor, F., De Man, H., and Vandewalla, J: Simulated-Annealing-Based Optimiz. of Coefficient and Data Word-Lengths in Digital Filters, Int, J. Circuit Theory Appl., Vol. 16, No. 4, 1988, 371–390

31. Anandalingam, G.: A Mathematical Programming Model of Decentralized Multi Level Systems, J. of the Oper. Res. Soc. (UK), Vol. 39, No. 11, 1988, 1021–1033

32. Alan, A., Pritsker, B., Watters, L. J., and Wolfe, P. M.: Multiproject Scheduling with Limited Resources, A Zero-One Programming Approach, Mgmt. Sci., Vol. 16, No. 1, 1969, 93–108

33. Mize, J. H.: A Heuristic Scheduling Model for Multi-Project Organizations, Ph.D. Thesis, Purdue Univ., 1964

34. Wiest, J. D.: Some Properties od Scheduling for Large Projects with Limited Resources, Operations Research, Vol. 12, 1964, 395–418

35. Wiest, J. D.: A Heuristic Model for Scheduling Large Projects with Limited Resources, Mgmt. Science, Vol. 13, No. 6, 1967, 359–377

36. Leitmann, G.: Optimization Techniques with Applications to Aerospace Systems, Academic Press, New York, 1962

37. Nahmias, S.: Higher-Order Approximations for the Perishable-Inventory Problem, Oper. Res., Vol. 25, No. 4, 1977, 630–640

38. Van Zyl, G. J. J.: Inventory Control for Perishable Commodities, Unpubl. Ph.D. Diss., Univ. of North Carolina, Chapel Hill, N. C., 1964

39. Gianessi, F. and Nicoletti, B.: The Crew Scheduling Problem—A Travelling Salesman Approach, in VIII.1.6–05, 1979

40. Ashton, A. H. and Ashton, R. H.: Aggregating Subjective Forecasts—Some Empirical Results, Mgmt. Science, Vol. 31, 1985, 1499–1508

41. Pinter, J. and Cooke, R.: Combining Expert Opinions—An Optimization Framework, Technische Hogeschool Delft (Netherlands), Dept. of Mathematics and Informatics Computer Science, 1987

42. Little, J. D. C.: The Synchronization of Traffic Signals by Mixed Integer linear Programming, Oper. Res., Vol. 14, 1966, 568–594

43. Wagner, H. M.: Wagner, H. M., Giglio, R. J. and Glaser, R. G.—Preventive Maintenance Scheduling by Mathematical Programming, Management Science, Vol. 10, 1964, 316–334

44. Hewins, R. D.: Management Science Models for Foreign Exchange, Ph.D. Thesis, Imperial College, 1977

45. Christofides, N., Hewins, R. D., and Salkin, G. R.: Graph Theoretic Approaches to Foreign Exchange Operations, in VIII.1.6–05, 1979

46. Junginger, W.: Stundenpläne aus dem Computer-ein Bericht zur momentanen Lage in Deutschland, Angewandte Informatik, Vol. 27, No. 4, 1985

47. Appleby, J. S. et al.: School Timetables on a Computer and Their Application to Other Scheduling Problems, The Computer J., Vol. 3, 1961, 237–245

48. Arnoff, E. L. and Chambers, J. C.: On the Determination of Optimum Reserve Generation Capacity in an Electric Utility System, Oper. Res., Vol. 4, No. 4, 1956

49. Aronofsky, J. S. and Williams, A. C.: The Use of Linear Programming and Mathematical Models in Underground Oil Production, Mgmt. Science, Vol. 8, No. 4, 1962

50. Arrow, K. J., Karlin, S., and Suppes, P. (Eds.): Mathematical Methods in the Social Sciences, Proceedings of the First Stanford Symposium, Stanford Univ. Press, Stanfort, Cal., 1958

51. Bailey, N. T. J.: Operational Research in Medicine, Operations Research Quarterly, Vol. 3, No. 2, 1952

52. Müller-Merbach, H.: Optimale Einkaufsmengen, Ablauf und Planungs-forschung, Vol. 4, No. 3, 1963, 226–237

53. Beckmann, M. J.: Lagerhaltung bei Unsicherheit, unternehmensforschung, Vol. 7, No. 1, 1963, 9–26

54. Bell, G. E.: Operational Research into Air Traffic Control, Journal of the Royal Aeronautical Society, Vol. 53, 1952

55. Bennett, M. G.: The Use of Operational Research for British Railways, British Iron and Steel Research Association Conference, 1954

56. Wetzel, W.: Lineare Verteilungsmodelle in der Betriebswirtschaft-Beispiele für den praktischen Einsatz der Linearplanung in Unternehmungen, Unternehmensforschung, Vol. 1, 1956

57. Wolff, M.: Optimal Instandhaltungspolitiken in einfachen Systemen, Springer, Berlin, 1970

58. Rao, A. G.: Quantitat. Theories in Advertising, Wiley, New York, 1970

59. Steinecke,V., Seifert, O. und Ohse, D.: Lineare Planungsmodelle im praktischen Einsatz, Berlin, 1973

60. Dantzig, G. B. and Ferguson, A. R.: The Allocation of Aircrafts to Routes—An Example of Linear Programming under Uncertain Demand, Mgmt. Sci., Vol. 3, 1956, 45–73

61. Derigs, U.: Rangzuordnungsprobleme, Diplomarbeit, Mathematisches Institut, Universität Köln, 1975

62. Derigs, U.: Rangzuordnugsprobleme, Zeitschrift fzer Operations Research, Vol. 21, 1977, 75–83

63. Mc Diarmid, J. H.: The Solution of a Timetabling Problem, J. Inst. Math. Appl., Vol. 9, 1972, 23–24

64. Meyer, M. und Steinmann, H.: Planungsmodelle der Grundstoffindustrie, Physica, Würzburg, 1971

65. Korth, H.: Zur Optimierung des hochofenmoellers, Diss., Berlin, 1974

66. Bussmann, K. F. und Mertens, P. (Eds.): Oper. Res. und Datenverarbietung in der Instandhaltungsplanung, Poeschel, Stuttgart, 1968

67. Stahlkenecht, P.: Wirtschaftliche Kammerlängen im Kalibergbau, Elektronische Datenverarbeitung, Heft 4, 1961

68. Christofides, N., Alvarez-Valdes, R., and Tamarit, J. M.: Project Scheduling with Resource Constraints—A Branch-and-Bound Approach, Eur. J. of Oper. Res., Vol. 29, No. 3, 1987, 262–273

69. Karamarkar, N. and Sinha, L. P.: Application of Karmarkar's Algorithm to Overseas Telecommunications Facilities Planning, XII. Int. Symposium on Math. Programming, Boston, 1985

70. Lohse, F.: OR im Gesundheitswesen. Modellgestützte Analyse der Auswirkungen alternativer Systemgestaltungen der gesetzlichen Krankenversicherung, in VIII.1.1–57, 1985

71. Wohlmannstetter, V.: Die Effizienz von Krankenhäusern—Ein Vorschlag zu ihrer Ermittlung mit Hilfe der mathematischen Progr., in VIII.1.1–57, 1985

72. Zander, H.: Lineare Planungsmodelle bei Ruhrkohle AG, in VIII.1.1–55, 1981
73. Reichel, G.: Operations Research im Versicherungswesen, in VIII.1.1–55, 1981
74. Larsen, P. M.: Industrial Applications of Fuzzy Logic Control, Int. Man-Machine Studies, Vol. 12, No. 1, 1980
75. Mamdani, E. H. and Gaines, B. R. (Eds.): Fuzzy Reasoning and its Applications, Academic Press, London, 1981
76. Nishida, T. and Takeda, E.: Fuzzy Sets and its Applications, Morikita (in Japanese), Tokyo, 1978
77. Wiedey, G. and Zimmermann, H.-J.: Media Selection and Fuzzy Linear Programming, Oper. Res., Vol. 29, No. 11, 1978, 1071–1084
78. Wang, P. P.: Advances in Fuzzy Sets, Possibility Theory and Applications, Plenum Press, New York, 1983
79. Scharge, L.: Solving Resource-Constrained Network Problems by Implicit Enumeration—Non-preemptive Case, Oper. Res., Vol. 18, No. 2, 1970, 263–278
80. Junginger, W.: Zurueckfuehrung des Stundenplanproblems auf ein dreidimensionales Transport-problem, Zeitschr. für Oper. Res., Teil Theorie, Vol. 16, No. 1, 1972, 25
81. Vollert, H.: Kurzfristige Liquiditätsplunug bei Schweizer Banken mit Mathematischer Programmierung, in VIII.1–57, 1985, 129–135
82. Meyer zu Selhausen, H.: Optimalplanung von Aktiv- und Passiv- Geschäft einer Bank, in Ruehli, E. und Thommen, J.-P. (Eds.)—Unternehmensfuehrung aus finanz- und bankwirtschaftlicher Sicht, C. E. Poeschel Verlag, Stuttgart, 1981, 177–194
83. Isermann, H.: Stapelung von rechteckigen Versandgebinden auf Paletten—Generierung von Stapelänen im Dialog mit einem PC, in VIII.1.1–57, 1985, 355–362
84. Iserman, H.: Optimierung der Palettenbeladung im praktischen Einsatz—Eine Fallstudie, Fak. für Wirtsch., Universität Bielefeld, 1984
85. Salzer, J. J.: Opt. Stapelmuster, Neue Verpackung, 1983, 1248–1252
86. Smith, A. and De Cani, P.: An Algorithm to Optimize the Layout of Boxes in Pallets, J. Oper. Res. Soc., Vol. 31, 1980, 573–578
87. Steudel, H. J.: Generating Pallet Loading Patterns, Management Science, Vol. 25, 1979, 997–1004
88. Warschat, J.: Optimale Steuerung eines Produktions-Lagerhaltungs-systems mit beschränkten Zustandsgrößen bei verschiedenen Kostenkriterien, in VIII.1.1–57, 1985, 532–538
89. Warschat, J. and Wunderlich, H.-J.: Time-Optimal Control Policies for Cascaded Production-Inventory Systems with Control and State Constraints, Int. J. Systems Sci., Vol. 15, 1984, 513–524
90. Leipala, T. and Nevalainen, O.: Optimization of Movements of a Component Placement Machine, Eur. J. of Oper. Res., Vol. 38, No. 2, 1989, 167–177
91. Dennis, J. B.: Mathematical Programming and Electrical Networks, M. I. T. Press and John Wiley, New York, 1959
92. Sarma, P. V. and Reklaitis, G. V.: Optimization of a Complex Chemical Process Using an Equation Oriented Method, Math. Progr. Study, No. 20, 1982, 113–160
93. Corley, H. W. Jr.: Optimal Set-Partitioning with Applications in the Regional Design, Ph.D. Diss., Univ. of Florida, Gainesville, Florida, 1971
94. Cerda, J. et al.: A New Methodology for the Optimal Design and Production Schedule of Multipurpose Batch Plants, Ind. Eng. Chem. Res., Vol. 28, 1989, 988–998
95. Jurecka, W. and Zimmermann, H.-J.: Operations Research im Bauwesen, Springer, Berlin, 1971
96. Neuvians, G. und Zimmermann, H.-J.: Die Ermittlung optimaler Ersatz- und Instandhaltungs-politiken mit Hilfe des dynamischen Programmierens, Ablauf- und Planungsforschung, 1970, 94
97. Klarbring, A. and Bjorkman, G.: Treatment of Problems in Contact Mechanics by Mathematical Programming, J. Mec. Theor. Appl., Vol. 7, No. 1, Suppl., 1988, 83–96
98. Christian, J. and Caldera, H.: Earthmoving Cost Optimization by Oper. Res., Can. J. Civ. Eng., Vol. 15, No. 4 1988, 679–684
99. Ellis, J. H. and Revelle, C. S.: Separable Linear Algorithm for Hydro-power Optimize., Water Resources Bull, Vol. 24, No. 2, 1988, 435–447
100. Yager, R. R.: A Mathematical Programming Approach to Inference with the Capability of Implementing Default Rules, Int. J. Man-Machine Studies, Vol. 29, 1988, 685–714
101. Trypia, M. N.: Cost Minimization of simulataneous Projects that Require the Same Resource, Eur. J. of Oper. Res., Vol. 5, 1980, 235–238
102. Mohanty, R. P. and Siddiq, M. K.: Multiple Projects—Multiple Resources—Constrained Scheduling—Some Studies, Int. J. Prod. Res., Vol. 27, No. 2, 1989, 261–280
103. Lightner, H. R.: Multiple Criterion Optimization and Statistical Design for Electronic Circuits, Ph.D. Thesis, Carnegie-Mellon Univ., 1979
104. Barahona, F., Grötschel, M., Jünger, M., and Reinelt. G.: An Application of Combinatorial Optimization to Statistical Physics and Circuit Layout Design, Oper. Res., Vol. 36, 1988, 493–513

105. Cheshire, M., Mc Kinnon, K. I. M., and Williams, H. P.: The Efficient Allocation of Private Contractors to Public Work, J. Oper. Res. Soc., Vol. 35, 1984, 705–709
106. Dantzig, G. B., Mc Allister, P. H., and Stone, J. C.: Formulating an Objective for an Economy, Math. Progr., Vol. 42, 1988, 11–32
107. Dantzig, G. B., Mc Allister, P. H., and Stone, J. C.: Deriving a Utility Function for the U. S. Economy, Systems Optimization Laboratory, Dept. of Oper. Res., Stanford Univ., October 1987
108. Foulds, L. R.: Testing the Theory of Evolution—A Novel Application of Combinatorial Optimization, Discrete Appl. Math., Vol. 15, No. 2–3, 1986, 271–282
109. Foulds, L. R. and Graham, R. L.: The Steiner Problem in Phylogeny is NP-Complete, Adv. in Appl. Math., Vol. 3, 1983, 43–49
110. Liittschwager, J. M. and Wang, C.: Integer Programming Solution for a Classification Problem, Mgmt. Sci., Vol. 24, 1978, 1515
111. Rao, M. R.: Cluster Analysis and Mathematical Programming, J. Am. Statistical Ass., Vol. 66, 1971, 622
112. Bajgier, S. M. and Hill, A. V.: An Experimental Comparison of Statistical and Linear Programming Approaches to the Discriminant Problem, Decis. Sci., Vol. 13, 1982, 604–618
113. Arthanari, T. S. and Dodge, Y.: Mathematical Programming is Statistics Wiley, New York, 1981
114. Bass, F. M. and Lonsdale, R. T.: An Exploration of Linear Programming in Media Selection, J. Marketing Research, Vol. 3, 1966, 179–188
115. Engel, J. F. abd Warshaw, M. R.: Allocating Advertising Dollars by Linear Programming, J. Advertising Res., Vol. 5, 1964, 42–48
116. Fabian, T.: Blast Furnace Production Planning—A Linear Programming Example, Mgmt. Sci., Vol. B14, 1967, 1–27
117. Loucks, O. P., Revelle, C. S., and Lynn, W. R.: Linear Progr. Models for Water Pollution Control, Mgmt. Sci., Vol. B14, 1968, 166–181
118. Smith, D.: Linear Programming Models in Business, Polytech Publishers, Stockport, U. K., 1973
119. Salkin, H. M. and Saha, J. (Eds.): Studies in Linear Programming North Holland, Amsterdam, 1975
120. Spath, H., Gutgesell, W., and Grun, G.: Short Term Liquidity Management in a Large Concern Using Linear Prog., in VIII.19–119, 1975
121. Schlick, H.: Die Anwendung der "Fuzzy Set Theory" zur Entscheidungsfindung und Prozessteuerung im Bauingeieurwesen, Baumasch. Bautechnik, Vol. 32, 1985, 183
122. Schlick, H.: Vorhersagen und Planen mit unscharfen Mengen—Fuzzy Set Theory im Bauingeieurwesen, Teil 1 und 2, Baumasch. Bautechnik, Vol. 35, No. 4 und No. 5, 1988
123. Sethi, S. P. and Thomson, G. L.: Applied Optimal Control and Mgmt. Sci., Martinus Nijhoff, Boston, 1981
124. Sidiq, A.: Das Konzept der unscharfen Mengen und dessen Anwendung auf die Bauproduktion am Beispiel des Strassenbaus, Tiefbau—Ingenieurbau—Strassenbau, No. 1 und No. 2, 1987
125. Lazaro, M. and Puigjaner, L.: Simulation and Optimization of Multiproduct Plants for Batch and Semibatch Operation, I. Chem. Symposium Series, Vol. 92, 1985, 209–222
126. Schultz, R. (Ed.): Applications of Management Science, Elsevier, New York, 1984
127. Bracken, J. and Mc Cormick, G. P.: Selected Applications of Nonlinear Programming, Wiley, New York, 1968
128. Young, W., Ferguson, J. G., and Corbishley, B.: Some Aspects of Planning in Coal Mining, Oper. Res. Quart., Vol. 14, 1963, 31–45
129. Wardle, P. A.: Forest Management and Operational Research, Management Science, Vol. 11, 1965, 260–270
130. Foulds, L. R.: Techniques for Facilities Layout—Deciding Which Pairs of Activities Should be Adjacent, Mgmt, Science, Vol. 29, No. 12, 1983, 1414–1426
131. Eisemann, K. and Yound, W. M.: Study of a Textile Mill with the Aid of Linear Programming, Management Technology, Vol. 1 No. 1, 1960
132. Slowinsky, R.: A Multicriteria Programming Method for Water Supply Systems Development Planning, Fuzzy Sets and Systems, Vol. 19, 1986, 217–228
133. Zangwill, W. I.: Media Selection by Decision Programming, J. Advertising Research, Vol. 5, 1965, 23–27
134. Müller-Merbach, H.: Lineare Planungsrechnung und industrielle Anwendung, Zeitschrift für das Gesamte Rechnugswesen, Vol. 13, No. 3, 1967, 48–52 und No. 4, 89–92
135. Cottle, R. W. and Pang. J. S.: On Solving Linear Complementarity Problems as Linear Programs, Math. Progr. Study, No. 7, 88–107
136. Mangasarian, O. L.: Linear Complementarity Problem Solvable by a Single Linear Program, Math. Prgr., Vol. 10, 1976, 263–270
137. Mangasarian, O. L.: Characterization of Linear Complementarity Problems as Lin. Progr., Math. Progr. Study, Vol. 7, 1978, 74–87

138. Eaves, B. C.: The Linear Complementarity Problem, Management Science, Vol. 17, 1971, 612–634

139. Wiebking, R. D.: Verschiedene Anwendungen der nichtlinearen Programmierung, in VIII.1.1–56, 1979

140. Dembo, R. S., Mulvey, J. M., and Zenios, S. A.: Large-Scale Nonlinear Network Models and their Application, Oper. Res., Vol. 37, No. 3, 1989, 353–372

141. Warner, D. M. and Prawda, J.: A Mathematical Programming Model for Scheduling Nursing Personnel in a Hospital, Mgmt. Science, Vol. 9, 1972, 411–422

142. Bradley, S. P., Hax, A. C., and Magnanti, T. L.: Applied Mathematical Programming, Addison-Wesley, Reading, Mass., 1977

143. Chowdhury, S.: Analytical Approaches to the Combinatorial Optimization in Linear Placement Problems, IEEE Trans. on Computer Aided Design, Vol. 8, No. 6, 1989, 630–639

144. Goto, S.: An Efficient Algorithm for the Two-Dimensional Placement Problem in Electrical Circuit Layout, IEEE Trans. Circuit Syst., Vol. CAS-28, 1981, 12–18

145. Bazaraa, M. S. and Elshafei, A. N.: An Exact Branch-and Bound Procedure for Quadratic Assignment Problem, Nav. Res. Log. Quart., Vol. 26, No. 1, 1979, 109–120

146. Hanan, M. and Kurtzberg, J. M.: A Review of the Placement and Quadratic Assignment Problems, SIAM Review, Vol. 14, No. 2, 1972, 324–341

147. Hales, H. L. (Ed.): Computerized Facilities Planning—Selected Readings, Ind. Eng. and Management Press, Norcross, GA, 1985

148. Wilhelm, M. R., Ward, T. L., Rankin, R. A., Gupta, R. and Dutton, R.: Innovative Improvement Procedures for Solving Quadratic Assignment Problems, in VII.19–147, 1985

149. Reklaitis, G. V., Ravindran, A. and Ragsdell, K. M.: Engineering Optimization—Methods and Applications, Wiley, New York, 1983

150. Rose, J., Klebsch, W. and Wolf, J.: Temperature Measurement of Simulated Annealing Placements, Standford Univ., Computer System Lab., Standford, California, 1987

151. Pang, J. S., Kaneko, I. and Hallman, W. P.: On the Solution of Some (Parametric) Linear Complementarity Problems with Applications to Portfolio Selection, Structural Engineering and Actuarial Graduation, Math. Progr., Vol. 17, 1979, 325–347

152. Papamarkos, N.: A Program for the Optimum Approximation of Real Rational Functions Via Linear Programming, Adv. Eng. Software, Vol. 11, No. 1, 1989, 37–48

153. Guimaraes, R. C. and Kingsman, B. G.: Simulation-Optimisation—The Method and its Application in the Analysis of Grain Terminal Operations, Eur. J. Oper. Res., Vol. 41, 1989, 44–53

154. Mc Mahon, W. L. and Roach, P. A.: Site Energy Optimization—A Mathematical Progr. Approach, Interfaces, Vol. 12, No. 6, 1982, 66–82

155. Duffuaa, S. O. and Raouf, A.: Mathematical Optimization Models for Multicharacteristic Repeat Inspections, Appl. Math. Modelling. Vol. 13, No. 7, 1989, 408–412

156. Jain, J. K.: A Model for Determining the Opt. Number of Inspection Costs, Unpubl. Master Thesis, Univ. of Windsor, Ontario, 1977

157. Cohoon, J. and Sahni, S.: Heuristics for the Board Permutation Problem, Proc. Int. Conf. Computer-Aided Design, 1983, 81–83

158. Husain, A. and Gangiah, K.: Optimization Techniques, Macmillan India, 1976

159. Moon, G. and Mc Roberts, K. L.: Combinatorial Optimization in Facility Layout. Comp. Ind. Eng., Vol. 17, No. 1–4, 1989, Proc. of the 11th Annual Conf. on Computers in Ind. Eng., Orlando, Florida, 1989, 43–48

160. Davis, E. W. and Patterson, J. H.: A Comparison of Heuristic and Optimum Solutions in Resource Constrained Project Scheduling Mgmt. Sci., Vol. 21, 1975, 944–955

161. Kim, S. O. and Schniederjans, M. C.: Heuristic Framework for the Resource Constrained Multi-Project Scheduling Problem, Comp. & Oper. Res., Vol. 16, No. 6, 1989, 541–556

162. Iri, M.: Appl. of Matroid Theory, in VIII.1.1–16, 1983, 158–201

163. Koellner, H., Schammler, G. et al.: Vektoroptimierung als Entscheidungshilfe bei der Rationalisierung komplexer verfahrenstechnischer Systeme, Teile II und III, Chem. Tech. (Leipzig), Vol. 41, 1989, 11–14 und 54–57

164. Sahinidis, N. V. et.al.: Optimization Model flor Long Range Planning in the Chemical Industry, Comput. Chem. Eng., Vol. 13, No. 9, 1989, 1049–1063

165. Ostrovskii, G. M., Ostrovskii, M. G., and Berezhinskii, T. A.: Optimizing Steady State Regimes in Complex Chemical Engineering Systems, USSR Theor. Found. Chem. Eng., Vol. 22, No. 3, 1989, 293–299

166. Giles, P.: The Value of Information for Decision-Making in Insurance, Oper. Res. Quarterly, Vol. 20, 1969, page 293

167. Dantzig, G. B., Johnson, S. H., and White, W. B.: A Linear Programming Approach to the Chemical Equilibrium Problem, Mgmt. Sci., Vol. 5, 1985, 38–43

168. White, W. B., Johnson, S. H., and Dantzig, G. B.: Chemical Equilibrium in Complex Mixtures, J. Chem. Phys., Vol. 28, 1958, 751–755

169. Martello, S., Laporte, G., Minoux, M., Ribeiro, C. (Ed.): Surveys in Combinatorial Problem Solving, North-Holland, Amsterdam, 1987

170. Koopmans. T. C. and Beckmann, M. J.: Assignment Problems and the Location of Econ. Activities, Econometrica, Vol. 25, 1957, 53–76

171. Finke, G., Burkard, R. E. and Rendl, F.: Quadratic Assignment Problems, in VII.19–169, 1987, 61–82

172. Krarup, J. and Pruzan, P. M.: Computer-Aided Layout Design, Mathematical Programming Study, No. 9, 1978, 75–94

173. Gomory, R. E. and Hu, T. C.: Synthesis of a Communication Network, SIAM J. Appl. Math., Vol. 12, 1964, 348–369

174. Minoux, M.: Network Synthesis and Dynamic Network Optimization, in VII.19–169, 1987, 283–324

175. Wong, D. F., Leong, H. W. and Liu, C. L.: Simulated Annealing for VLSI Design, Kluwer Academic Publishers, Boston, 1988

176. Seo, F. and Sakawa, M.: Multiple Criteria Decision Analysis in Regional Planning—Concepts, Methods and Applications, D. Reidel Publishing Company, Boston, 1988

177. Edgar, T. F. and Himmelblau, D. M.: Optimization of Chemical Processes, McGraw-Hill, New York, 1988

178. Gorak, A., Kraslawski, A. and Vogelpohl, A.: Simulation and Optimization of Multicomponent Distillation, International Chemical Engineering, Vol. 30, No. 1, 1990, 1–15

179. Bazaraa, M. S. and Kirca, O.: A Branch-and-Bound Based Heuristic for Solving the Quadratic Assignment Problem, Nav. Res. Logist. Quart., Vol. 30, 1983, 287–304

180. Keaton, M. H.: Designing Optimal Railroad Operating Plans—Lagrangian Relaxation and Heuristic Approaches, Transp. Res., Vol. 23B, No. 6, 1989, 415–431

181. Keaton, M. H.: Optimizing Railroad Operations, Unpublished Ph.D. Diss., Univ. of Wisconsin, Madison, 1985

182. Cacuci, D. G.: Global Optimization and Sensitivity Analysis, Nuclear Science and Engineering, Vol. 104, No. 1, 1990, 78–88

183. Radulescu, M. and Radulescu, S.: Applications of Discrete Mathematical Programming to the Design of Distributed Database Systems, Econ. Comp. and Econ. Cybernetics Studies and Research, Vol. 24, No. 1, 1989, 37–52

184. Connolly, D. T.: Improved Annealing Scheme for the QAP, Europ. J. Oper. Res., Vol. 46, No. 1, 1990, 93–100

185. Roberts, S. M.: Dynamic Programming in Chemical Engineering and Process Control, Academic Press, New York, 1964

186. Gershkoff, I.: Optimizing Flight Crew Schedules, Interfaces, Vol. 19, No. 4, 1989, 29–43

187. Burkard, R. E.: Quadratic Assignment Problems, Eur. J. Oper. Res. Vol. 15, 1984, 283–289

188. Sunderland, K. V.: Bank Planning Models—Some Quantitative Methods Applied to Bank Planning Problems, Paul Haupt Verlag, Bern, 1974

189. Schiefer, G.: Lösung großer linearer Regionalplanungsprobleme mit der Methode von Dantzig und Wolfe, Zeitschr. für Oper. Res., Vol. 20, No. 1976, B1–B16

190. Burkard, R. E.: Heuristische Verfahren zur Lösung quadratischer Zuordnungsprobleme, Zeitschr. für Oper. Res., Vol. 19, No. 5, 1975, 183–193

191. Cheng, T. C. E.: An Overview of Uses of OR Techniques in Bank Management, Managerial Finance (UK), Vol. 16, No. 1, 1990, 1–6

192. Schlegel, H.: Verwendbarkeit von Operations-Research-Modellen in der Praxis der Planung von Produkten in der Automobilbranche, Fortschrittliche Betriebsführung, Vol. 22, No. 4, 1973, 195–202

193. Churgin, A. I. and Peschel, M. (Eds.): Optimierung von Erzeugnissen und Prozessen—Ein- und mehrkritirielle Methoden, Oldenbourg, München, 1990

194. Wright, M. B.: Applying Stochastic Algorithms to a Locomotive Schedul. Problem, J. Oper. Res. Soc., Vol. 40, No. 2, 1990, 187

195. Lasdon, L. S. and Waren, A. D.: Survey of Nonlinear Programming Appl., Oper. Res., Vol. 28, No. 5, 1980, 34–50

196. Darby, M. I. and White, D. C.: On-line Optimization of Complex Chemical Processes, Chem. Eng. Progress, Vol. 84, No. 10, 1988, 51–59

VIII. Auswahl von theoriebezogenen Veröffentlichungen

VIII.1 Operations Research Verfahren der Optimierung

VIII.1.1 Mathematische Programmierung und andere Optimierungsmethoden

1. Hu, T. C. and Robinson, S. M. (Eds.): Mathematical Programming, Academic Press, New York, 1973
2. Foulds, L. R.: Optimization Techniques, Springer, New York, 1981
3. Hillier, F. S. and Lieberman, G. J.: Introduction to Operations Research, Holden-Day, San Francisco, 1967
4. Gaede, K.-W. und Heinhold, J.: Grundzüge des Operations Research, Teil 1, Hanser Verlag, München, 1976
5. Neumann, K.: Operations Research Verfahren, Band 1 (1975), Band 2 (1977), Band 3 (1975), Karl Hanser Verlag, München
6. Müller-Merbach, H.: Operations Research, Verlag Franz Vahlen GmbH, Berlin und Frankfurt, 1969
7. Collatz, L. und Wetterling, W. : Optimierungsaufgaben, Springer, Berlin, 1966
8. Riggs, J. L. and Inoue, M. S.: Introduction to Operations Research and Management Science, McGraw-Hill, New York, 1975
9. Saaty, T. L.: Mathematical Methods of Operations Research, McGraw-Hill, New York, 1959
10. Moore, P. G. and Hodges, S. D. (Ed.): Programming for Optimal Decisions, Penguin Modern Management Readings, Middlesex, 1970
11. Williams, H. P.: Model Building in Mathematical Programming, John Wiley, New York, Second Edition, 1984
12. Churchman, C. W., Ackoff, R. L., and Arnoff, E. L.: Operations Res., Eine Einf. in die Unternehmensforschung, Oldenbourg, Wien, 1961
13. Ackoff, R. L.: Progress in Operations Research, Vol. 1, John Wiley, New York, 1961
14. Sasieni, M. W., Yaspan, A. and Friedman, L.: Operations Research, Methods and Problems, Wiley, New York, 1959
15. Nieswandt, A.: Operations Research, 2. Auflage, NWB Verlag, Herne und Berlin, 1984
16. Bachem, A., Korte, B., and Grötschel, M. (Editors): Mathematical Programming—The State of the Art. Proc. 11th Int. Symp. on Math. Progr., Held 1982 at the Univ. of Bonn, Springer, Berlin, 1983
17. Aronson, J. E. and Thompson, G. L.: Survey on Forward Methods in Math. Programming, Large Scale Systems, Vol. 7, No. 1, 1984
18. Gill, P. E., Murray, W., and Wright, M. H.: Practical Optimization, Academic Press, London, 1981
19. Landry, M., Malouin, J.-L., and Oral, M.: Model Validation in Operations Research, Eur. J. Oper. Res., Vol. 14, No. 3, 1983
20. Müller-Merbach, H.: Optimale Reihenfolgen, Springer, 1970
21. Gal, T.: Betriebliche Entscheidungsprobleme, Sensitivitätsanalyse und parametrische Programmierung, Springer, Berlin, 1973
22. Dinkelbach, W.: Sensitivitätsanalysen und parametrische Programmierung, Springer, Berlin, 1969
23. Kuenzi, H. P.: Numerische Methoden der mathematischen Optimierung mit ALGOL und FORTRAN Programmen, Teubner, 1966
24. Blum, E. und Oettli, W.: Mathematische Optimierung—Grundlagen und Verfahren, Springer, Berlin, 1975

25. Woolsey, R. E. D. and Swanson, H. S.: Oper. Res. for Immediate Application—A Quick and Dirty Manual, Harper & Row, New York, 1975
26. Teichroew, D.: An Introduction to Management Science Deterministic Models, Wiley, New York, 1964
27. Hertz, D. B. and Eddison, R. T. (Eds.): Progress in Operations Research, Vol. II, Wiley, New York, 1964
28. Aronofsky, J. S. (Ed.): Progress in Operations Research, Vol. III, OR and the Computer, Wiley, New York, 1969
29. Graves, R. L. and Wolfe, P. (Eds.): Recent Advances in Mathematical Programming, McGraw-Hill, New York, 1963
30. Ackoff, R. L. and Sasieni, M. W.: Operations Research, Grundzuege der Operationsforschung, Akademie-Verlag, Berlin, 1970
31. Beale, E. M. L.: Mathematical Programming in Practice, John Wiley, New York, 1968
32. Beale, E. M. L. (Ed.): Applications of Mathematical Programming Techniques, Engl. Univ. Press, London, 1970
33. Charnes, A. and Cooper, W. W.: Management Models and Industrial Applications of Linear Progr., John Wiley, New York, 1961
34. Balinski, M. L. and Lemarechal, C.: Mathematical Programming in Use, North Holland, Amsterdam, 1978
35. Moore, P. G. and Hodges, S. D. (Editor): Programming for Optimal Decisions, Penguin, 1970
36. Gorstko, A.: Mathematical Models and Optimal Planning, Nauka, Novosibirsk, 1966
37. Ackoff, R. L. und Rivett, P.: Industrielle Unternehmensforschung, München, 1966
38. Arnoff, E. L. and Sengupta, S. S.: Mathematical Programming, in VIII.1.1–13, 1961
39. Balakrishnan, A. V. and Neustadt, L. W. (Eds.): Computing Methods in Optimization Problems, Proceedings of a Conf. Held at the Univ. of California, Los Angeles, 1964, Academic Press, New York, 1964
40. Balakrishnan, A. V. and Zadeh, I. A. (Eds.): Computing Methods in Optimization Problems, Papers Presented at the 2nd Intern. Conf. on Comp. Methods, San Remo, Italy, 1968, Springer, Berlin, 1968
41. Müller-Merbach, H.: Operations Research Fibel für Manager, Moderne Industrie, München, 1971
42. Vajda, S.: Mathematical Programming, Addison Wesley, London, 1961
43. Vajda, S.: Planning by Mathematics, Pitman, London, 1969
44. Vajda, S.: Readings in Math. Programming, Wiley, New York, 1962
45. House, W. C. (Ed.): Operations Research, an Introduction to Modern Applications, Auerbach, Princeton, N. J., 1972
46. Stahlknecht, P.: Operations Research, Vieweg, Braunschweig, 1972
47. Stahlknecht, P.: Operation Research, ein Leitfaden für den Praktiker, Elektronische Datenverarbeitung, Beihefte
48. Leitmann, G.: Optimiz. Techniques, Academic Press, New York, 1962
49. Wagner, H. M.: Principles of Operations Research, Prentice-Hall, Englewood Cliffs, N. J., 1969
50. Whitehouse, G. E. and Wechsler, B. L.: Applied Operations Research—A Survey, Wiley, New York, 1976
51. Pun, L.: Abriss der Optimierungspraxis, Oldenbourg, München, 1974
52. Lasdon, L. S.: Optimization Theory for Large Systems, Macmillan, New York, 1972
53. Koch, G. und Mund, K.: Math. Planungsverfahren, Hanser, München, 1981
54. Dueck, W. und Bliefernich, M. (Eds.): Operationsforschung, Mathematische Grundlagen, Methoden und Modelle, Band 1–3, VEB Deutscher Verlag der Wissenschaften, Berlin, 1971–1972
55. Fandel, G., Fischer, D., Pfahl, H.-C. und Schuster, K.-P. (Eds.): Operations Research Proceedings, DGOR Annual, Meeting, Essen 1980, Physica, Würzburg, 1981
56. Schwarze, J., Dobschuetz, L. und Fleischmann, B. (Eds.): Operations Research Proc., DGOR Annual Meeting, 1979, Physica, Würzburg, 1980
57. Ohse, D., Esprester, A., Kuepper, H.-U., Staehly, P. und Steckhan, H. (Eds.): Oper. Res. Proceedings, DGOR Annual Meeting, 1984, Springer, Berlin, 1985
58. Brockhoff, K., Dinkelbach, W. und Kall, P. (Eds.): Operations Research Proceedings, DGOR Annual Meeting, 1977, Physica, Würzburg, 1978
59. Jacob, H., Pressmar, D. B., Todt, H. und Zimmermann, H.-J. (Eds.): Proceedings in Operations Research 2 DGOR Annual Meeting 1972, Physica, Würzburg, 1973
60. Kaufmann, A. et Faure, R.: Invitation a la recherche operationelle, Dunod, Paris, 1968
61. Kaufmann, A.: Methodes et modeles de la recherche operationelle, Dunod, Paris, 1962

62. Darby-Dowman, K., Lucas, C., Mitra, G., and Yadegar, J.: Linear, Integer, Separable and Fuzzy Programming Problems—A Unified Approach Towards Reformulation, Operations Research, Vol. 39, No. 2, 1988, 161–171

63. Kilian, R. und Matthies, W.: Mathematische Methoden in Organisation und Planung, VEB Verlag Technik, Berlin, 1965

64. Barritt, M. M. and Wishart, D. (Eds.): Proceedings in Computational Statistics (COMPSTAT 80), Physica Verlag, Wien, 1980

65. Lawrence, J. (Ed.): Proceedings of the 5th International Conference on Operations Research, Tavistock, London, 1969

66. Alarcon, E. and Brebbia, C. (Eds.): Applied Numerical Modeling, Pentech Press, London, 1979

67. Jacobs, D. A. H. (Ed.): The State-of-the-Art in Numerical Analysis, Academic Press, London, 1977

68. Brearley, A. L., Mitra, G. and Williams, H. P.: Analysis of Mathematical Programming Problems Prior to Applying the Simplex Algorithm, Math. Progr., Vol. 8, 1975, 54–83

69. Karwan, M. H., Lotfi, V., Telgen, J. and Zionts, S.: Redundancy in Math. Progr.—A State-of-the-Art Survey, Springer, New York, 1983

70 Guignard, M.: Conditions d'optimalite et dualite en programmation mathematique, Universite de Lille, Laboratoire de Calcul, These de Doctorat de Specialite, 1967

71. Judice, J. J. and Mitra, G.: Reformulation of Mathematical Programming Problems as Linear Complementarity Problems and Investigation of their Solution Methods, J. Optim. Theory and Appl., Vol. 57, No. 1, 1988, 123–149

72. Feichtinger, G.: Anwendung des Maximumprinzips im Operations Research, OR Spektrum, Vol. 4, 1982, 171–190 und 195–212

73. Sethi, S. P.: A Survey of Management Science Applications of the Deterministic Maximum Principle, TIMS Studies in Mgmt. Sciences, No. 9, North-Holland, Amsterdam, 1978, 33–67

74. Kamien, M. I. and Schwartz, N. L.: Dynamic Optimization, North Holland, New York, 1981

75. Pontrjagin, L. S., Boltjanskij, V. G. and Gamkrelidze, R. V.: Mathematische Theorie optimaler Prozesse, R. Oldenbourg, München, 1964

76. Canon, M. D.: Monoextremal Representations of a Class of Minimax Problems, Mgmt. Sci., Vol. 15, No. 5, 1969, 228–238

77. Moore, R. E. and Ratschek, H.: Inclusion Functions and Global Optimization II, Math. Progr., Vol. 41, No. 3, 1988, 341–356

78. Dixon, L. C. W. and Szego, G. P. (Editors): Toward Global Optimization, North Holland, Amsterdam, 1978

79. Orban, P.: Über ein Verfahren zur globalen Optimierung, Wiss. Zeitschr. Techn. Hochschule Magdeburg, Vol. 18, No. 4, 1974, 369–373

80. Nelder, J. A. and Mead, R.: A Simplex Method for Function Minimization, Comput. J., Vol. 7, 1965, 308–313

81. Kaplan, S.: Applications of Programs with Maximin Objective Function to Problems of Optimal Resource Allocation, Oper. Res., Vol. 22, No. 4, 1974

82. Gupta, R. and Arora, S. R.: Programming Problems with Maximin Objective Function, Zeitschr. für Oper. Res., Vol. 22, 1978, 69–72

83. Stern, M.: Mathematics for Management, Prentice Hall, Englewood Cliffs, New Jersey, 1963

84. Cheney, L. K., Ullman, R. J. and Kawarantani, T. T.: The Significance of Mathematical Programming in the Business World, RAND Symposium on Math. Programming 1959, RAND Report R-351, 1960

85. Fletcher, R. (Ed.): Optimization, Academic Press, London, 1969

86. Mador, J. J. and Elmaghraby, S. E.: Handbook of Operations Research, Van Nostrand-Reinhold, New York, 1978

87. Geoffrion, A. M. (Ed.): Perspectives on Optimization, Addison Wesley, Reading, Mass., 1972

88. Himmelblau, D. M. (Ed.): Decomposition of Large-Scale Problems, Proceedings of a Conference, Cambridge U.K., July 17–26, 1972, North-Holland, Amsterdam, 1973

89. Zimmermann, H.-J.: Einf. in die Grundlagen des Oper. Res.—Eine nicht-mathematische Einf., Morderne Industrie, München, 1972

90. Greenberg, H., Murphy, F. and Shaw, S. (Editors): Advanced Techniques in the Practice of Oper. Res., North-Holland, Amsterdam, 1982

91. Purdom, P. W. Jr. and Brown, C. A.: The Analysis of Algorithms, Holt, Rinehart and Winston, New York, 1985

92. Schittkowski, K. (Ed.): Computational Mathematical Programming, Springer, Heidelberg, NATO ASI Series F, Computer and Systems Sciences Vol. 15, 1984

93. Neustadt, L. W.: Optimization, Princeton Univ. Press, Princeton, N. J., 1976

94. Ioffe, A. D. und Tichomirov, V. M.: Theorie der Extremalaufgaben, Deutscher Verlag der Wissenschaften, Berlin, 1979
95. Ioffe, A. D. und Tichomirov, V. M.: Theory of Extremal Problems, North Holland, Amsterdam, 1979
96. Dantzig, G. B. and Veinot, A. F. (Eds.): Math. of the Decision Sciences, Part 1 and 2, American Math. Soc., Providence, R. I., 1968
97. Berge, C. and Ghouila-Houri, A.: Programming, Games & Transportation Networks, Methuen & Co., London, 1965
98. Eppen, G. D., Gould, F. S. and Schmidt, C. P.: Introductory Management Science, Prentice-Hall, Englewood Cliffs, N. J., 1987
99. Sholomov, L. A. and Yudin, D. B.: The Complexity of Multistep Generalized Mathematical Programming Schemas, Sov. J. Comput. Syst. Sci., Vol. 26, No. 4, 1988, 127–136
100. Powell, M. J. D. (Ed.): Mathematical Models and their Solution—Contributions to the Martin Beale Memorial Symposium, Math. Progr., Vol. 42, No. 1, Special Issue, April 1988
101. Wilde, D. J.: Optimum Seeking Methods, Prentice-Hall, Englewood Cliffs, N. J., 1965
102. Beightler, C. S., Phillips, D. T. and Wilde, D. J.: Foundations of Optimization, 2nd Edition, Prentice-Hall, Englewood Cliffs, New Jersey, 1979
103. Kronsjo, L.: Computational Complexity of Sequential and Parallel Algorithms, Wiley, Great Britain, 1985
104. Littger, K.: Standard-Register des Operations Research, Verlag Moderne Industrie, München, 1971
105. Bazaraa, M. S. and Shetty, C. M.: Foundations of Optimization, Springer, Berlin, 1976
106. Zoutendijk, G.: Math. Progr. Methods, North Holland, Amsterd., 1976
107. Rivett, B. H. P.: Concepts of Oper. Res., Watts, London, 1968
108. Shapiro, J. F.: Mathematical Programming—Structures and Algorithms, Wiley, New York, 1979
109. Dixon, L. C. W. (Ed.): Optimization in Action, Academic Press, London, 1976
110. Mc Millan, C.: Mathematical Programming, Wiley, New York, 1975
111. Vazsonyi, A.: Scientific Programming in Business and Industry, John Wiley, New York, 1958
112. Duerr, W. und Kleibohm, K.: Operations Research. Lineare Modelle und ihre Anwendung, Hanser Verlag, München, 1983
113. Cesari. L.: Optimization—Theory and Appl., Springer, Berlin, 1983
114. Kaufmann, A. and Gupta, M. M.: Fuzzy Mathematical Models in Engineering and Management Science, North-Holland, Amsterdam, 1988
115. Rand, G. K. (Ed.): Operational Research '87, Proceedings of the 11th IFORS International Conference, Buenos Aires, Argentinia, 10–14 August 1987, North-Holland, Amsterdam, 1988
116. Nemhauser, G. L., Rinnooy Kan, A. H. G., and Todd, M: J. (Eds.): Optimization, Handbooks in Operations Research and Management Science, Vol. 1, North-Holland, Amsterdam, 1989
117. Sivazlian, B. D. and Stanfel, L. E.: Optimization Techniques in Operations Research, Prentice-Hall, Englewood Cliffs, N. J., 1975
118. Taha, H. A.: Oper. Res.—An Introduction, Macmillan, New York, 1983
119. Luenberger, D. G.: Linear and Nonlinear Programming, Addison-Wesley, New York, 1984
120. Prekopa, A. (Ed.): Survey of Math. Progr., North Holland, Amsterdam, 1979
121. Philips, T. D., Ravindran, A., and Solberg, J. J.: Operations Research—Principles and Practice, Wiley, New York, 1976
122. Geoffrion, A. M.: Elements of Large Scale Mathematical Programming, Mgmt. Sci., Vol. 16, 1970, 652–691
123. Thoft-Christensen, P. (Ed.): System Modeling and Optimization, Springer, New York, 1984
124. Beale, E. M. L.: Introduction to Optimization, Wiley, New York, 1988
125. Megiddo, N. (Ed.): Progress in Math. Progr., Springer, New York, 1988
126. Kaufmann, A. and Faure, R.: Introduction to Operations Research, Academic Press, New York, 1968
127. Carr, C. R. and Howe, C. W.: Introduction to Quantitative Decision Procedures in Mgmt. and Economics, McGraw-Hill, New York, 1964
128. Gottfried, B. S. and Weisman, J.: Introduction to Optimization Theory, Prentice-Hall, Englewood Cliffs, N. J., 1973
129. Kreweras, G. and Morlat, G. (Eds.): Proceedings of the Third International Conference on Operations Research, Dunod, Paris, und English Universities Press, London, 1963
130. Pierre, D. A.: Optimization Theory with Appl., Wiley, New York, 1969
131. Gal, T.: Postoptimal Analysis, Parametric Programming and Related Topics, McGraw-Hill, New York, 1978
132. Bartels, R. H., Golub, G. H., and Saunders, M. G.: Numerical Techniques in Mathematical Programming, in VIII.1.5–160, 1970, 123–176

133. Kuhn, H. W. (Ed.): Proceedings of the Princeton Symposium on Math. Progr., Princeton Univ. Press, Princeton, N. J., 1970
134. Churchman, C. W. and Verhulst, M. (Eds.): Management Science—Models and Techniques, Pergamon Press, London, 1960
135. Churchman, C. W.: Prediction and Optimal Decision, Prentice-Hall, Englewood Cliffs, New Jersey, 1961
136. Hertz, D. B.: A Comprehensive Bibliography on Operations Research 1957–1958, Wiley, New York, 1963
137. Hertz, D. B. and Melese, J. (Eds.): Proceedings of the Fourth International Conf. on Operations Research, Wiley, New York, 1966
138. Gillet, B. E.: Introduction to Operations Research—A Computer-Oriented Algorithm Approach, McGraw-Hill, New York, 1976
139. Korte, B. (Ed.): Modern Applied Mathematics—Optimization and Operations Research, North Holland, 1982
140. Gustafson, S.-A. and Kortanek, K. O.: Semi-Infinite Programming and Applications, in VIII.1. 1–16, 1983, 132–157
141. Krabs, W.: Optimierung und Approximation, Teubner, Stuttgart, 1975
142. Perold, A. F.: Extreme Points and Basic Feasible Solutions in Continuous Time Lin. Progr., SIAM J. Contr. Opt., Vol. 19, 1981, 52
143. Späth, H. (Ed.): Fallstudien Operations Research, Band 1 und 2, Oldenbourg Verlag, Müchen, 1978
144. Minoux, M.: Programmation Mathematique—Theorie et algorithmes, Dunod, Paris, 1983
145. Rao, S. S.: Optimization Theory and Applications, Wiley Eastern Ltd., New Delhi, 1979
146. Gessner, P., Henn, R., Steinecke, V. und Todt, H. (Eds.): Proceedings in Operations Research 3, Papers of the DGOR Annual Meeting 1973, Physica Würzburg, 1974
147. Henke, M., Jaeger, A., Wartmann, R., and Zimmermann, H.-J. (Eds.): Proceedings in Operations Research 1, DGOR Annual Meeting 1971, Physica Würzburg, 1972
148. Wallace, S. W. (Ed.): Algorithms and Model Formulations in Mathematical Programming, Proceedings of NATO Advanced Research Workshop in Bergen (1987), Springer, Berlin, 1989
149. Waters, C. D.: A Practical Introduction to Management Science, Addison-Wesley, Wokingham, 1989
150. Reinfeld, N. V. and Vogel, W.: Mathematical Programming, Prentice-Hall, Englewood Cliffs, N. J., 1958

VIII.1.2 Lineare Programmierung

1. Dantzig, G. B.: Linear Programming and Extensions, Princeton Univ. Press, 1963
2. Hadley, G.: Linear Programming, Addison-Wesley Publishing Company, Reading, Mass., 1962
3. Sakarovitch, M.: Linear Programming, Springer, New York, 1984
4. Zionts, S.: Linear and Integer Programming, Prentice-Hall, Englewood Cliffs, N. J., 1974
5. Dantzig, G. B.: Lineare Progr. und Erweiterungen, Springer, Berlin, 1966
6. Joksch, H. C.: Lineares Programmieren, Mohr, Tuebingen, 1962
7. Runzheimer, B.: Operations Research. Band 1: Lineare Planungsrechnung und Netzplantechnik, Gabler, Wiesbaden, 1978
8. Ignizio, J. P.: Linear Programming in Single and Multiple Objective Systems, Prentice-Hall, New Jersey, 1982
9. IBM: An Introduction to Linear Programming, Form-No. GE20-8171, White Plains, N. Y., 1964
10. Orchard-Hays, W.: Advanced Linear Programming Computing Techniques, McGraw-Hill, New York, 1968
11. Murtagh, B. A.: Advanced Linear Programming: Computation and Practice, McGraw-Hill, New York, 1981
12. Garcia, C. B. and Gould, F. J.: Application of Homotopy to Solving Linear Programs, Math. Progr., Vol. 27, No. 3, 1983
13. Ho, J. K. and Loute, E.: Computational Experience with Advanced Implementation of Decomposition Algorithms for Linear Programming, Math. Progr., Vol. 27, No. 3, 1983
14. Klee, V. and Minty, G. L.: How Good is the Simplex Agorithm?, in O. Shisha (Ed.), Inequalities III, Academic Press, New York, 1972, 159–179
15. Khachiyan, L. G.: A Polynomial Algorithm in Linear Programming, Doklady Akademiia Nauk SSSR 244: S (1979), translated in Soviet Mathematics Dolady, 20:1, 1979

16. Grötschel, M., Lovasz, L., and Schrijver, A.: The Ellipsoid Method and its Consequences in Combinatorial Optimization, Combinatorica, Vol. 1, No. 2, 1981
17. Karmarkar, N.: A New Polynomial Time Algorithm for Linear Programming, AT&T Bell Lab., Murray Hill, N. J., undated, about 1984
18. Tomlin, J. A.: An Experimental Approach to Karmarkar's Projective Method for Linear Programming. Mathematical Programming Study 31, North-Holland, Amsterdam, 1987, 175–191
19. Ignizio, J. P.: Linear Programming in Single and Multiple Objective Systems, Prentice-Hall, Englewood Cliffs, N. J., 1982
20. Bartels, R. H.: A Numerical Investigation of the Simplex Method, Thesis, Stanford Univ., 1968
21. Megiddo, N.: On the Complexity of Linear Programming, IBM Research Division, Report RJ 4985 (52162) 1/9/86, IBM Almaden Res. Center, San Jose, California, 1986
22. Ferris, M. C. and Philpott, A. B.: On the Performance of Karmarkar's Algorithm, J. Oper. Res. Soc., Vol. 39, No. 3, 1988, 257–270
23. Karmarkar, N.: A New Polynomial Type Algorithm for Linear Programming, Combinatorica, Vol. 4, 1984, 373–395
24. Harris, P. M. J.: Pivot Selection Methods of the DEVEX LP Code, Math. Progr., Vol. 5, 1973, 1–28
25. Dantzig, G. B. and Orchard-Hays, W.: The Product Form of the Inverse In the Simplex Method, Mathematical Tables and Aids to Computation, Vol. 8, 1954, 64–67
26. Ryan, D. M. and Osborne, M. R.: Solution of Highly Degenerate Linear Programs, Math. Progr., Vol. 41, No. 3, 1988, 385–392
27. Magnanti, T. L. and Orlin, J. B.: Parametric Linear Programming and Anti-Cycling Pivoting Rules, Math. Progr., Vol. 41, No. 3, 1988, 317–325
28. Robers, P. D.: Interval Linear Programming, Ph.D. Thesis, Northwestern Univ., Evanston, III., 1968
29. Driebeek, N. J.: Applied Linear Programming, Addison-Wesley Publishing Company, Reading, Mass., 1969
30. Kuhn, H. W. and Tucker, A. W. (Eds.): Linear Inequalities and Related Systems, Princeton Univ. Press, Princeton, N. J., 1956
31. Tomlin, J. A.: An Experimental Approach to Karmarkar's Projective Algorithm for Linear Programming, Mathematical Programming Study, Vol. 31, 1987, 175–191
32. Todd, M. J. and Burrell, B. P.: An Extension of Karmarkar's Algorithm for Linear Programming Using Dual Variables, Algorithmica, Vol. 1, 1986, 409–424
33. Gill, P. E., Murray, W., Saunders, M. A., Tomlin, J. A., and Wright, M. H.: On Projected Newton Barrier Methods for Linear Programming and an Equivalence to Karmarkar's Projective Method, Math. Progr., Vol. 36, 1986, 183–209
34. Adams, W. J., Gerwitz, A., and Quintas, L. V.: Elements of Linear Programming, Van Nostrand Reinhold, New York, 1969
35. Agmon, S.: The Relaxation Method for Linear Inequalities, Canad. Journal of Mathematics, Vol. 6, 1954, 382–392
36. Antosiewicz, H. A. (Ed.): Proceedings of the Second Symposium in Linear Programming, Vol. 2, National Bureau of Standards, Washington, D. C., 1955
37. Arrow, K. J., Hurwicz, L., and Uzawa, H.: Studies in Linear and Non-Linear Programming, Stanford Univ., Stanford Univ. Press. Cal., 1972
38. Beale, E. M. L.: An Alternative Method for Linear Programming, Proc. of the Cambridge Phil. Soc., Vol. 50, No. 4, 1954, 513–523
39. Beale, E. M. L.: Cycling in the Dual Simplex Algorithm, Naval Research Logistics Quarterly, Vol. 2, 1955, 269–275
40. Beckmann, M. J.: Lineare Planungsrechnung, Fachverlag für Wirtschaftstheorie und ökonometrie, Ludwigshafen/Rhein, 1959
41. Belakreko: Lehrbuch der Linearen Optimierung, VEB Deutscher Verlag der Wissenschaften, Berlin, 1964
42. Spivey, W. A.: Linear Programming, Macmillam, New York, 1963
43. Wolfe, P.: A Technique for Resolving Degeneracy in Linear Programming, J. SIAM, Vol. 11, 1963, 205–211
44. Wolfe, P.: The Composite Simplex Algorithm, SIAM Review, Vol. 7, 1965, 42–54
45. Orden, A. and Goldstein, L. (Eds.): Symposium on Linear Inequalities and Programming, Washington, D. C., 1952
46. Solnik, B. H.: La programmation lineaire, Dunod, Paris, 1969
47. Sordet, J.: La programmation lineaire appliquee a l'entreprise, 1970
48. Soom, E.: Einfuehrung in die Lineare Programmierung, Verlag Techn. Rundschau, bern, 1970
49. Simmonard, M.: Linear Programming, Prentice-Hall, Englewood Cliffs, N. J., 1966

50. Tomlin, J. A.: On Scaling Linear Programming Problems, Mathematical Programming Study, Vol. 4, 1975, 146–166
51. Dantzig, G. B. and Wolfe, P.: A Decomposition Principle for Linear Programs, Operations Research, Vol. 8, No. 1, 1960, 101–111
52. Garvin, W. W.: Introduction to Linear Programming, McGraw-Hill, New York, 1960
53. Todd, M. J.: Exploiting Special Structure in Karmarkars Linear Programming Algorithm, Math. Progr., Vol. 41, 1988, 97–113
54. Todd, M. J.: An Implementation of the Simplex Method for Linear Programming Problems with Variable Upper Bounds, Math. Progr., Vol. 23, 1982, 34–49
55. Todd, M. J.: Improved Bounds and Containing Ellipsoids in Karmarkar's Linear Programming Algorithm, Operations Research, 1989
56. Rinaldi, G.: A Projective Method for Linear Programming with Box-Type Constraints, Algorithmica, Vol. 1, 1986, 517–527
57. Steger, A.: An Extension of Karmarkar's Algorithm for Bounded Linear Programming Problems, M. S. Thesis, State Univ. of New York at Stonybrook, Stonybrook, N.Y., 1985
58. Gay, D. M.: A Variant of Karmarkar's Linear Programming Algorithm for Problems in Standard Form, Math. Progr., Vol. 37, No. 1, 1987, 81–90
59. Dantzig, G. B. and Van Slyke, R. M.: Generalized Upper Bounding Techinque, J. Comp. Syst. Sci., Vol. 1, 1967, 213–226
60. Bland, R. G., Goldfrab, D., and Todd, M. J.: The Ellipsoid Method—A Survey, Operations Research, Vol. 29, 1981, 1039–1091
61. Mehrotra, S.: Variants of Karmarkar's Algorithm—Theoretical Complexity and Practical Implementation, Ph.D. Thesis, Ind. Eng. and Oper. Res. Dept., Columbia Univ., 1987
62. Goldfarb, D. and Mehrotra, S.: Relaxed Variants of Karmarkar's Algorithm for Linear Programs with Unknown Optimal Objective Value, Math. Progr., Vol. 40, 1988, 183–195
63. Padberg, M.: A Different Convergence Proof of the Projective Method for Lin. Progr., Oper. Res. Letter, Vol. 4, No. 6, 1986, 253–257
64. Borgwardt, K. H.: Der durchschnittliche Rechenaufwand beim Simplexverfahren, in VIII.1.1–57, 1985
65. Judin, D. B. und Golstein, E. G.: Lineare Optimierung I, Akademie Verlag, Berlin, 1968
66. Judin, D. B. und Golstein, E. G.: Lineare Optimierung II, Akademie Verlag, Berlin, 1970
67. Richter, K. J.: Methoden der Linearen Optimierung, VEB Fachbuchverlag, Leipzig, 1966
68. Chvatal, V.: Linear Programming, W. M. Freeman & Co., 1982
69. Dantzig, G. B.: Large Scale Linear Programs—A Survey, 7th Int. Symp. on Math. Progr., The Hague, Netherlands, 1970
70. Salkin, H. M. and Saha, J. (Eds.): Studied in Linear Programming, North Holland/American Elsevier, Amsterdam, 1975
71. Sloan, S. W.: Steepest Edge Active Set Algorithm for Solving Sparse Linear Programming Problems, Int. J. Numer. Methods Eng., Vol. 26, No. 12, 1988, 2671–2685
72. Haugland, D. and Wallace, S. W.: Solving Many Linear Programs that Differ Only in the Righthand Side, Eur. J. Oper. Res., Vol. 37, No. 3, 1988, 318–324
73. Myers, D. C. and Shih, W.: Constraint Selection Technique for a Class of Lin. Programs, Oper. Res. Letters, Vol. 7, No. 4, 1988, 191–195
74. Dantzig, G. B., Orden, A., and Wolfe, P.: The Generalized Simplex Method for Minimizing a Linear Form Under Linear Inequality Restraints, Pacific J. Math., Vol. 5, 1955, 183–195
75. Dantzig, G. B.: Time-Staged Linear Programs, Stanford Univ., Techn. Report SOL-80-28, 1980
76. Dantzig, G. B.: On the Status of Multistage Linear Programming Problems, Mgmt. Sci., Vol. 6, 1959, 53–72
77. Schebesch, K. und Stoeppler, S.: Dynamische lineare Programme und lineare Kontrollprobleme— Problemstellungen, Lösungen, Anwendungen, Arbeitsbericht 15 der Forschungsgruppe Planung und Prognose, Universität Bremen, 1984
78. Stoeppler, S.: Dynamische Lineare Programme und Lineare Kontroll-Probleme, in VIII.1.1–57, 1985, 524–531
79. Borgwardt, K. H.: The Average Number of Pivot Steps Required by the Simplex-Method is Polynomial, Zeitschr. für Oper. Res.,Vol. 26, 1982, 157–177
80. Borgwardt, K. H.: Zum Rechenaufwand von Simplexverfahren, Operations Research Verfahren, Vol. 31, 1978, 83–97
81. Haimovich, M.: The Simplex Algorithm is Very Good—On the Expected Number of Pivot Steps and Related Properties of Random Linear Progr., 415 Uris Hall, Columbia Univ., New York, April 1983
82. Liebling, T.: On the Number of Iterations of the Simplex-Algorithm, ETH Zuerich, Institut für Operations Research, 1972

83. Smale, S.: On the Average Speed of the Simplex Method, in VIII.1.1–16, 1983, 530–539

84. Goldfarb, D.: Worst Case Complexity of the Shadow Vertex Simplex Algorithm, Columbia Univ. School of Eng. and Appl. Science, 1983

85. Goldfarb, G., and Sit, W. J.: Worst Case Behavior of the Steepest Edge Simplex Method, Discrete Appl. Math., Vol. 1, 1979, 277–285

86. Markowitz, H. M.: The Elimination Form of the Inverse and its Applications to Lin. Progr., Mgmt. Sci., Vol. 3, 1957, 255–269

87. Williams, A. C.: Marginal Values in Linear Programming, J. of SIAM, Vol. 11, 1963, 82–94

88. Cottle, R. W. and Dantzig, G. B.: Complementary Pivot Theory of Mathematical Programming, Linear Algebra and its Applications, Vol. 1, 1968, 103–125

89. Bloech, J.: Lineare Optimierung für Wirtschaftswissenschaftler, Westdeutscher Verlag, Opladen, 1974

90. Shanno, D. F.: Computing Karmarkar Projections Quickly, Mathematical Programming, Vol. 41, No. 1, 1988, 61–71

91. Dennis, J. E. Jr., Morshedi, A. M., and Turner, K.: Variable-Metric Variant of the Karmarkar Algorithm for Linear Programming, Math. Programming, Vol. 39, No. 1, 1987, 1–20

92. Zimmermann, H.-J. und Zielinski, J.: Lineare Programmierung—ein programmiertes Lehrbuch, Berlin, 1971

93. Boot, J. C. G.: On Trivial and Binding Constraints in Programming Problems, Mgmt. Sci., Vol. 8, No. 4, 1962, 419–441

94. Bixby, R. and Wagner, D.: A Note on Detecting Simple Redundancies in Linear Systems, Oper. Res. Letters, Vol. 6, No. 1, 1987, 15–17

95. Charnes, A., Cooper, W., and Thompson, G.: Some properties of Redundant Constraints and Extraneous Variables in Direct and Dual Linear Progr. Probl., Oper. Res., Vol. 10, 1962

96. Thompson, G., Tonge, F., and Zionts, S.: Techniques for Removing Non-binding Constraints and Extraneous Variables from Linear Progr. Probl., Mgmt. Science, Vol. 12, No. 7, 1966, 588–608

97. Tomlin, J. and Welch, J.: Finding Duplicate Rows in a Linear Programming Model, Operations Research Letters, Vol. 5, No. 1, 1985, 7–11

98. Megiddo, N. and Shub, M.: Boundary Behavior of Interior Point Algorithms in Lin. Progr., Math. Oper. Res., Vol. 14, No. 1, 1989, 97

99. Vanderbei, R .J.: Affine-Scaling for Linear Programs With Free Variables, Math. Progr. Ser. A, Vol. 43, No. 1, Jan. 1989, 31–44

100. Caron, R. J. and McDonald, J. F.: New Approach to the Analysis of Random Methods for Detecting Necessary Linear Inequality Constraints, Math. Progr. Ser. A, Vol. 43, No. 1, 1989, 97–102

101. Bixby, R. E. and Cunningham, W. H.: Converting Linear Programs to Network Probl., Math. of Oper. Res., Vol. 5, No. 3, 1980, 321–357

102. Wagner, H. M.: A Comparison of the Original and the Revised Simplex Methods, Operations Research, Vol. 5, 1957, 361–369

103. Shanno, D. F. and Marsten, R. E.: Reduced-Gradient Variant of Karmarkar's Algorithm and Nullspace Projections, J. Optim. Theory and Appl., Vol. 57, No. 3, 1988, 383–397

104. Scolnik, H.: A New Approach to Linear Programming, SIGMAP Newsletter, No. 15, 1973, 35–42

105. Forrest, J. J. H. and Tomlin, J. A.: Updated Triangular Factors of the Basis to Maintain Sparsity in the Product Form Simplex Meth., Math. Progr., Vol. 2, 1972, 263–278

106. Hattersley, B. and Wilson, J.: A Dual Approach to Primal Degeneracy, Math. Progr., Vol. 42, 1988, 135–145

107. Charness, A.: Optimality and Degeneracy in Linear Programming, Econometrica, Vol. 20, 1952, 160–170

108. Bland, R. G.: New Finite Pivoting Rules for the Simplex Method, Mathematics of Operations Research, Vol. 2, 1977, 103–107

109. Tomlin, J. A. and Welch, J. S.: Formal Optimization of Some Reduced Linear Programming Problems, Math. Progr., Vol. 27, 1983, 232–240

110. Mitra, G., Tamiz, M., and Yadegar, J.: Experimental Investigation of an Interior Search Method within a Simplex Framework, Comm. of the ACM, Vol. 31, No. 12, 1988, 1474–1482

112. Borgwardt, K. H.: Some Distribution-Independent Results About the Asymptotic Order of the Average Number of Pivot Steps of the Simplex-Method, Math. of Oper. Res., Vol. 7, No. 3, 1982, 441–462

113. Murty, K. G. and Fathi, Y. A.: Feasible Direction Method for Linear Progr., Oper. Res. Letters, Vol. 3, No. 3, 1984, 121–127

114. Nickels, W. W., Rodder, L. X. U., and Zimmermann, H.-J.: Intelligent Gradient Search in Linear Programming, Eur. J. Oper. Res., Vol. 22, 1985, 293–303

115. Sherali, H. D., Soyster, A. L., and Baines, S. G.: Nonadjacent Extreme Point Methods for Solving Linear Programs, Nav. Res. Logist. Quarterly, Vol. 30, 1983, 145–161
116. Tamiz, M.: Design, Implementation and Testing of a General Linear Programming System Exploiting Sparsity, Ph.D. Thesis, Dept. of Math. and Statistics, Brunel Univ., London, 1986
117. Mangasarian, O. L.: Iterative Solution of Linear Programs, SIAM J. Numerical Analysis, Vol. 18, No. 4, 1981, 606–614
118. Gonzaga, C. C.: Conical Pojection Algorithms for Linear Programming, Math. Progr., Vol. 43, 1989, 151–173
119. Adler, I., Resende, M. and Veiga, G.: An Implementation of Karmarkar's Algorithm for Linear Programming, Report ORC86-8, Oper. Res. Center, Univ. of California, Berkeley, CA., 1986
120. Sherali, H. D.: Algorithmic Insights and a Convergence Analysis for a Karmarkar-Type of Algorithm for Linear Programming Problems, Nav. Res. Logist. Quart., Vol. 34, 1987, 399–416
121. Ho, J. K. and Loute, E.: An Advanced Implementation of the Dantzig-Wolfe Decomposition Algorithm for Linear Programming, Math. Progr., Vol. 20, 1981, 303–326
122. Orchard-Hays, W.: Background, Development and Extensions of the Revised Simplex-Method, RM-1433, The RAND Corp., 1954
123. Kalan, J. E.: Aspects of Large-Scale In-Core Linear Programming, in Proceedings of the 1971 Annual Conference of the ACM, Chicago, IL., 1971, 304–313
124. Schrage, L.: Implicit Representation of Variable Upper Bounds in Linear Progr., Math. Progr. Studies, Vol. 4, 1975, 118–132
125. Sethi, A. P.: The Pivot and Probe Algorithm for Solving a Linear Program, Math. Progr., Vol. 29, No. 2, 1984, 219–233
126. Iri, M. and Imai, H.: A Multiplicative Barrier Function Method for Linear Programming, Algorithmica, Vol. 1, 1986, 455–482
127. Ferris, M. C. and Philpott, A. B.: Some Remarks on Karmarkar's Algorithm, Cambridge Univ., Engineering Dept., Report CUED/F-CAMS/TR 251, Cambridge, Mass., 1985
128. Schönlein, A.: Der Algorithmus von Khachian, Angewandte Informatik, No. 3, 1981, 115–121
129. Murty, K. G.: Linear Programming, Wiley, New york, 1983
130. Murty K. G.: Linear and Combinatorial Programming, Wiely, New York, 1976
131. Schönlein, A.: Der Algorithmus von Karmarkar—Idee, Realisation, Beispiel und numerische Erfahrungen, Angewandte Informatik, No. 8, 1986, 344–353
132. Aucamp, D. C., and Steinberg, D. I.: The Computation of Shadow Prices in Linear Progr., J. Oper. Res. Soc., Vol. 33, 1982, 557–565
133. Williams, H. P.: Restricted Vertex Generation Applied as a Crashing Procedure for Linear Programming, Computers and Oper. Res., Vol. 11, 1984, 401–407
134. Akgul, M.: Topics in Relaxation and Ellipsoidal Methods, Pitman, Boston, 1984
135. Nichels, W., Rodder, W., Xu, L., and Zimmermann, H.-J.: Intelligent Gradient Search for Linear Programming, Institutsbericht 85/08 des Lehrstuhls für Unternehmensforschung der RWTH, Aachen, 1985
136. Hacijan, L. G.: A Polynomial Algorithm in Linear Programming, Soviet Mathematics—Doklady, Vol. 20, No. 1, 1979, 191–194
137. Brown, G. G., Mc Bride, R. D., and Wood, R. K.: Extracting Embedded Generalized Networks from Linear Programming Problems, Math. Progr., Vol. 32, 1985, 11–31
138. Cooper, L. and Kennington, J.: Non-Extreme Point Solution Strategies for Linear Programs, Naval Research Logistics Quarterly, Vol. 26, No. 3, 1979, 447–461
139. Schrage, L.: On Hidden Structures in Linear Progr., in X-174, 1981
140. Mc Bride, R.: Solving Embedded Generalized Network Problems, Eur. J. Oper. Res., Vol. 21, 1985, 82–92
141. Cooper, L. and Steinberg, D.: Methods and Applications for Linear Programming, W. B. Saunders, Philadelphia, 1974
142. Bazaraa, M. S. and Jarvis, J. J.: Linear Programming and Network Flows, Wiley, New York, 1977
143. Ho, J. K.: Recent Advances in the Decomposition Approach to Linear Programming, Math. Programming Study, No. 31, 1987, 119–128
144. Gass, S. I.: Linear Programming—Methods and Applications, Mc Graw-Hill, New York, 1964
145. Gass, S. I.: An Illustrated Guide to Linear Programming, Mc Graw-Hill, New York, 1970
146. Kotiah, T. C. T. and Steinberg, D. I.: On the Possibility of Cycling with the Simplex-Meth., Oper. Res., Vol. 26, No. 2, 1978, 374–376
147. Dantzig, G. B.: Linear Programming under Uncertainty, Management Science, Vol. 1, 1955, 197–206
148. Krelle, W. und Kuenzi, H. P.: Lineare Programmierung, Verlag Industrielle Organisation, Zuerich, 1958

149. Kreko, B.: Linear Programming, Pitman, London, 1968
150. Schrijver, A.: Theory of Linear and Integer Programming, Wiley, Chichester, 1986
151. Fathi, Y. A. and Murty, K. G.: Computational Behavior of a Feasible Direction Method for Linear Programming, Eur. J. Oper. Res., Vol. 40, No. 3, 1989, 322–328
152. Anstreicher, K. M.: The Worst-Case Step in Karmarkar's Algorithm, Math. of Oper. Res., Vol. 14, No. 2, 1989, 294–302
153. Dodani, M. H. and Babu, A. J. G.: Karmarkar's Projective Method for Linear Programming—A Computational Appraisal, Comp. Ind. Eng., Vol. 16, No. 1, 1989, 189–206
154. Renegar, J.: A Polynomial-Time Algorithm Based on Newton's Method for Linear Programming, Math. Progr., Vol. 40, 1988, 59–93
155. Dantzig, G. B.: Upper Bounds, Secondary Constraints and Block Triangularity in Lin. Progr., Econometrica, Vol. 23, 1955, 174–183
156. Wendell, R. E.: The Tolerance Approach to Sensitivity Analysis in Lin. Progr., Oper. Res., Vol. 31, 1985, 564–578
157. Tomlin, J. A.: A Note on Comparing Simplex and Interior Methods for Linear Programming, in VIII.1.1–125, 1988
158. Adler, I., Karmarkar, N., Resende, M. G. C., and Veiga, G.: Data Structures and Programming Techniques for the Implementation of Karmarkar's Algorithm, Technical Report, Dept. of IE/OR, Univ. of California, Berkeley, CA., 1987
159. Suhl, U. and Aittoniemi, L.: Computing Sparse LU-Factorizations for Large-Scale Linear Programming Bases, Arbeitspapier 58/87, Fachbereich Wirtschaftswissenschaften, Angewandte Informatik, Freie Universität Berlin, 1987
160. Derigs, U.: Neuere Ansätze in der Linearen Optimierung—Motivation, Konzepte und Verfahren, in Oper. Res. Proc. 1985, Springer, Berlin, 1986
161. Ye, Y.: Interior Algorithms for Linear, Quadratic and Linearly Constrained Convex Programming, Ph.D. Thesis, Dept. of Eng.-Econ. Systems, Stanford Univ., CA., 1987
162. Avis, D. and Chvatal, V.: Notes on Bland's Pivoting Rule, Math. Programming Study, Vol. 8, 1978, 24–34
163. Cunningham, W. H.: A Network Simplex Method, Mathematical Programming, Vol. 11, 1976, 105–116
164. Barr, R. S., Glover, F., and Klingman, D.: The Alternating Basis Algorithm for Assignment Problems, Math. Progr., Vol. 13, 1977, 1–13
165. Roohy-Laleh, E.: Improvements of the Theoretical Efficiency of the Network Simplex Method, M.Sc. Thesis, Ottawa, 1981
166. Rinnooy Kan, A. H. G. and Talgen, J.: The Complexity of Linear Programming, Statistica Nederlandica, 1981, 91–107
167. Culioli, J.-C. and Protopopescu, V.: New Algorithm for Linear Programming That is Easy to Implement—Application to the Transportation Problem, Oak Ridge National Lab., Tennessee, 1988
168. Goldfarb, D. and Mehrotra, S.: A Relaxed Version of Karmarkar's Method, Math. Progr., Vol. 40, 1988, 289–315
169. Goldfarb, D. and Reid,. J. K.: A Practicable Steepest-Edge Simplex Algorithm, Math. Progr., Vol. 12, 1977, 361–371
170. Anstreicher, K. M.: Strengthened Acceptance Criterion for Approximate Projections in Karmarkar's Algorithm, Oper. Res. Letters, Vol. 5, No. 4, 1986, 211–214
171. Pickel, P. F.: Approximate Projections for the Karmarkar Algorithm—Theory, Polytechnic Institute of New York, Farmingdale, 1985
172. Pan, V.: On the Complexity of a Pivot Step of the Revised Simplex Method, Computers and Math., Vol. 11, No. 11, 1985, 1127–1140
173. Volkovich, V. L., Voynalovich, V. M., and Kudin, V. I.: Relaxation Scheme of Dual Row Simplex Method, Sov. J. Automation Inf. Sci., Vol. 21, No. 1, 1988, 37–43
174. Blum. L.: Towards an Asymptotic Analysis of Karmarkar's Algorithm, Information Processing Letters, Vol. 23, 1986, 189–194
175. Barnes, E. R.: A Variation on Karmarkar's Algorithm for Solving Linear Progr. Problems, Math. Progr., Vol. 36, 1986, 174–182
176. Anstreicher, K. M.: Combined Phase I—Phase II Projective Algorithm for Linear Programming, Math. Progr., Ser. A, Vol. 43, No. 2, 1989, 209–223
177. Anstreicher, K. M.: A Monotonic Projective Algorithm for Fractional Linear Programming, Algorithmica, Vol. 1, 1986, 483–498
178. De Ghellinck, G. and Vial, J.: A Polynomial Newton Method for Linear Programming, Algorithmica, Vol. 1, 1986, 425–453

179. Ye, Y. and Kojima, M.: Recovering Optimal Dual Solutions in Karmarkar's Polynomial Algorithm for Linear Programming, Math. Progr., Vol. 39, 1987, 305–317
180. Smythe, W. R. and Johnson, L. A.: Introduction to Linear Programming with Applications, Prentice-Hall, Englewood Cliffs, N. J., 1966
181. Olson, M. P.: Dynamic Factorization in Large-Scale Optimization, Naval Postgraduate School, Monterey, CA., 1989
182. Tomlin, J. A.: Modifying Triangular Factors of the Basis in the Simplex Method, in VIII.2–59, 1972, 77–85
183. Tomlin, J. A.: Survey of Computational Methods for Solving Large Scale Systems, Stanford Univ., Report TR72-25, 1972
184. Tomlin, J. A.: On Pricing and Backward Transformation in Linear Programming, Stanford Univ., Report TR72-21, 1972
185. Benson, H. P. and Erenguc, S. S.: Using Convex Envelopes to Solve the Interactive Fixed-Charge Linear Programming Problem, J. Optim. Theory and Appl., Vol. 59, No. 2, 1988, 223–246
186. Erenguc, S. S. and Benson, H. P.: The Interactive Fixed-Charge Lin. Progr. Probl., Nav. Res. Logist. Quart., Vol. 33, 1986, 157–177
187. Traub, J. and Wozniakowski, H.: Complexity of Linear Programming, Operations Research Letters, Vol. 1, 1982, 59–62
188. Lovasz, L.: A New Linear Programming Algorithm—Better or Worse Than the Simplex Method?, The Mathematical Intelligencer, Vol. 2, 1980, 141–146
189. Tardos, E.: A Strongly-Polynomial Algorithm to Solve Combinatorial Linear Programs, Oper. Res., Vol. 34, No. 2, 1986
190. Dantzig, G. B.: Optimal Solution to a Dynamic Leontief Model with Substitution, Econometrica, Vol. 23, 1955, 295–302
191. Koehler, G. J., Whinston, A. B., and Wright, G. P.: The Solution of Leontief Substitution Systems Using Matrix Inversion Techniques, Mgmt. Sci., Vol. 21, No. 11, 1975
192. Wagner, H.: A Linear Programming Soluiton to Dynamic Leontief Type Models, Mgmt. Sci., 1957
193. Veinott, A. F. Jr.: Extreme Points of Leontief Substitution Systems, Linear Algebra and its Applications, Vol. 1, 1968, 181–194
194. Fourer, R.: Solving Staircase Linear Programs by the Simplex Method—1. Inversion, Math. Progr., Vol. 23, 1982, 274–313
195. Fourer, R.: Solving Staircase Linear Programs by the Simplex Method—2. Pricing, Math. Progr., Vol. 25, 1983, 251–292
196. Bartels, R. H. and Golub, G. H.: The Simplex Method Using LU Decomposition, Communications of the ACM, Vol. 12, 1969, 266–268
197. Propoi, A. and Krivonozhko, V. . E.: The Simplex Method for Dynamic Lin. Progr., Report RR-78-14, Int. IASA, Laxenburg, Austria, 1978
198. Berbee, H. C. P. et al.: Hit-and-Run Algorithms for the Identification of Nonredundant Linear Inequalities, Mathematical Progr., Vol. 37, 1987, 184–207
199. Caron, R. J. and Mc Donald, J. F.: A New Approach to the Analysis of Random Methods for Detecting Necessary Linear Inequality Constraints, Math. Progr., Vol. 43, 1989, 97–102
200. Jeroslow, R. G.: Asymptotic Linear Programming Operations Research, Vol. 21, 1973, 1128–1141
201. Carstens, D. M.: Crashing Techniques, in VIII.1.1–10, 1968, 131–139
202. Gould, N. I. M. and Reid, J. K.: New Crash Procedures for Large Systems of Linear Constraints, Math. Progr. Ser. B., Vol. 45, No. 3, 1989, 475–501
203. Murray, W.: Methods for Large-Scale Linear Programming, in VIII.1.1–148, 1989, 115–137

VIII.I.3 Gemischt-ganzzahlige Programmierung

1. Kaufmann, A. and Henry-Larbordere, A.: Integer and Mixed-Integer Programming: Theory and Appl., Academic Press, New York, 1977
2. Benichou, M., Gauthier, J. M., Girodet, P., Hentges, G., Ribiere, G., and Vincent, O.: Experiments in Mixed-Integer Programming, Math. Programming, Vol. 1, 1971, 76–94
3. IBM: An Introduction to Modelling Using Mixed-Integer Programming, Form-No. GE19-5043-2, 1975
4. Suhl, U.: Solving Large Scale Mixed-Integer Programs with Fixed-Charge Variables, Math. Progr., Vol. 32, 1985
5. Benders, J. F.: Partitioning Procedures for Solving Mixed-Variables Programming Problems, Numerische Mathematik, Vol. 4, 1962, 238–252

  6. Benders, J. F.: Partitioning in Mathematical Programming, Thesis Univ. of Utrecht, 1960
  7. Cote, G. and Laughton, M. A.: Large-Scale Mixed-Integer Programming—Benders-Type Heuristics, Eur. J. Oper. Res., Vol. 16, No. 3, 1984
  8. Mitra, G.: Investigations of Some Branch and Bound Strategies for the Solution of Mixed-Integer Linear Programs, Math. Progr., Vol. 4, 1973, 155–170
  9. Singhal, J.: Fixed Order Branch-and-Bound Methods for Mixed-Integer Programming, Diss., Department of Management Inf. Systems, Univ. of Arizona, 1982
 10. Szwarc, W.: The Mixed-Integer Linear Programming problem When the Integer Variables are Zero or One, Carnegie Inst. Technology, 1963
 11. Harris, P. M. V.: An Algorithm for Solving Mixed-Integer Linear Programmes, Operational Res. Quart., Vol. 15, 1964, 117–132
 12. Driebeek, N. J.: An Algorithm for the Solution of Mixed-Integer Programming Problems, Mgmt. Sci., Vol. 12, 1966, 576–587
 13. Dakin, R. J.: A Tree Search Algorithm for Mixed-Integer Programming Problems, The Computer Journal, Vol. 8, 1965, 250–255
 14. Lemke, C. E. and Spielberg, K.: Direct Search Zero-One and Mixed-Integer Progr., IBM New York Sci. Center, Report No. 39008, 1966
 15. Bennet, J. M. and Dakin, R. J.: Experience with Mixed-Integer Linear Programming Problems, Univ. of Sydney, Mimeographed Report, 1961
 16. Davis, R. E., Kendrick, D. A., and Weitzman, M.: A Branch and Bound Algorithm for Zero-One Mixed-Integer Programming Problems, Oper. Res., Vol. 19, No. 4, 1971, 1036–1044
 17. Armstrong, R. D. and Sinha, P.: Improved Penalty Calculations for a Mixed-Integer Branch and Bound Algorithm, Math, Progr., Vol. 6, 1974, 212–223
 18. Benichou, M., Gauthier, J. M., Hentges, G., and Ribiere, G.: The Efficient Solution of Large Scale Linear Programming Problems—Some Algorithmic Techniques and Computational Results, Math. Progr., Vol. 13, 1977, 280–322
 19. Gauthier, J.-M. and Ribiere, G.: Experiments in Mixed-Integer Linear Programming Using Pseudo-Costs, Math. Progr., Vol. 12, 1077, 26–47
 20. Meyer, R. R.: A Theoretical and Computational Comparison of 'Equivalent' Mixed-Integer Formulations, Nav. Res. Logist. Quart., Vol. 28, 1981, 115–131
 21. Williams, H. P.: Model Building in Linear and Integer Programming, in VIII.1.1–92, 1984
 22. Williams, H. P.: The Reformulation of Two Mixed-Integer Programming Problems, Math. Progr., Vol. 14, 1978, 325–331
 23. Meyer, R. R.: Integer and Mixed-Integer Programming Models—General Properties, J. Opt. Theory and Appl., Vol. 16, 1975, 191–206
 24. Williams, A. C.: Marginal Values in Mixed-Integer Linear Programming, Math. Progr., Vol. 44, 1989, 67–75
 25. Williams, H. P.: The Economic Interpretation of Duality in Mixed Integer Programming Models, in VIII.1.1–120, 1979
 26. Van Roy, T. J. and Wolsey, L. A.: Solving Mixed-Integer Programming Problems Using Automatic Reformulation, Oper. Res., Vol. 29, 1981, 49–74
 27. Bush, R. L.: Restructuring and Solving Zero-One Integer and Fixed-Charge Mixed-Integer Programming Problems, Ph. D. Diss., Stanford Univ., 1972
 28. Wolsey, L. A.: Strong Formulations for Mixed-Integer Programming—A Survey, Math. Progr., Ser. B, Vol. 45, No. 1, 1989, 173–191
 29. Van Roy, T. J. and Wolsey, L. A.: Solving Mixed 0–1 Programs by Automatic Reformulation, Oper. Res., Vol. 35, 1987, 45–57
 30. Van Roy, T. J. and Wolsey, L. A.: Valid Inequalities for Mixed 0–1 Programs, Discrete Applied Mathematics, Vol. 14, 1986, 199–213
 31. Martin, R. K., Sweeney, D. J., and Doherty, M. E.: The Reduced Cost Branch and Bound Algorithm for Mixed-Integer Programming, Comp. Oper. Res., Vol. 12, 1985, 139–149
 32. Martin, R. K.: Generating Alternative Mixed-Integer Linear Programming Models Using Variable Redefinition, Oper. Res., Vol. 35, 1987, 820–831
 33. Admas, W. P. and Sherali, H. D.: Linearization Strategies for a Class of Zero-One Mixed Integer Programming Problems, Oper. Res., Vol. 38, No. 2, 1990, 217–226
 34. Johnson, E. L.: Modeling and Strong Linear Programs for Mixed Integer Programming, in VIII.1.1–148, 1989

VIII.1.4 Ganzzahlige Programmierung

1. Kaufmann, A. and Henry-Larbordere, A.: Integer and Mixed-Integer Programming: Theory and Appl., Academic Press, New York, 1977
2. Zionts, S.: Linear and Integer Programming, Prentice-Hall, Englewood Cliffs, N. J. 1974
3. Salkin, H. M.: Integer Progr., Addison-Wesley, Reading, Mass., 1975
4. Beale, E. M. L.: Survey of Integer Programming, Operational Research Quarterly, Vol. 16, 1965, 219–228
5. Terno, J.: Numerische Verfahren der Diskreten Optimierung, Teubner, Leipzig, 1981
6. Burkard, R. E.: Methoden der Ganzzahligen Optimierung, Springer, Berlin, 1972
7. Balinski, M. L.: Integer Programming, Methods, Uses, Computation, Mgmt. Sci., Vol. 12, No. 3, 1965, 253–313
8. Abadie, J. (Editor): Integer and Nonlinear Programming, North-Holland, Amsterdam, 1970
9. Ibaraki, T.: Integer Programming Formulation of Combinatorial Optimization Problems, Discrete Math., Vol. 16, 1976, 39–52
10. Garfinkel, R. S. and Nemhauser, G. L.: Integer Progr., New York, 1972
11. Hammer, P. L. and Rudeanu, X.: Boolean Methods in Operations Research and Related Areas, Springer, Berlin, 1968
12. Hu, T. C.: Integer Progr. and Network Flows, Addison-Wesley, Reading, Mass., 1970
13. Taha, H. A.: Integer Programming—Theory, Applications and Computations, Academic Press, New York, 1975
14. Williams, H. P.: Experiments in the Formulation of Integer Programming Problems, Math. Progr. Study 2, 1974, 180–197
15. Crowder, H., Johnson, E. L., and Padberg, M. W.: Solving Large-Scale Zero-One Linear Programming Problems, Operations Research, Vol. 31, No. 5, 1983, 803–834
16. Johnson, E. L., Kostreva, M. M., and Suhl, U.: Solving 0–1 Integer Programming Problems Arising From Large Scale Planning Models, Operations Research, 1982
17. Glover, F. and Woolsey, E.: Converting the 0–1 Polynomial Programs to a 0–1 Linear Program, Oper. Res., Vol. 22, 1974, 180–182
18. Balas, E. and Mazzola, J. B.: Nonlinear 0–1 Programming, Part I: Linearization Techniques, Math. Progr., Vol. 30, 1984
19. Balas, E. and Mazzola, J. B.: Nonlinear 0–1 Programming, Part II: Dominance Relations and Algorithms, Math. Progr., Vol. 30, 1984
20. Spielberg, K.: Enumerative Methods in Integer Programming, Annals of Discrete Mathematics, Vol. 5, 1979, 139–183
21. Guignard, M. and Spielberg, K.: Logical Reduction Methods in Zero-One Programming—Minimal Prefereed Variables, Oper. Res., Vol. 29, No. 1, 1981, 49–74
22. Johnson, E. L. and Suhl, U.: Experiments in Integer Programming, Discrete Applied Mathematics, Vol. 2, 1980
23. Suhl, U.: Entwicklung von Algorithmen für ganzzahlige Optimierungsmodelle, Beiträge zur Unternehmensforschung, Heft 6, Freie Universität Berlin, 1975
24. Bouvier, B. et Messoumian, G.: Programmes lineaires en variables bivalentes, These, Univ. de Grenoble, 1965
25. Austin, L. M. and Ruparel, B. C.: The Mixed Cutting Plane Algorithm for All-Integer Programming, Computers and Oper. Res., Vol. 13, No. 4, 1986, 395–401
26. Onyekwelu, D. C.: Computational Viability of a Constraint Aggregation Scheme for Integer Linear Programming Problems, Oper. Res., Vol. 31, 1983, 795–801
27. Hanna, M. E.: An Advanced Start-Algorithm for All-Integer Programming, Ph.D. Diss., College of Business Admin., Texas Technical Univ., Lubbock, Texas, 1981
28. Dragan, I.: Un algorithme lexicographique pour la resolution des programmes lineaires en variables binaires, Mgmt. Sci., Vol. 16, No. 3, 1969, 246–252
29. Guignard, M.: Methodes heuristiques de resolution d'un systeme d'inegalites lineaires en variables entieres ou bivalentes, Publ. du Lab. de Calcul, Rapp. 32, Univ. de France, Lille, 1972
30. Gomory, R. E.: On the Relation Between Integer and Non-Integer Solutions to Linear Programs, Proceedings of the National Academy of Science, Vol. 53, 1965, 260–265
31. Fleischmann, B.: Lösungsverfahren und Anwendungen der ganzzahligen linearen Optimierung, Thesis, Hamburg, 1967
32. Rubin, D. S.: On the Unlimited Number of Faces in Integer Hulls of Linear Programs with a Single Constraint, Oper. Res., Vol. 18, No. 5, 1970, 940–946
33. Miller, C. E., Tucker, A. W., and Zemlin, R. A.: Integer Progr. Formulation of Travelling Salesman Probl., J. ACM, Vol. 7, 1960, 326–329

34. Gomory, R. E.: Solving Linear Programming Problems in Integers in VIII.1.6–61, 1960, 211–216
35. Gomory, R. E. and Baumol, W. J.: Integer Programming and Pricing, Econometrica, Vol. 28, 1960, 521–550
36. Gomory, R. E. and Hoffman, A. J.: On the Convergence of an Integer Progr. Process, Na. Res. Logist. Quart., Vol. 10, 1963, 121–123
37. Haldi, J.: 25 Integer Programming Test Problems, Working Paper No. 43, Graduate School of Business, Stanford Univ., 1966
38. Lemke, C. E. and Spielberg, K.: Direct Search Zero-One and Mixed Integer Progr., IBM New York Sci. Center, Report No. 39008, 1966
39. Balas, E.: An Additive Algorithm for Solving Linear Programs With Zero-One Variables, Operations Research, Vol. 13, 1965, 517–546
40. Bradley, G. H., Hammer, P. L., and Wolsey, L. A.: Coefficient Reduction for Inequalities in 0–1 Var., Math. Progr., Vol. 7, 1975, 263–282
41. Ibaraki, T., Liu, T. K., Baugh, C. R., and Muroga, S.: An Implicit Enumeration Progam for Zero-One Integer Programming, Int. J. of Computer and Information Sciences, Vol. 1, 1972, 75–92
42. Bazaraa, M. S. and Elshafei, A. N.: On the Fictitious Bounds in Tree Search Algorithms, Mgmt. Sci., Vol. 23, 904–908
43. Hanna, M. E. and Austin, L. M.: An Advanced Start Algorithm for All-Integer Programming, Comput, Opns. Res., Vol. 12, 1985, 301–310
44. Gomory, R. E.: Outline of an Algorithm for Integer Solutions to Linear Programs, Bull. Am. Math. Soc., Vol. 64, 1958, 275–278
45. Ruparel, B. C.: The Bounded Enumeration Algorithm for All-Integer Programming, Ph.D. Diss., College of Business Admin., Taxes Techn. Univ., Lubbock, Texas, 1983
46. Balas, E.: Linear Programming with Zero-One Variables, Proc. Third Scientific Session on Statistics, Bucharest, December 5–7, 1963
47. Balas, E.: Duality and Pricing in Integer Programming, Stanford Univ., Stanford, Cal., 1967
48. Balinski, M. L.: On Finding integer Solutions to Linear Programs, Proc. of the IBM Sci. Symposium on Comb. Problems, 1965
49. Padberg, M. W.: Essays in Integer Programming, Ph.D. Thesis, Carnegie Mellon Univ., Pittsburgh, 1971
50. Glover, F.: New Results on Equivalent Integer Programming Formulations, Mgmt. Sci., Vol. 8, 1975, 84–90
51. Tomlin, J. A.: An Improved Branch-and-Bound Method for Integer Programming, Oper. Res., Vol. 19, No. 4, 1971, 1070–1075
52. Piehler, J.: Ganzzahlige Lineare Optimierung, Teubner Verlagsgesellschaft, Leipzig, 1970
53. Kreuzberger, H.: Ein Näherungsverfahren zur Bestimmung ganzzahliger Lösungen bei Linearen Optimierungsproblemen, Ablauf- und Planungsforschung, Vol. 9, 1968, 137–152
54. Burkard, R. E. and Stratmann, K. H.: Numerical Investigations on Quadratic Assignment Problems, Nav. Res. Logist. Quart., Vol. 25, 1979, 129–144
55. Wilhelm, M. R. and Ward, T. L.: Soving Quadratic Assignment Problems by Simulated Annealing, IIE Trans, Vol. 19, No. 1, 1987, 107–119
56. Lawler, E. L.: The Quadratic Assignment Problem, Mgmt. Sci., Vol. 9, 1963
57. Beale, E. M. L.: Integer Programming, in VIII.1.1–67, 1977, 409–448
58. Kim, S. and Cho, S.-C.: Shadow Price in Integer Programming for Management Decision, Eur. J. Oper. Res. Vol. 37, No. 3, 1988, 328–335
59. Scott, J. L.: On an Integral Transformation for Integer Programming, Oper. Res. Letters, Vol. 7, No. 4, 1988, 189–190
60. Guignard, M., Spielberg, K., and Suhl, U.: Survey of Enumerative Methods for Integer Programming, Univ. of Pennsylvania, The Wharton School, Technical Report 41, 1978
61. Greenberg, H.: A Dynamic Programming Solution to Integer Linear Prog., J of Math. Anal. and Appl., Vol. 26, No. 2, 1969, 454–459
62. Toyoda, Y.: A Simplified Algorithm for Obtaining Approximate Solutions to Zero-One Progr. Probl., Mgmt. Sci. Vol. 21, 1975, 1417
63. Ram, B. (Balasubramanian) and Karwan, M. H.: Result in Surrogate Duality for Certain Integer Programming Problems, Math. Progr., Ser. A, Vol. 43, No. 1, Jan. 1989, 103–106
64. Fisher, M. L.: The Lagrangean Relaxation Method for Solving Integer Programming Problems, Mgmt. Sci., Vol. 27, 1981, 1–18
65. Geoffrion, A. M.: Lagrangean Relaxation for Integer Programming, Math. Progr. Studies, No. 2, 1974, 82–114
66. Beale, E. M. L.: Integer Programming, In VIII.1.1–92, 1984, 1–24

67. Geoffrion, A. M. and Marsten, R. E.: Integer Programming Algorithms—A Framework and State-of-the-Art Survey, Mgmt. Sci., Vol. 18, 1972, 465–491
68. Jeroslow, R. G. and Lowe, J. K.: Modelling with Integer Variables, Mathematical Programming Study, Vol. 22, 1984, 167–184
69. Glover, F.: Improved Linear Integer Programming Formulations of Nonlin. Integer Probl., Mgmt. Sci., Vol. 22, No. 4, 1975, 455–459
70. Nauss, R. M.: Parametric Integer Programming, Univ. of Missouri Press, Columbia and London, 1979
71. Hammer, P. L., Johnson, E. L., Korte, B. H., and Nemhauser, G. L.: Studies in Integer Programming, North-Holland, Amsterdam, 1977
72. Senju, S. and Toyoda, Y.: An Approach to Linear Programming with 0–1 Variables, Mgmt. Sci., Vol. 15, 1968, 196–207
73. Glover, F.: A Multiple-Dual Algorithm for the Zero-One Integer Programming Problem, Oper. Res., Vol. 13, 1965, 879–919
74. Glover, F. and Mulvey, J.: Equivalence of the 0–1 Integer Programming Problem to Discrete Generalized and Pure Networks, Oper. Res., Vol. 28, 1980, 829–835
75. Granot, F. and Hammer, P. L.: On the Use of the Boolean Functions in 0–1 Programming, Math. Oper. Res., Vol. 12, 1972, 154–184
76. Hammer, P. L., Johnson, E. L., and Korte, B. H. (Eds.): Discrete Optimization, Annals of Discrete Mathematics, Vol. 5, 1979
77. Roodman, G. M.: Postoptimality Analysis in Zero-One Programming by Impl. Enumeration, Nav. Res. Log. Quart., Vol. 19, 1972, 435–447
78. Frank, M. and Wolfe, P.: An Algorithm for Quadratic Programming, Naval Res. Log. Quarterly, Vol. 3, 1956, 95–110
79. Saaty, T. L.: Optimization in Integers and Related Extremum Problems. Mc Graw-Hill, New York, 1970
80. Wolsey, L. A.: Facets and Strong Valid Inequalities for Integer Programs, Oper. Res., Vol. 24, 1976, 367–372
81. Radke, M. A.: Sensitivity Analysis in Discrete Optimization, Ph.D. Thesis, Univ. of California, Los Angeles, 1975
82. Nauss, R. M.: Parametric Integer Programming, Ph.D Thesis, University of California, Los Angeles, 1975
83. Geoffrion, A. M. and Nauss, R. M.: Parametric and Postoptimality Analysis in Integer Linear Programming, Mgmt. Science, Vol. 23, 1977
84. Wolsey, L. A.: Integer Programming Duality—Price Function and Sensitivity Analysis, Math. Progr., 1981, 173–195
85. Martin, R. K. and Sweeney, D. J.: An Ideal Column Algorithm for Integer Programs with Special Ordered Sets of Variables, Math. Progr., Vol. 26, 1983, 48–63
86. Padberg, M. W.: Equivalent Knapsack-Type Formulations of Bounded Integer Linear Programs—An alternative Approach, Nav. Res. Logist. Quart., Vol. 19, 1972, 669–708
87. Ram, B. (Balasubramanian), Karwan, M. H. and Babu, A. J. G.: Aggregation of Constraints in Integer Programming, Eur. J. Oper. Res., Vol. 35, 1988, 216–227
88. Cook, W., Gerards, A. M. H., Schrijver, A. and Trados, E.: Sensitivity Theorems in Integer Linear Programming, Math. Progr., Vol. 34, 1986, 251–264
89. Cooper, M. W.: A Survey of Methods for Pure Nonlinear Integer Programming, Mgmt. Sci., Vol. 27, No. 3, 1981, 353–361
90. Nemhauser, G. L. and Wolsey, L. A.: Integer and Combinatorial Programming, Wiley, New York, 1988
91. Fisher, M. L.: An Application Oriented Guide to Lagrangian Relaxation, Interfaces, Vol. 15, 1985, 10–21
92. Kendall, K. E. and Zionts, S.: Solving Integer Programming Problems by Aggregating Constraints, Oper. Res., Vol. 25, 1977, 346–351
93. Hausmann, D. (Ed.): Integer Programming and Related Areas, Springer, Berlin, 1978
94. Barahona, F., Jünger, M., and Reinelt, G.: Experiments in Quadratic 0–1 Programming, Math. Progr., Vol. 44, 1989, 127–137
95. Barahona, F.: A Solvable Case of Quadratic 0–1 Programming, Discrete Applied Mathematics, Vol. 13, 1986, 23–26
96. Pavlov, A. A.: Analysis of Complexity Estimates of Exact Algorithms for Solving the General Linear Integer Programming Problem, Soviet J. of Automation and Inf. Sci., Vol. 18, No. 5, 1985, 40–46

97. Pavlov, A. A. and Gershgorin, A. Y.: A Method of Reducing a Linear Integer Programming Problem of General Form to a Knapsack Problem, Soviet J. of Autom. and Inf. Sci., Vol. 18, No. 5, 1985, 52–56
98. Reiter, S. and Rice, D. B.: Discrete Optimization Solution Procedures for Linear and Non-Linear Integer Programming Problems, Mgmt. Science, Vol. 12, No. 11, 1966, 829–850
99. Wolsey, L. A.: The b-Hull of an Integer Program, Discrete Applied Mathematics, Vol. 3, 1981, 193–201
100. Balinski, M. L.: On Recent Developments in Integer Programming, in VIII.1.1–133, 1970, 267–282
101. Pierce, J. F. and Lasky, J. S.: Improved Combinatorial Programming Algorithms for a Class of All-Zero-One Integer Progr. Probl., Mgmt. Sci., Vol. 19, 1973, 528–544
102. Korte, B., Krelle, W. und Oberhofer, W.: Ein lexikographischer Suchalgorithums zur Lösung allg. ganzz. Programmierungsaufgaben, Unternehmensforschung, Vol. 13, 1964, 73–98 und 172–192
103. Kreuzberger, H.: Numerische Erfahrungen mit einem heuristischen Verfahrn zur Lösung ganzzahliger linearer Optimierungsprobleme, Elektronische Datenverarbeitung, Vol. 12, 1970, 289–306
104. Lovasz, L: Graph Theory and Integer Programming, Ann. Discr. Math., Vol. 4, 1979, 141–158
105. Jeroslow, R. G.: On Algorithms for Discrete Problems, Discr. Math., Vol. 7, 1974, 273–280
106. Parker, R. G. and Rardin, R. L.: Discrete Optimization, Academic Press, New York, 1988
107. Simeone, B: Quadratic 0–1 Programming, Ph.D. Diss., Univ. of Waterloo, 1979, Waterloo, Canada
108. Adams, W. P. and Sherali, H. D.: A Tight Linearization and an Algorithm for Zero-One Quadratic Programming Problems, Mgmt. Sci., Vol. 32, 1986, 1274–1290
109. Wolsey, L. A.: Valid Inequalities and Superadditivity for 0–1 Integer Programs, Math. of Oper. Res., Vol. 2, No. 1, 1977, 66–77
110. Wilson, J. M.: Generating Cuts in Integer Progr. with Families of Special Ordered Sets, Eur. J. Oper. Res., Vol. 46, 1990, 101–108

VIII.1.5 Nichtlineare Programmierung

1. Hadley, G.: Nonlinear and Dynamic Programming, Addison-Wesley Publishing Company, Reading, Mass., 1964
2. Abadie, J. (Ed.): Nonlinear Programming, North-Holland Publ. Company, amsterdam, 1967
3. Abadie, J. (Ed.): Integer and Nonlinear Programming, North-Holland, Amsterdam, 1970
4. Kuenzi, H. P., Krelle, W. und Von Randow, R.: Nichtlineare Programmierung, 2. Auflage, Springer, Berlin, 1979
5. Mangasarian, O. L.: Nonlinear Progr., McGraw-Hill, New York, 1969
6. Fiacco, A. V. and Mc Cormick, G. P.: Nonlinear Programming—Sequential Unconstrained Minimization Techniques, John Wiley, New York, 1968
7. Powell, M. J. D.: Recent Advances in Unconstrained Optimization, Math. Progr., Vol. 1, 1971, 26–57
8. Powell, M. J. D. (Ed.): Nonlin. Optimiz., Acad. Press, London, 1981
9. Balas, E. and Mazzola, J. B.: Nonlinear 0–1 Programming, Part I: Linearization Techniques, Math. Progr., Vol. 30, 1984
10. Balas, E. and Mazzola, J. B.: Nonlinear 0–1 Programming, Part II: Dominance Relations and Algorithms, Math. Progr., Vol. 30, 1984
11. Wolfe, P.: The Simplex Method for Quadratic Programming, Econometrica, Vol. 27, No. 3, 1959, 382–398
12. Dorn, W. S.: Duality in Quadratic Programming, Quarterly of Applied Mathematics, Vol. 18, 1960, 155–162
13. Zangwill, W. I.: Convergence Conditions for Nonlinear Programming Algorithms, Mgmt. Sci., Vol. 16, No. 1, 1969, 1–13
14. Faiacco, A. V. and Mc Cormick, G. P.: The Sequential Unconstrained Minimization Technique for Nonlinear Programming, a Primal-Dual Method, Mgmt. Sci., Vol. 10, No. 2, 1964, 360–364
15. Zoutendijk, G.: Methods of Feasible Directions, Elsevier Publ. Co., Amsterdam, 1960
16. Zoutendijk, G.: Nonlinear Programming—A Numerical Survey, SIAM J. on Control, Vol. 4, 1966, 194–210
17. Rosen, J. B.: The Gradient Projection Method for Nonlinear Programming, Part I, Linear Constraints, J. Soc. Ind. Appl. Math., Vol. 8, 1960, 181–217
18. Flak, J. E.: Lagrange Multipliers and Nonlinear Programming, Journal Math. Anal. Appl., Vol. 19, 1967, 141–159

19. Hestenes, M. R.: Multiplier and Gradient Methods, Journal Optim. Theory and Applications, Vol. 4, 1969, 303–320
20. Rockafellar, R. T.: A Dual Approach to Solving Nonlinear Programming Problems by Unconstrained Optimization, Math. Progr. Vol. .5, 1973, 354–373
21. Curry, H. B.: The Method of Steepest Descent for Non-Linear Minimization Probl., Quart. Appl. Math., Vol. 2, No. 3, 1944, 250–261
22. Kuenzi, H. P. and Oettli, W.: Integer Quadratic Programming, in VIII.1.1–32, 1963, 303–308
23. Himmelblau, D. M.: Appl. Nonlin. Progr., McGraw-Hill, New York, 1972
24. Arrow, K. J., Hurwicz, L. and Uzawa, H.: Studies in Linear and Non-Linear Programming, Stanford Univ. Press, Stanford, CA., 1972
25. Barankin, E. W. and Dorfman, R.: On Quadratic Programming, University of California Press, Berkeley, Cal., 1958
26. Beale, E. M. L.: On Quadratic Programming, Naval Research Logistics Quarterly, Vol. 6, 1959, 227–244
27. Kleibohm, K.: Ein Verfahren zur approximativen Lösung von konvexen Programmen, Diss., Zürich, 1966
28. Wilson, R. B.: A Simplicial Method for Concave Programming, Havard Univ., Graduate School of Bus. Admin., Ph.D. Thesis, 1963
29. Wolfe, P.: A Duality Theorem for Nonlinear Programming, Quarterly Applied Mathematics, Vol. 19, 1961, 239–244
30. Wolfe, P.: Accelerating the Cutting Plane Method for Nonlinear Programming, J. SIAM, Vol. 9, 1961, 481–488
31. Wolfe, P.: Some Simplex–Like Nonlinear Programming Procedures, Operations Research, Vol. 10, 1962, 438–447
32. Wolfe, P.: Convergence Conditions for Ascent Methods, SIAM Review, Vol. 11, 1969, 226–235
33. Wolfe, P.: On the Convergence of Gradient Methods under Constraint IBM J. of Res. and Dev., Vol. 16, No. 4, 1972, 407–411
34. Martos, B.: Nonlinear Programming Theory and Methods, American Elsevier Publ. Co., New York, 1975
35. Maennig, H. G.: Nichtlineare und ganzzahlige Optimierung. Die Bewältigung nichtlin. Teilprobleme innerhalb umfassender LP-Modelle, in VIII.1.1–55, 1981
36. Kreko, B.: Optimierung—Nichtlineare Modelle, VEB Deutscher Verlag der Wissenschaften, Berlin, 1974
37. Miller, C. E.: The Simplex Method for Local Separable Programming, in VIII.1.1–29, 1963, 89–110
38. Beale, E. M. L.: Branch-and-Bound Methods for Numerical Optimization of Non-Convex Functions, in VIII.1.1–64, 1980, 11–20
39. Beale, E. M. L.: Some Uses of Mathematical Programming Systems to Solve Problems That Are Not Linear, Oper. Res. Quart., Vol. 26, 1975, 609–618
40. Beale, E. M. L. and Tomlin, J. A.: Special Facilities in a General Mathematical Programming System for Non-Convex Problems Using Ordered Sets of Variables, in VIII.1.1–65, 1969
41. Escudero, L. F.: Special Sets in Mathematical Programming State-of-the-Art Survey, in VIII.1.1–66, 1979, 535–551
42. Beale, E. M. L. and Forrest, J. J. H.: Global Optimization Using Special Ordered Sets, Math. Progr., Vol. 10, 1976, 52–69
43. Forsythe, G. E.: Computing Constrained Minima with Lagrange Multipliers, SIAM Journal, Vol. 3, 1958, 173–178
44. Kuhn, H. W. and Tucker, A. W.: Nonlinear Programming, Proceedings of the 2nd Berkeley Symposium on Math. Statistics and Probability, Univ. of California Press, 1951, 481–492
45. Dorn, W. S.: On Lagrange Multipliers and Inequalities, Operations Research, Vol. 9, 1961, 95–104
46. Dorn, W. S.: A Duality Theorem for Convex Programs, IBM Research Journal, Vol. 4, 1960, 407–413
47. Beale, E. M. L.: On Minimizing a Convex Function Subject to Linear Inequalities, Jour. Royal Statistic Soc., Vol. 17B, 1955, 173–184
48. Thiel, H. and Van de Panne, C.: Quadratic Progr. as an Extension of Classical Quadratic Maximization, Mgmt. Sci., Vol. 7, 1960, 1–20
49. Lemke, C. E.: A Method of Solution for Quadratic Programs, Management Science, Vol. 8, 1962, 442–453
50. Tanaka, Y., Fukushima, M. and Ibaraki, T.: Globally Convergent SQP (Successive Quadratic Programming) Method for Semi-Infinite Nonlinear Optimiz., J. Comp. Appl. Math., Vol. 23, 1988, 141–153

51. Fan, Y., Sarkar, S., and Lasdon, L.: Experiments with Successive Quadratic Progr. Algorithms, J. Optim. Theory Appl., Vol. 56, No. 3, 1988, 359–383
52. Tanaka, Y., Fukushima, M. and Ibaraki, T.: comparative Study of Several Semi-Infinite Nonlinear Programming Algorithms, Eur. J. Oper. Res., Vol. 36, No. 1, 1988, 92–100
53. Hearn, D. W., Lawphongpanich, S., and Ventura, J. A.: Restricted Simplicial Decomposition— Computation and Extensions, Math. Progr. Study, No. 31, 1987, 99–118
54. Fletcher, R.: An Efficient, Globally Convergent, Algorithm for Unconstrained and Linearly Constrained Optimization Problems, 7th Int. Math. Progr. Symp., The Hague, Netherlands, 1970
55. Fletcher, R. and Powell, M. J. D.: A Rapidly Convergent Descent Method for Minimization, The Computer Journal, Vol. 6, 1963
56. Rosen, J. B.: The Gradient Projection Method for Nonlinear Programming, Part II, Nonlin. Constraints, SIAM J., Vol. 9, 1961, 514–532
57. Goldfeld, S. M., Quandt, R. E., and Trotter, H. F.: Maximization by Quadratic Hill-Climbing, Econometrica, Vol. 34, 1966, 541
58. Goldfarb, D. and Lapidus, L.: Conjugate Gradient Method for Non-Linear Programming Problems with Linear Constraints, I.&E. C. Fundamentals. Vol. 7, 1968, 142
59. Pearson, J. D.: Variable Metric Methods of Minimization, Computer Journal, Vol. 12, 1969, 171
60. Fletcher, R. and Mc Cann, A. P.: Acceleration Techniques for Non-Linear Programming, in VIII.1.1–85, 1969
61. Mc Cormick, G. P.: Penalty-Function Versus Non-Penalty-Function Methods for Constrained Nonlinear Programming Problems, Math. Progr., Vol. 1, 1971, 217–238
62. Mangasarian, O. L.: Nonlinear Programming—Theory and Computation, in VIII.1.1–86, 1971, 245–265
63. Zhang, J., Kim, N.-H. and Lasdon, L. S.: An Improved Successive Linear Programming Algorithm, Mgmt. Science, Vol. 31, 1985, 1312–1331
64. Robinson, S. M.: A Quadratically Convergent Algorithm for General Nonlinear Progr. Problems, Math. Progr., Vol. 3, 1972, 145–156
65. Murtagh, B. A. and Saunders, M.: A Projected Lagrangean Algorithm and its Implementation for Sparse Nonlinear Constraints, Math. Progr. Study, No. 16, 1982, 84–117
66. Ecker, J. G. and Kupferschmid, M.: An Ellipsoid Algorithm for Nonlinear Programming, Math. Progr., Vol. 27, 1983, 83–106
67. Gupta, O. K. and Ravindran. A.: Branch-and-Bound Experiments in Convex Nonlinear Integer Progr., Mgmt. Sci., Vol. 31, 1985,1533
68. Fan, Y., Sarkar, S. and Lasdon, L.: Experiments with Successive Quadratic Programming Algorithms, Working Paper, Dept. of General Business, the Univ. of Texas, Austin, Texas, 1985
69. Baker, T. E. and Lasdon, L. S.: Successive Linear Programming at Exxon Mgmt. Sci., Vol. 31, 1985, 264–274
70. Falk, J. E.: A Constrained Lagrangean Approach to Nonlinear Programming, Ph.D. Diss., Univ. of Michigan, An Arbor, 1965
71. Ryan, D. M.: Transformation Methods in Nonlinear Programming, Ph.D. Diss., Australian National Univ., 1971
72. Fletcher, R.: A General Quadratic Programming Algorithm, J. of the Institute of Mathematics and its Appl., Vol. 7, 1971, 76–91
73. Hartley, H. O.: Nonlinear Programming by the Simplex Method, Econometrica, Vol. 29, 1961, 223–237
74. Lemke, C. E.: The Constraint Gradient Method of Linear Programming, J. of the Soc. for Ind. and Appl. Math., Vol. 9, No. 1, 1961, 1–17
75. Abdadie, J. and Carpentier, J.: Generalization of the Wolfe Reduced Gradient Method to the Case of Nonlinear Constraints, in VIII.1.1–85, 1969
76. Abadie, J. and Guigou, J.: Numerical Experiments with the GRG Method, in VIII.1.5–03, 1970, 529–536
77. Ech-Cherif, A., Ecker, J. G., and Kupferschmid, M.: Numerical Investigation of Rank-Two Ellipsoid Algorithms for Nonlinear Programming, Math. Progr. Ser. A., Vol. 43, No. 1, 1989, 87–95
78. Ritter, K.: On the Rate of Superlinear Convergence of a Class of Variable Metric Methods, Numerische Math., Vol. 35, 1980, 293–313
79. Hock, W. and Schittkowski, K.: Test Examples for Nonlinear Programming, Springer, Berlin, 1981
80. Gill, P. E., Murray, W., Saunders, M. A., and Wright, M. H.: Model Building and Practical Aspects of Nonlinear Programming, in VIII.1.1–92, 1984, 210–247
81. Wright, M. H.: Numerical Methods for Nonlinearly Constrained Optimization, Ph.D. Thesis, Stanford Univ., 1976

82. Tone, K.: Revisions of Constraint Approximations in the Successive QP Method for ·Nonlin. Progr., Math. Progr., Vol. 26, 1983, 144–152
83. Brent, R. P.: Algorithms for Minimization Without Derivatives, Prentice-Hall, Englewood Cliffs, New Jersey, 1973
84. Stoer, J.: Principles of Sequential Quadratic Programming Methods for Solving Nonlinear Progr., in VIII.1.1–92, 1984, 1965, 165–207
85. Ritter, K.: A Method for Solving Problems with a Nonconcave Quadratic Objective Function, Zeitschr, für Wahrscheinlichkeits Theorie und verwandte Gebiete, Vol. 4, 1966, 340–351
86. Boot, J. C. G.: Quadratic Progr., North Holland, Amsterdam, 1964
87. Schaible, S.: Beiträge zur Quasikonvexen Programmierung, Dissertation, Universität Köln, 1971
88. Martos, B.: The Direct Power of Adjacent Vertex Programming Methods, Mgmt. Sci., Vol. 12, 1965, 241–252
89. Van de Panne, C. and Whinston, A.: Simplicial Methods for Quadratic Programming, Nav. Res. Logist. Quart., Vol. 11, 1964, 273–302
90. Zowe, J.: Nondifferentiable Optimization, in VIII.1.1–92, 1984
91. Bertsekas, D. P.: Constrained Optimization and Lagrange Multiplier Methods, Academic Press, New York, 1982
92. Wenger, P.: A Non-Linear Extension of the Simplex-Method, Management Science, Vol. 7, 1960, 43–55
93. Shanno, D. F. and Phua, K. H.: Numerical Experience with Sequential Quadratic Programming Algorithms for Equality Constrained Nonlinear Programming, ACM Trans. Math. Software, Vol. 15, No. 1, 1989, 49–63
94. Escudero, L. F.: S3 Sets—An Extension of the Beale-Tomlin Special Ordered Sets, Math. Progr., Vol. 42, No. 1, 1988, 113–123
95. Kennedy, D.: Some Branch-and-Bound Techniques for Nonlinear Optimization, Math. Progr., Vol. 42, No. 1, 1988, 147–157
96. Dennis, J. E. Jr.: A User's Guide to Nonlinear Optimization Algorithms, Proc. of the IEEE, Vol. 72, No. 12, 1984, 1765–1776
97. Avriel, M.: Nonlinear Programming—Analysis and Methods, Prentice-Hall, Englewood Cliffs, N. J., 1976
98. Dennis, J. E. Jr. and Schnabel, R. B.: Numerical Methods for Unconstrained Optimization and Nonlinear Equations, Prentice-Hall, Englwood Cliffs, N. J., 1983
99. Bazaraa, M. S. and Shetty, C. M.: Nonlinear Programming—Theory and Algorithms, Wiley, New York, 1979
100. Bazaraa, M. S. and Sherali, H. D.: On the Choice of Step Size in Subgradient Optimiz., Eur. J. of Oper. Res., Vol. 7, 1981, 380–388
101. Han, S.-P.: Superlinearly Convergent Variable Metric Algorithms for General Nonlin. Progr. Probl., Math. Progr., Vol. 11, 1976, 263
102. Han, S.-P.: A Globally Convergent Method for Nonlinear Programming, J. Optimization Theory and Applications, Vol. 22, 1977, 297–309
103. Veinott, A. F.: The Supporting Hyperplane Method for Unimodal Programming, Oper. Res., Vol. 15, 1967, 147–152
104. Topkis, D. M. and Veinott, A. F.: On the Convergence of Some Feasible Direction Algorithms for Nonlinear Programming, SIAM J. on Control, Vol. 5, 1967, 268–279
105. Di Pillo, G. and Grippo, L.: A New Class of Augmented Lagrangians in Nonlin. Progr., SIAM J. Control Optim., Vol. 17, 1979, 618–628
106. Fletcher, R.: A New Approach to Variable Metric Algorithms, Comput. J., Vol. 13, 1970, 317–322
107. Palacios Gomez, F., Lasdon, L., and Engquist, M.: Nonlinear Optimization by Successive Linear Programming, Mgmt. Sci., Vol. 28, 1982, 1106–1120
108. Pardalos, P. M. and Rosen, J. B.: Methods for Global Concave Minimization—A Bibliographic Survey, SIAM Review, Vol. 28, No. 3, 1986, 367–379
109. Pardalos, P. M. and Rosen, J. B.: Constrained Global Optimization—Algorithms and Applications, Springer, Berlin, 1987
110. Kalantari, B.: Large-Scale Global Minimization of Linearly Constrained Concave Quadratic Functions and Related Problems, Ph.D. Diss., Univ. of Minnesota, Minneapolis, MN., 1984
111. Horst, R.: An Algorithm for Nonconvex Programming Problems, Math. Progr., Vol. 10, 1976, 312–321
112. Mangasarian, O. L., Meyer, R. R., and Robinson, S. M. (Eds.): Nonlinear Programming, Academic Press, New York, 1975
113. Fletcher, R.: Practical Methods of Optimization, Vol. 1, Unconstrained Optimization, Wiley, New York, 1980

114. Fletcher, R.: Practical Methods of Optimization, Vol. 2, Constrained Optimization, Wiley, New York, 1980
115. Poljak, B. T.: A General Method of Solving Extremum Problems, Soviet Mathematics, Vol. 8, 1967, 593–597
116. Duffin, R. J., Peterson, E. L., and Zener, C. M.: Geometric Programming—Theory and Application, Wiley, New York, 1968
117. Steihaug, T.: Quasi-Newton Methods for Large Scale Nonlinear Problems, Ph.D. Thesis, Yale Univ., New Haven, CT., 1981
118. Cottle, R. and Lemke, C. (Eds.): Nonlinear Programming, AMS, Providence, RI., 1976
119. Fonticilla, R.: A General Convergence Theory for a Class of Quasi-Newton Methods for Constrained Optimization, Ph.D. Thesis, Dept. of Math Science, Rice Univ. Houston, TX., 1983
120. Bryoden, C. G.: A Class of Methods for Solving Nonlinear Simultaneous Equations, Math. of Comp., Vol. 19, 1965, 577–593
121. Goldstein, A. A. and Price, J. F.: On Descent from Local Minima, Math. of Comp., Vol. 25, 1971, 569–574
122. Kelley, J. E.: The Cutting Plane Method for Solving Convex Programs, SIAM J. Appl. Math., Vol. 8, 1960, 703–712
123. Duffin, R. J.: Linearizing Geometric Programs, SIAM Review, Vol. 12, 1970, 211–227
124. Rijckaert, M. J. and Walraven, E. J. C.: Reflections on Geometric Programming, in VIII.1.1–92, 1984, 141–161
125. Powell, M. J. D.: Algorithms for Nonlinear Constraints that use Lagrangean Functions, Math. Progr., Vol. 14, 1978, 224–248
126. Avriel, M. Dembo, R. and Passy, U.: Solution of Generalized Geometric Programs, Int. J. of Num. Meth. in Eng., Vol. 9, 1975, 149–169
127. Rijckaert, M. J. and Debroey, V.: A Bibliographical Survey of Geometric Programming, Katholieke Universiteit Leuven, Instituut voor Chemie-Ingenieurstechniek, Report CE-RM-8205, 1983
128. Rijckaert, M. J. and Martens, X. M.: A Comparison of Generalized Geometr. Progr. Algorithms, J. Optim. Theory Appl., 1978, 205–242
129. Mc Cormick, G. P.: Nonlinear Programming, Wiley, New York, 1983
130. Bremmerman, H.: A Method for Unconstrained Global Optimization, Math. Biosciences, Vol. 9, 1970, 1–15
131. Lemarechal, C. and Mifflin, R. (Eds.): Nonsmooth Optimization, Pergamon Press, New York, 1978
132. Shubert, B. O.: A Sequential Method Seeking the Global Maximum of a Function, SIAM J. on Numerical Analysis, Vol. 9, 1972, 379–388
133. Lootsma, F. A. (Ed.): Numerical Methods of Nonlinear Optimization, Academic Press, London, 1972
134. Wolfe, P.: A Method of Conjugate Subgradients for Minimizing Nondifferentiable Functions, Math. Progr., Vol. 3, 1975, 145–173
135. Ben-Israel, A., Ben-Tal, A., and Zlobec, S.: Optimality in Nonlinear Programming, Wiley, New York, , 1981
136. Gill, P. E. and Murray, W.: Numerical Methods for Constrained Minimization, Academic Press, New York, 1974
137. Faicco, A. V.: Introduction to Sensitivity and Stability Analysis in Nonlinear Programming, Academic Press, New York, 1983
138. Powell, M. J. D.: A Survey of Numerical Methods for Unconstrained Optimization, SIAM Review, Vol. 12, 1970, 79–97
139. Davidon, W. C. Variable Metric for Minimization, A. E. C. Research and Development Report, ANL-5990, 1959
140. Mc Cormick. G. P.: the Projective SUMT Method for Convex Programming, Math. of Oper. Res., Vol. 14, No. 2, 1989, 203–223
141. Ahlfeld, D. P., Dembo, R. S., Mulvey, J. M., and Zenios, S. A.: Nonlinear Programming on Generalized Networks, ACM Trans. Math. Software, Vol. 13, 1987, 350–367
142. Murtagh, B. A. and Saunders, M.: Large Scale Linearly Constrained Optimization, Math. Progr., Vol. 14, 1978, 41–72
143. Gupta, N.: A Higher Than First Order Algor. for Nonsmooth Constr. Optimiz., Diss., Washington State Univ., Pullman, 1985
144. Ye, Y. and Tse, E.: An Extension of Karmarkar's Projective Algorithm for Convex Quadratic Programming, Math. Progr., Vol. 44, 1989, 157–179
145. Abadie, J.: the GRG Method for Nonlinear Programming, in X-157, 1978, 335–362

146. Fletcher, R. and Reeves, C. M.: Function Minimization by Conjugate Gradients, Comput. J., Vol. 7, No. 2, 1964, 145–154

147. Boot, J. C. G.: Quadratic Programming, Algorithms—Anomalies—Applications, Rand McNally & Co., Chicago, 1964

148. Powell, M. J. D.: A Fast Algorithm for Nonlinearly Constrained Optimization Calculation, in VIII.2-39, 1977

149. Burke, J. V. and Hann, S.-P.: A Robust Sequential Quadratic Programming Method, Math. Progr., Vol. 43, 1989, 277–303

150. Burke, J. V.: Methods for Solving Generalized Inequalities with Applications to Nonlinear Programming, Ph.D. Thesis, Dept. of Math., Univ. of Illinois, Urbana-Champaign, 1983

151. Fletcher, R. and Sainz de la Maza, E.: Nonlinear Programming and Nonsmooth Optimization by Successive Linear Programming, Math. Progr., Vol. 43, 1989, 215–256

152. Sainz de la Maza, E.: Nonlinear Programming Algorithms Based on LI Linear Programming and Reduced Hessian Approximations, Ph.D. Thesis, Dept. of Math. Science, Univ. of Dundee, Scotland, 1987

153. Dembo, R. S., Eisenstat, S. C., and Steihaug, T.: Inexact Newton Methods, SIAM J. Numer. Analysis, Vol. 19, 1982, 400–408

154. Dembo, R. and Steihaug, T.: Truncated Newton Methods for Large Scale Optimization, Math. Progr., Vol. 26, 1983, 190–212

155. Tomlin, J. A.: A Suggested Extension of Special Ordered Sets to Non-Separable Non-Convex Programming Problems, in VIII.1.6-226, 1981, 359–370

156. Adby, P. R. and Dempster, M. A. H.: Introduction to Optimization Methods, Chapman and Hall, London, 1974

157. Beveridge, G. S. and Schechter, R. S.: Optimization—Theory and Practice, McGraw-Hill, New York, 1970

158. Aoki, M.: Intr. to Optimization Techn., Macmillan, New York, 1971

159. Bazaraa, M. S. and Spingarn, J.: Mathematical Programming with and without Differentiability, Georgia Inst. of Techn., School of Industrial and Systems Engineering, Atlanta, 1989

160. Rosen, J. B., Mangasarian, O. L., and Ritter, K. (Eds.): Nonlinear Programming, Academic Press, New York, 1970

161. Whittle, P.: Optimization under Constraints—Theory and Applications of Nonlinear Programming, Wiley, London, 1971

162. Benson, H. P.: A Finite Algorithm for Concave Minimization over a Polyhedron, Nav. Res. Logist. Quart., Vol. 32, 1985, 165–177

163. Chamberlain, R. M.: The Theory and Application of Variable Metric Methods to Constrained Optimization Problems, Ph.D. Diss., Univ. of Cambridge, 1980

164. Chamberlain, R. M.: Some Examples of Cycling in Variable Metric Algorithms for Constrained Optimization, Math. Progr., Vol. 16, 1979, 378–383

165. Dinkelbach, W.: On Nonlinear Fractional Programming, Management Science, Vol. 13, 1967, 492–498

166. Rockafellar, R. T.: Generalized Subgradients in Mathematical Programming, in VIII.1.1–16, 1983, 368–390

167. Rockafellar, R. T.: The Theory of Subgradients and its Applications to Problems of Optimization—Convex and Nonconvex Functions, Heldermann-Verlag, West-Berlin, 1981

168. Fletcher, R.: Penalty Functions, in VIII.1.1–16, 1983, 86–114

169. Zangwill, W. I.: Nonlinear Programming Via Penalty Functions, Management Science, Vol. 13, 1961, 34–358

170. Store, J.: Conjugate Gradient Type Methods, in VIII.1.1–16, 1983, 540–565

171. Hestenes, M. R.: Conjugate Direction Methods in Optimization, Springer, Berlin, 1980

172. Hestenes, M. R. and Stiefel, E.: Methods of Conjugate Gradients for Solving Linear Systems, J. Res. Nat. Bureau of Standards, Vol. 49, 1952, 409–436

173. Poore, A. B. and Al-Hassan, Q.: The Expanded Lagrangian System for Constrained Optimization Problems, SIAM J. of Control and Optimization, Vol. 26, 1988, 417–427

174. Lazimy, R.: Mixed-Integer Quadratic Programming, Math. Prog., Vol. 22, 1982, 332–349

175. Lazimy, R.: Improved Algorithm for Mixed-Integer Quadratic Programs and a Computational Study, Math. Prog., Vol. 32, 1985, 100–113

176. Ferris, M. C.: Iterative Linear Programming Solution of Convex Programs, Journal of Optim. Theory and Appl., Vol. 65, No. 1, 1990, 53–65

177. Eaves, B. C., Gould, F. J., Peitgen, H. O., and Todd, M. J. (Eds.): Homotopy Methods and Global Convergence, Plenum Press, New York, 1983

178. Dorn, W. S.: Non-Linear Programming—A Survey, Mgmt. Sci., Vol. 9, 1963, 171–208

179. Pfranger, R.: Ein heuristisches Verfahren zur global Optimierung, Unternehmensforschung, Vol. 14, No. 1, 1970, 27–50
180. Yao, Y.: Dynamic Tunneling Algorithm for Global Optimization, IEEE Trans. Syst. Man and Cybern., Vol. 19, No. 5, 1989, 1222–1230
181. Levy, A. V. and Montalvo, A.: The Tunneling Algorithm for the Global Minimization of Functions, SIAM J. on Scientific and Statistical Comp., Vol. 6, No. 1, 1985, 15–29

VIII.1.6 Kombinatorische Methoden

1. Riordan, J.: An Introduction to Combinatorial Analysis, Chapman and Hall, London, 1958
2. Riordan, J.: Combinatorial Identities, Wiley, New York, 1968
3. Netto, E.: Lehrbuch der Combinatorik, Chelsea Publ. Co., New York
4. Klee, V.: Combinatorial Optimization—What is the State of the Art?, Math. Oper. Res., Vol. 5, No. 1, 1980
5. Christofides, N., Mingozzi, A., Toth, P., and Sandi, C. (Editors): Combinatorial Optimization, Wiley, N. Y., 1979
6. Liu, C. L.: Introduction to Combinatorial Mathematics, McGraw-Hill, New york, 1968
7. Held, M., Hoffman, A. J., Johnson, E.L., and Wolfe, P.: Aspects of the Traveling Salesman Problem, IBM J. of Res. and Dev., Vol. 28, No. 4, 1984, 476–486
8. Allison, D. C. S. and Noga, M. T.: The L1 Travelling Salesman Problem, Information Processing Letters (Netherlands), Vol. 18, No. 4, 1984
9. Martello, S. and Toth, P.: A Mixture of Dynamic Programming and Branch and Bound for the Subset Sum Problem, Mgmt. Sci., Vol. 30, No. 6, 1984
10. Kozeratskaya, L. N., Lebdeva, T. T., and Sergienko, I. V.: Stability, Parametric, and Postoptimality Analysis of Discrete Optimization Problems, Cybernetics, Vol. 19, No. 4, 1983
11. Grötschel, M., Lovasz, L., and Schrijver, A.: The Ellipsoid Method and its Consequences in Combinatorial Optimization, Combinatorica, Vol. 1, No. 2, 1981
12. Brown, G. G. and Mc Bride, R. D.: Solving Generalized Networks, Mgmt. Sci., Vol. 30, No. 12, 1984
13. Picard, J.-C. and Queyranne, M.: Selected Applications of Minimum Cuts in Networks, INFOR, Vol. 20, No. 4, November 1982
14. Picard, J.-C. and Queyranne, M.: A Network Flow Solution to Some Nonlinear 0–1 Programming Problems With Applications to Graph Theory, Networks, Vol. 12, 1982
15. Gomory, R. E. and Johnson, E. L.: Some Continuous Functions Related to Corner Polyhedra, Math. Progr., Vol. 3, 1972
16. Ford, L. R. and Fulkerson, D. R.: Flows in Networks, Princeton Univ. Press, Princeton, N. J., 1982
17. Elmaghraby, S. E.: Some Network Models in Management Science, Springer-Verlag, Berlin, 1970
18. Lawler, E. L.: Combinatorial Optimization: Networks and Matroids, Holt, Rinehart and Winston, New York, 1976
19. Wong, R. T.: Dual Ascent Approach for Steiner Tree Problems on a Directed Graph, Math. Progr., Vol. 28, No. 3, 1984
20. Littger, K.: Minimierung argument-beschränkt monotoner diskreter Funktionen mittels Datenvariation, Diss., TH München, 1971
21. Jaeschke, G.: Kombin. dyn. Optimierung, Diss., TH Stuttgart, 1968
22. Baker, E. K.: Exact Algorithm for the Time-Constrained Travelling Salesman Problem, Oper. Res., Vol. 31, No. 5, 1983
23. Golomb, S. W. and Baumert, L. D.: Backtrack Programming, Journal of the Association for Computing Machinery, Vol. 12, No. 4, 1965
24. Holland, O. A.: Schnittebeneverfahren für Travelling-Salesman-und verwandte Probleme, Diss., Univ. Born, 1987
25. Hoffman, K. and Padberg, M.: LP-Based Combinatorial Problem Solving, Annals of Operations Research, Vol. 5, 1986, 145–194
26. Hu, T. C.: Combinatorial Algorithms, Addison-Wesley Publishing Company, Reading, Mass., 1982
27. Kohler, W. H.: Exact and Approximate Algorithms for Permutation Problems, Ph.D. Thesis, Dept. of Computer Science, Princeton Univ., 1972
28. Kohler, W. H. and Steiglitz, K.: Characterization and Theoretical Comparison of Branch-and-Bound Algorithms for Permutation Probl., J. ACM, Vol. 21, 1974, 140–156
29. Kohler, W. H. and Steiglitz, K.: Exact, Approximate and Guaranteed Accuracy Algorithms for the Flow-Shop Problem n/2/F/F, J. ACM, Vol. 22, 1975, 106–114

30. Hertz, A. and De Werre, D.: Using Tabu Search Techniques for Graph Coloring, Computing, Vol. 39, No. 4, 1987, 345–351
31. Leighton, F. T.: A Graph Coloring Algorithm for Large Scheduling Problems, J. of Res. of the NBS, Vol. 84, 1979, 489–503
32. Scarf, H. E.: Integral Polghedra in the Three Space, Mathematics of Operations Research, Vol. 10, No. 3, 1985, 403–438
33. Coffman, E. G. Jr., Lueker, G. S., and Rinnooy Kan, A. H. G.: Asymptotic Methods in the Probabilistic Analysis of Sequencing and Packing Heuristics, Mgmt. Sci., Vol. 34, No. 3, 1988, 266–290
34. Karmarkar, N., Karp, R. M., Lueker, G. S., and Odlyzko, A. M.: Probabilistic Analysis of Optimum Partitioning, J. Appl. Probability Vol. 23, 1986, 626–645
35. Padberg, M. W.: Covering, Packing and Knapsack Problems, Ann. Discr. Mathem., Vol. 5, 1979, 139–183
36. Korman, S. M.: Graph Colouring and Related Problems in Operations Research, Ph.D. Thesis, Imperial College, London, 1975
37. Weinberger, D. B.: Network Flows, Minimum Coverings, and the Four-Color Conjectures, Oper. Res., Vol. 24, No. 2, 272–290
38. Balas, E. and Padberg, M. W.: On the Set-Covering Problem, Operations Research, Vol. 20, No. 6, 1972, 1152–1161
39. Balas, E. and Padberg, M. W.: Set Partitioning—A Survey, SIAM Review, Vol. 18, 1976, 710–760
40. Kolesar, P. J.: A Branch-and-Bound Algorithm for the Knapsack Problem, Mgmt. Sci., Vol. 13, 1967, 723–735
41. Martello, S. and Toth, P.: An Upper Bound for the Zero-One Knapsack Problem and a Branch and Bound Algorithm, Eur. J. Oper. Res., Vol. 1, 1977, 169–175
42. Salkin, H. M. and De Kluyver, C. A.: The Knapsack Problem—A Survey, Nav. Res. Logist. Quart., Vol. 22, 1975, 127–144
43. Suhl, U.: An Algorithm and Efficient Data Structures for the Binary Knapsack Problem, Freie Universität Berlin, Res. Report, 1977
44. Weingartner, H. M. and Ness, D. N.: Methods for the Solution of the Multi-Dimensional 0–1 Knapsack Problem, Oper. Res., Vol. 15, No. 1, 1967, 83–103
45. Nauss, R. M.: An Efficient Algorithm for the 0–1 Knapsack Problem, Mgmt. Sci., Vol. 23, 1976, 27–31
46. Christofides, N.: The Trav. Salesman Problem, in VIII.1.6–05, 1979
47. Held, M. and Karp, R.: The Travelling Salesman Problem and Minimum Spanning Trees I, Oper. Res., Vol. 18, 1970, 1138–1162
48. Held, M. and Karp, R.: The Travelling Salesman Problem and Minimum Spanning Trees II, Math. Progr., Vol. 1, 1971, 6–25
49. Golden, B. L.: Large-Scale Vehicle Routing and Related Combinatorial Problems, Ph.D. Diss., Oper. Res. Center, M. I. T., Cambridge, Mass., 1976
50. Djerdjour, M., Mathur, K., and Salkin, H. M.: Surrogate Relaxation Based Algorithm for a General Quadratic Multi-Dimensional Knapsack Problem, Oper. Res. Letters, Vol. 7, No. 5, 1988, 253–258
51. Fleischmann, B.: Computational Experience with the Additive Algorithm of Balas, Oper. Res., Vol. 15, 1967, 153–154
52. Lawler, E. L. and Bell, M. D.: A Method for Solving Discrete Optimization Problems, Oper. Res., Vol. 14, No. 6, 1966, 1098–1112
53. Balas, E.: Discrete Programming by the Filter Method, Operations Research, Vol. 15, 1967, 915–957
54. Terno, J.: Numerische Verfahren der Diskreten Optimierug, Teubner, Leipzig, 1981
55. Sahni, S.: General Techniques for Combinatorial Approximation, Operation Research, Vol. 25, No. 6, 1977, 920–936
56. Arthanari, T. S.: On Some Problems of Sequencing and Grouping, Ph.D. Thesis, Indian Statistical Institute, Calcutta, 1974
57. Balas, E.: Duality in Discrete Programming, II. The Quadratic Case, Mgmt. Sci., Vol. 16, No. 1, 1969, 14–32
58. Miller, C. E., Tucker, A. W., and Zemlin, R. A.: Integer Programming Formulation of Traveling Salesman Problems, J. ACM, Vol. 7, 1960, 326–329
59. Bellman, R.: Dynamic Programming Treatment of the Traveling Salesman Problem, J. ACM, Vol. 9, No. 1, 1962, 61–63
60. Little, J. D. C., Murty, K. G., Sweeney, D. W., and Karel, C.: An Algorithm for the Traveling Salesman Problem, Oper. Res., Vol. 11, No. 6, 1963, 972–989

61. Bellman, R. and Hall, M., Jr. (Eds.): Combinatorial Analysis, Proc. of the Tenth Symposium in Applied Mathematics of the AMS, 1960
62. Markowitz, H. M. and Manne, A. S.: On the Solution of Discrete Progr. Problems, Econometrica, Vol. 25, 1957, 84–110
63. Svestka, J. A. and Huckfeldt, V. E.: Computational Experience with m-salesman Traveling Salesman Algorithm, Mgmt. Sci., Vol. 19, 1973, 790–799
64. Gavish, B.: A Note on 'The Formulation of the m-salesman Traveling Salesman Problem', Mgmt. Sci., Vol. 22, 1976, 704–705
65. Svestka, J. A.: Response to 'A Note on the Formulation of the m-salesman Traveling Salesman Problem', Vol. 22, 1976, 706
66. Arthur, J. L. and Frendewey, J. O.: Generating Traveling Salesman Problems with Known Optimal Tours, J. Oper. Res., Soc., Vol. 39, No. 2, 1988, 785–795
67. Eiselt, H. A. and Laporte, G.: Combinatorial Optimization Problems with Soft and Hard Requirements, J. Oper. Res. Soc., Vol. 38, No. 9, 1987, 785–795
68. Gilmore, P. C. and Gomory, R. E.: The Theory and Computation of Knapsack Functions, Oper. Res., Vol. 14, No. 6, 1966
69. Johnson, D. S.: Fast Algorithms for Bin Packing, Journal Comp. Systems Sci., Vol. 8, 1974, 272
70. Granot, F. and Hammer, P. L.: On the Use of Boolean Functions in 0–1 Programming, Methods of Oper. Res., Vol. 12, 1972, 154–184
71. Granot, F. and Hammer, P. L.: On the Role of Generalized Covering Problems, Cahiers du Center d'Etudes de Recherche Operationelle, Vol. 16, 1974, 277–289
72. Maffioli, F.: The Complexity of Combinatorial Optimization Algorithms and the Challenge of Heuristics, in VIII.1.6–05, 1979
73. Edmonds, J.: Paths, Trees and Flowers, Canad. J. Math., Vol. 17, 1965, 449–467
74. Edmonds, J. and Karp, R. M.: Theoretical Improvements in Algorithmic Efficiency for Network Flow Probl., J. ACM, Vol. 19, 1972, 248–264
75. Preparata, F. P. and Hong, S. J.: Convex Hulls of Finite Sets of Points in Two a. Three Dimensions, Comm. of the ACM, Vol. 20, 1977, 87–93
76. Kruskal, J. B.: On the Shortest Spanning Subtree of a Graph and the Traveling Salesman Problem, Proc. AMS, Vol. 7, 1956, 48–50
77. Guy, R. et al. (Ed.): Combinatorial Structures and Their Application, Programming of the Calgary Intern. Conference, Gordon & Breach, New York, 1970
78. Rinaldi, S. (Ed.): Combinatorial Optimiz., Springer, Berlin, 1973
79. Karp, R. M.: On the Computational Complexity of Combinatorial Problems, Networks, Vol. 5, No. 1, 1975, 45–68
80. Leue, O.: Methoden zur Lösung dreidimensionaler Zuordnungsprobleme, Forschungsbericht Nr. 9, Lehrstuhl für Betriebswirtschaftslehre I, TH Darmstadt, 1971
81. Junginger, W.: über die Lösung des dreidimensionalen Transportproblems, Uinversität Stuttgart, Diss., August 1970
82. Norback, J. P. and Love, R. F.: Geometric Approaches to Solving the Travelling Salesman Problem, Mgmt. Sci., Vol. 23, No. 11, 1977, 1208–1223
83. Gerhardt, C.: Gedanken zur Lösung des Knapsackproblems, Ablauf-und Planungsforschung, Vol. 11, No. 2, 1970, 69–83
84. Croes, G. A.: A Method for Solving Traveling Salesman Problems, Oper. Res., Vol. 6, 1958, 791–812
85. Flood, M. M.: The Trav. Salesman Probl., Oper. Res., Vol. 4, 1956, 61
86. Balinski, M. L.: An Algorithm for Finding all Vertices of Convex Polyhedral Sets, SIAM J., Vol. 9, No. 1, 1961, 72–88
87. Fiorot, J. Ch.: Generation of all Integer Points for Given Sets Linear Inequalities, Univ. of Lille, France, Laboratorie de Calcul de la Faculte des Science, October 1970
88. Veinott, A. F. Jr. and Dantzig, G. B.: Integral Extreme Points, SIAM Review, Vol. 10, No. 3, 1968, 371–372
89. Hoffman, A. J. and Kruskal, J. B.: Integral Boundary Points of Convex Polyhedra, in VIII.1.2–30, 1956, 233–246
90. Padberg, M. and Rinaldi, G.: Optimization of 532-City Symmetric Travelling Salesman Problem by Branch and Cut, Oper. Res. Letters, Vol. 6, 1987, 1–7
91. Lin, S. and Kernighan, B.: An Effective Heuristic Algorithm for the Traveling Salesman Problem, Oper. Res., Vol. 21, 1973, 498–516
92. Muehlenbien, H., Gorges-Schleuter, M., and Kraemer, O.: Evolution Alg. in Combin. Optimiz., Parallel Comp., Vol. 7, 1988, 65–85

93. Rossier, Y., Troyon, M. and Liebling, Th. M.: Probabilistic Exchange Algorithms and Euclidean Traveling Salesman Problems, OR Spektrum, Vol. 8, 1986, 151–164

94. Dueck, G. and Scheuer, T.: Threshold Accepting—A General Purpose Optimization Algorithm Appearing Superior to Simulated Annealing, IBM Germany, Heidelberg Sci. Center, Rept. TR 88.10.011, Oct. 1988

95. Weber, M. and Liebling, Th. M.: Euclidean Matching Problems and the Metropolis Algorithm, Zeitschr. für Oper. Res., Vol. 30, 1986, A85–A110

96. Iri, M., Marota, K. and Matsui, S.: Heuristics for Planar Minimum-Weight Perfect Matchings, Networks, Vol. 13, 1983, 67–92

97. Silverman, R. D.: The Multiple Polynomial Quadratic Sieve, Math. Comp., Vol. 48, No. 177, Jan. 1987

98. Wong, R. T.: Integer Programming Formulations for the Traveling Salesman Problem, Proc. IEEE Int. Conf. of Circuits and Computers, 1980, 149–152

99. Claus, A.: A New Formulation for the Traveling Salesman Problem, SIAM J. Alg. Disc. Meth., Vol. 5, 1984, 21–25

100. Martello, S.: An Enumerative Algorithm for Finding Hamiltonian Circuits in Directed Graph, ACM Trans. on Math. Softw., Vol. 9, 1983, 131–138

101. Balas, E. and Christofides, N.: A Restricted Lagrangean Approach to the Trav. Salesman Problem, Math. Progr., Vol. 21, 1981, 19–46

102. Parker, R. G. and Rardin, R. L.: The Traveling Salesman Problem—An Update of Res., Nav. Res. Logist. Quart., Vol. 30, 1983, 69–96

103. Finke, G.: Bulk Shipment Formulation for the Traveling Salesman Problem, Methods of Oper. Res., Vol. 5, 1984, 247–256

104. Finke, G., Clause, A. and Gunn, E.: A Two-Commodity Network Flow Approach to the Traveling Salesman Problem, Congressus Numerantium, Vol. 41, 1984, 167–178

105. Aris, R.: Discrete Dynamic Programming, Blaisdell Publ. Comp., New York, 1963

106. Balas, E.: Discrete Programming by Implicit Enumeration, Springer, Berlin, 1967

107. Balas, E.: Intersection Cuts from Maximal Convex Extensions of the Ball and the Octahedron, Carnegie-Mellon-Univ., Graduate School of Industrial Admin., Pittsburg, Pennsylvania, 1970

108. Balinski, M. L. and Norman, M.: Experiments with Set Covering Problems, Mathematica Working Paper, January 1985

109. Barachet, I. T.: Graphic Solution of the Traveling Salesman Problem, Operations Research, Vol. 5, No. 6, 1957

110. Müller-Merbach, H.: Drei Neue Methoden zur Lösung des Traveling Salesman Problems, Ablauf- und Planunsgforschung, Vol. 7, 1966, 32–46 und 78–91

111. Müller-Merbach, H.: Ermittlung des kuerzesten Rundreiseweges mittels linearer Programmierung, Ablauf- und Planungsforschung, Vol. 2, No. 5, 1961, 70–83

112. Beckenbach, E. F. (Ed.): Applied Combinatorial Mathematics, Wiley, New York, 1964

113. Bellmore, M. and Nemhauser, G. L.: The Traveling Salesman Problem—a Survey, Operations Research, Vol. 16, 1968, 538–558

114. Bellmore, M. and Malone, J. C.: Pathology of Traveling Salesman Algorithms, The John Hopkins Univ., Technical Report

115. Bellmore, M. and Ratliff, H. D.: Set Covering and Involutory Bases, The John Hopkins Univ., Technical Report, 1970

116. Benders, J. F., Catchpole, A. R., and Kuiken, C.: Discrete Variables Optimization Problems, The RAND-Symposium on Math. Progr., 1959

117. Ben-Israel, A. and Charnes, A.: On Some Probl. of Dioph. Progr., Cahiers Center Etudes Recherche Oper., Vol. 4, 1962, 215–280

118. Gelfand, S. I., Gerver, M. L., and Kirillov, A. A.: Sequences and Combinatorial Problems, Gordon & Breach, New York, 1969

119. Iri, M.: Network Flow, Transportation and Scheduling, Theory and Algorithms, Academic Press, New York, 1969

120. Kaufmann, A.: Introduction a la combinatorique en vue des applications, Dunod, Paris, 1968

121. Grötschel, M. und Padberg, M. W.: Lineare Charakterisierungen von Travelling Salesman Problemen, Zeitschr. für Oper. Res., Vol. 21, 1977, 33–64

122. Grötschel, M.: Beiträge zur polyedrischen Beschreibung kombinatorischer Optimierungsprobleme, Diss., Bonn, 1977

123. Dantzig, G. B., Fulkerson, R., and Johnson, S.: Solution of a Large Scale Trav.-Salesman Problem, Oper. Res., Vol. 2, 1954, 393–410

124. Padberg, M. W.: On the Facial Structure of Set Packing Polyhedra, Math. Progr., Vol. 5, 1973, 119–215

125. Padberg, M. W. and Rao, R. M.: The Tarv. Salesman Problem and a Class of Polyhedra of Diameter Two, Math. Progr., Vol. 7, 1974, 32–45
126. Wolsey, L. A.: Faces for Linear Inequalities in 0–1 Variables, Math. Progr., Vol. 8, 1975, 165–178
127. Padberg, M. W.: A Note on Zero-One Programming, Operations Research, Vol. 23, 1975, 833–837
128. Hong, S.: A Linear Programming Approach for the Trav.-Salesman Problem, Ph.D. Thesis, The John-Hopkins Univ., Baltimore, 1971
129. Balas, E.: Facets of the Knapsack Polytope, Mathematical Programming, Vol. 8, 1975, 146–164
130. Beale, E. M. L. and Tomlin, J. A.: An Integer Programming Approach to a Class of Combin. Problems, Math. Progr., Vol. 3, 1972, 339–344
131. Dueck, W.: Diskrete Optimierung, Vieweg, Braunschweig, 1977
132. Lin, S.: Computer Solutions of the Traveling Salesman Problem, Bell System Techn. Journal, Vol. 44, 1965, 2245–2269
133. Kuhn, H. W.: The Hungarian Method for the Assignment Problem, Naval Research Logistics Quarterly, Vol. 2, 1955, 83–97
134. Korbut, A. A. and Finkelstein, J. J.: Diskrete Optimierung, Akademie Verlag, Berlin, 1971
135. Burckhardt, W.: Zur Optimierung von räumlichen Zuordnungen, Ablauf und Planungsfoschung, Vol. 10, 1969, 233–248
136. Schoch, M.: Ein Eweiterungsprinzip als Konzeption zur Lösung kombinatorische Optimierungsprobleme, Math. Operationsforschung und Statistik, Vol. 1, 1970, 265–280
137. Bradley, G. H.: Transformation of Integer Programs to Knapsack Problems, Discrete Mathematics, Vol. 1, 1971, 29–45
138. Burkard, R. E. and Stratmann, K. H.: Numerical Investigations on Quadratic Assignment Problems, Nav. Res. Logist. Quart., Vol. 25, 1979, 129–144
139. Wilhelm, M. R. and Ward, T. L.: Solving Quadratic Assignment Problems by Simulated Annealing, IIE Trans, Vol. 19, No. 1, 1979, 107–119
140. Lawler, E. L.: The Quadratic Assignment Problem, Mgmt. Sci., Vol. 9, 1963
141. Lawler, E. L.: The Quadratic Assignment Problem—A Brief Review, Paper Presented at an Advanced Study Institute on Combinatorial Programming, Versailles, France, September 1974
142. Padberg, M. W.: Perfect Zero-One Matrices, Math. Progr., Vol. 6, 1974, 180–196
143. König, D.: Theorie der endlichen und unendlichen Graphen, Akad. Verl. Ges., Leipzig, 1936 und Chelsea, New York, 1964
144. Guignard, M. and Spielberg, K.: Mixed-Integer Algorithm for the (0,1)-Knapsack Problem, IBM Journal of Research and Development, Vol. 16, No. 4, 1972, 424–430
145. Kuhn, H. W.: Variants of the Hungarian Method for Assignment Problems, Nav. Res. Logist. Quart., Vol. 3, 1956, 253–258
146. Egervary, J.: On Combinatorial Properties of Matrices (in Hungarian), Matematikai es Fizikai Lapok 38, 1931, 16–28
147. Egervary, J.: Combinatorial Methods for Solving Transportation Problems, Mag. Tud. Akad. Mat. Kut. Intez. Koezlemenley, Vol. 4, 1959, 15–28
148. Padberg, M. W.: Total Unimodularity and the Euler-Subgraph Problem, Oper. Res. Letters, Vol. 7, No. 4, 1988, 173–179
149. Fischetti, M. and Toth, P.: New Dominance Procedure for Combinatorial Optimization Problems, Oper. Res. Letters, Vol. 7, No. 4, 1988, 181–187
150. Jonker, R. and Volgenant, T.: Improved Transformation of the Symmetric Multiple Traveling Salesman Problem, Oper. Res., Vol. 36, No. 1, 1988, 163–167
151. Gal, T. und Kruse, H.-J.: Ein Verfahren zur Lösung des Nachbarschaftsproblems, in VIII.1.1–57, 1985, 447–454
152. Kruse, H.-J.: Entartungsgraphen und ihre Anwendung zur Lösung des Nachbarschatsproblems, Diss., Fachbereich Wirtschaftswissenschaft, Fernuniversität Hagen, 1984
153. Kruse, H.-J.: Kritische Betrachtungen an einem Verfahren zur Bestimmung aller Nachbarn einer entarteten Ecke einer konvexen polyedrischen Menge, Fachbereiche Wirtschaftswissenschaft, Fernuniversität Hagen, 1980
154. Gal, T.: On the Structure of the Set Bases of a Degenerate Point, Journal Opt. Theory and Appl., Vol. 45, No. 4, 1985
155. Gal. T.: Determination of All Neighbors of a Degenerate Extreme Point in Polytopes, Disc. Paper No. 17b, Fachbereich Wirtschaftswissenschaft, Fernuniversität Hagen, 1978
156. Fleischmann, B.: A New Class of Cutting Planes for the Symmetric Trav. Salesm. Probl., Math. Progr., Vol. 40, No. 3, 1988, 225–246
157. Burkard, R. E. and Derigs, U.: Assignment and Matching Problems—Solution Methods with FORTRAN-Programs, Springer, Berlin, 1980
158. Efron, B.: The Convex Hull of a Random Set of Points, Biometrica, Vol. 52, No. 3, 1965, 331–345

159. Carnal, H.: Die konvex Huelle von n rotationssymmetrisch verteilten Punkten, Zeithschr. für Wahrscheinlichkeitsrechnung und verwandte Gebiete, Vol. 15, 1970, 168–176

160. Kelly, D. G. and Tolle, J. W.: Expected Number of Vertices of a Random Convex Polytope, Univ. of North Carolina, Chapel Hill, 1979

161. Raynaud, H.: Sur l'enveloppe convexe des nuages de points aleatoires dans Rn, Journal of Appl. Probab., Vol. 7, 1970, 35–48

162. Renyi, A. und Sulanke, R.: Über die konexe Huelle von n zufällig gewählten Punkten I, Zeitschr. für Wahrscheinlichkeitsrechnung und verw. Gebiete, Vol. 2, 1963, 75–84

163. Renyi, A. und Sulanke, R.: Über die konexe Huelle von n zufällig gewählten Punkten I, Zeitschr. für Wahrscheinlichkeitsrechnung und verw. Gebiete, Vol. 3, 1964, 138–147

164. May, J. H. and Smith, R. L.: Random Polytopes—Their Definition, Generation and Aggregate Properties, Math. Progr., Vol. 24, 1982, 39–54

165. Korte, D. und Oberhofer, W.: Zwei Algorithmen zur Lösung eines komplexen Reihenfolgeproblemes, Unternehmensforschung, Vol. 12, Heft 4, 1968, 217–231

166. Greenberg, H. and Hegerick, R. L.: A Branch Search Algorithm for the Knapsack Problem, Mgmt. Sci., Vol. 16, No. 5, 1970, 327–332

167. Ross, G. T. and Soland, R. M.: A Branch-and-Bound Algorithm for the Generalized Assignment Probl., Math. Progr., Vol. 8, 1975, 91–103

168. Padberg, M. and Sung, T.-Y.: Polynomial-Time Solution to Papadimitrious and Steiglitz's 'Traps', Oper. Res. Letters, Vol. 7, No. 3, 1988, 117–125

169. Roy, B. (Ed.): Combinatorial Programming—Methods and Applications, Proc. of the NATO Adv. Study Institute, Versailles, Sept. 2–13, 1974, D. Reidel, Boston, 1975

170. Guignard, M. and Kim, S.: Lagrangean Decomposition—A Model Yielding Stronger Bounds, Math. Progr., Vol. 39, No. 2, 1987, 215–228

171. Roucairol, C.: Parallel Branch and Bound Algorithm for the Quadratic Assignment Problem, Discrete Appl. Math., Vol. 18, No. 2, 1987, 211–228

172. Christofides, N.: Bounds for the Travelling-Salesman Problem, Oper. Res., Vol. 20, No. 5, 1972, 1044–1056

173. Christofides, N.: An Algorithm for the Chromatic Number of a Graph, The Computer J., Vol. 14, No. 1, 1971, 38–39

174. Papadimitriou, C. H. and Steiglitz, K.: Combinatorial Optimization—Algorithms and Complexity, Prentice-Hall, Englewood Cliffs, N. J., 1982

175. Martello, S. and Toth, P.: Algorithms for Knopsack Problems, Annals of Discrete Mathematics, Vol. 31, 1987, 213–257

176. Camion, P.: Characterization of Totally Unimodular Matrices, Proc. Am. Math. Soc., Vol. 16, 1965, 1068–1073

177. Ghouila-Houri, A.: Characterisation des matrices totallement unimodularies, C. R. Acad. Sc. Paris, Vol. 254, 1962, 1192–1194

178. Gondran, M.: Matrices totallement unimodulaires, E. D. F. Bulletin, Series C, Vol. 1, 1973, 55–74

179. Balas, E.: On the Convex Hull of the Union of Certian Polyhedra, Oper. Res. Letters, Vol. 7, No. 6, 1988, 279–283

180. Golden, B., Bodin, L., Doyle, T., and Stewart, W. Jr.: Approximate Travelling Salesman Problem in the Plane, Oper. Res., Vol. 28, No. 3, Part 2, 1980, 694–711

181. Horowitz, E. and Sahni, S.: Computing Partitions with Applications to the Knapsack Problem, J. ACM, Vol. 21, 1974, 277–292

182. Fleishman, S. B.: Efficient Application of Noserial Dynamic Programming in Combinatorial Optimization, Autom. Remote Control, Vol. 49, No. 2, part 1, July 10, 1988, 184–193

183. Cornuejols, G. and Sassano, A.: On the 0, 1 Facets of the Set Covering Polytope, Math. Progr. Ser. A, Vol. 43, No. 1, 1989, 45–55

184. Balas, E. and Ng, S. M.: On the Set Covering Polytope I—All the Facets With Coefficients in (0,1,2), Math. Progr., Ser. A, Vol. 43, No. 1, Jan. 1989, 57–69

185. Edmonds, J.: Optimum Branchings, J. Res. Natl. bur. Stand. Math. Mathem. Phys., No. 71B, 1967, 233–240

186. Fisher, M. L., Jaikumar, R., and Van Wassenhove, L.: A Multiplier Adjustment Method for the Generalized Assignment Problem, Mgmt. Sic., Vol. 9, 1986, 1095–1103

187. Shapiro, J. F.: A Survey of Lagrangean Techniques for Discrete Optimization, Ann. Discrete Math., Vol. 5, 113–138, 1979

188. Held, M., Wolfe, P., and Crowder, H. D.: Validation of Subgradient Optimization, Math. Progr., Vol. 6, 1974, 62–88

189. Sandi, C.: Subgradient Optimization, in VIII.1.6–05, 1979, 73–91

190. Martello, S. and Toth, P.: Linear Assignment Problems, Ann. Discrete Mathematics, Vol. 31, 1987, 259–282

191. Young, H. P.: On Permutations and Permutation Polytopes, Mathematical Programming Studies, No. 8, 1978, 128–140

192. Weyl, H.: Elementare Theorie der konvexen Polyeder, Comm. Math. Helv., Vol. 7, 1935, 290–306

193. Hammer, P. L., Johnson, E. L., and Peled, U.N.: Faces of Regular 0–1 Polytopes, Math. Progr., Vol. 8, 1975, 179–206

194. Gavish, B. and Srikanth, K.: An Optimal Solution for Large-Scale Multiple Travelling Salesmen Problems, Oper. Res., Vol. 34, 1987, 698–717

195. Burkard, R. E.: Traveling Salesman and Assignment Problems—A Survey, Annals of Discrete Math., No. 4, 1979, 193–215

196. Jeromin, B. and Körner, F.; Triangle Inequality and Symmetry in Connection with the Assignment and the Traveling Salesman Probl., Eur. J. Oper. Res., Vol. 38, No. 1, 1989, 70–75

197. Volgenant, A.: Contributions to the Solution of the Traveling Salesman Problem and Related Problems, Diss., Amsterdam, 1987

198. Korte, B.: Approximative Algorithms for Discrete Optimization Problems, Annals of Discrete Math., No. 4, 1979, 85–120

199. Lawler, E. L., Lenstra, J. K., Rinnooy Kan, A. H. G., and Shmoys, D. B. (Eds.): The Travelling Salesman Problem—A Guided Tour of Combinatorial Optimization, Wiley, Chichester, 1985

200. Jeroslow, R. G.: A Simplification for Some Disjunctive Formulations, Georgia Institute of Technology, December 1985

201. Papadimitriou, C. H. and Steiglitz, K.: Some Examples of Difficult Traveling Salesman Problems, Oper. Res., Vol. 26, 1978, 434–441

202. Escudero, L. F.: In exact Algorithm for the Sequential Ordering Problem, Eur. J. Oper. Res., Vol. 37, No. 2, 1988, 236–248

203. Thompson, G. L. and Karp, R. L.: A Heuristic Approach to Solving Traveling Salesman Problems, Mgmt. Sci., Vol. 10, 1964, 225–247

204. Crowder, H. and Padberg, M. W.: Solving Large-Scale Symmetric Travelling Salesman Problems to Optimality, Mgmt. Sci., Vol. 26, 1980, 495–509

205. Livshits, E. M.; A Study of Some Algorithms of Discrete Optimization, Ph.D. Thesis, Kharkov, 1969

206. Brezovec, C., Cornuejols, G., and Glover, F.: Matriod Algorithm and Problems of Graphs, Math. Progr., Ser. B., Vol. 42, No. 3, 1988, 471–487

207. Papadimitriou, C.H.: The Complexity of Combinatorial Optimization Problems, Ph.D. Thesis, Princeton Univ., 1976

208. Padberg, M. W.: A Note on the Total Unimodularity of Matrices, Discrete Mathematics, Vol. 14, No. 3, 1976, 273–278

209. Saaty, T. L.: The Number of Vertices of a Polyhedron, American Mathematics Monthly, Vol. 65, 1955, 327–331

210. Karp, R. M. and Papadimitriou, C. H.; On Linear Characterizations of Combinatorial Optimization Problems, SIAM J. on Computing, Vol. 11, 1982, 620–632

211. Grötschel, M. and Wakabayashi, Y.: Cutting Plane Technique for a Clustering Problem, Math. Progr., Ser. B., Vol. 45, No. 1, 1989, 59–96

212. Balas, E. and Ng, S. M.: On the Set Covering Polytope II—Lifting the Facets With Coefficients in (0,1,2), Math. Progr., Ser. B, Vol. 45, No. 1, 1989, 1–20

213. Edmonds, J.: Maximum Matching and a Polyhedron with 0,1 Vertices, J, Res. NBS, Vol. 69B, 1965, 125–130

214. Ivanov, N. N.: Integral Points of Convex Polyhedral Sets, Doctoral Diss., Minsk, 1976

215. Meyer, R. R. and wage, M. L.: On the Polyhedrality of the Convex Hull of the Feasible Set on an Integer Program, SIAM J. Control and Optim., Vol. 16, No. 4, 1978, 682–687

216. Rustin, B. (Ed.): Combinatorial Algorithms, Academic Press, New York, 1973

217. Schrijver, A.: On Cutting Planes, Annals Discrete Math., Vol. 9, 1980, 291–296

218. Kern, W.: Verfahern der kombinatorischen Optimierung und ihr Gültigkeitsbereich, Techn. Univers. Twente, Enschede (Netherlands), 1989

219. Culioli, J.-C., Glover, C. W., Jones, J. P., and Roe, C.: Implementation of Some Heuristics and an Optimal Algorithm for Large Scale Assignment Problems, Oak Ridge National Lab., Tennessee, 1989

220. Barahona, F. and Mahjoub, A. R.: On the Cut Polytope, Mathematical Programming, Vol. 36, No. 1, 1986, 157–173

221. Grötschel, M., Jünger, M., and Reinelt, G.: A Cutting Plane Algor. for the Lin. Ordering Problem, Oper. Res., Vol. 32, 1984, 1195–1220

222. Edmonds, J.: Submodular Functions, Matroids and Certain Polyhedra, in VIII.1.6–77, 1970, 69–87
223. Grötschel, M. and Holland, O. A.: Solving Matching Problems with Linear Programming, Math. Progr., Vol. 33, 1985, 243–259
224. Wakabayashi, Y.: Aggregation of Binary Relations—Algorithmic and Polyhedral Investigations, Ph.D. Thesis, Univ. Augsburg, 1986
225. Balas, E.: Disjunctive Programming and a Hierarchy of Relaxations for Discrete Optimization Problems, SIAM J. on Algebraic and Discrete Methods, Vol. 6, 1985, 466–486
226. Hansen, P. (Ed.): Studies on Graphs and Discrete Programming, North-Holland, Amsterdam, 1981
227. Giles, F. R. and Pulleyblank, W. R.: Total Dual Integrality and Integer Polyhedra, Linear Algebra and its Applications, Vol. 25, 1979, 191–196
228. Frank, A. and Tardos, E.: Generalized Polymatroids and Submodular Flows, Math. Progr., Ser. B., Vol. 42, No. 3, 1988, 489–563
229. Pulleyblank, W. R.: Polyhedral Combinatorics, in VIII.1.1–16, 1983, 312–345
230. Pulleyblank, W. R. (Ed.): Progress in Combinatorial Optimization, Academic Press, Toronto, 1984
231. Edmonds, J.: Matroids and the Greedy Algorithm, Math. Progr., Vol. 1, 1971, 127–136
232. Edmonds, J.: Matroid Intersection, Annals of Discrete Mathematics, Vol. 4, 1979, 39–49
233. Yemelichev, V. A., Kovalev, M. M., and Kravtscv, M. K.: Polytopes, Graphs a. Optimiz., Cambridge Univ. Press, Cambridge, U.K., 1984
234. Cunningham, W. H.: An Unbounded Matroid Intersection Polyhedron, Linear Algebra and its Applications, Vol. 16, 1977, 209–215
235. Recski, A. and Lovasz, L. (Ed.): Matroid Theory, North-Holland, Amsterdam, 1985
236. Lovasz, L.: A Generalization of König's Theorem, Acta Mathematica Academiae Scientiarum Hungaricae, Vol. 21, 1970, 443–446
237. Giles, R.: Submodular Functions, Graphs and Integer Polyhedra, Ph.D. Thesis, Dept. of Combinatorics and Optimization, Univ. of Waterloo, Canada, 1975
238. Tutte, W. T. (Ed.): Recent Progress in Combinatorics, Proceedings of the Third Waterloo Conference on Combinatorics, May 1968, Academic Press, New York, 1969
239. Grötschel, M.: Polyedrische Charakterisierungen kombinatorischer Optimierungsprobleme, Hain, Meisenheim, 1977
240. Rado, R.: A Theorem on Independence Functions, Quarterly Journal of Mathematics, Oxford, VOL. 13, 1942, 83–89
241. Rado, R.: Note on Independence Functions, Proceedings of the London Mathematical Society, Third Series, Vol. 7, 1957, 300–320
242. Edmonds, J. and Giles, R.: A Min-Max Relation for Submodular Functions on Graphs, Annals of Discrete Math., Vol. 1, 1977, 185–204
243. Cunningham, W. H. and Frank, A.: A Primal-Dual Algorithm for Submodular Flows, Math. of Oper. Res., Vol. 10, 1985, 251–262
244. Dunstan, F. D. J.: Matroids and Submodular Functions, Quarterly J. of Mathematics, Oxford, Vol. 27, 1976, 339–347
245. Sahni, S.: Approximate Algorithms for the 0/1-Knapsack Problem, J. of the ACM, Vol. 22, 1975, 115–124
246. Schirjver, A.; Polyhedral Proof Methods in Combinatorial Optimization, Discrete Applied Math., Vol. 14, 1986, 111–133
247. Seymour, P. D.; Decomposition of Regular Matroids, J. Combin. Theory, Ser. B., Vol. 28, 1980, 305–359
248. Grout, V. M., Sanders, P. W., Stockel, C. T.: Reduction Techinques Providing Initial Groupings for Euclidean Trav. Salesman Patching Algorithms, Appl. Math. Modelling, Vol. 13, 1989, 110–114
249. König, D.: Graphen und ihre Anwendung auf Determinatentheorie und Mengenlehre, Math. Ann., Vol. 77, 1916, 453–465
250. Terno, J.: Grundprinzipien der diskreten Optimierung, Diss., TU Dresden, 1977
251. Whitney, H.: On the Abstract Properties of Linear Dependence, Amer. J. Math., Vol. 57, 1935, 509–533
252. Wilson, R. J.: An Introduction into Matroid Theory, American Math. Monthly, Vol. 80, 1973, 500–525
253. Rado, R.: Theorems on Linear Combinatorial Topology and General Measure, Annals of Mathematics, Vol. 44, 1943, 228–270
254. Lovasz, L.: Submodular Functions and Convexity, in VIII.1.1–16, 1983, 235–257
255. Kerber, A. (Ed.): Diskrete Strukturen, algebraische Methoden und Anwendungen, Tagungsbericht 2. Sommerschule Diskrete Strukturen, Bayreuth, 1985, Bayreuther Math. Schriften, Heft 21, 1986

256. Matheiss, T. H. and Rubin, D. S.: Survey and Comparison of Methods for Finding all Vertices of a Convex Polyhedral Set, Math. of Oper. Res., Vol. 5, 1980, 167–185
257. Khang, D. B. and Fujiwara, O.: A New Algorithm to Find all Vertices of a Polytope, Oper. Res. Letters, Vol. 8, 1989, 261–264
258. Pulleybank, W. R.: Faces of Matching Polyhedra, Ph.D. Thesis, Univ. of Waterloo, Canada, 1973
259. Lovasz, L. and Plummer, M. D.: Matching Theory, Ann. Discrete Math. No. 29, North-Holland, Amsterdam, 1986
260. Recski, A.: Matroid Theory and its Appl., Springer, Berlin, 1987
261. Syslo, M. M., Deo, N., and Kowalik, J. S.: Discrete Optimization Algorithms, Prentice-Hall, Englewood Cliffs, N. J., 1983
262. Zimmermann, U.: Linear and Combinatorial Optimization in Ordered Algebraic Structures, Ann. Discr. Math., No. 10, North-Holland, Amsterdam, 1981
263. Prim, R. C.: Shortest Connection Networks and Some Generalizations, Bell Syst. Tech. J., Vol. 36, 1957, p. 1389
264. Fishburn, P. C.: Combinatorial Optimization Problems for Systems of Subsets, SIAM Review, Vol. 30, No. 4, 1988, 578–588
265. Schrijver, A.: Min-Max Results in Combinatorial Optimization, in VIII.1.1–16, 1983, 438–500
266. Hu, T. C.: Multicommodity Networks Flows, Oper. Res., Vol. 11, 1963, 344–360
267. Marsh, A. B.: Matching Algorithms, Ph.D. Thesis, John Hopkins University, Baltimore, 1979
268. Frobenius, G.: Über Matrizen aus nichtnegativen Elementen, Sitzber. der Preuss. Akad. Wiss., 1912, 456–477
269. Frobenius, G.: Über zerlegbare Determinanten, Sitzber. der Preuss. Akad. Wiss., 1917, 274–277
270. Langevin, A., Soumis, F., and Desrosiers, J.: Classification of Trav. Salesman Problem Formulations, Vol. 9, No. 2, 1990, 127–132
271. Berge, C.: Optimization and Hypergraph Theory, Europ. J. Oper. Res., Vol. 46, No. 3, 1990, 297–303
272. Dyckhoff, H.: A Typology of Cutting and Packing Problems, Europ. J. Oper. Res., Vol. 44, No. 2, 1990, 145–159
273. Reingold, E. M., Nievergelt, J., and Deo, N.: Combinatorial Optimization—Theory and Practice, Prentice-Hall, Englewood Cliffs, New Jersey, 1977
274. Gomory, R. E.: Some Polyhedra Related to Combinatorial Problems, Linear Algebra and Appl., Vol. 2, 1969, 451–558
275. Raghavachari, M.: A Constructive Method to Recognize the Total Unimodularity of a Matrix, Zeitschr. für Oper. Res., Vol. 20, No. 1, 1976, 59–61
276. Guignard, M. and Roseenwein, M. B.: Application-oriented Guide for Designing Lagrangean Dual Ascent Algorithms, Eur. J. Oper. Res., Vol. 43, No. 2, 197–205
277. Glover, F. and Wolsey, B.: Aggregating Diophantine Equations, J. Oper. Res., Vol. 16, No. 1, 1972
278. Hoffman, A. J.: Total Unimodularity and Combinatorial Theorems, Linear Algebra and Applications, Vol. 13, 1976, 103–108
279. Cramer, Y., Hammer, P. L., and Ibaraki, T.: Strong Unimodularity for Matrices and Hypergraphs, Discrete Appl. Math., Vol. 15, 1986, 221–239
280. Jeroslow, R.: The Theory of Cutting-Planes, in VIII.1.1.6–05, 1979, 21–72

VIII.1.7 Dynamische Programmierung

1. Bellman, R.: Dynamic Programming, Princeton Univ. Press, Princeton, N. J., 1957
2. Bellman, R. and Dreyfus, S.: Applied Dynamic Programming, Princeton Univ. Press, Princeton, New Jersey, 1962
3. Hadley, G.: Nonlinear and Dynamic Programming, Addison-Wesley Publishing Company, Reading, Mass., 1964
4. Bellman, R. E. and Lee, E. S.: History and Development of Dynamic Programming, IEEE Control Syst. Mag., Vol. 4, No. 4, 1984
5. Schneeweiss, Ch.: Dynamisches Progr., Physica, Würzburg, 1974
6. Morin, T. L. and Marsten, R. E.: Branch-and-Bound Strategies for Dynamic Programming, Oper. Res., Vol. 24, No. 4, 1976, 611–627
7. Karp, R. M. and Held, M.: Finite-State Processes and Dynamic Programming, SIAM J. of Appl. Math. Vol. 15, No. 3, 1967, 693–718
8. Held, M. and Karp, R. M.: A Dynamic Programming Approach to Sequencing Problems, SIAM J. of Appl. Math., Vol. 10, 1962

9. Kaufmann, A. and Cruon, R.: Dynamic Programming, Sequential Scientific Management, New York, 1967

10. Wong, P. J.: A New Decomposition Procedure for Dynamic Programming, Oper. Res., Vol. 18, No. 1, 1970, 119–131

11. Wong, P. J. and Luenberger, D. G.: Reducing the Memory Requirements of Dynamic Progr., Oper. Res., Vol. 16, 1968, 1115–1125

12. Neumann, K.: Zur Theorie der Dynamischen Optimierung, Teil I und Teil II, Unternehmensforschung, Vol. 9, No. 3, und No. 4, 1965, 169–186 und 201–216

13. Bellman, R.: Dynamic Programming Treatment of the Traveling Salesman Problem, J. ACM, Vol. 9, 1962, 61–63

14. Karp, R. M. and Held, M.: Finite-State Processes and Dynamic Programming, SIAM J. Appl. Math. Vol. 15, No. 3, 1967, 693–718

15. Nemhauser, L.: Introduction to Dynamic Progr., Wiley, New York, 1966

16. Denardo, E. V.: Sequential Decision Processes, Doctoral Thesis, Northwestern Univ., Evanston, Illinosis, 1965

17. Angel, E. and Bellman, R.: Dynamic Programming and Partial Differential Equations, Academic Press, New York, 1972

18. Aris, R.: Discrete Dynamic Programming, Blaisdell Publ. Comp., New York, 1963

19. Beckmann, M. J.: Dynamic Programming of Ecomonic Decisions, Springer, Berlin, 1968

20. Bellman, R. and Gross, O.: Some Combinatorial Problems Arising in the Theory of Multi Stage Processes, J. SIAM, Vol. 2, No. 3, 1954

21. Ibaraki, T.: Solvable Classes of Discrete Dynamic Programming, J. Math. Anal. Appl., Vol. 43, 1973, 642–693

22. Ibaraki, T.: On the Optimality of Algorithms for Finite State Sequential Decision Processes, J. Math. Anal. Appl., Vol. 53, 1976, 618–643

23. Rosenthal, A.: Dynamic Programming is Optimal for Certain Sequential Decision Processes, J. Math. Anal. Appl., Vol. 73, 1980, 134–137

24. Rosenthal, A.: Dynamic Progr. is Optimal for Nonserial Optimization Problems, SIAM J. Comput., Vol. 11, 1982, 47–59, 1980, 134–137

25. Helman, P.: A Common Schema for Dynamic Programming and Branch and Bound Algorithms, J. ACM, Vol. 36, No. 1, 1989, 97–128

26. Helman, P. and Rosenthal, A.: A Comprehensive Model of Dynamic Programming, SIAM J. on Algebraic and Discrete Methods, Vol. 6, 1985, 319–334

27. Helman, P.: The Principle of Optimality in the Design of Efficient Algorithms, J. Math. Anal. Appl., Vol. 119, 1986, 97–127

28. Sniedovich, M.: A New Look at Bellman's Principle of Optimality, J. Optim. Theory and Appl., Vol. 49, No. 1, 1986, 161–176

29. Cooper, L. and Cooper, M. W.: Introduction to Dynamic Programming, Pergamon Press, New York, 1981

30. Denardo, E. V. and Mitten, L. G.: Elements of Sequential Decision Processes, J. of Ind. Eng., Vol. 13, 1967, 106–112

31. Denardo, E. V.: Dynamic Programming—Models and Applications, Prentice-Hall, Englewood Cliffs, N. J., 1982

32. White, D. J.: Dynamic Progr., Holden-Day, San Francisco, CA., 1969

33. Mitten, L. G.: Composition Principles for Synthesis of Optimal Multistage Processes, Oper. Res., Vol. 12, 1964, 610–619

34. Bellman, R.: The Theory of Dynamic Programming, Bulletin of the AMS, Vol. 60, 1954, 503–515

35. Bellman, R.: Some Problems in the Theory of Dynamic Programming, Econometrica, Vol. 22, 1954, 37–48

36. Morin, T. L.: Monotonicity and the Principle of Optimality, J. of Mathematical Analysis and Applications, Vol. 86, 1982, 665–674

37. Porteus, E.: An Informal Look at the Principle of Optimality, Mgmt. Sci., Vol. 21, 1975, 1346–1348

38. Dreyfus, S. E. and Law, A. M.: The Art and Theory of Dynamic Programming, Academic press, New York, 1977

39. Neumann, K. und Niedereichholz, J.: Dynamische Programmierung—Theorie und Anwendungen, Bibliographisches Inst., Mannheim, 1969

40. Morin, T. L.: Computational Advances in Dynamic Programming, in VIII.1.7–41, 1978

41. Puterman, M. L. (Ed.): Dynamic Programming and its Applications, Academic Press, New York, 1978

42. Carraway, R. L., Morin, T. L., and Moskowitz, H.: Generalized Dynamic Programming for Stochastic Combinatorial Optimization, Oper. Res., Vol. 37, No. 5, 1989, 819–829

43. Mitten, L. G.: Preference Order Dynamic Programming, Management Science, Vol. 21, 1976, 43–46
44. Sniedovich, M.: Dynamic Programming and the Principles of Optimality, J. Math. Anal. Appl., Vol. 65, 1978, 586–606
45. Henig, M. I.: The Principle of Optimality in Dynamic Programming, with Returns in Partially Ordered Sets, Math. Oper. Res., Vol. 10, 1985, 462–470
46. White, D.J.: Dynamic Programming, Markov Chains and the Method of Successive Approximations, J. of Mathematical Analysis and Appl., Vol. 6, 1963, 373–376
47. Piehler, J.: Einführung in die Dynamische Optimierung, Teubner, Leipzig, 1966
48. Carraway, R. L., Morin, T. L., and Moskowitz, H.: Generalized Dynamic Programming for Multicriteria Optimization, Eur. J. Oper. Res., Vol. 44, 1990, 95–104
49. Carraway, R. L.: Multicriteria Finite Dynamic Programming, Ph.D. Diss., Purdue Univ., 1984
50. Carraway, R. L and Morin, T. L.: Theory and Applications of Generalized Dynamic Programming—An Overview, Int. J. of Computers and Mathematics with Applications, Vol. 16, 1988, 779–788

VIII.1.8 Branch-and-Bound Methoden

1. Weinberg, F. (Ed.): Branch and Bound—Eine Einfuehrung, 2. Auflage, Springer, Berlin, 1973
2. Lawler, E. L. and Wood, D. E.: Branch and Bound Methods—a Survey, J. of the O. R. Society of America, Vol. 14, 1966, 699–719
3. Ibaraki, T.: Comput. Efficiency of Approximate Branch-and-Bound Algorithms, Math. of Oper. Res., Vol. 1, No. 3, 1979, 287–298
4. Mitten, L. G.: Branch-and-Bound Method—General Formulation and Properties, Operations Research, Vol. 18, 1970, 24–34
5. Morin, T. L. and Marsten, R. E.: Branch-and-Bound Strategies for Dynamic Programming, Oper. Res., Vol. 24, No. 4, 1976, 611–627
6. Rinnooy Kan, A. H. G.: On Mitten's Axioms for Branch-and-Bound, Oper. Res., Vol. 24, No. 6, 1976, 1176–1178
7. Kolesar, P. J.: A Branch-and-Bound Algorithm for the Knapsack Problem, Mgmt. Sci., Vol. 13, 1967, 723–735
8. Martello, and Toth, P.: An Upper Bound for the Zero-One Knapsack Problem and a Branch and Bound Algorithm, Eur. J. Oper. Res., Vol. 1, 1977, 169–175
9. Land, A. and Doig, A. G.: An Automatic Method of Solving Discrete Programming Problems, Econometrica, Vol. 28, 1960, 497–520
10. Garfinkel, R. S.: Branch-and-Bound Methods for Integer Programming, in VIII.1.6–05, 1979
11. Tomlin, J. A.: An Improved Branch-and-Bound Method for Integer Programming, Oper. Res., Vol. 19, 1971, 1363–1373
12. Garfinkel, R. S. and Nemhauser, G. L.: Integer Progr., New York, 1972
13. Balas, E.: A Note on the Branch-and-Bound Principle, Univ. of Toronto, February 1967
14. Little, J. D. C., Murty, K. G., Sweeney, D. W., and Karel, C.: An Algorithm for the Traveling Salesman Problem, Oper. Res., Vol. 11, No. 6, 1963, 972–989
15. Beckmann, M. und Kuenzi, H. P. (Eds.): Einfuehrung in die Methode Branch and Bound, Springer, Berlin, 1968
16. Jeffreys, M.: Some Ideas on Formulation Strategies for Integer Programming Problems so as to Reduce the Number of Nodes Generated by a Branch-and-Bound Algorithm, Working Paper 74/2, Wootton, Jeffreys and Partners, London, 1974
17. Mitra, G.: Investigations of Some Branch and Bound Strategies for the Solution of Mixed-Integer Linear Programs, Math. Progr., Vol. 4, 1973, 155–170
18. Singhal, J.: Fixed Order Branch-and-Bound Methods for Mixed-Integer Programming, Diss., Dept. of Management Inf. Systems, Univ. of Arizona, 1982
19. Beale, E. M. L.: Branch-and-Bound Methods for Mathematical Programming, Annals of Discrete Mathematics, Vol. 5, 1979, 201–219
20. Ibaraki, T.: The Power of Dominance Relations in Branch and Bound Algorithms, J. of the ACM, Vol. 24, 1977, 264–279
21. Ibaraki, T.: Branch-and-Bound Procedure and State-Space Representation of Combinatorial Optimization Problems, Inf. Cont., Vol. 36, 1978, 1–27
22. Fischetti, M. and Toth, P.: An Additive Bounding Procedure for Combinatorial Optimization Problems, Oper. Res., Vol. 37, No. 2, 1989, 319–328
23. Tarjan, R. E.: Finding Optimum Branchings, Networks, Vol. 7, 25–35

24. Smith, D. R.: Random Trees and the Analysis of Branch and Bound Procedures, Journal of the ACM, Vol. 31, No. 1, 1984
25. Glover, F.: Parametr. Branch and Bound, OMEGA, Vol. 6, 1978, 145–152
26. Glover, F. and Tangedahl, L.: Dynamic Strategeries for Branch-and-Bound, OMEGA, Vol. 4, 1976, 571–579
27. Bazaraa, M. S. and Elshafei, A. N.: On the Use of Fictitous Bounds in Tree Search Algorithms, Mgmt. Sci., Vol. 23, 1977, 904–908
28. Stone, H. S. and Sipala, P.: The Average Complexity of Depth-First Search with Bachtracking and Cutoff, IBM J. Res. and Dev., Vol. 30, No. 3, 1981, 242–258
29. Veniaminov, S. S.: Additional Cuttoff Rules for the Branch-and-Bound Method, Tekhnicheskaya Kibernetica, No. 3, 1984, 59–63
30. Skaletskii, V. V.: Modified Branch-and-Bound Method for Solving a Series of Problems, Automation and Remote Control, Vol. 49, No. 4, 1988, 493–499
31. Ibaraki, T.: Theoretical Comparisons of Search Strategies in Branch-and-Bound Algorithms, Intern. J. Comput. Inf. Sci., Vol. 5, No. 4, 1976, 315–344
32. Ibaraki, T.: On the Computational Efficiency of Branch-and-Bound Algorithms, J. Oper. Res. Soc. Japan, Vol. 20, 1977, 16–35
33. Breu, R. and Burdet, C. A.: Branch and Bound Experiments in 0–1 Programming, Math. Progr. Study, Vol. 2, 1974, 1–50
34. Jeroslow, R. G.: Trivial Integer Programs Unsolvable by Branch-and-Bound, Math. Progr., Vol. 6, No. 1, 1974, 105–109
35. Jaeschke, G.: Branching and Bounding—Eine allgemeine Methode zur Lösung kombinatorischer Probleme, Ablauf- und Planungsforschung, Vol. 5, No. 3, 1964

VIII.1.9 Statistische Verfahern

1. Kohlas, J.: Monte Carlo Simulation in Operation Research, Springer, Berlin, 1972
2. Sasaki, K.: Statistics for Morden Business Decision Making, Wadsworth Publishing Co., Belmont, California, 1968
3. Ross, S.: Applied Probability Models with Optimization Applications, Holden-Day, San Francisco, 1970
4. Bohachevsky, I. O., Johnson, M. E., and Stein, M. L.: Generalized Simulated Annealing for Function Optimization, Technometrics, Vol. 28, No. 3, August 1986, 209–217
5. Anily, S. and Federgruen, A.: Simulated Annealing Methods with Gen. Acceptance Probabilities, J. of Appl. Probab., Vol. 24, 1987
6. Krikpatrick, S. , Gelatt, Jr. C. D., and Vecçhi, M. P.: Optimization by Simulated Annealing, Science, Vol. 220, No. 4598, 1983, 671–680
7. Lundy, M. and Mees, A.: Convergence of the Annealing Algorithm, Math. Progr., Vol. 34, 1986, 111–124
8. Fukao, T. and Zhao, Y.: Stochastic Distributed Optimization Algorithm, Trans. IECE Japan, J69-A, Vol. 12, 1986, 1492–1501
9. Romeo, F., Vincentelli, A., and Sechen, C.: Research on Simulated-Annealing at Berkeley, Proceedings ICCD, Oct. 1984, 652–657
10. Romeo, F., Vincentelli, A.: Probabilistic Hill Climbing Algorithms—Properties and Applications, Univ. of California, Berkeley, Report No. UCB/ERL M84/34, 1984
11. Mitra, D., Romeo, F., Vincentelli, A.: Convergence and Finite Time Behavior of Simulated Annealing, Adv. Appl. Probab., Vol. 18, 1986, 747–771
12. Lasserre, J. B., Varaiya, P. P., and Walrad, J.: Simulated Annealing, Random Search, Multistart or SAD?, Systems & Control Letters, Vol. 8, 1987, 297–301
13. Dixon, L. C. W. and Szego, G. P. (Eds.): Toward Global Optimization, North Holland, Amterdam, 1975
14. Corana, A., Marchesi, M., Martini, C., and Ridella, S.: Minimizing Multimodal Functions of Continuous Variables with the Simulated Annealing Algorithm, ACM Trans. Math. Software, Vol. 13, No. 3, 1987, 262–280
15. Maffioli, F.: Randomized Algorithms in Combinatorial Optimization—A Survey, Discerte Applied Math., Vol. 14, 1986, 157–170
16. Chams, M., Hertz, A., and De Werra, D.: Some Experiments with Simulated Annealing for Coloring Graphs, Eur. J. Oper. Res., Vol. 32, 1987, 260–266
17. Burkard, R. E. and Rendl, F.: A Thermodynamically Motivated Simulated Procedure for Combinatorial Optimization Problems, Eur. J. of Oper. Res., Vol. 17, 1984, 169–174

18. Coffman, E. G. Jr., Lueker, G. S., and Rinnooy Kan, A. H. G: Asymptotic Methods in the Probabilistic Analysis of Sequencing and Packing Heuristics, Mgmt. Sci., Vol. 34, No. 3, 1988, 266–290

19. Karmarkar, N., Karp, R. M., Lueker, G. S., and Odlyzko, A. M.: Probabilistic Analysis of Optimum Partitioning, J. Appl. Probab., Vol. 23, 1986, 626–645

20. Buslenko, N. P.: The Monte-Carlo Method. The Method of Statistical Trials, Pergamon Press, Oxford, 1966

21. Kirkpatrick, S.: Optimization by Simulated Annealing—Quantitative Studies, J. Statist. Phys., Vol. 34, 1984, 975–986

22. Gelfand, S. B.: Analysis of Simulated Annealing Type Algorithms, Doctoral Thesis, M. I, T., Lab. for Inf. and Decision Systems, Cambridge, Mass., 1988

23. Price, W. L.: A Controlled Random Search Procedure for Global Optimization, in VIII.1.9–13, 1978, 71–84

24. Price, W. L.: A Controlled Random Search Procedure for Global Optimization, Comput. J., Vol. 20, 1977, 367–370

25. Metropolis, N., Rosenbluth, A. W., Rosenbluth, M. N., Teller, A. H., and Teller, E.: Equations of State Calculations with Fast Computing Machines, J. Chem. Phy., Vol. 21, 1953, 1087–1091

26. Aigner, D.: Principles of Statistical Decision Making, Macmillan, London, 1968

27. Schreider, Y. A.: The Monte Carlo Method, Pergamon Press, New York, 1965

28. Sobol, I. M.: Die Monte Carlo Methode, VEB Deutscher Verlag der Wissenschaften, Berlin, 1971

29. Soran, P. D.: State-of-the-Art Monte Carlo 1988, Lawrence Livermore National Lab., Ca., 1988

30. Rinnooy Kan, A. H. G. and Timmer, G. T.: Stochastic Global Optimization Methods, Part I—Clustering Methods and Part II—Multi-Level Methods, Math. Progr., Vol. 39, No. 1, 1987, 27–56 and 57–80

31. Potschka, K.: Generatoren für Zufallszahlen, Angewandte Informatik, Heft 6, 1972, 263–268

32. Chambers, R.: Random Number Generation, IEEE Spectrum, 1967, 48–56

33. Karp, R.: Probabilistic Analysis of Partitioning Algorithms for the Travelling Salesman Problem in the Plane, Math. of Oper. Res., Vol. 2, 1977, 209–224

34. Johnson, D. S.: Optimization by Simulated Annealing—A Tutorial, AT&T Bell Laboratories, 12th Int. Sump. on Math. Progr., 1985

35. Devroye, L.: Progressive Global Random Search of Continuous Functions, Math. Progr., Vol. 15, 1978, 330–342

36. Brooks, S. H.: A Discussion of Random Methods for Seeking Maxima, Oper. Res., Vol. 6, 1958, 244–251

37. Boender, C. G. E., Rinnooy Kan, A. H. G., Stougie, L., and Timmer, G. T.: A Stochastic Method for Global Optimization, Math. Progr., Vol. 22, 1982, 125–140

38. Rinnooy Kan, A. H. G., Boender, C. G. E., and Timmer, G. Th.: A Stochastic Approach to Global Optimization, in VIII.1.1–92, 1984, 282–308

39. Timmer, G. T.: Global Optimization—A Stochastic Approach, Ph.D. Diss., Erasmus Universiteit Rotterdam, Centrum Wiskunde en Informatica, Amsterdam, 1984

40. Solis, F. J. and Wets, R. J. E.: Minimization by Random Search Techniques, Math. of Oper. Res., Vol. 6, 1981, 19–30

41. Van Laarhoven, P. J. M. and Aarts, E. H. L.: Simulated Annealing—a Review of the Theory and Applications, Kluwer, Dordrecht, 1987

42. Cerny, V.: A Thermodynamical Approach to the Travelling Salesman—An Efficient Simulation Algorithm, J. Optim. Theory and Appl., Vol. 15, 1985, 41–51

43. Hajek, B. and Sasaki, G.: Simulated Annealing—to Cool or not, Syst. Control Letters, Vol. 12, No. 5, 1989, 443–447

44. Sasaki, G. and Hajek, B.: The Time Complexity of Maximum Matching by Simulated Annealing, J. ACM, Vol. 35, 1988, 387–403

45. Aarts, E. and Laarhoven, P.: Statistical Cooling—A Unified Approach to Combinatorial Optimization Problems, Philips J. Res., Vol. 40, Vol. 40, 1985, 193–226

46. Price, W. L.: Global Optimization by Controlled Random Search, J. Optimization Theory and Appl., Vol. 40, 1983, 333–348

47. Spirakis, P. G.: Probabilistic Algorithms, Algorithms with Random Inputs and Random Combinatorial Structures, Ph.D. Thesis, Harvard Univ., Dept. of Mathematics, 1981

48. Zemel, E.: Random Binary Search—A Randomizing Algorithm for Global Optimization in R1, Math. Oper. Res., Vol. 11, No. 4, 1986, 651–662

49. Archetti, F. and Betro, B.: A Probabilistic Algorithm for Global Optimization, Calcolo, Vol. 16, 1979, 335–343

50. Johnson, D. S., Aragon C. R., Mc Geoch, L. A., and Schevon, C.: Optimization by Simulated Annealing—An Experimental Evaluation, Part I—Graph Partitioning, Oper. Res., Vol. 37, No. 6, 1989, 865–892
51. Smith, R. L.: Efficient Monte Carlo Procedures for Generating Points Uniformly Distributed Over Bounded Regions, Oper. Res., Vol. 32, 1984, 1296–1308
52. Luus, R. and Brenek, P.: Incorporation of Gradient into Random Search Optimization, Chem. Eng. Technol., Vol. 12, No. 5, 1989, 309–318
53. Goldberg, D. E.: Genetic Algorithms in Search, Optimization, and Machine Learning, Addison-Wesley, Reading, Massachusetts, 1989
54. Eglese, R. W.: Simulated Annealing—A Tool for Operational Research, Eur. J. Oper. Res., Vol. 46, No. 3, 1990, 271–281
55. Rutenbar, R. A.: Simulated Annealing Algorithms—An Overview, IEEE Circuits and Devices Mag., Vol. 5, No. 1, 1989, 19–26

VIII.1.10 Heuristische Verfahren

1. Foulds, L. R.: Heuristic Problem-Solving Approach, J. Oper. Res. Soc., Vol. 34, No. 10, 1983
2. Müller-Merbach, H.: Morphologie heuristischer Verfahren, Zeitschrift für Operations Research, Vol. 20, 1976, 69–87
3. Streim, H.: Heuristische Lösungsverfahren—Versuch einer Begriffserklärung, Zeitschr. für Oper. Res., Vol. 19, 1975, 143–162
4. Gere, W. S.: Heuristics in Job Scheduling, Mgmt. Sci., Vol. 13, 1966, 167–190
5. Warnecke, H. J., Warschat, J. und Hefler, A.: Heuristische Optimierung diskreter Systeme, in VIII.1.1–55, 1981
6. Sergienko, I. V. and Shilo, V. P.: Prababilistic Approach to Assessment of Heuristics in 0–1 Linear Progr., Cybernetics, Vol. 23, No. 1, 1987, 1–7
7. Karp, R. M. and Steele, J. M.: Probabilistic Analysis of Heuristics, in VIII.1.6–199, 1985, 181–205
8. Glover, F.: Heuristics for Integer Programming Using Surrogate Constraints, Decis. Sci., Vol. 8, 1977, 156–166
9. Kochenberger, G. A., Mc Carl, B. A., and Wyman, F. P.: A Heuristic for General Integer Programming, Decis. Sci., Vol. 15, 1968, B196–B207
10. Thompson, G. L. and Karp, R. L.: A Heuristic Approach to Solving Traveling Salesman Problems, Mgmt. Sci., Vol. 10, 1964, 225–247
11. Pearl, J.: Heuristic—Intelligent Search Strategies for Computer Problem Solving, Addison-Wesley, Reading, Mass., 1984
12. Balas, E. and Martin, R. K.: Pivot and Complement—A Heuristic for 0–1 Programming, Mgmt. Sci., Vol. 26, No. 1, 1980, 86–96
13. Zanakis, S. H. and Evans, J. R.: Heuristic Optimization—Why, When and How to Use it, Interfaces, Vol. 11, 1981, 84–89
14. Evans, J. R.: Structural Analysis of Local Search Heuristics in Combin. Optimization, Comput. Oper. Res., Vol. 14, 1987, 465–477
15. Glover, F. and Greenberg, H. J.: New Approaches for Heuristic Search—A Bilateral Linkage with Artificial Intelligence, Eur. J. Oper. Res., Vol. 39, No. 2, 1989, 119–130
16. Glover, F.: Tabu Search—Part I, ORSA Journal on Computing, Vol. 1, No. 3, 1989, 190–206

VIII.1.11 Mehrere Zielsetzungen

1. Roy, B.: Problems and Methods with Multiple Objective Functions, Math. Progr., Vol. 1, 1971, 239–266
2. Keeney, R. L. and Raiffa, H.: Decision Analysis with Multiple Conflicting Objectives, Wiley, New York, 1976
3. Fandel, G. und Wilhelm, J.: Zur Entscheidungstheorie bei mehrfacher Zielsetzung, Zeitschr. für Oper. Res., Vol. 20, No. 1, 1976, 1–21
4. Briskin, L. E.: A Method for Unifying Multiple Objective Functions, Mgmt. Sci., Vol. 12, No. 10, 1966
5. Geoffrion, A. M.: Solving Bicriterion Mathematical Programs, Oper. Res., Vol. 15, 1967, 39–545
6. Benayoun, R., De Montgolfier, J., Tergny, J., and Laritchev, O.: Linear Progr. with Multiple Objective Functions-STEP Method (STEM), Math. Progr., Vol. 1, 1971, 366–375

7. Rosenthal, R. E.: Principles of Multiobjectives Optimization, Naval Postgraduate School, Monterey, CA, US Government Technical Rept. No. AD-A147520, 1984

8. Ignizio, J. P.: Linear Programming in Single and Multiple Objective Systems, Prentice-Hall, New Jersey, 1982

9. Zionts, S. (Ed.): Multiple Criteria Problem Solving, Springer Verlag, New York, 1978

10. Sadagopan, S.: Multiple Criteria Mathematical Programming—A Unified Interactive Approach, Ph.D. Diss., School of Industrial Eng., Purdue Univ. West Lafayette, In., December 1979

11. Ignizio, J. P.: Linear Programming in Single and Multiple Objective Systems, Prentice-Hall, Englewood Cliffs, New Jersey, 1982

12. Steuer, R. E.: Generating Efficient Extreme Points in Linear Multiple Programming Theory and Computational Experience, Doctoral Diss., Univ. of North Carolina, 1973

13. Reeves, G. R. and Reid, R. C.: Minimum Values Over the Efficient Set in Multiple Objective Decision Making, Eur. J. Oper. Res., Vol. 36, No. 3, 1988, 334–338

14. Sadagopan, S. and Ravindran, A.: Interactive Solution of Bi-Criteria Math. Programs, Nav. Res. Logist. Quart., Vol. 29, No. 3, 1982

15. Cochrane, J. L. and Zeleny, M.: Multiple Criteria Decision Making, Univ. of South Carolina Press, Columbia, South Carolina, 1973

16. Evans, J. P. and Steuer, R. E.: A Revised Simplex Method for Linear Multiple Objective Programming, Math. Progr., Vol. 5, 1973, 1

17. Zimmermann, H.-J.: Fuzzy Programming and Linear Progr. with Several Objective Functions, Fuzzy Sets and Systems, Vol. 1, 1978, 45–56

18. Luhandjula, M. K.: Fuzzy Approaches for Multiple Objective Linear Fract. Optimization, Fuzzy Sets and Systems, Vol. 13, 1984, 11–24

19. Hannan, E. L.: Linear Programming with Multiple Fuzzy Goals, Fuzzy Sets and Systems, Vol. 6, 1981, 235–248

20. Geoffrion, A. M.: Proper Efficiency and the Theory of Vector Maximization, Journal of Math. Analysis and Appl., Vol. 22, 1968, 618–630

21. Klahr, C. N.: Multiple Objectives in Mathematical Programming, Operations Research, Vol. 6, 1958, 849–855

22. Strebel, H.: Zur Gewichtung von Urteilskriterien bei mehrdimensionalen Zielsystemen, Zeitschr, für Betriebswirtschaft, Vol. 42, 1972, 89–128

23. Dinkelbach, W.: Unternehmerische Entscheidungen bei mehrfacher Zielsetzung, Zeitschr. für Betriebswirtschaft, Vol. 32, 1962, 739

24. Bod, P.: Programmation lineaire dans le cas de plusiers fonctions objectifs donnees simultanement (en hongrois), Publ. by the Math. Inst. of the Hungarian Academy of Sciences, Vol. 8, 1963, 541–554

25. Zimmermann, H.-J.: Multi Criteria Decision Making in Crisp and Fuzzy Environments, in VIII.1.12–24, 1986

26. Hwang, Ch.-L. and Yoon, K.: Multiple Attribute Decision Making, Springer, Berlin, 1981

27. Hwang, Ch.-L. and Masud, A. S.: Multiple Objective Decision Making, Methods and Applications, Springer, Berlin, 1979

28. Baas, M. S. and Kwakernaak, H.: Rating and Ranking of Multiple-Aspect Aternatives Using Fuzzy Sets, Automatica, Vol. 13, 1977, 47–58

29. Buckley, J. J.: Ranking Alternatives Using Fuzzy Numbers, Fuzzy Sets and Systems, Vol. 15, 1985, 21–32

30. Johnson, E.: Studies in Multiobjective Decision Models, Lund, 1968

31. Rhode, R. und Weber, R.: Effiziente Punkte in linearen Vektormaximumproblemen, in VIII.1.1–55, 1981

32. Blin, J. M.: Fuzzy Sets in Multiple-Criteria Decision Making, in VIII.1.11–33, 1977

33. Slarr, M. K. and Zeleny, M. (Eds.): Multiple-Criteria Decision Making, Academic Press, New York, 1977

34. Saaty, T. L.: Exploring the Interface Between Hierarchies, Multiple Objectives, and Fuzzy Sets, Fuzzy Sets and Systems, Vol. 1, No. 1, 1978, 57–68

35. Rommelfanger, H.: Zur Lösung linearer Vektoroptimierungssysteme mit Hilfe der Fuzzy Set Theory, in VIII.1.1–57, 1985, 431–438

36. Leberling, H.: On Finding Compromise Solutions in Multicriteria Problems Using the Fuzzy Min-Operator, Fuzzy Sets and Systems, Vol. 6, 1981, 105–118

37. Leberling, H.: Entscheidungsfindung bei divergierenden Faktorinteressen und relaxierten Kapazitätsrestriktionen mittels eines unscharfen Lösungsansatzes, Zeitschr. für betriebsw. Forschung, Vol. 35, 1983, 398–419

38. Luc, D. T.: Scalarization of Vector Optimization Problems, J. Optim. Theory and Appl., Vol. 55, No. 1, 1987, 85–102

39. Steuer, R. E.: Multiple Criteria Optimization—Theory, Computation, and Application, Wiley, New York, 1986
40. Steuer, R. E.: Multiple Criteria Linear Programming with Interval Criterion Weights, Mgmt. Sci., Vol. 23, 1976, 305–316
41. Hansen, P., Labbe, M., and Wendell, R. E.: Sensitivity Analysis in Multiple Objective Linear Programming—The Tolerance Approach, Eur. J. Oper. Res., Vol. 38, No. 1, 1989, 63–69
42. Yano, H. and Sakawa, M.: A Unified Approach for Characterizing Pareto Optimal Solutions of Multiobjective Optimization Problems—The Hyperplane Method, Eur. J. Oper. Res., Vol. 39, 1989, 61–70
43. Chankong, V. and Haimes, Y. Y.: Multiobjective Decision Making—Theory and Methodology, North-Holland, New York, 1983
44. Sakawa, M.: Optimization in Nonlinear Systems with Single and Multiple Objectives, Morikita, Tokyo, 1986 (in Japanese)
45. Jahn, J.: Some Characterizations of the Optimal Solutions of a Vector Optimization Problem, OR Spektrum, Vol. 7, 1985, 7–17
46. Evans, G. W.: An Overview of Techniques for Solving Multiobjective Math. Programs, Mgmt. Sci., Vol. 30, No. 11, 1984, 1268–1282
47. Zionts, S.: Integer Linear Programming with Multiple Objectives, Annals of Discrete Mathematics, Vol. 1, 1977, 551–562
48. Henig, M. L.: Multicriteria Dynamic Programming, Ph.D. Diss., Yale Univ., 1978
49. Zeleny, M.: Linear Multiobjective Programming, Ph.D. Diss., Graduate School of Mgmt., The Univ. of Rochester, New York, 1972
50. Zeleny, M.: Mult. Criteria Dec. Making, Mc Graw-Hill, New York, 1982
51. Yu, P. L. and Zeleny, M.: The Set of All Nondominated Solutions in Linear Cases and a Multicriteria Simplex Method, J. Math. Anal. Appl., Vol. 49, 1975, 430–468
52. Fandel, G. and Gal, T. (Eds.): Multiple Criteria Decision Making—Theory and Application, Springer, Berlin, 1980
53. Thiriez, H. and Zionts, S. (Eds.): Multiple Criteria Decision Making, Springer, Berlin, 1976
54. Mc Millan, C.: Mathematical Programming with Multiple Objectives, in VIII.1.1–110, 1975
55. Klein, D. and Hannan, E.: An Algorithm for the Multiple Objective Integer Linear Programming Problem, Eur. J. of Oper. Res., Vol. 9, 1982, 378–385
56. Benson, R. G.: Interactive Multiple Criteria Optimization Using Satisfactory Goals, Ph.D. Diss., Univ. of Iowa, 1975
57. Benson, H. P.: Vector Maximization with Two Objective Functions, J. Optim. Theory Appl., Vol. 28, 1979, 253–257
58. Bitran, G. R.: Linear Multiple Objective Programs with Zero-One Variables, Math. Progr., Vol. 13, 1977, 121–139
59. Bitran, R. G.: Theory and Algorithms for Linear Multiple Objective Programs with Zero-One Variables, Math. Progr., Vol. 17, 1979, 362
60. Roy, B.: Methodologie Multicritere d'Aide a la Decision, Economica, Paris, 1985
61. Cohon, J. L.: Multi-Objective Programming and Planning, Academic Press, New York, 1978
62. Lootsma, F. A.: Optimization with Multiple Objectives, Reports of the Faculty of Technical Mathematics and Informatics, No. 88-75, Delft Univ. of Technology, Delft, 1988
63. Ignizio, J. P.: Goal Programming and Extensions, Lexington Books, Lexington, Mass., 1976
64. Yu, P. L.: Multiple Criteria Decision Making—Concepts, Techniques and Extensions, Plenum Press, New York, 1985
65. Chankong, V. and Haimes, Y. Y.: On the Characterization of Noninferior Solutions of the Vector Optimization Problem, Automatica, Vol. 18, 1982, 697–707
66. Zionts, S.: A Survey of Multiple Criteria Integer Programming Methods, Annals of Discrete Mathematics, Vol. 5, 1979
67. Zionts, S.: Multiple Criteria Mathematical Programming—An Updated Overview and Several Approaches, in X-259, 1988, 135–167
68. Sakawa, M. and Yano, H.: Trade-Off Rates in the Hyperplane Method for Multiobjective Optimization Problems, Eur. J. Oper. Res., Vol. 44, No. 1, 1990, 105–118
69. Ramesh, R., Karwan, M. H., and Zionts, S.: Interactive Method for Bicriteria Integer Programming, IEEE Trans. Syst. Man and Cybern., Vol. 20, No. 2, 1990, 395–403
70. Marcotte, O. and Soland, R. M.: An Interactive Branch-and-Bound Algorithm for Multiple Criteria Optimization, Mgmt. Sci., Vol. 32, No. 1, 1986
71. Ferreira, P. A. V. and Geromel, J. C.: Interactive Projection Method for Multicriteria Optimization Problems, IEEE Trans. Syst. Man and Cybern., Vol. 20, No. 3, 1990, 596–605

72. White, D. J.: A Bibliography on the Applications of Mathematical Programming Multiple Objective Methods, J. Oper. Res. Soc. (UK), Vol. 41, No. 8, 1990, 669–691

VIII.1.12 Optimierung bei probabilistischer oder unscharfer Problembeschreibung

1. Pratt, J., Raiffa, H., and Schlaifer, R.: The Foundations of Decisions under Uncertainty, J. of the American Statistical Ass., Vol. 59, No. 306, 1964, 353–375
2. Runzheimer, B.: Operations Research, Band 2: Methoden der Entscheidungsfindung bei Risiko, Gabler, Wiesbaden, 1978
3. Bereanu, B.: On the Use of Computers in Planning under Conditions of Uncertainty, Vol. 15, No. 1, 1975, 11–32
4. Stancu-Minasian, I. M. and Wets, M. J.: A Research Bibliography in Stochastic Programming, 1955–1975, Oper. Res., Vol. 24, No. 6, 1976, 1078–1119
5. Orlovski, S. A.: On Programming with Fuzzy Constraint Sets, J. Cybernetics, Vol. 6, 1977, 197–201
6. Bereanu, B.: On Stochastic Linear Programming, Revue Mathem. Pures et Appliquees, Vol. 8, 1963, 683–697
7. Bereanu, B.: Programme de risque minimal en programmation lineaire stochastique, C. R. Acad. Sci. (Paris), Vol. 259, No. 5, 1964, 981
8. Kall, P.: Stochastic Linear Programming, Springer, Berlin, 1976
9. Kall, P.: Der gegenwärtige Stand der stochastischen Programmierung, Unternehmensforschung, Vol. 12, No. 2, 1968, 81–95
10. Schneeweiss, H.: Ein allgemeines Schema des Stochastischen Programmierens, Statistische Hefte, Vol. 3, No. 3, 1963
11. Vajda, S.: Probabilistic Progr., Academic Press, New York, 1972
12. Vajda, S.: Inequalities in Stochastic Linear Programming, Bulletin of the Int. Statistical Institute, Vol. 36, 1958, 357–363
13. Sinha, S. M.: Stochastic Programming, Univ. of California, Oper. Res. Center, ORC-63-22, Berkeley, CA., 1963
14. Faber, M. M.: Stochastisches Programmieren, Physica, Würsburg, 1970
15. Wets, R.: Programming under Uncertainty, The Complete Problem, Boeing Scientific Research Laboratories, 1964
16. Wessels, J.: Stochastic Programming, Statistica Neerlandica, Vol. 21, 1967, 39–53
17. Bellman, R. and Zadeh, L. A.: Decision-Making in a Fuzzy Environment, Mgmt. Sci., Vol. 17, No. 4, 1970, 141–164
18. Rödder, W. und Zimmermann, H.-J.: Analyse, Beschreibung und Optimierung von unscharf formulierten Problemen, Zeitschr. für Oper. Res., Vol. 21, No. 1, 1977, 1–18
19. Falk, J. E.: Exact Solutions of Inexact Linear Programs, Operations Research, Vol. 24, No. 4, 1976, 783–787
20. Zimmermann, H.-J.: Optimale Entscheidungen bei unscharfen Problembeschr., Zeitschr. für betriebsw. Forsch., Vol. 27, 1975, 785–795
21. Zimmermann, H.-J.: Fuzzy Set Theory—and its Applications, D. Reidel Publ. Company, 1985
22. Zimmermann, H.-J.: Description and Optimization of Fuzzy Systems, Intern. J. Gen. Systems, Vol. 2, 1976, 209–215
23. Zadeh, L. A.: Fuzzy Sets, Inf. and Control, Vol. 8, 1965, 338–353
24. Jones A., Kaufmann, A. and Zimmermann, H.-J. (Eds.): Fuzzy Sets Theory and Applications, D. Reidel Publishing Company, Dordrecht, Holland, 1986
25. Zimmermann, H.-J., Zadeh, L. A., and Gaines, B. R. (Eds.): Fuzzy Sets and Decision Analysis, New York, 1984
26. Fabian, L. and Stoica, M.: Fuzzy Integer Programming, in VIII.1.12–25
27. Kaufmann, A.: Introduction to the Theory of Fuzzy Subsets, Academic Press, New York, 1975
28. Bellman, R. and Giertz, M.: On the Analytic Formalism of the Theory of Fuzzy Sets, Inform. Sci., Vol. 5, 1973, 378–390
29. Behringer, F. A.: Optimale Entscheidungen bei Unsicherheit und Spiele unter Ausnutzung der Fehler des Gegners, Doctor Habil. Thesis, Techn. Universität München, 1975
30. Zadeh, L. A.: Fuzzy Sets as a Basis for a Theory of Possibility, Fuzzy Sets and Systems, Vol. 1, 1978, 3–29
31. Zimmermann, H.-J.: Fuzzy Programming and Linear Programming with Several Objective Functions, Fuzzy Sets and Systems, Vol. 1, 1978, 45–56

32. Luhandjula, M. K.: Linear Programming under Randomness and Fuzziness, Fuzzy Sets and Systems, Vol. 10, No. 2, 1983, 123–134
33. Ostasiewicz, W.: A New Approach to Fuzzy Programming, Fuzzy Sets and Systems, Vol. 7, 1982, 139–152
34. Tanaka, H. and Asai, K.: Fuzzy Linear Programming Problems with Fuzzy Numbers, Fuzzy Sets and Systems, Vol. 13, 1984, 1–10
35. Tanaka, H., Okuda, T., and Asai, K.: on Fuzzy Mathematical Programming, J. Cybernetics, Vol. 3, 1974, 37–46
36. Kandel, A.: Fuzzy Mathematical Techniques with Applications, Addison-Wesley, Reading, Mass., 1986
37. Zimmermann, H.-J.: Multi Criteria Decision Making in Crisp and Fuzzy Environments, in VIII.12–24, 1986
38. Albach, H.: Wirtschaftlichkeitsrechnung bei unsicheren Erwartungen, Westdeutschr Verlag, Köln-Opladen, 1959
39. Zadeh, L. A.: From Circuit Theory to System Theory, Proc. Institute of Radio Engineers, Vol. 50, 1962, 856–865
40. Zimmermann, H.-J.: Fuzzy Set Theory and Mathematical Programming, in VIII.1.2–24, 1986, 99–114
41. Kaufmann, A.: Fuzzy Subsets Applications in OR and Management, in VIII.1.2–24, 1986, 257–299
42. Zimmermann, H.-J.: Fuzzy-Sets in Operations Research—eine Einfuehrung in Theorie und Anwendungen, in VIII.1.1–57, 1985
43. Giles, R.: A Formal System for Fuzzy Reasoning, Fuzzy Sets amd Systems, Vol. 2, No. 3, 1980, 233–258
44. Gluss, B.: Fuzzy Multistage Decision Making, Int. J. Control, Vol. 7, 1973, 177–192
45. Dubois, D. and Prade, H.: Fuzzy Sets and Systems—Theory and Applications, Academic Press, New York, 1979
46. Dubois, D. and Prade, H.: Theorie des possibilities, Masson, Paris, 1985
47. Kickert, W. J. M.: Fuzzy Theories in Decision Making, Martims Mijhoff, Leiden, Netherlands, 1978
48. Lakov, D. R. and Naplatanoff, N.: Decision Making in Vague Conditions, Kybernetes, Vol. 6, 1977, 91–93
49. Levi, I.: Gambling with Truth, M. I. T. Press, Cambridge, Mass., 1967
50. Mamdani, E. H. and Gaines, B. R. (Eds.): Fuzzy Reasoning and its Applications, Academic Press, London, 1981
51. Mizumoto, M. and Zimmermann, H.-J.: Comparison of Fuzzy Reasoning Methods, Fuzzy Sets and Systems, Vol. 8, No. 3, 1982, 253–284
52. Natvig, B.: Possibility Versus Probability, Fuzzy Sets and Systems, Vol. 10, No. 1, 1983, 31–36
52. Negoita, C. V.: The Current Interest in Fuzzy Optimization, Fuzzy Sets and Systems, Vol. 6, No. 3, 1981, 261–270
54. Negoita, C. V. and Ralescu, D. A.: On Fuzzy Optimization, Kybernetics, Vol. 6, 1977, 193–195
55. Negoita, C. V., Flondor, P., and Sularia, M.: On Fuzzy Environments in Optimization Problems, Econ. Comput. Econ. Cybernet. Stud. Res., 1977, 13–24
56. Negoita, C. V.: Fuzzy Systems, Tunbridge Wells, England, 1981
57. Negoita, C. V. and Sularia, M.: Fuzzy Linear Programming and Tolerances in Planning, Econ. Comput. Econ. Cybernet. Stud. Res., Vol. 1, 1976, 3–15
58. Nishida, T. and Takeda, E.: Fuzzy Sets and its Applications, Morikita (in Japanese), Tokyo, 1978
59. Wang, P. P. and Chang, S. K.: Fuzzy Sets, Plenum Press, New York, 1980
60. Wang, P. P.: Advances in Fuzzy Sets, Possibility Theory and Applications, Plenum Press, New York, 1983
61. Zimmermann, H.-J. und Zysno, P.: Zugehörigkeitsfunktionen unscharfer Mengen, DFG-Forschungsbericht, 1982
62. Skala, H. J., Termini, S., and Trillas, E. (Eds.): Aspects of Vagueness, D. Reidel, Dordrecht, 1984
63. Rommelfanger, H.: Linear Ersatzmodelle für lineare Fuzzy-Optimierungsmodelle mit konkaven Zugehörigkeitsfunktionen, Discussion Paper des Instituts für Statistik und Mathematik, Fachbereich Wirtschaftswiss., Johann-Wolfgang-Goethe Univ., Frankfurt/M., 1983
64. Trappey, J.-F. C., Liu, C. R., and Chang, T. C.: Fuzzy Non-Linear Programming—Theory and Application in Manufacturing, Int. J. Prod. Res., Vol. 26, No. 5, 1988, 975–985
65. Zimmermann, H.-J.: Modeling and Solving III-Structured Problems in Operations Research, Anal. of Fuzzy Inf., Publ. by CRC Press Inc., Boca Raton, Florida, 1987, 217–240
66. Akhmetzhanova, Z. Zh. and Baken, G. M.: Solution of a Programming Problem with Inexactly Specified Initial Data, Sov. J. Autom. Inf. Sci., Vol. 21, No. 2, 1988, 55–58

67. Naeslund, B.: Mathematical Programming under Risk, Swedish Journal of Economics, Vol. 18, 1965, 204–255
68. Sengupta, J.: Stochastic Programming, Method and Applications, North-Holland, Amsterdam, 1972
69. Rommelfanger, H.: Interactive Decision Making in Fuzzy Linear Optimization Probl., Eur. J. Oper. Res., Vol. 41, No. 2, 1989, 210–217
70. Rommelfanger, H., Hanuscheck, R., and Wolf, J.: Linear Programming with Fuzzy Objectives, Fuzzy Sets and Systems, Vol. 29, 1989, 31–48
71. Carlsson, C. and Korhonen, P.: A Parametric Approach to Fuzzy Linear Programming, Fuzzy Sets and Systems, Vol. 20, 1986, 17–30
72. Wets, R. J.-B.: Stochastic Programming Solution Techniques and Approximation Schemes, in VIII.1.1–16, 1983, 566–603
73. Glynn, P. W.: Optimization of Stochastic Systems Via Simulation, Stanford Univ., Dept. of Oper. Res., Techn. Rept. TR-43, 1989
74. Luhandjula, M. K.: On Possibilistic Linear Programming, Fuzzy Sets and Systems, Vol. 18, 1986, 15–30
75. Ramik, J. and Rimanek, J.: Inequality Relation Between Fuzzy Numbers and it's Use in Fuzzy Optimization, Fuzzy Sets and Systems, Vol. 16, 1985, 123–138
76. Yazenin, A. V.: Fuzzy and Stochastic Programming, Fuzzy Sets ans Systems, Vol. 22, 1987, 171–180
77. Zimmermann, H.-J.: Applications of Fuzzy Set Theory to Mathematical Programming, Inform. Sci., Vol. 36, 1985, 29–58

VIII.2 Mathematische Grundlagen

1. Heinhold, J. und Riedmüller, B.: Einfuehrung in die höhere Mathematik, Teil 1, Hanser Verlag, München, 1976
2. Heinhold, J. und Behringer, F.: Einfuehrung in die Mathematik, Teil 2, Infinitesimalrechnung, Hanser Verlag, München, 1976
3. Riordan, J.: An Introduction to Combinatorial Analysis, Chapman and Hall, London, 1958
4. Feller, W.: An Introduction into Probability Theory and its Applications, Vol. I and Vol. II, Wiley, New York, 1968–1971
5. Berge, C.: The Theory of Graphs and its Appl., Methuen-Wiley, 1962
6. Noltemeier, H.: Graphentheorie—Mit Algorithmen un Anwendungen, de Gruyter, Berlin, 1976
7. Mehlhorn, K.: Data Structures and Algorithms, Vol. 1 Sorting and Searching, Vol. 2 Graph Algorithms and NP-Completeness, Vol. 3 Multi-demensional Searching and Comp. Geometry, Springer, Berlin, 1984
8. Mehlhorn, K.: Effiziente Algorithmen, Teubner, Stuttgart, 1977
9. Shisha, O. (Ed.): Inequalities III, Academic Press, New York, 1972
10. Price, W. L.: Graphs and Networks, Auerbach Publishers, Princeton, N. J., 1971
11. Motzkin, T. S.: Beiträge zur Theorie der linearen Ungleichungen, Diss., Basel 1933 und Jerulalem 1936
12. Galperin, A. M.: The General Solution of a Finite System of Linear Inequalities, Math. of Oper. Res., Vol. 1, No. 2, 1976, 185–196
13. Rockafeller, R. T.: Convex Analysis, Princeton Univ. Press, N. J., 1970
14. Morgan, P. A. P.: An Introduction to Probability Theory, Oxford Univ. Press, 1968
15. Chirstofides, N.: Graph Theory—An Algorithmic Approach, Academic Press, New York, 1975
16. Alexandroff, P. S.: Einfuehrung in die Mengenlehre, VEB Deustscher Verlag der Wissenschaften, Berlin, 1956
17. Springer, C. H., Herlihy, R. E., and Beggs, R. I.: Basic Mathematics (1), Advanced Methods and Models (2), R. D. Irwin, Homewood, III., 1965
18. Stiefel, E.: Einfuehrung in die Numerische Mathematik, Teubner, Stuttgart, 1961
19. Flachsmeyer, J.: Kombinatorik. Eine Einfuehrung in die Mengentheoretische Denkweise, VEB Deutscher Verlag der Wissenschaften, Berlin, 1969
20. Knoedel, W.: Graphentheoretische Methoden und ihre Anwendungen, Springer, Berlin, 1969
21. Valentine, F. A.: Convex Sets, McGraw-Hill Book Company, New York, 1964
22. Bonnesen, T. und Fenchel, W.: Theorie der knovexen Körper, Springer Verlag 1934 und Chelsea Publ. Company, New York, 1948
23. Saaty, T. L. and Bram, J.: Nonlin. Math., McGraw-Hill, New York, 1964

24. Beckenbach, E. F. and Bellman, R.: Inequalities, Springer, Berl., 1961
25. Bodewing, W. H.: Matrix Calculus, North Holland, Amsterdam, 1956
26. Fleming, W. H.: Functions of Several Variables, McGraw-Hill, New York, 1965
27. Ortega, J. M. and Rheinboldt, W. C.: Iterative Solution of Nonlinear Equations in Several Variables, Academic Press, New York, 1970
28. Hestenes, M. R.: Calculus of Variations and Optimal Control Theory, Wiley, New York, 1966
29. Traub, J. F.: Iterative Methods for the Solution of Equations, Prentice-Hall, Englewood Cliffs, N. J., 1964
30. Garey, M. R. and Johnson, D. S.: A Guide to the Theory of NP-Completeness, San Francisco, 1979
31. Welsh, D. J. A.: Matriod Theory, Academic Press, London, 1976
32. Harary, F.: Graph Theory, Addison-Wesley, Reading, MA., 1969
33. Golub, G. H. and Van Loan, C. F.: Matrix Computations, John Hopkins Univ. Press, Baltimore, MD., 1983
34. Gondran, M. and Minoux, M.: Graphs and Algorithms, Wiley Intersc., New York, 1984
35. Pissanetzky, S: Sparse Matrix Tech., Academic Pr., New York, 1984
36. Bunch, J. R. and Rose, D. J. (Eds.): Sparse Matrix Computations, Academic Press, New York, 1976
37. Renye, A.: Found. of Probability, Holden-Day Inc., San Franc., 1970
38. Stoer, J. and Bulirsch, R.: Introduction to Numerical Analysis, Springer, New York, 1980
39. Watson, G. A. (Ed.): Numerical Analysis, Lecture Notes in Math., No. 630, Springer, Berlin, 1977
40. Hennart, J. P.: Numerical Analysis, Lecture Notes in Math. 909, Proceedings, Cocoyoc, Mexico, 1981, Springer, New York, 1982
41. Nikaido, H.: Introduction to Sets and Mappings in Modern Economics, North-Holland, Amsterdam, 1970
42. Ponstein, J.: Seven Kinds of Convexity, SIAM Review, Vol. 9, 1967, 115–119
43. Stewart, G. W.: Intr. to Matrix Comput., Academic Press, London, 1973
44. Grünbaum, B.: Convex Polytops, Wiley, New York, 1967
45. Strang, G.: Intr. to Applied Mathematics, Wellesley, MA., 1986
46. Dean, B. V., Sasieni, M. W., and Gupta, S. K.: Mathematics for Modern Management, Wiley, New York, 1963
47. Berge, C.: Topological Spaces, Macmillan, New York, 1963
48. Berge, C.: Graphes et Hypergraphes, Dunod, Paris, 1970
49. Berge, C.: Principes de combinatoire, Dunod, Paris, 1968
50. Papoulis, A.: Probability, Random Variables and Stochastic Processes, McGraw-Hill, New York, 1984
51. Halmos, P. R.: Naive Set Theory, Springer, New York, 1974
52. Kaufmann, A.: Graphs, Dynamic Programming and Finite Games, Academic Press, New York, 1967
53. Pararrizos, K. and Solow, D.: Finite Improvement Algorithm for the Linear Complementarity Problem, Eur. J. Oper. Res., Vol. 39, No. 3, 1989, 305–324
54. Ingleton, A. W.: A Problem in Linear Inequalities, Proceedings of the London Mathematical Society, Third Series 16, 1966, 81–93
55. Bondy, J. A. and Murty, U. S. R.: Graph Theory with Applications, Macmillan, London, 1976
56. Jungnickel, D.: Graphen, Netzwerke und Algorithmen, Bibliographisches Institut, Mannheim, 1987
57. Von Randow, R.: Introduction to the Theory of Matroids, Springer, New York, 1975
58. Deo, N.: Graph Theory with Applications, Prentice-Hall, Englewood Cliffs, New Jersey, 1974
59. Rose, D. J. and Willoughby, R. A. (Ed.): Sparse Matrices and their Applications, Plenum Press, New York, 1972
60. Gustavson F. G.: Some Basic Techniques for Solving Sparse Systems of Linear Equations, in VIII.2–59, 1972, 41–52
61. Brayton, R. K., Gustavson, F. G., and Willoughby, R. A.: Some Results on Sparse Matrices, Math. of Computation, Vol. 24, 1970, 937–954
62. Forsythe, G. and Moler, C. B.: Computer Solution of Linear Algebraic Systems, Prentice-Hall, Englewood Cliffs, New Jersey, 1967
63. Lay, S. R.: Convex Sets and their Applications, Wiley, New York, 1982
64. Mirsky, L.: An Intr. to Linear Algebra, Dover, New York, 1982
65. Fourer, R.: Staircase Matrices and Systems, SIAM Review, Vol. 26, 1984, 1–70
66. Brannin, F. H. Jr.: Widely Convergent Method for Finding Multiple Solutions of Simult. Nonlinear Equat., IBM J. Res. Dev., 1972, 504
67. Ross, K. A. and Wright, C. R.: Discrete Mathematics, Prentice-Hall, Englewood Cliffs, New Jersey, 1985
68. Devlin, K.: Sternstuden der Modernen Mathematik, Birkhäuser, Basel, 1990

IX. Auswahl von allgemeinen OR-Veröffentlichungen

1. Husband, T. M.: Robots, CAM and O. R., J. Oper. Res. Soc., Vol. 34, No. 4, April 1983, 303–307
2. Tilanus, C. B.: Failures and Successes of Quantitative Methods in Management, Eur. J. Oper. Res., Vol. 19, No. 2, 1985, 170–175
3. Kerr, R. M.: Role of Operational Research in Organizational Decision Making, Eur. J. Oper. Res., Vol. 14, No. 3, 1983
4. Geoffrion, A. M.: Can MS/OR Evolve Fast Enough?, Interfaces, Vol. 13, No. 1, 1983
5. Zahedi, F.: A Survey of Issues in the MS/OR Field, Interfaces, Vol. 14, No. 2, 1984
6. Eilon, S.: The Role of Management Science, Journal of the Operational Research Society, Vol. 31, No. 1, 1980
7. Ackoff, R. L.: The Future of Operational Research is Past, Journal of the Operational Research Society, Vol. 30, 1979
8. Ackoff, R. L.: Resurrecting the Future of Operational Research, Journ. of the Operational Research Society, Vol. 30, 1979
9. Hall, J. R. and Hess, S. W.: O. R./M. S. Dead or Dying?, Interfaces, Vol. 8, 1978
10. Bevan, R. G. and Bryer, R. A.: On Measuring the Contribution of O. R., J. of the Operational Research Society, Vol. 29, 1978
11. Rivett, B. H. P. and Ackoff, R. L.: A Manager's Guide to Operational Research, Wiley, New York, 1964
12. Myers, B. L. and Melcher, A. J.: On the Choice of Risk Levels in Managerial Decision-Making, Mgmt. Sci., Vol. 16, No. 2, 1969, 31–39
13. Schultz, R. L. and Slevin, P.: Implementing Operations Research/Mgmt. Science, American Elsevier Publ. Company, New York, 1975
14. Roessler, M.: Optimumbezogene und optimumfreie Aufgaben des Operations Research, Die Unternehmung, Vol. 28, No. 2, 1974, 73–82
15. Garey, M. R. and Johnson, D. S.: Computers and Intractability, Freeman, San Francisco, 1979
16. Edie, L. C.: The Quality and Maturity of Operations Research, Operations Research, Vol. 21, No. 5, 1973, 1024–1029
17. Caywood, T. E.: How Can We Improve Operations Research?, Operations Research, Vol. 18, No. 4, 1970, 569–576
18. Ford, F. N., Bradbard, D. A., Ledbetter, W. N., and Cox, J. F.: Use of Operations Research in Production Management, Prod. Inv. Mgmt., Vol. 28, No. 3, 1987, 59–63
19. Philpott, A. B.: Linear Programming Made Simpler Than Simplex, New Scientist, December 6, 1984
20. Ackoff, R. L.: The Development of Operations Research as a Science, Operations Research, Vol. 4, 1956, 265
21. Adelson, R. M. and Normann, J. M.: Operations Research and Decision-Making, Operations Research Quarterly, Vol. 20, 1969, 399
22. Arrow, K. J.: Decision Theory and Operations Research, Operations Research, Vol. 5, 1957, 765–774
23. Stahlkencht, P.: Erfahrungen mit computergestützten Planungsmodellen, Angewandte Informatik, Heft 5, 1972, 209–212
24. Boersig, C. und Frey, D.: Widerstand und Unterstützung bei Operations Research, Verlag Kirsch, München, 1976
25. Trux, W.: Der Einsatz quantitativer Planungsverfahren aus der Sicht des Top-Managements, in VIII.1.1–55, 1981

26. Braun, G. E. und Pfohl, H. C.: Planungskultur/Planungsphilosophie als Grundlage für den Einsatz von Planungstechniken, in VIII.1.1–57, 1985, 396–402
27. Meyer zu Selhausen, H.: Typische Rahmenbedingungen für erfolgr. OR-Aktivitäten in der Wirtschaftspraxis, in VIII.1.1–57, 1985, 384
28. Stahlknecht, P.: Gibt es überhaupt noch OR in der Datenverarbeitung—Eine kritische Bestandsaufnahme, in VIII.1.1–57, 1985
29. Müller-Merbach, H.: Die Konstruktion von Planungsmodellen, in VIII.1.1–57, 1985
30. Duckworth, W. E.: A Guide to Operations Research, Methuen and Co., London, 1962
31. Richmond, S. B.: Operations Research for Management Decisions, Ronald Press, New York, 1968
32. Charnes, A., Cooper, W. W., and Rhodes, E.: Measuring the Efficiency of Decision Making Units, Eur. J. Oper. Res., Vol. 2, 1978, 429
33. Thornton, P.: Expert Systems—The Challenge for OR, in VIII.1.1–57, 1985, 278–284
34. Cooper, T.: OR and Decision Support Systems—The BA (British Airways) Experience, in VIII.1.1–57, 1985, 294–300
35. Pfohl, H.-C.: Praktische Relevanz von Entscheidungstechniken, Die Unternehmung, Vol. 30, 1976, 73–93
36. Pfohl, H.-C. und Ruerup, B. (Eds.): Anwendungsprobleme moderner Planungs- und Entscheidungstechniken, Königstein/Ts., 1978
37. Kolata, G.: A Fast Way to Solve Hard Problems, Science, 225, 21st September 1984, No. 4668, 1379–1380
38. Economist: No so Simplex, The Economist, 17th December 1984
39. Angier, N.: Folding the Perfect Corner, Time, 124, 23, 1984
40. Wild, W. G. Jr. and Port, O.: The Startling Discovery Bell Labs Kept in the Shadows, Business Week, September 21st, 1987
41. Wagner, H. M.: Operations Research—A Global Language for Business Strategy, Operations Research, Vol. 36, No. 5, 1988, 797–803
42. Rutten, W. G. M. M. and Tilanus, C. B.: International Publishing in Oper. Res., Eur. J. of Oper. Res., Vol. 33, No. 1, 1988, 114–125
43. Mc Closkey, J. F.: US Operations Research—History, Oper. Res., Part I, II and III, Vol. 35, 1987, 143–152 and 453–470 and 910–925
44. Corner, L. J.: Linear Programming—Some Unsuccessful Applications, OMEGA, Vol. 7, 1979, 257–262
45. Harvey, A.: Factors Making for Implementation Success and Failure, Mgmt. Sci., Vol. 16, B312–B321
46. Stewart, R.: How Computers Affect Mgmt., Pan Books, London, 1971
47. Ford, F. N., Bradbard, D. A., Cox. J. F., and Ledbetter, W. N.: Simulation in Corporate Decision Making—Then and Now, Simulation, Vol. 49, No. 6, 1987, 277–282
48. Narchal, R. M.: Simulation Model for Corporate Planning in a Steel Plant, Eur. J. of Oper. Res., Vol. 34, No. 3, 1988, 282–296
49. Simon, H. A.: The New Science of Management Decision, Prentice-Hall, Englewood Cliffs, N. J., 1977
50. O'Keefe, R. M.: Expert Systems and Operations Research—Mutual Benefits, J. of the Oper. Res. Soc., Vol. 36, 1985, 125–129
51. O'Keefe, R. M., Belton, V., and Ball, T.: Experiences with Using Expert Systems in O. R., J. of the Oper. Res. Soc., Vol. 37, 1986, 657–688
52. Dantzig, G. B. and Tomlin, J. A.: E .M. L. Beale, FRS—Friend and Colleague, Math. Progr., Vol. 38, 1987, 117–131
53. Powell, M. J. D.: A Biogr. Memoir of Evelyn Martin Lansdowne Beale, FRS, Biogr. Memoirs of Fellows of the Royal Soc., Vol. 33, 1987
54. Hooker, J. N.: Karmarkar's Linear Programming Algorithm, Interfaces, Vol. 16, No. 4, 1986, 75–90
55. Kozlov, A.: The Karmarkar Algorithm—Is it for Real?, SIAM News, Vol. 18, No. 6, 1985, 1–4
56. Miller, D. W. and Starr, M. K.: Executive Decisions and Operations, Research, Prentice-Hall, Englewood Cliffs, N. J., 1960
57. Lockett, A. G. and Poldng, E.: Organizational Linkages and O. R. Projects, European J. Oper. Res., Vol. 7, 1981, 14–21
58. Polding, E. and Lockett, A. G.: Attitudes and Perceptions Relating to Implementation and Success in Oper. Res., J. Oper. Res. Soc., Vol. 33, 1982, 733–744
59. Lockett, A. G.: Self-Starters in MS/OR—A Growth Area, Interfaces, Vol. 14, No. 3, 1984, 59–61
60. Zeleny, M.: On the Squandering of Resources and Profits Via Linear Programming, Interfaces, Vol. 11, No. 5, 1981, 101–107

61. Miller, J. R. and Feldman, H.: Management Science—Theory Relevance and Practice in the 1980's, Interfaces, Vol. 11, 1983, 56–60
62. Eilon, S.: Dilemmas in the O. R. World, OMEGA, Vol. 11, 1983, 1–8
63. Lockett, A. G.: Applications of Mathematical Programming—Before, Now and After, J. Oper. Res. Soc., Vol. 36, No. 5, 1985, 347–356
64. Wysocki, R. K.: O. R./M. S. Implementation Research—A Bibliography, Interfaces, Vol. 9, No. 2, 1979, 37–41
65. Radnor, M., Rubinstein, A. H., and Bean, A. S.: Integration and Utilization of M. S. Activities in Organizations, Oper. Res. Quart., Vol. 19, 1968, 117–141
66. Dantzig, G. B.: Thoughts on Linear Programming and Automation, Mgmt. Sci., Vol. 3, 1957, 131–139
67. Dantzig, G. B.: On the Significance of Solving Linear Progr. Probl. with some Integer Variables, Econometrics, Vol. 28, 1960, 30–44
68. Larichev, O. I.: Science and the Art of Decision Making, Nauka, Moskau, 1979
69. Pidd, M.: Computer Simulation in Management Science, Wiley, New York, 1984
70. Bentley, C.: Computer Project Mgmt., Heyden, Philadelphia, 1982
71. Geoffrion, A. M.: The Purpose of Mathematical Programming is Insight, Not Numbers, Interfaces, Vol. 7, No. 1, 1976, 81–92
72. Fortuin, L. and Zijlstra, M.: Operational Research in Practice—Experiences of an OR Group in Industry, Eur. J. Oper. Res., Vol. 41, No. 1, 1989, 108–121
73. Rinnooy Kan, A. H. G.: The Future of Operations Research is Bright, Eur. J. of Oper. Res., Vol. 38, 1989, 282–285
74. Eilon, S.: Types of OR-Workers, OMEGA, Vol. 12, 1984, 99–107
75. Rinnooy Kan, A. H. G. (Ed.): New Challenges for Management Research, North-Holland, Amsterdam, 1985
76. Fortuin, L. and Lootsma, F. A.: Future Directions in Operational Research, in IX-75, 1985, 55–80
77. Powers, R. F.: Optimization Models for Logistics Decisions, J. of Business Logistics, Vol. 10, No. 1, 1989, 106–121
78. Powers, R. F., Karrenbauer, J. J. and Doolittle, G.: The Myth of the Simple Model, Interfaces, Vol. 13, No. 6, 1983, 84–91
79. Singh, J.: Great Ideas of Oper. Res., Dover Publ., New York, 1968
80. Churchman, C. W.: Managerial Acceptance of Scientific Recommendations, California Management Review, 1964, 31–38
81. Saaty, T. L.: Decision Making for Leaders, Univ. of Pittsburgh, Rev. Edition, 1986
82. Saaty, T. L.: The Analytic Hierarchy Process, McGraw-Hill, New York, 1980
83. Saaty, T. L.: Axiomatic Foundation of the Analytic Hierarchy Process, Mgmt. Sci., Vol. 32, No. 7, 1986
84. Saaty, T. L.: Some Mathematical Topics in the Analytic Hierarchy Process, in X-259, 89–107, 1988
85. Saaty, T. L.: What is the Analytic Hierarchy Process?, in X-259, 110–121, 1988
86. Saaty, T. L.: Rank Generation, Preservation, and Reversal in the Analytic Hierarchy Process, Decision Sciences, Vol. 18, No. 2, 1987
87. Dantzing, G. B.: Reminiscences About the Origins of Linear Programming, in VIII.1.1–16, 1983, 79–86
88. Meyer zu Selhausen, H.: Repositioning OR's Products in the Market, Interfaces, Vol. 19, No. 2, 1989, 79–87
89. Vazsonyi, A.: Will the CEO Ever Know What MS/OR Is?, Interfaces, Vol. 20, No. 2, 1990, 77–80
90. Wiseman, A.: Operational Research—A Toolkit for Effective Decision Making, Management Accounting (UK), Vol. 66, No. 11, 1988, 36
91. Forgionne,, G. A.: Quantitative Decision Making, Wadsworth Publ. Co., Belmont, California, 1986
92. Levin, R. I., Kirkpatrick, C. A., and Rubin, D. S.: Quantitative Approaches to Management, McGraw-Hill International, 1982
93. Hirshfeld, D. S.: Some Thought of Math. Programming Practice in the 90's Interfaces, Vol. 20, No. 4, 1990, 158–165
94. Gass, G. I.: Model World—In the Beginning There was Linear Programming, Interfaces, Vol. 20, No. 4, 1990, 128–132

X. Auswahl von DV-bezogenen Veröffentlichungen

1. Sharda, R.: Linear Programming on Microcomputers—A Survey, Interfaces, Vol. 14, No. 6, 1984
2. Gill, P. E., Murray, W., Saunders, M. A., and Wright, M. H.: Trends in Nonlinear Programming Software, Eur. J. Oper. Res., Vol. 17, No. 2, 1984
3. Slate, L. and Spielberg, K.: The Extended Control Language of MPSX/370 and Possible Applications, IBM Systems J. Vol. 17, 1978
4. Fabinan, Cs.: Interactive Integer Programming, Econ. Comput. Econ. Cybern. Stud. Res., Vol. 18, No. 2, 1983, 65–72
5. Spielberg, K. and Suhl, U.: An Experimental Software System for Large Scale 0–1 Problems With Efficient Data Structures and Access to MPSX/370, IBM Thomas J. Watson Res. Center, Rept. RC-8219 (No. 35757), 4/17/1980
6. Tolla, P.: Linear and Non-Linear Programming Software Validity, Math. and Computers in Simulation, Vol. XXV, Simulation, 1983
7. Vignes, J.: New Methods for Evaluating the Validity of the Results of Math. Comput., Math. Comp. Sim., Vol. XX, No. 4, 1978, 227–245
8. Schmitz, P. und Schönlein, A.: Lineare und linearisierbare Optimierungsmodelle sowie ihre ADV-gest. Lösung, Vieweg, Braunschw., 1978
9. Viviers, F.: Decision Support System for Job Shop Scheduling, Eur. J. of Oper. Res., Vol. 14, No. 1, 1984
10. Jacobs, F. R.: OPT Scheduling System—A Review of a New Production Scheduling System, Prod. Invent. Management, Vol. 24, No. 3, 1983
11. Junginger, W.: Stundenpläne aus dem Computer—ein Bericht zur momentanen Lage in Deutschland, Ang. Inf., Vol. 27, No. 4, 1985
12. Thierauf, R. J.: Decision Support Systems for Effective Planning and Control, Prentice-Hall Inc., Englewood Cliffs, N. J., 1982
13. Minch, R. P. and Burns, J. R.: Conceptual Design of Decision Support Systems Utilizing Management Science Models, IEEE Trans. Syst. Man Cybern, Vol. SMC-13, No. 4, 1983
14. Vazsonyi, A.: Information Systems in Management Science—Computer-Supported Gedanken-experiments, Interfaces, Vol. 12, No. 4, 1982
15. Vazsonyi, A.: The Use of Mathematics in Management Information Systems, Interfaces, Vol. 6, No. 3, 1976
16. Geoffrion, A. M. and Powers, R. F.: Management Support Systems, The Wharton Magazine, Vol. 5, No. 3, 1981, 26–35
17. Sprague, R.H. and Carlson, E. D.: Building Effective Decision Support Systems, Prentice-Hall, Englewood Cliffs, N. J., 1982
18. Alter, S.: Decisions Support Systems—Current Practice and Continuing Challenges, Addison Wesley, Reading, Mass., 1980
19. Rector, R. L.: Decision Support Systems—Strategic Planning Tool, Managerial Planning, Vol. 31, No. 6, 1983
20. Blanning, R. W.: A Decision Support Language for Corporate Planning, Int. J. of Policy Analysis and Inf. Systems, Vol. 6, No. 4, 1982
21. Hackathorn, R. D.: Modeling Unstructured Decision Making, Data Base, Vol. 8, No. 3, 1977
22. Stohr, E. A. and Tanniru, M. R.: A Database for Oper. Res., Policy Analysis and Information Systems, Vol. 4, No. 1, 1978
23. Bonczek, R. H., Holsapple, C. W., and Whinston, A. B.: Computer Based Support of Organizational Decision Making, Decision Sciences, Vol. 10, No. 2, 1979

24. Orman, L.: An Array Theoretic Specification Evironment for the Design of Decision Support Systems, Int. J. Policy Analysis and Inf. Systems, Vol. 6, No. 4, 1982
25. Carlson, E. D.: An Approach for Designing Decision Support Systems, Database, Vol. 10, No. 3, 1979
26. Bonczek, R. H., Holsapple, C. W., and Whinston, A. B.: The Evolving Roles of Models in Decision Support Syst., Dec. Sci., Vol. 11, 1980
27. Turban, E.: Decision Support Systems (DSS)—A New Frontier For Industrial Engineering, Comp. and Ind. Eng., Vol. 7, No. 1, 1983
28. Nof, S. Y. and Gurecki, R.: MDSS—Manufacturing Decision Support System, Proc. 1980 AIIE Spring Conference, May 1980
29. Nof, S. Y. et al.: Control and Decision Support in Automatic Manufacturing System, AIIE Trans., Vol. 12, No. 1, 1980
30. Meador, C. L. and Mezger, R. A.: Decision Support Systems for Minis and Micros, Small Systems World, No. 3, 1983
31. Donnelly, R. M.: Enhancing Management & Planning with Decision Support Systems, Managerial Planning, Vol. 31, No. 5, 1983
32. Diprimio, A.: Develop a Five Step Plan to Launch Decision Support Systems, Bank Systems & Equipment, Vol. 21, No. 9, 1984
33. Williams, A. J.: Decisions, Decisions,... (O. R. Software and the Micro—Conference Proceedings), J. of Oper. Soc. (U.K.), Vol. 34, No. 4, April 1983
34. Orman, L.: Process Management System—An Automated Design Methodology for Management Reporting Systems, Ph.D. Diss., Northwestern Univ., 1979
35. Alter, S. L.: A Study of Computer-Aided Decision Making in Organizations, Ph.D. Diss., MIT, Cambridge, Mass. 1975
36. Müller, G.: Entscheidungsunterstützende Endbenutzersysteme, Teubner, Stuttgart, 1983
37. Wynne, B. E.: A Dominating Sequence—MS/OR; DSS; and the Fifth Generation, Interfaces, Vol. 14, No. 3, 1984
38. International Directory of Software 1983–1984, 3rd. Edition, Oldenbourg, München, 1983
39. Das Internationale Software Verizeichnis 1983–1984, 3. Auflage, Oldenbourg, München, 1983
40. Programme von Software- und Service-Unternehmen für IBM-Systeme, Bundesrepublik Deutschland, Oesterreich, Schweiz, Sonderdruck aus ISIS Software Report und ISIS Personal Computer Report, Nomina Information, Service, München, 1988
41. Dolk, D. R.: A Generalized Model Management System for Mathematical Progr., ACM Trans. on Math. Softw., Vol. 12, No. 2, 1986, 92–126
42. Boehning, R. L. et al.: Parallel Integer Linear Progr. Algorithm, Eur. J. of Oper. Res., Vol. 34, No. 3, 1988, 393–398
43. Waren, A. D., Hung, M, and Lasdon, J.: The Status of Nonlinear Programming Software—An Update, Oper. Res., Vol. 35, 1987, 489–503
44. Waren, A. D. and Lasdon, L. S.: The Status of Nonlinear Programming Software, Operations Research, Vol. 27, 1979, 431–456
45. Dueck, G. and Scheuer, T.: Threshold Accepting Optimization Algorithm Appearing Supperior to Simulated Annealing, IBM Germany, Heidelberg Scientific Center, Report No. TR. 88.10.011, Oct. 1988
46. Chang, C. L.: Decision Support in an Imperfect World, IBM Research Division, Report No. RJ 3421 (40687) 3/15/82, San Jose, CA., 1982
47. Mitra, G. (Ed.): Computer Assisted Decision Making, North-Holland, Amsterdam, 1986
48. Boudwin, N. K., Palmer, K., and Rowland, A. J.: A Model Management Framework for Math. Progr., Exxon Monograph, Wiley, New York, 1984
49. Peeters, H.: Vergleichende empirische Studie über Leistungsfähigkeit kommerziell angebotener Programmsysteme zur mathematischen Programmierung (APEX 3, FMPS, MPSX/370-MIP/370, SCISCONIC), Rheinisch-Westfälische Techn. Hochschule, Inst. für Wirtschafts-wissenschaften, Lehrstuhl für Unternehmensforschung, Aachen, 1979
50. Zhao, Y., Fukao, T. and Shimura, M.: Parallel Computing of Simulated Anealing Algorithm for some Combinatorial Optimization Problems, Trans. of the IECE Japan, Vol. E70, No. 9, 1987, 798–800
51. Maturana, S. V.: Comparative Analysis of Mathematical Programming Systems, Western Mgmt. Sci. Institute, Univ. of California, Los Angles, Working Paper No. 347, May 1987
52. Lukkien, J. J.: Parallel Algorithm for a Class of Optimiz. Probl., Groningen Rijksuniversiteit (Netherlands), Subfaculteit Wiskunde en Informatica, Report PB88–209929/XAB, February 1988
53. Lai, T. H. and Sprague, A.: Performance of Parallel Branch-and-Bound Algorithms, IEEE TRans. Comput., C-34, 1985, 962–964

54. Kindervater, G. A. P. and Lenstra, J. K.: Parallel Computing in Combinatorial Optimization, Centrum voor Wiskunde en Informatica, Amsterdam, Report OS-R87720, 1987
55. Lucas, C. and Mitra, G.: Computer-Assisted Math. Progr. (Modelling) System—CAMPS, The Comp. J., Vol. 31, No. 4, 1988, 364–375
56. Katz, S., Risman, L. J., and Rodeh, M.: A System for Constructing Linear Programming Models, IBM Systems J., Vol. 19, 1980, 505–520
57. Benichou, M., Gauthier, J. M., Girodet, P., Hentages, G., Ribiene, G. and Vincent, O.: Experiments in Mixed-Integer Progr., Math. Progr., Vol. 1, 1971, 76–94
58. Humphreys, L. A. and Williams, R. L.: Using CAD/CAM for Three-Dimensional Linear Progr. Models, Comp. Ind. Eng., Vol. 13, 1987, 295–299
59. Müller-Merbach, H.: On Round-Off Errors in Linear Programming, Springer, Berlin, 1970
60. White, W. W.: A Status Report on Computing Algorithms for Mathematical Programming, Computing Surveys, Vol. 5, 1973, 135–166
61. Sharda, R.: State of the Art of Linear Programming on Personal Computers, Interfaces, Vol. 18, No. 4, 1988, 49–58
62. Kuo, Y.-L. and Kuo, W.: Application of Electronic Spreadsheets to Linear and Integer Programming, Int. J. Appl. Eng. Educ., Vol. 3, No. 6, 1987, 563–575
63. Snyders, J.: Parallel Computing for Production Scheduling, Manuf. Systems, Vol. 6, No. 10, 1988
64. Soran, P. D.: State-of-the-Art Monte Carlo 1988, Lawrence Livermore National Lab., CA., 1988
65. Miller, R. E. and Thatcher, J. W. (Eds.) Complexity of Computer Applications, Plenum Press, New York, 1972
66. Suhl, U.: Design Aspects of a Mathematical Programming System for Solving Large Scale Integer Programs, Int. Workshop on Advances in Linear Optimiz. Algorithms and Software, Pisa, Italy, 1980
67. Davis, J. A. and Holdridge, D. B.: Factorization of Large Integers on a Massively Parallel Computer, Sandia National Laboratories, Albuquerque, New Mexico, USA, 1980
68. Appleby, J. S. et al.: School Timetables on a Computer and Their Application to Other Scheduling Problems, The Comp. J., Vol. 3, 1961, 237–245
69. Totschek, R. and Wood, R. C.: An Investigation of Real-Time Solution of the Transportation Problem, J. ACM, 1961, 230
70. Kastner, G.: Operations Research mit BASIC auf dem PC, Gabler, Wiesbaden, 1985
71. Geppert, B., Paessens, H. und Weuthen, H. K.: OR im Personal Computing. Erfahrungen mit dem Einsatz von OR-Algorithmen auf Microcomputern, in VIII.1.1–57, 1985, 322–323
72. Beulens, A. and Van Nunen, J.: On Using Quantitative Methods in Decision Support Systems—Design and Implementation Issues, in VIII.1.1–57, 1985, 302–309
73. Peeters, H.: Benutzereingriffsmöglichkeiten zur Effizienzsteigerung kommerzieller gemischt-ganzzahliger Optimierungssoftware, in VIII.1.1–55, 1981
74. Boehmer, N., Poetsch, C. und Tiemeier, U.: Anwendung und Implementierung von Algorithmen in der OR-Ausbildung, in VIII.1.1–55, 1981
75. Meier, G.: Trends in der Entwicklung interaktiver LP-Systeme, in VIII.1.1–55, 1981
76. Müller-Stahl, A.: Interaktive Programmkommunikation und Datenkommunikation mit einem Math. Progr. System, in VIII.1.1–55, 1981
77. Ohse, D.: Linear Programming Software—Ein Überblick Über das Angebot und den Entwicklungsstand moderner LP-Systeme, in VIII.1.1–56, 1980
78. Oberhoff, W. D.: Numerische Erfahrungen mit dem mathematischen Programmiersystem MPSX/370, in VIII.1.1–58, 1978
79. Nastansky, L.: Personal Computing für OR. Grundsatzfragen und Anwendungskonzept an Beispielen, in VIII.1.1–57, 1985
80. Giles, R.: A Computer Program for Fuzzy Reasoning, Fuzzy Sets and Systems, Vol. 4, No. 3, 1980, 221–234
81. LeFaivre, R.: Fuzzy—A Programming Language for Fuzzy Problem Solving, Report PB-231813/7, Univ. of Wisconsin, 1974
82. Negoita, C. V.: Expert Systems, and Fuzzy Systems, Benjamin/Cummings, Menlo Park, Calif., 1985
83. Negoita, C. V.: Fuzzy Sets in Decisions Support Systems, Human Systems Management, Vol. 4, 1983, 27–33
84. Brown, R. W. and Shapiro, J. F.: LOGS—A Modeling and Optimization System for Business Planning, in X-47, 1986, 227–241
85. Clark, A. J.: A System for the Specification and Generation of Matrices for Multi-Period Prod. Scheduling Models, in VIII.1.1–32, 1970
86. Mills, R. E., Fetter, R. B., and Averill, R. F.: A Computer Language for Math. Progr. Formulation, Decision Sciences, Vol. 8, 1977, 427–444

87. Rowland, A. J. and Boudwin, N. K.: A Data and Model Management System in Exxon, in X-47, 1986, 253–259
88. Exxon: PLATOFORM—A Model Management Framework for Mathematical Programming, Exxon Monograph, Wiley, New York, 1984
89. Ketron: MPSIII DATAFORM User Manual, Ketron Inc., 1980
90. IBM: MPSX/370 Version 2, General Information Manual, IBM Form No. GH19–6549, 1988
91. IBM: MGRW, Program Reference Manual, IBM Form No. SH19–5014, 1977
92. Sperry Univac: GAMMA 3.4 Procedures Summary, Sperry Univac Computer Systems, No. UP-8200, Revision 1, 1977
93. Haverly System: OMNI Linear Programming System, User and Operating Manual, 1976
94. Haverly Systems: MAGEN, References Manual, 1977
95. Efstathiou, J., Rajkovic, V., and Bohanec, M.: Expert Systems and Rule Based Decision Support Systems, in X-47, 1986
96. Aittoniemi, L.: Basis Representations in Large-Scale Linear Progr. Softw., Acta Polytech. Scand. Math. Comput. Sci. Ser., No. 50, 1988 (Thesis of Helsinki Univ. of Technology, Espoo, Finland)
97. Gotman, I. E., Gotman, L. E., Dubinkina, I. N., Kalinin, I. N., and Sterlin, A. M.: Some Approaches to the Comparative Study of Opt. Algor., Sov. J. Comput. Syst. Sci., Vol. 26, No. 3, 1988, 132–137
98. Yamaki, N., Miyata, M, M.,Hongo, S., Takahashi, S., and Yabe, H.: ASNOP—Application System for Nonlinear Optimization Problems, Japanese, Bull. Cent. Inf. Waseda Univ., Vol. 7, 1988, 59–62
99. Lazaro, M. and Puigjaner, L.: Solution of Integer Optimization Problems Subjected to Non-Linear Restrictions—An Improved Alogorithm, Comput. Chem. Eng. Vol. 12, No. 5, 1988
100. Hummeltenberg, W.: Implementations of Special Ordered Sets in MP Software, Eur. J. of Oper. Res., Vol. 17, 1984, 1–15
101. Benders, J. F. and Van Nunen, J.: A Linear Programming Based Decision Support System for Location and Allocation Problems, Dutch Informatie, Vol. 23, 1981, 693–703
102. Whitaker, D.: OR on the Micro, Wiley, New York, 1984
103. Krallmann, H.: Betriebliche Entscheidungsunterstützungssysteme, in VIII.1.1–57, 1985, 581–593
104. Brown, R., Shapiro, J. F., and Waterman, P. J.: Parallel Computing for Prod. Scheduling, Manuf. Systems, Vol. 6, No. 10, 1988, 56–64
105. Jarmai, K.: Single and Multicriteria Optimization as a Tool of Decision Support System, Computers in Industry, Vol. 11, No. 3, 1989, 249–266
106. Lootsma, F. A. and Ragsdell, K. M.: State-of-the-Art in Parallel Nonlin. Optimiz., Parallel Comput., Vol. 6, No. 2, 1988, 133–155
107. Millham, C. B.: Search Procedure for Solving Small Nonlinear Programs on Small Computers, Adv. Eng. Software, Vol. 9, No. 2, 1987, 74–76
108. Colville, A. R.: A Comparative Study on Nonlinear Programming Codes, IBM New York Scientific Center, Report No. 320–2949, 1968
109. Beale, E. M. L.: Nonlinear Programming Using SCICONIC and Related Software, Report, Scicon Ltd., Milton Keynes, England, 1983
110. Lasdon, L. S. and Waren, A. D.: GRG2 User's Guide, CIS-86-01, Department of Computer and Information Science, Cleveland State Univ., Cleveland, Ohio, 1986
111. Schittkowski, K.: Nonlinear Programming Codes, Springer, Lecture Notes in Economics and Math. Systems No. 183, Springer, 1980
112. Crowder, H., Dembo, R. S., and Mulvey, J. M.: Reporting Computational Experiments with Math. Software, Math. Progr., Vol. 5, 1978
113. Haddock, J.: User-Oriented Mathematical Operations Research Software, Appl. Math. Modelling, Vol. 12, No. 3, 1988, 268–272
114. Uhlmann, A.: Lin. Progr. on a Micro Computer—An Application in Refinery Modelling, Eur. J. Oper. Res., Vol. 35, No. 3, 1980, 321
115. Janczyk, W. K. and Beasley, J. E.: Multiple-Model OR Packages, J. Oper. Res. Soc., Vol. 39, No. 5, 1988, 487–509
116. Beasley, J. E.: Supercomputers and OR, J. Oper. Res. Soc., Vol. 38, No. 11, 1987, 1085–1089
117. Rider, E.: General Computer Solution of Dynamic Progr. Problems with Integer Restrictions, Doct. Thesis, Univ. of Arizona, 1971
118. Jarke, M. and Radermacher, F. J.: The AI-Potential of Model Management and its Central Role in Decision Support, Decision Support Systems, Vol. 4, No. 4, 1988
119. Richter, M. M.: AI-Concepts and OR-Tools in Advanced DSS, Decision Support Systems, Vol. 4, No. 4, 1988
120. Van Hee, K. M. and Lapinski, A.: OR and AI Approaches to Decision Support Systems, Decision Support Systems, Vol. 4, No. 4, 1988

121. Er, M. C.: Decision Support Systems—A Summary, Problems and Future Trends, Decision Support Systems, Vol. 4, No. 3, 1988

122. IBM: Optimization Subroutine Library (OSL), Guide and Reference, IBM Form No. SC23-0519, 1990

123. Ortega, M. and Troya, J.: Live Nodes Distribution in Parallel Branch and Bound Algorithms, Microprocess Microprogram, Vol. 25, 1989

124. Janakiram, V. K., Agrawal, D. P., and Mehrotra, R.: Randomized Parallel Branch-and-Bound Algorithm, North Carolina State Univ. Raleigh, North Carolina, Proc. of the Int. Conf. on Parallel Processing, 1988, 69–75

125. Dolk, D. R.: Model Management and Structured Modeling—The Role of an Information Resource Dictionary System, Commun. ACM, Vol. 31, No. 6, 1988, 704–718

126. Hruschka, H.: Neuere Ansätze der Repräsentation von Methoden- und Modellwissen in betriebsw. Entscheidungsunterstützungssystemen, Angew. Inf., Vol. 30, No. 4, 1988, 158–168

127. Simmons, L. F. and Poulos, L.: DSS—The Successful Implementation of a Mathematical Programming Model for Strategic Planning, Comput. Oper., Vol. 15, No. 1, 1988, 1–5

128. Weisman, J.: MINIMAL, a Combined Optimization Technique, Engineering Design Optimization under Conditions of Risk, Ph.D. Diss., Univ. of Pittsburgh, PA, 1968

129. Forrest, J. J. H., Hirst, J. P. H., and Tomlin, J. A.: Practical Solution of Large Mixed-Integer Programming Problems with UMPIRE, Mgmt. Sci., Vol. 20, 1974, 736–773

130. Fourer, R.: Modelling Languages Versus Matrix Generators for Linear Programming, ACM Trans. on Math. Software, Vol. 9, No. 2, 1983, 143–183

131. Oley, L. A. and Sjoquist, R. J.: Automatic Reformulation of Mixed and Pure Integer Models to Reduce Solution time in APEX IV, ORSA/ORSA/TIMS Meeting, San Diego, California, 1982

132. Crowder, H. P. and Saunders, P. B.: Results of a Survey on MP Software Indicators, Committee on Algor. Newsl. of MPS, Jan. 1980, 2–7

133. White, W. W. (Ed.): Computers and Mathematical Programming, NBS Special Publ. 502, US Gov. Printing Office, Washington, DC, 1978

134. Dembo, R. S. and Mulvey, J. M.: On the Analysis and Comparison of Math. Progr. Algorithms and Software, in X-133, 1978, 106–116

135. Schnabel, R. B.: Parallel Computing in Optimization, VIII.1.1–92, 1984, 357–381

136. Wang, S.-B. and Lu, Y.-Z.: Knowledge-Based Successive Linear Programming for Lineary Constrained Optimization, Int. J. Man-Machine Studies, Vol. 29, 1988, 625–636

137. Schrage, L. E.: User Manual for LINDO, Sci. Press, Polo Alto, 1981

138. Roy, A., Lasdon, L. S., and Plane, D.: End-User Optimization with Spreadsheet Models, Eur. J. Oper. Res., Vol. 39, 1989, 131–137

139. Cunningham, C. and Schrage, L.: Optimization in Spreadsheets with VINO, Scientific Press, Palo Alto, CA., 1985

140. Savage, S.: The ABC's of Optimization with What's Best !, Holden-Day, Oakland, C.A., 1986

141. Plane, D. R.: Quantitative Tools for Decision Support Using IFPS, Addison Wesley, Reading, MA., 1986

142. Execucom Systems Corp.: IFPS/Optimum User's Manual, Austin, TX., 1986

143. Frumkin, M. A.: Systolic Calculator for Solving Linear Programming Problems, Sov. J. Comp. Sys. Sci., Vol. 26, No. 4, 1988, 149–156

144. Aarts, E. H. L. and Korst, J. H. M.: Boltzmann Machines for Travelling Salesman Probl., Eur. J. Oper. Res., Vol. 39, No. 1, 1989, 79–95

145. Scicon: SCICONIC/VM User Guide, Version 1.40, Scicon Ltd., Milton Keynes, 1986

146. Beale, E. M. L.: The Evolution of Mathematical Programming Systems, J. Oper. Res. Soc., Vol. 36, No. 5, 1985, 357–366

147. Mitra, G., Tamiz, M., and Yadegar, J.: FORTLP—A Linear, Integer and Nonlin. Progr. System, Preliminary User's Maunal, Brunel Univ., England, July 1985

148. Control Data Corp.: APEX III Reference Manual, Version 1.1., Mineapolis, Minn., 1977

149. More, J. J., Garbow. B. S. and Hillstrom, K. E.: Testing Unconstrained Optimization Software, ACM Transactions on Math. Softw., Vol. 7, 1981, 17–41

150. Van Laarhoven, P. J. M.: Parallel Variable Metric Methods for Unconstrained Optimization, Math. Progr., Vol. 33, 1985, 68–81

151. Rall, L. B.: Automatic Differentiation—Techniques and Applications, Springer, Berlin, 1981

152. Schittkowski, K.: NLPQL—A FORTRAN Subroutine Solving Constrained Nonlin. Progr. Problems, Working Paper, Univ. Stuttgart, 1984

153. Sundarraj, R. R.: Documentation of DECOMP—A Dantzig-Wolfe Decomposition Code for Linear Programming, Master's Thesis, Mgmt. Sci. Program, The Univ. of Tennessee, Konxville, 1987

154. Grandinetti, L. and Conforti, D.: Numerical Comparisons of Nonlinear Progr. Algorithms on Serial and Vector Processors Using Automatic Differentiation, Math. Progr., Ser. B., Vol. 42, No. 2, 1988, 375

155. Day, R. E. and Williams, H. P.: MAGIC—The Design and Use of an Interactive Modelling Language for Math. Progr., Dept. Business Studies, Working Paper 2/82, Univ. of Edinburgh, 1982

156. Day, R. E.: MAGIC—User's Guide, Dept. Business Studies, University of Edinburgh, 1984

157. Greenberg, H. J. (Ed.): Design and Implementation of Optimization Software, Sijthoff & Noordhoff, The Netherlands, 1978

158. Orchard-Hays, W.: History of Mathematical Programming Systems, in X-157, 1978, 1–26

159. Orchard-Hays, W.: Scope of Mathematical Programming Software, in X-157, 1978, 27–40

160. Orchard-Hays, W.: Anatomy of Mathematical Programming Systems, in X-157, 1978, 41–102

161. Phillips, A. T. and Rosen, J. B.: Parallel Algorithm for Constrained Concave Quadratic Global Minimization, Math. Progr., Ser. B, Vol. 42, No. 2, 1988, 421–448

162. Goos, G. and Hartmans, J. (Eds.): Lecture Notes in Computer Science, Vol. 268, Springer, Berlin, 1987

163. Quinn, M. J.: Designing Efficient Algorithms for Parallel Computers, McGraw-Hill, New York, 1987

164. Kindervater, G. A. P. and Lenstra, J. K.: An Introduction to Parallelism in Combinatorial Optimization, Discrete Appl. Math., Vol. 14, 1986, 135–156

165. Dekel, E. and Sahni, S.: Parallel Scheduling Algorithms, Oper. Res., Vol. 31, 1983, 24–49

166. Pruul, E. A.: Parallel Processing and a Branch-and-Bound Algorithm, M. Sc. Thesis, Cornell Univ., Ithaca, N. Y., 1975

167. Casti, J. Richardson, M., and Larson, R.: Dynamic Programming and Parallel Comp., J. Optim. Theory Appl., Vol. 12, 1973, 423–438

168. De Bruin, A., Rinnooy Kan, A. H. G., and Trienekens H. W. J. M.: Simulation Tool for the Performance Evaluation of Parallel Branch and Bound Algor., Math. Progr., Ser. B, Vol. 42, No. 2, 1988, 245

169. Lai, T. H. and Sahni, S.: Anomalies in Parallel Branch-and-Bound Algorithms, Comm. of the ACM, Vol. 27, No. 6, 1984, 594–602

170. Pan, V. and Reif, J.: Efficient Parallel Linear Programming, Oper. Res. Letters, Vol. 5, No. 3, 1986, 127–135

171. Glover, F.: Future Paths for Integer Programming and Links to Artif. Intell., Comp. Oper. Res., Vol. 13, No. 5, 1986, 533–549

172. Rich, E.: Artificial Intelligence, Mc Graw-Hill, New York, 1983

173. Pearl, J.: Heuristics—Intelligent Search Strategies for Computer Problem Solving, Addison-Wesley, Reading, Mass., 1984

174. Greenberg, X. and Maybee, X. (Eds.): Computer Assisted Analysis and Model Simplification, Academic Press, New York, 1981

175. Land, A. H. and Powell, S.: Computer Codes for Problems of Integer Programming, in VIII.1.4–76, 1979, 221–269

176. Wright, M. H.: A Survey of Available Software for Nonlinearly Constrained Optimization, Techn. Rep. SOL 78-4, Dept. of Oper. Res., Stanford Univ., 1978

177. Dembo, R. S.: Current State-of-the-Art of Algorithms and Computer Software for Geometric Programming, J. Optim. Theory Appl., Vol. 26, 1978, 149–184

178. Rijckaert, M. J.: Computational Aspects of Geometric Programming, in X-157, 1978, 481–505

179. Sanchez, E.: Fuzzy Information, Knowledge Representation and Decision Analysis, Marseille, 1984

180. Glover, F., Hultz, J., Klingman, D., and Stutz, J.: Generalized Networks—A Fundamental Computer-Based Planning Tool, Mgmt. Sci., Vol. 24, 1978, 1209–1220

181. Deininger, R. A.:Teaching Linear Programming on a Micro-Computer, Interfaces, Vol. 13, No. 4, 1983, 30–33

182. Schittkowski, K.: Software for Mathematical Programming, in VIII.1.1–92, 1984, 383–451

183. Coffman, E. G. Jr., Lenstra, J. K., and Rinnooy Kan, A. H. G. (Eds.): Computation, Handbooks in Oper. Res., and Mgmt. Sci., Vol. 3, North-Holland, Amsterdam, 1990

184. Mulvey, J. M. (Ed.): Evaluating Mathematical Programming Techniques, Springer,Berlin, 1982

185. Dembo, R. S.: A Set of Geometric Test Problems and Their Solutions, Math. Progr., Vol. 10, 1976, 192–213

186. Rosen, J. B. and Suzuki, S.:Construction of Nonlinear Programming Test Problems, Comm. ACM, Vol. 8, 1965

187. Korst, J. H. M. and Aarts, E. H. L.: Combinatorial Optimization on a Boltzmann Machine, J. Parallel and Distributed Computing, 1988

188. Hopfield, J. J. and Tank, D. W.: Neural Computation of Decisions in Optimization Problems, Biological Cybern., Vol. 52, 1985, 141–152
189. Hopfield, J.J.: Neural Networks and Physical Systems with Emergent Collective Computational Abilities, Proc. Nat. Acad. Sciences, Vol. 79, 1982, 2554–2558
190. Aarts, E. H. L. and Korst, J. H. M.: Boltzmann Machines and their Applications, in Lecture Notes in Computer Science, No. 258, Springer, Berlin, 1987, 34–51
191. Hopfield, J. J.: Artificial Neural Networks, IEEE Circuits Devices Mag., Vol. 4, No. 5, 1988, 3–10
192. IBM: Catalog of Engineering and Scientific Application Programs Avail. From Non-IBM Sources, IBM Corporation, Rye Brock, NY, 1988
193. Dembo, R. S.: A Set of Geometric Test Problems and their Solutions, Math. Progr., Vol. 10, 1976, 192–213
194. Darema, F., Krikapatrick, S., and Norton, V. A.: Parallel Algorithms for Chip Placement by Simulated Annealing, IBM J. Res and Dev., May 1987, 391
195. IBM: IBM Mathematical Programming System Extended /370 (MPSX/370) Version 2, Getting Started, Form-No. SH19-6586, 1988
196. Hock, W. and Schittkowski, K.: A Comparative Performance Evaluation of 27 Nonlinear Progr. Codes, Computing, Vol. 30, 1983, 335–358
197. IBM: Introduction OSL, IBM Form No. GC23-0517, 1989
198. Parlar, M.: Solving Dynamic Optimization Problems on a Personal Computer Using Electronic Spreadsheets, Automatica, Vol. 25, No. 1, 1989, 97–101
199. Lustig, I. J.: Analysis of an Available Set of Linear Programming Test Problem, Comp. & Oper. Res., Vol. 16, No. 2, 1989, 173–184
200. Deuermeyer, B. L. and Curry, G. L.: On a Language for Discrete Dynamic Programming and a Microcomputer Implementation, Comp. & Oper. Res., Vol. 16, No. 1, 1989, 1–11
201. Schrage, L.: Linear, Integer and Quadratic Programming with LINDO, The Scientific Press, Palo Alto, 1984
202. Horowitz, E. and Sahni, S.: Fundamentals of Computer Algorithms, Maryland, Computer Science Press, 1984
203. Brennan, J. J. and Elam, J.: Understanding ans Validating Results im Model-Based Decision Support Systems, Decision Suppert Syst., Vol. 2, 1986, 49–54
204. Zenios, S. A. and Mulvey, J. M.: Vectorization and Multitasking of Nonlinear Network Programming Algorithms, Math. Progr., Ser. B, Vol. 42, No. 2, 1988, 449–470
205. Kusiak, A. and Heragu, S. S.: Expert Systems and Optimization, IEEE Transactions on Software Engineering, Vol. 15, No. 8, 1989, 1017–1020
206. Ho, J.: Linear and Dynamic Programming with Lotus 1-2-3, MIS Press, Portland, Oregon, 1987
207. Jennergren, L. P.: OR and Micros, European J. Operational Research, Vol. 20, 1985, 1–9
208. Golden, B. L., Assad, A. A., and Wasil, E. A. (Eds.): Microcomputers in Oper. Res., Comput. Oper. Res., Vol. 13, Special Issue, 1986, 105–366
209. Orchard-Hays, W.: Evolution of Linear Programming Computing Techniques, Mgmt. Sci., Vol. 4, 1958, 183–190
210. Wasil, E. A., Golden, B. L., and Liu, L.: State of the Art in Nonlinear Optimization Software for the Microcomputer, Comput. Oper. Res., Vol. 16, No. 6, 1989, 497–512
211. Forrest, J. J. H. and Tomlin, J. A.: Vector Processing in Simplex and Interior Point Method for Linear Programming, Report RJ 6390 (62372) 8/15/88, IBM, Yorktown Heights, N. Y., 1988
212. Aho, A. V., Hopcroft, J. E., and Ullman, J. D.: The Design and Analysis of Computer Algorithms, Addison-Wesley, Reading, Mass., 1974
213. Murtagh, B. A. and Saunders, M. A.: MINOS 5.1 User's Guide, Technical Report SOL 83-20R, Dept. of Oper. Res., Stanford Univ., 1987
214. Welch, J.: PAM—A Practitioner's Approach to Modeling, Management Science, Vol. 33, 1987, 610–625
215. Cunningham, K. and Schrage, L.: The LINGO Modeling Language, LINDO Systems, Chicago, Ill., 1988
216. Geoffrion, A.: An Introduction to Structured Modeling, Management Science, Vol. 33, No. 5, 1987, 547–588
217. Roy, A., Lasdon, L., and Lordeman, J.: Extending Planning Languages to Include Optimiz. Capabil., Mgmt. Sci., Vol. 32, 1986,. 360–373
218. Lasdon, L., Waren, A., Jain, A., and Ratner, M.: Design and Testing of a Generalized Reduced Gradient Code for Nonlinear Progr., ACM Trans. Math. Software, Vol. 4, 1978, 34–50
219. Catthoor, F., De Man, H., and Vandewalle, J.: SAMURAI—A General and Efficient Simulated-Annealing Schedule with Fully Adaptive Anneal. Parameters, Integration—The VLSI J., Vol. 6, 1988, 147

220. Liebman, J., Schrage, L., Lasdon, L. S., and Waren, A. D.: Modelling ans Optimization with GINO, Scientific Press, Palo Alto, CA., 1986
221. Baker, T. E.: The Current State of Optimization Software—A User's Point of View, in VIII.1.5–08, 1981, 353–359
222. Price, W. L.: Global Optimization Algorithms for a CAD Workstation, J. Opt. Theory and Appl., Vol. 55, No. 1, 1987, 133–146
223. Culioli, J.-C., Protopopeschu, V. and Mann, R. C.: Chaoit Behavior in a New Class of Parallel Optimization Algorithms, Proc. of the 7th Symposium on Energy Engineering Sciences, June 19–21, 1989, Argonne, II.; Oak Ridge National Lab., Tennessee, 1989
224. Culioli, J.-C. and Protopopescu, V.: Bifurcating Optimization Algorithms and Their Possible Application, Oak Ridge National Lab., Tennessee, 1988
225. Ketron: MPSIII User's Manual, Revision 11, Ketron Inc., Arlington, VA., June 1984
226. Tomlin, J. A. and Welch, J. S.: Integration of Primal Simplex Algorithm with a Large Scale Math. Progr. System, ACM Trans. on Mathematical Software, Vol. 11, 1985, 1–11
227. Ignizio, J. P. and Perlis, J. H.: Sequential Linear Goal Programming—Implement. Via MPSX, Comp. and Oper. Res., Vol. 3, 1980, 217–225
228. Janakiram, V. K., Gehringer, E. F., Agrawall, D. P., and Mehrotra, R.: A Randomized Parallel Branch-and-Bound Algorithm, Int. J. Parallel Programming, Vol. 7, No. 3, 1988, 277–301
229. Wah, B. W. and Yu, C. F.:Stochastic Modeling of Branch-and-Bound Algorithms with Best-First Search, IEEE Trans. on Software Eng., Vol. SE-11, No. 9, 1985, 922–933
230. Dekel, E. and Sahni, S.: Binary Trees and Parallel Scheduling Algorithms IEEE Trans. Comput., Vol. 32, 1983, 307–315
231. Wah, B. W., Li, G. J., and Yu, C. F.: Multiprocessing of Combinatorial Search Problems, Computer, Vol. 8, No. 6, 1985, 93–108
232. Li, G. J. and Wah, B. W.: Computational Efficiency of Parallel Combinatorial OR Tree Searches, IEEE Trans. on Software Eng., Vol. 16, No. 1, 1990, 13–31
233. Gen, M., Ida, K., Sasaki, M., and Lee, J. U.: Algorithm for Solving Large Scale 0–1 Goal Programming and its Application to Reliability Optimization Problem, Comp. and Ind. Eng., Vol. 17, 1989, 525–530
234. IBM: Optimal Layout for Satellite Systems Using Math. Progr. Syst. Extended/370 Version 2, IBM-Form No. G511-1285, 1989
235. Mor, M. and Fraenkel, A. S.: Permutation Generation on Vector Proc., The Computer J., Vol. 25, No. 4, 1982, 423–428
236. Zaks, S.: A New Algorithm for Generation of Permutations, BIT, Vol. 24, No. 2, 1984, 196–204
237. Gupta, P. and Bhattacharjee, G. P.: Parallel Generation of Permutations, The Computer J., Vol. 26, No. 2, 1983, 97–105
238. Chen, G. H. and Chern, M.-S.: Parallel Generation of Permutations and Combinations, BIT, Vol. 26, 1986, 277–283
239. Land, A. H. and Powell, S.: FORTRAN Codes for Mathematical Programming, Wiley, New York, 1973
240. Lai, T.-H and Sprague, A.: A Note on Anomalies in Parallel Branch-and-Bound Algorithms with One-to-One Bounding Functions, Inf. Processing Letters, Vol. 23, 1986, 119–122
241. Li, G. J. and Wah, B. W.: Computational Efficiency of Parallel Approximate Branch-and-Bound Algorithms, Proc. of the Int. Conf. on Parallel Processing, 1984, 473–480
242. Mohan, J.: Experience with Two Parallel Programs Solving the Travelling Salesperson Problem, Proc. Int. Conf. on Prallel Proc., 1983, 191–193
243. Byrd, R. H., Schnable, R. B., and Shultz, G. A.: Parallel Quasi-Newton Methods for Unconstrained Optimization, Math. Progr., Ser. B, Vol. 42, No. 2, 1988, 273–306
244. Schnabel, R. B.: Concurrent Function Evaluations in Local and Global Optimization, Comp. Meth. in Appl. Mechanics and Eng., Vol. 64, 1987, 537–552
245. Kindervater, G. A. P., Lenstra, J. K., and Rinnooy Kan, A. H. G.: Perspectives on Parallel Comp., Oper. Res., Vol. 37, No. 6, 1987, 985
246. Noetzel, A. S. and Graziano, M. J.: Global Combinatorial Optimization by Neural Networks, Vol. 1, No. 1, 1988
247. Drud, A.: Alternative Model Formulations in Nonlinear Progr.,—Some Dissastrous Results, Oper. Res., Vol. 33, No. 1, 1985, 218–222
248. Carter, R. G.: Numerical Experience with a Class of Algorithms for Nonlinear Optimization Using Inexact Function and Gradient Information, inst. for Computer Applications in Science and Eng., Hampton, VA., 1989
249. Gutterman, M. M.: Efficient Implementation of a Branch and Bound Algor., Standard Oil Company, Indiana, Undated Doc., approx. 1970

250. Paules, G. E. and Floudas, C. A.: APROS—Algorithmic Development Methodology for Discrete-Continuous Optimization Problems, Oper. Res., Vol. 37, No. 6, 1989, 902–915

251. Pabst, R.: Verwendungsmöglichkeiten der externen Speichermedien von EDV-Anlagen bei der Lösung bestimmter Aufgaben der Diskreten Optimierung, Diplomarbeit, TU Dresden, 1978

252. Jackson, R. H. F., Mc Cormick, G. P., and Sofer, A.: FACTUNC—A User-Friendly System for Unconstrained Optimization, National Inst. of Standards and Technology, U. S. Dept. of Commerce, Rept. PB90–112392/AS, Gaithersburg, Maryland, 1989

253. Curry, G. L. and Deuermeyer, B. L.: An Algebraic Modeling Language and Microcomputer Environment for Linear Programming and Related Optimiz. Methods, Comp. Ind. Eng., Vol. 18, No. 1, 1990, 29–60

254. Curry, G. L., Deuermeyer, B. L., and Feldman, R. M.: MiroOR—Microcomputer Support for Oper. Res. and Mgmt. Sci., Technical Rept., Ind. Eng. Dept. Texas A&M Univ

255. Curry, G. L., Deuermeyer, B. L., and Feldman, R. M.: Discrete Simulation—Fundamentals and Microcomputer Support, Holden-Day, San Francisco, California, 1989

256. Sharada, R. and Somarajan, C.: Comparative Performance of Advanced Microcomp. LP Systems, Comp. & Oper. Res., Vol. 13, 1986, 131–148

257. Zionts, S. and Wallenius, J.: An Interactive Programming Method for Solving the Multiple Criteria Problem, Mgmt. Sci., Vol. 22, 1976, 652–663

258. Sawaragi, Y., Inoue, K., and Nakayama, H. (Eds.):Toward Interactive and Intelligent Decision Support Systems, Proc of the 7th Int. Conf. on Multiple Criteria Decision Making, Kyoto, Japan, August 18–22, 1986, Springer, Berlin, 1987

259. Mitra, G. (Eds.): Mathematical Models for Decision Support, Proc. of the NATO Advanced Study Inst. on Math. Models for Decision Support, Val d'Isere, France, 1987, Springer, Berlin, 1988

260. Ritter, H., Martinetz, K. und Schulten, K.: Neuronale Netze—Eine Einführung in die Neuroinformatik selbstorganisierender Netzwerke, Addison-Wesley, Reading, Mass., 1990

261. Roucairol, C.: Parallel Computing in Combinatorial Optimization, Computer Physics Report, Vol. 11, 1989, Proc. of the 2nd Eur. Graduate Summer Course on Comput. Physiscs, Puidoux, Switzerland, September 1988, North-Holland, Amsterdam, 195–220

262. Beasley, J. E.: Linear Programming on Cray Supercomputers, J. Oper. Res. Soc. (UK), Vol. 41, No. 2, 1990, 133–139

263. Kümmerling, H.: JARO/KWOPT—Ein Programmsystem zur Ermittlung der Optimalen Strombeschaffung für EVU, Elektrizitätswirtschaft, Vol. 89, Heft 13, 1990, 742–746

264. Fourer, R., Gay, D. M., and Kernighan, B. W.: A Modelling Language for Math. Progr., Mgmt. Sci., Vol. 36, No. 5, 1990, 519–554

265. Kennedy, M. P. and Chua, L. O.: Neural Networks for Nonlinear Programming, IEEE Trans. Circuit Syst., Vol. 35, 1988, 554–562

266. Rodriguez-Vazquez, A. et al.: Nonlinear Switched-Capacitor "Neural" Networks for Optimization Problems, IEEE Trans. on Circuits and Systems, Vol. 37, No. 3, 1990, 384–398

267. Adams, D. A.: Parallel Processing Implications for Management Scientists, Interfaces, Vol. 20, No. 3, 1990, 88–98

268. Eom, H. B. and Lee, S. M.: Decision Support Systems Applications Res.—A Bibliography (1971-1981), Eur. J. Oper. Res., Vol. 46, No. 3, 1990, 333–342

269. Finlay, P. N. and Wilson, J. N.: Orders of Validation in Mathematical Modelling, J. Oper. Res. Soc. (UK), Vol. 41, No. 2, 1990, 103–109

270. Arbib, M. A.: Brains, Machines, and Mathematics, Springer Verlag, New York, 2nd Edition, 1987

271. Holland, J. H.: Adaption in Natural and Artificial Systems, Univ. of Michigan Press, Ann Arbor, Michigan, 1975

272. Zenios, S. A.: Integrating Network Optimization Capabilities into a High-Level Modeling Language, ACM Trans. Math. Softw., Vol. 16, No. 2, 1990, 113–142

273. Glover, F., Karney, D., Klingman, D., and Napier, A.: A Computational Study on Start Procedures, Basis Change Criteria and Solution Algor. for Transport. Probl., Mgmt. Sci., Vol. 20, 1974, 793–813

XI. Glossar

Activity	Siehe Strukturvariable
Assignment Problem	Siehe Zuordnungsproblem
Basis	Die Menge der Variablen eines LP-Modells, die in einer Lösung positive Werte haben.
Basislösung	Eine zulässige Lösung eines LP-Problems, die einem Eckpunkt des Lösungspolyeders entspricht
Basis-Variable	Eine Variable die in der Basis ist
Branch-and-Bound	Eine allgemeingültige Methode zur Lösung von Optimierungsproblemen mit endlichem Lösungsraum
Constraints	Siehe Nebenbedingungen
Cutting Plane	Siehe Schnittebene
Dekomposition	Ein Verfahren zur Lösung strukturierter LP-Modelle
Determinante	Ein numerischer Wert, der einer quadratischen Matrix zugeordnet ist und sich aus den Matrixelementen berechnet
Diskrete Variable	Eine Variable, die nur bestimmte Werte annehmen kann. Eine besondere Art diskreter Variabler sind ganzzahlige Variable
Duales Problem	Zu jedem LP-Problem gehört ein sogenanntes duales Problem, das dadurch entsteht, daß Spalten und Zeilen ihre Rollen vertauschen. Die rechten Seiten werden dann Koeffizienten in der Zielfunktion und umgekehrt
Dynamisches Programm	Modell für ein mehrstufiges Entscheidungsproblem, das rekursiv durch eine Funktionalgleichungsmethode von R. Bellman (1962) optimiert werden kann
Entscheidungsvariable	Eine Variable, die nur die Werte 0 oder 1 annehmen kann
Enumeration	Verfahren der Optimierung auf einer endlichen Lösungsmenge durch einfachen Vergleich der Zielfunktionswerte
Feasible Solution	Siehe Zulässige Lösung
Fuzzy Programming	Optimierungsmethoden bei unscharfer Problembeschreibung

Ganzzahlige Variable	Eine diskrete Variable, die nur ganzzahlige Werte innerhalb eines vorgegebenen Intervalls annehmen kann, also $a \leq x \leq b$ und x ganzzahlig. Falls $a = 0$ und $b = 1$, spricht man von 0/1-Variablen oder Entscheidungsvariablen
Gemischt-Ganzzahliges Programm	Eine besondere Art von Mathematischem Programm, wobei ein Teil der Variablen in der optimalen Lösung ganzzahlige Werte haben muß, während der andere Teil reelle Werte haben kann
Generalized Upper Bound	Eine spezielle Form von Nebenbedingungen eines LP-Modells: $x_1 + x_2 + \cdots + x_k \leq M$. Falls solche Nebenbedingungen für mehrere disjunkte Mengen von Variablen auftreten, kann die GUB-Erweiterung der Revidierten Simplex-Methode von Vorteil sein
Geometrisches Programm	Nichtlineares Programm dessen Funktionen Posynome sind
GUB	Siehe Generalized Upper Bound
Infeasible Solution	Siehe Unzulässige Lösung
Karmarkar Verfahren	Ein Verfahren von N. Karmarkar (1984) zur Lösung von Linearen Programmen
Kombination	Eine Kombination von k Elementen aus einer Gesamtheit von n Elementen, ist jede k-elementige Teilmenge der Gesamtmenge. Sei $n = 3$ und $k = 2$, so gibt es die Kombinationen (1,2), (1,3) und (2,3).
Kontinuierliche Variable	Eine Variable, die in bestimmten Grenzen, beliebige reelle Werte annehmen kann, also $a \leq x \leq b$, wobei a eine untere Schranke und b eine obere Schranke darstellt
Lineares Programm (LP)	Mathematisches Programm, wobei die Zielfunktion und alle Nebenbedingungen durch lineare Funktionen repräsentiert sind
Lösungspolyeder	Menge der zulässigen Lösungen eines LP-Problems, allgemein auch Lösungsraum genannt
Lösungsraum	Menge der zulässigen Lösungen eines Optimierungsproblems
Mathematisches Programm	Modell für eine Optimierungsaufgabe, wobei eine Zielfunktion zu maximieren/minimieren ist und eine Anzahl von Nebenbedingungen zu erfüllen sind, die als Ungleichungen der Form $g_i(x_1, x_2, \ldots, x_n) \leq 0$ formuliert werden. Die Variablen $x_1, \ldots, x_n$ sind dabei die zu bestimmenden Größen, die so zu wählen sind, daß unter Einhaltung der Nebenbedingungen die Zielfunktion $f(x_1, x_2, \ldots, x_n)$ optimiert wird

Matrix	Rechteckiges Zahlenschema mit m Zielen und n Spalten, also mn Elementen. Zeilen und Spalten können als Vektoren aufgefasst werden
Modell	Abstraktion eines realen Problems der Optimolen Planung zum Zwecke der Anwendung formaler, quantitativer Optimierungsmethoden
Nebenbedingungen	Die den Lösungsraum eines Optimierungsproblemes bestimmenden Bedingungen, auch Restriktionen oder Englisch Constraints genannt
Netzwerkfluß Problem	LP-Problem zur Berechnung des Flusses durch ein Netzwerk mit geringsten Kosten oder der Bestimmung des maximalen Flusses durch ein Netzwerk
Nicht-Basis-Variable	Eine Variable die nicht in der Basis ist
Nichtlineares Programm	Mathematisches Programm mit einer nichtlinearen Zielfunktion und/oder nichtlinearen Nebenbedingungen
Optimallösung	Lösung eines Optimierungsproblems
Optimum Solution	Siehe Optimallösung
Permutation	Ein Permutation von $(1, 2, \ldots, n)$ ist ein n-dimensionaler Vektor dessen Elemente höchstens durch Vertauschungen von $(1, 2, \ldots, n)$ entstehen. So ist z.B. für $n = 3$ $(3, 1, 2)$ eine Permutation von $(1, 2, 3)$. Außer $(3, 1, 2)$ gibt es noch die Permutationen $(1, 2, 3), (1, 3, 2), (2, 1, 3)$, $(2, 3, 1)$ und $(3, 2, 1)$
Polyeder	Lösungsraum bei linearen Nebenbedingungen, Englisch Polyhedron
Quadratisches Programm	Mathematisches Programm mit linearen Nebenbedingungen und quadratischer Zielfunktion
Random Search Verfahren	Suchverfahren auf der Basis von Zufallszahlen
Rechte Seite	Der Vektor der rechten Seiten von Ungleichungen, die als Nebenbedingungen von Mathematischen Programmen auftreten
Reduced Costs	Siehe Reduzierte Kosten
Reduzierte Kosten	Betrag um den die Zielfunktion sich im Optimum ändert, wenn eine Variable, die mit dem Wert 0 in der Optimallösung vorkommt, auf den Wert 1 gezwungen wird. Eine gleichwertige Interpretation ist der Betrag, um den der Koeffizient einer Variablen in der Zielfunktion (bei Minimierung) vermindert werden muß, damit die Variable mit einem positiven Wert in der Optimallösung vorkommt. Reduzierte Kosten sind nur von Bedeutung für Variable, die in der Optimallösung den Wert Null haben
Rein-Ganzzahliges	Eine besondere Art von Mathematischem Programm,

Programm	wobei alle Variablen in der optimalen Lösung ganzzahlige Werte haben müssen
Relaxation	Ein abgeleitetes Problem, das dadurch entsteht, daß Nebenbedingungen des ursprünglichen Problems unbeachtet bleiben
Schattenpreise	Für mit Gleichheit erfüllte Nebenbedingungen sind Schattenpreise die Werte, um die sich der Zielfunktionswert im Optimum verbessern würde, wenn die entsprechenden rechten Seiten um eine Einheit erhöht ($\leq$) bzw. vermindert ($\geq$) werden. Schattenpreise sind die Werte der Variablen des dualen Problems im Optimum
Schlupfvariable	Hilfsvariable, die den Unterschied zwischen der rechten und linken Seite einer Ungleichung darstellt
Schnittebene	Eine zusätzliche Nebenbedingung, die den zulässigen Lösungsraum einengt ohne die Optimallösung zu verändern. Schnittebenen-Verfahren werden zur Lösung kombinatorischer Probleme eingesetzt
Separable Funktion	Eine Funktion $f(x_1, x_2, \ldots, x_n)$, die sich als Summe von Funktionen einer Variablen darstellen lässt, also $f = g_1(x_1) + g_2(x_2) + \ldots + g_n(x_n)$
Separables Programm	Ein nichtlineares Programm, wobei alle Funktionen separable Funktionen sind
Shadow Prices	Siehe Schattenpreise
Simplex-Methode	Ein von G. B. Dantzig 1947 entwicheltes iteratives Verfahren zur Lösung von LP-Modellen
Simulated Annealing	Optimierungsverfahren zur globalen Optimierung auf der Basis zufällig gewählter und bedingt akzeptierter Lösungskandidaten
Slack Variable	Siehe Schlupfvariable
SOS	Siehe Special Ordered Set
Special Ordered Set	Menge von 0/1-Variablen, deren Summe den Wert Eins ergibt. Von Bedeutung beim Branch-and-Bound Verfahren bei der Lösung von MIP- und PIP-Problemen
Strukturiertes LP-Modell	Ein LP-Modell, das eine von verschiedenen Block-Strukturen hat, die sich u.a. bei Mehrperioden-Modellen ergeben
Strukturvariable	Variable eines Modells, die zu bestimmen ist. Schlupfvariablen werden nicht als Strukturvariablen eingestuft.
Transportproblem	Ein LP-Problem bestimmter Struktur, wo es um den kostenminimalen Transport von n Lägern zu m Abnehmern geht

Travelling Salesman Problem	Kobinatorisches Problem bei dem der kürzeste Rundreiseweg gesucht ist, den ein Handlungsreisender nimmt, wenn er von einem Ausgangsort ausgehend vorgegebene Orte genau einmal besucht und zum Ausgangsort zurückkehrt. Einige praktische Optimierungsprobleme lassen sich ganz oder teilweise auf diese Problemstellung zurückführen
Unbeschränkte Lösung	Optimallösung mit unbeschränktem Wert
Unbounded Solution	Siehe Unbeschränkte Lösung
Unimodularität	Eine Matrix heißt unimodular, wenn jede quadratische Untermatrix eine Determinante von 0, $+1$ oder -1 hat
Unzulässige Lösung	Lösung eines Mathematischen Programmes, die nicht allen Nebenbedingungen genügt
Variable	Modell-Element eines Mathematischen Programms. Eine zu bestimmende Größe, die in den Nebenbedingungen und (nicht zwingend) in der Zielfunktion vorkommt
Vektor	n-Tupel von Zahlen, $X = (x_1, \ldots, x_n)$, wobei dann X ist ein n-dimensionaler Vektor ist, der auch als Punkt im n-dimensionalen Raum aufgefaßt werden kann.
Zielfunktion	Das zu optimierende (d.h. zu maximierende oder zu minimierende) Kriterium bei einer Optimierungsaufgabe
Zulässige Lösung	Lösung eines Mathematischen Programs, die allen Nebenbedingungen genügt
Zuordnungsproblem	Ein LP-Problem bestimmter Struktur, wo es um die kostenminimale Zuordnung von n Personen zu n Aufgaben geht. Ein Spezialfall des Transportproblems

XII. Anhang: Mathematische Grundbegriffe

Wir wollen hier einige mathematische Grundbegriffe in einer leicht verständlichen
Weise erläutern, die bei der Modellbildung regelmäßig von Nutzen sind und für
das Verständnis insgesamt vorteilhaft sind. Wir erklären folgende Begriffe:

—Reelle Zahlen
—Gleichung/Ungleichung
—Lösungsraum
—Dimension eines Raumes
—Polyeder
—Hyperebene
—Menge
—Teilmenge
—Vereinigungsmenge
—Durchschnittsmenge
—Punktmenge
—Konvexe Hülle
—Funktion
—Stetigkeit
—Differentialquotient
—Gradientenvektor
—Lineare Funktion
—Polynom
—Skalar
—Vektor
—Skalarprodukt
—Matrix
—Hauptdiagonale
—Nebendiagonale

—Transponierte Matrix
—Quadratische Matrix
—Einheitsmatrix
—Inverse
—Matrix–Multiplikation
—Linear Complementarity Problem (LCP)
—Determinante
—Abbildung
—Graph
—Baum
—Netzwerk
—Wahrscheinlichkeit
—Zufallsvariable
—Verteilungsfunktion
—Stichprobe
—Dichtefunktion
—Mittelwert
—Streuung
—Standardabweichung
—Normalverteilung
—Zufallszahlen
—Korrelationskoeffizient
—Binomischer Lehrsatz

Da ist zunächst der Begriff der *reellen Zahl*. Man kann ihn mit dem Begriff
Dezimalzahl gleichsetzen. Sei x also beispielsweise eine reele Zahl die im Intervall
(0, 1) liegt, so ist x mindestens gleich 0 und höchstens gleich 1 und x kann z.B. die
Werte 0.45615, 0.0003478 oder 0.5 annehmen.

Auf die feinere Unterscheidung der reellen Zahlen in rationale und irrationale Zahlen gehen wir hier nicht ein, da dieser Aspekt für die Praxis unwesentlich ist.

Im obigen Beispiel war x eine sogenannte kontinuierliche Variable, da sie im vorgegebenen Intervall beliebige reelle Werte annehmen konnte. Falls x als ganzzahlige Variable im Intervall $(5, 10)$ definiert wird, so kann x nur die Werte 5, 6, 7, 8, 9 oder 10 annehmen.

Wir gehen jetzt auf den wichtigen Begriff der Gleichung und den der Ungleichung ein. Nebenbedingungen in Mathematischen Programmen werden ausschließlich durch Gleichungen und Ungleichungen dargestellt. Betrachten wir zum Beispiel die *Gleichung* $x + y = 6$, so sind für x und y alle reellen Werte erlaubt, deren Summe 6 ergibt. Zum Beispiel $x = 3, y = 3$ oder $x = 1, y = 5$ oder $x = 0.33$, $y = 5.67$. Falls keine weiteren Bedingungen an x und y gestellt sind, daß etwa x und y nicht negativ sein dürfen, so ist auch $x = -17, y = 23$ eine Lösung obiger Gleichung. Betrachten wir jetzt die Gleichung $3x - 2y = 6$, so sind $x = 3, y = 1.5$ oder $x = 10, y = 12$ Lösungen.

Falls zwei oder mehr Gleichungen gleichzeitig zu erfüllen sind, so sind nur Lösungen zulässig, die alle Gleichungen des Gleichungssystems erfüllen. So hat etwa das Gleichungssystem $x + y = 6$; $x - y = 3$ die eindeutige Lösung $x = 4.5$, $y = 1.5$.

Wenden wir uns nun dem Begriff der *Ungleichung* zu. Ein Beispiel ist $x + y \leqq 6$. Hier können x und y alle reellen Werte annehmen, deren Summe höchstens 6 ist. Lösungen sind also etwa $x = 1, y = 2$ oder $x = 3, y = 3$ oder $x = -5.33, y = -7.5$. Der Leser beachte, daß eine Ungleichung wesentlich mehr Lösungen hat als die entsprechende Gleichung. So ist von den drei angegebenen Lösungen lediglich die zweite auch eine Lösung der Gleichung $x + y = 6$. Mehrere Ungleichungen bilden ein Ungleichungssystem. Hierbei sind nur Lösungen zulässig, die allen Ungleichungen des Systems ausnahmslos genügen. So hat das Ungleichungssystem $x + y \leqq 6$; $x - y \leqq 3$ außer $x = 4.5, y = 1.5$ (die Lösung des entsprechenden oben diskutierten Gleichungssystems) noch etwa die zusätzliche Lösung $x = 1, y = 0.33$. Außer Ungleichungen vom Typ $\leqq$ gibt es auch solche vom Typ $\geqq$. Man kann sich jedoch auf einen dieser Ungleichungstypen beschränken, da $x + y \geqq 6$ gleichwertig der Ungleichung $-x - y \leqq -6$ ist. Eine Gleichung lässt sich durch zwei Ungleichungen ersetzen. So entspricht $x + y = 6$ den beiden gleichzeitig zu erfüllenden Ungleichungen $x + y \leqq 6$ und $x + y \geqq 6$.

Nebenbedingungen bei Mathematischen Programmen sind Systeme von Gleichungen und Ungleichungen.

Die Gesamtheit aller Nebenbedingungen definiert einen zulässigen Lösungsbereich, den sogenannten *Lösungsraum* im n-dimensionalen Raum, falls n Variable im Modell vorkommen.

Wir wollen uns jetzt schrittweise an ein Verständnis der Begriffe des Raumes und der Dimension herantasten.

Falls $n = 2$ haben wir also den 2-dimensionalen Raum, der durch die Koordinatenebene mit den Koordinaten x_1 und x_2 dargestellt wird. In diesem 2-dimensionalen Fall ist jede lineare Nebenbedingung durch eine Gerade darstellbar.

Wir betrachten zur Illustration ein kleines Modell:

$$\text{Max!} \quad 40x_1 + 120x_2$$

$$\text{wobei} \quad
\begin{aligned}
10x_1 + 20x_2 &\leqq 1100 \quad \text{(I)}\\
x_1 + 4x_2 &\leqq 160 \quad \text{(II)}\\
x_1 + x_2 &\leqq 100 \quad \text{(III)}\\
x_1, x_2 &\geqq 0 \quad \text{(IV)}
\end{aligned}$$

Der Leser möge sich in einem (x, x_2)-Koordinatensystem die drei Geraden aufzeichnen, die entstehen, wenn man die Ungleichungen obigen Maximierungsproblemes durch Gleichungen ersetzt.

Außerdem betrachte man die Geraden $x_1 = 0$ und $x_2 = 0$, die Achsen des Koordinatensystems. Die Bedingung IV beschränkt den zulässigen Lösungsbereich auf den sogenannten 1. Quadranten, da nur in diesem die Bedingung IV erfüllt ist. Alle Punkte die oberhalb der x_1-Achse liegen und rechts von der x_2-Achse sind mit der Bedingung IV verträglich. Die Bedingungen I, II und III besagen, daß alle Punkte die auf den Geraden oder unterhalb dieser Geraden liegen mit den entsprechenden Bedingungen im Einklang sind. Als Überlagerung aller dieser Bedingungen sind nur solche Punkte des ersten Quadranten im Lösungsraum, die allen Bedingungen (I), (II) und (III) genügen. Dadurch ergibt sich als Lösungsraum ein durch einen Polygonzug begrenzter Lösungsraum, der durch die Eckpunkte $(0,0) - (100,0) - (90,10) - (60,25) - (0,40)$ charaktersiert ist. Begrenzende Geradenabschnitte gehören zu den Achsen und den drei Nebenbedingungsgeraden.

Eine Gerade ist ein 1-dimensionaler Raum, eine Ebene ein 2-dimensionaler Raum. Die Nebenbedingungen haben also eine Dimension weniger als der Raum, in dem sie dargestellt werden.

Wir gehen jetzt gedanklich in den 3-dimensionalen Raum, unterstellen also ein Modell mit $n = 3$ Variablen. Hier sind die linearen Nebenbedingungen durch Ebenen dargestellt. Wiederum sind die Nebenbedingungen eine Dimension niedriger als der sie einschließende Raum. Im 3-dimensionalen Fall ist der Lösungsraum eines linearen Ungleichungssystems durch ein konvexes *Polyeder* gegeben. Die Oberfläche des Polyeders enthält ebene Facetten, die Teile der Nebenbedingungs-Ebenen darstellen.

Im Falle $n = 2$ waren alle Punkte als Paare (x_1, x_2) darstellbar. Im Falle $n = 3$ sind alle Punkte Tripel (x_1, x_2, x_3).

Jede Ungleichung unseres obigen ebenen Beispiels ($n = 2$) definiert eine Halbebene, da nur alle Paare (x_1, x_2) zugelassen sind, die auf der einen oder anderen Seite der entsprechenden Nebenbedingungs-Geraden liegen. Ensprechend definiert jede Ungleichung im Falle $n = 3$ einen Halbraum, da nur alle Punkte zugelassen sind, die auf einer Seite der Ebene liegen. Die Nebenbedingungs-Ebene trennt den Raum in zwei Halbräume.

Dieselben Verhältnisse wie im Falle $n = 2$ und $n = 3$ gelten analog für beliebiges n. Punkte im n-dimensionalen Raum sind $n = \text{Tupel}$ $(x_1, x_2, \ldots, x_n)$. Lineare Nebenbedingungen definieren hier wiederum einem Halbraum, der durch eine sogenannte trennende *Hyperebene* definiert ist. Dabei ist eine Hyperebene im

n-dimensionalen Raum einfach ein $(n-1)$-dimensionaler Teilraum. Die Rolle der Hyperebene im 2-dimensionalen Raum wird von der Geraden übernommen. Eine $(n-1)$-dimensionale Fläche im n-dimensionalen Raum wird auch als Hyperfläche bezeichnet.Wir führen jetzt den *Mengenbegriff* ein, kommen jedoch später wieder auf die Betrachtung von Lösungsräumen zurück. Eine Menge ist eine Zusammenfassung von Dingen unserer Anschauung oder unseres Denkens. So ist zum Beispiel $M1 = \{1, 2, 3\}$ eine Menge, deren Elemente die Zahlen 1, 2 und 3 sind. $M2 = \{$Anton, Fritz, Hans, Peter$\}$ ist eine Menge mit vier Elementen, die sämtlich Vornamen darstellen. Eine Menge kann jedoch auch Elemente enthalten, die von ganz unterschliedlicher Natur sind. So ist $M3 = \{f,$ Eiffelturm, Sonne, 1234567$\}$ eine Menge bestehend aus der Funktion f, dem Eiffelturm, der Sonne und der Zahl 1234567. Die Anzahl der Elemente einer Menge M heißt auch Kardinalzahl der Menge und wird mit card(M) bezeichnet, also card(M1) = 3 und card(M3) = 4. Eine *Teilmenge* einer Menge M ist eine Menge, die einen Teil der Elemente von M enthält. Die Teilmengen von M1 sind also die Mengen $M11 = \{1, 2, 3\}$, $M12 = \{1, 2\}$, $M13 = \{1, 3\}$, $M14 = \{2, 3\}$, $M15 = \{1\}$, $M16 = \{2\}$, $M17 = \{3\}$, $M18 = \{\ \ \}$. M11 ist dabei eine Teilmenge, die alle Elemente von M enthält und M18 eine Teilmenge, die kein Element von M enthält. M18 ist die sogenannte leere Menge. Es gibt 8 Teilmengen von M. Das entspricht genau den 2^3 Kombinationen die man aus den Elementen 1, 2, und 3 bilden kann.

Ein weiterer wichtiger Begriff ist der der *Vereinigungsmenge* von zwei Mengen M1 und M2. Die Vereinigungsmenge zweier Mengen enthält alle Elemente, die entweder in der einen oder in der anderen Menge exitieren. Damit ist die Vereinigungsmenge von M1 und M2 die Menge $V(M1, M2) = \{1, 2, 3,$ Anton, Fritz, Hans, Peter$\}$. Außerdem ist die *Durchschnittsmenge* zweier Mengen als diejenige Menge erklärt die aus den Elementen besteht die beiden Mengen angehören. Sei $M4 = \{2, 3, 4, 5\}$, so ist $D(M1, M4) = \{2, 3\}$. Als letztes erwähnen wir noch den Zugehörigkeitsbegriff "Element von". So sagt man, daß 1 Element von M1 ist, aber 4 kein Element von M1 ist. Als nächstes erwähnen wir eine Menge, deren Elemente Punkte des 3-dimensionalen Raumes sind, also die Form (x_1, x_2, x_3) haben, wobei wir noch $0 \leq x_1, x_2, x_3 \leq 1$ fordern. Das ist die *Punktmenge* des 3-dimensionalen Raumes, auch $\mathbb{R}^3$ genannt, die den Würfel repräsentiert, dessen linke, untere und vordere Ecke im Koordinatenursprung liegt und dessen Kantenlänge 1 ist. Oder wir betrachten alle Punkte (x_1, x_2, x_3) des $\mathbb{R}^3$ deren Entfernung $\sqrt{x_1^2 + x_2^2 + x_3^2} \leq 1$ ist, wobei $\sqrt{\ }$ die Quadratwurzel bedeutet. Diese Punktmenge ist die Kugel mit Radius 1 und Mittelpunkt bei $(0, 0, 0)$. Fordern wir statt der Ungleichung die Gleichheit, so haben wir die Kugeloberfläche dieser Einheitskugel.

Der erste Quadrant des $\mathbb{R}^2$ ist nun einfach die Menge aller Punkte (x_1, x_2) mit $x_1 \geq 0$ und $x_2 \geq 0$.

Eine Punktmenge wird konvex genannt, wenn mit zwei beliebigen Punkten auch die Verbindungsstrecke ganz zur Punktmenge gehört.

Als *konvexe Hülle* einer beliebigen Punktmenge bezeichnet man die kleinste konvexe Obermenge. Eine Punktmenge im $\mathbb{R}^2$, die nur aus den Punkten $(0, 0), (0, 1)$ und $(1, 0)$ besteht, hat beispielsweise eine konvexe Hülle, die aus allen Punkten besteht, die der Ungleichung $0 \leq x_1 + x_2 \leq 1$ genügen. Der Leser möge sich dieses Beispiel geometrisch veranschaulichen.

Kehren wir zu linearen Programmen zurück. In unserem Beispiel ist durch die Nebenbedingung (I) ein Halbraum im $\mathbb{R}^2$ definiert, der aus allen Punkten (x_1, x_2) besteht, die der Ungleichung (I) genügen. Damit sind durch die 5 Ungleichungen in unserem Beispiel 5 Halbräume erklärt. Der Durchschnitt der Punktmengen dieser Halbräume ergibt den Lösungsraum. Allgemein ist die Durchschnittsmenge der Halbräume aller Nebenbedingungen, einschließlich der Ungleichungen $x_1 \geqq 0$, $x_2 \geqq 0, \ldots, x_n \geqq 0$, der Lösungsraum, also das oben erwähnte konvexe Polyeder, zuweilen auch Lösungspolyeder genannt.

Genau wie eine lineare Nebenbedingung bei n Variablen als ein durch eine trennende Hyperebene definierter Halbraum aufgefaßt werden kann, ist die lineare Zielfunktion als Schar paralleler Hyperbebenen zu interpretieren. Eine Optimallösung ergibt sich für eine dieser Ziel-Hyperebenen, die einen maximalen/minimalen Wert haben und das Lösungspolyeder berühren. Es ist anschaulich klar, daß Optimallösungen linearer Programme immer auf der Oberfläche des Lösungspolyeders liegen. Weiter ist verständlich, daß man sich bei der Suche nach einer Optimallösung auf Eckpunkte dieses Polyeders beschränken kann.

In unserem obigen Beispiel ergibt sich als eindeutige Optimallösung der Punkt $(60, 25)$. Der Wert der Zielfunktion stellt sich in diesem Punkt auf 5400.

All das bisher Gesagte über Lösungspolyeder und Lage der Optimallösung gilt nur für den Fall des LP-Modells mit kontinuierlichen Variablen. Betrachten wir nochmals das obige Beispiel in leicht modifizierter Form:

$$\begin{aligned}
\text{Max!} \quad & 40x_1 + 120x_2 \\
\text{wobei} \quad & 10x_1 + 20x_2 \leqq 1100 \quad \text{(I)} \\
& x_1 + 5x_2 \leqq 160 \quad \text{(IIa)} \\
& x_1 + x_2 \leqq 100 \quad \text{(III)} \\
& x_1, x_2 \geqq 0 \quad \text{(IV)}
\end{aligned}$$

Man beachte, daß der Koeffizient von x_2 in der Nebenbedingung (IIa) den Wert 5 hat, und nicht wie urprünglich den Wert 4.

Durch diese Änderung ergibt sich die Optimallösung jetzt als der Punkt $(76.667, 16.667)$. Die Variablen x_1 und x_2 haben also jetzt in der Lösung keine ganzzahligen Werte. Wir fordern jetzt noch zusätzlich die Ganzzahligkeit der Lösung. Wir suchen also jetzt eine Optimallösung in dem Lösungspolyeder, wobei wir uns allerdings nur auf die Gitterpunkte konzentrieren. Der Leser möge sich diese Situation wiederum geometrisch veranschaulichen. Man findet dann leicht zwei alternative Optimallösungen, nämlich **P1** $= (78, 16)$ und **P2** $= (75, 17)$. Während die Zielfunktion für die kontinuierliche Lösung $(76.667, 16.667)$ den Wert 5066.667 hat, ergibt sich der Wert der Zielfunktion für die ganzzahligen Punkte **P1** und **P2** zu 5040.

Aus diesem kleinen Beispiel ersehen wir, daß bei Forderung der Ganzzahligkeit der optimale Wert der Zielfunktion kleiner wird (bei Maximierung). Das ist verständlich, da der Lösungsraum durch zusätzliche Bedingungen eingeengt wird. Weiter ist die Lage der Punkte **P1** und **P2** interessant. Sie liegen im Inneren des Lösungspolyeders des kontinuierlichen LP-Problems.

Für die Formulierung von Mathematischen Programmen ist der Umgang mit Ungleichungen wichtig. Betrachten wir zum Beispiel die Bedingung (IIa).

$$x_1 + 5x_2 \leqq 160 \quad \text{(IIa)}$$

Man mache sich klar, daß (IIa) gleichwertig mit folgenden Formulierungen ist:

$$-x_1 - 5x_2 \geqq -160 \quad \text{(IIa1)}$$
$$x_1 + 5x_2 - 160 \leqq \quad\;\; 0 \quad \text{(IIa2)}$$
$$0.2x_1 + x_2 - 32 \leqq \quad\;\; 0 \quad \text{(IIa3)}$$

Hat man etwa die Gleichung

$$x_1 + 5x_2 = 160$$

zu erfüllen, so kann man diese Bedingung durch folgende beiden Ungleichungen ersetzen:

$$x_1 + 5x_2 \leqq 160$$

$$x_1 + 5x_2 \geqq 160$$

Nun wollen wir noch einiges zum *Funktionsbegriff* sagen. Eine reellwertige Funktion von n Variablen ist einfach eine eindeutige Abbildung $f: X \to R$, wobei X die Definitionsmenge der Funktion f ist und R der Wertevorrat. Dabei sind X und R Mengen. Die Elemente von X sind n-Tupel reeller Zahlen $(x_1, x_2, \ldots, x_n)$. Damit ist X Teilmenge von $\mathbb{R}^n$, dem n-dimensionalen Raum. Die Elemente von R sind reelle Zahlen, also ist R Teilmenge von $\mathbb{R}^1$, dem eindimensionalen Raum, auch Zahlengerade genannt. Da wir den Wertevorrat hier auf reelle Zahlen beschränken, spricht man auch von reellwertigen Funktionen.

Nehmen wir ein Beispiel. $f = f(x) = x^2$. Das ist eine Funktion von einer Variablen. Die Definitionsmenge ist $X = \mathbb{R}^1$ und der Wertevorrat ist die Menge aller nicht-negativer reeller Zahlen, also die positive Hälfte der Zahlengerade. Man beachte, daß die Abbildungsvorschrift einer Funktion nur eindeutig und nicht ein-eindeutig oder umkehrbar eindeutig ist. So ist $f = 4$ für $x = 2$ und für $x = -2$.

Als Beispiel einer Funktion von zwei Variablen, nennen wir die Funktion $f = f(x_1 x_2) = (x_1 - 5)^2 + (x_2 - 5)^2$. Hier ist die Definitionsmenge der $\mathbb{R}^2$ und der Wertevorrat wiederum die positive Hälfte der Zahlengeraden. Eine Veranschaulichung dieser Funktion ist als Fläche im $\mathbb{R}^3$ möglich.

Wir erwähnen noch kurz den Begriff der *Stetigkeit* von Funktionen. Dabei heißt $f(x)$ bei $x = x_0$ stetig, falls für beliebig kleine Abweichungen $x - x_0$, auch die Differenz der Funktionswerte, $f(x) - f(x_0)$, beliebig klein werden. Die Stetigkeit ist eine notwendige Eigenschaft für die nun zu besprechende Differenzierbarkeit.

Eine wichtige Eigenschaft von Funktionen kann ihre Differenzierbarkeit sein. Der *Differentialquotient* $\dfrac{df}{dx}$ stellt einen Grenzwert dar, der sich ergibt wenn man in dem Quotienten $(f(x + h) - f(x))/h$ den Nenner h gegen Null streben läßt. Der Differentialquotient df/dx einer Funktion $f(x)$ wird auch Ableitung genannt. Er stellt selbst eine Funktion dar, die auch als $f'(x)$ bezeichnet wird. Für ein bestimmtes

Argument x_0, stellt $f'(x_0)$ die Steigung bei x_0 der durch $f(x)$ definierten Kurve dar. Dabei versteht man unter Steigung den Tangens des Winkels, den eine Gerade mit der x-Achse bildet, die im Punkt x_0 die Kurve als Tangente berührt. $f'(x_0) = 0$ ist eine notwenige Bedingung für einen sogenannten stationären Punkt d.h. einen Punkt in dem die Tangente waagerecht liegt, die Steigung also Null ist. Ein stationärer Punkt kann dabei ein Minimum, ein Maximum oder ein sogenannter Sattelpunkt sein. Bei Vorhandensein von Nebenbedingungen muß man jedoch vorsichtig sein. In diesem Fall können zusätzlich zu den Punkten mit waagerechter Tangente auch noch Randpunkte als minimale oder maximale Lösungspunkte infrage kommen. Dazu betrachte man die Funktion $f(x) = x^2$ im Intervall $1 \leq x \leq 2$. In diesem Definitionsbereich ist kein Punkt mit waagerechter Tangente vorhanden. Das globale Minimum wird durch den Randpunkt $x = 1$ repräsentiert.

Bei Funktionen von mehreren Variablen $f(x_1, \ldots, x_n)$ betrachtet man als Verallgemeinerung des Differentialquotienten $\dfrac{df}{dx}$ sogenannte partielle Differentialquotienten, $\dfrac{\partial f}{\partial x_1}, \ldots, \dfrac{\partial f}{\partial x_n}$. Dabei ist $\dfrac{\partial f}{\partial x_i}$ wiederum als Limes des Quotienten $(f(x_1, \ldots, x_{i-1}, x_i + h, x_{i+1}, \ldots, x_n) - f(x_1, \ldots, x_n))/h$ definiert, wobei h gegen Null strebt.

Falls der Differentialquotient existiert, heißt die entsprechende Funktion differenzierbar. Folgende Funktionen $f_1(x)$ und $f_2(x)$ sind für $x = 3$ nicht differenzierbar:

$$f_1(x) = \begin{cases} x & \text{für } x \leq 3 \\ -x + 6 & \text{für } x > 3 \end{cases} \qquad f_2(x) = \begin{cases} x & \text{für } x \leq 3 \\ -x + 7 & \text{für } x > 3 \end{cases}$$

Die Funktion $f_2(x)$ hat bei $x = 3$ eine sogenannte Sprungstelle, ist also unstetig. Wenn eine Funktion an einer Stelle differenzierbar ist, dann ist sie dort auch stetig. Die umgekehrte Aussage ist jedoch falsch. Ein Beispiel hierfür ist $f_1(x)$, eine Funktion die bei $x = 3$ stetig aber nicht differenzierbar ist.

Partielle Differentialquotienten oder Ableitungen spielen eine besonders wichtige Rolle bei den Methoden der Nichtlinearen Programmierung. Sie werden zum Beispiel bei der Technik der Lagrangeschen Multiplikatoren sowie bei den Kuhn-Tucker Bedingungen benötigt. Den Vektor $\left(\dfrac{\partial f}{\partial x_1}, \ldots, \dfrac{\partial f}{\partial x_n} \right)$ bezeichnet man auch als *Gradientenvektor* oder Gradienten. Dieser Vektor hat eine Richtung, in der die durch die Funktion $f(x_1, \ldots, x_n)$ definierte Hyperfläche im $(n + 1)$-dimensionalen Raum die stärkste Neigung hat.

Gradientenverfahren, die diese Eigenschaft dieses Gradientenvektors nutzen, spielen bei nichtlinearen Optimierungsproblemen eine nicht unwesentlichen Rolle.

Bei einer Funktion $f(x_1, \ldots, x_n)$ gibt es n^2 partielle Ableitungen zweiter Ordnung $\dfrac{\partial^2 f}{\partial x_i \partial x_j}$, $i = 1, \ldots, n$ und $j = 1, \ldots, n$. Die Matrix $\mathbf{H} = \mathbf{H}(f; x_1, \ldots, x_n) = (h(i,j)) = \left(\dfrac{\partial^2 f}{\partial x_i \partial x_j} \right)$ nennt man auch Hessesche Matrix (Engl.: Hessian Matrix), benannt nach dem Mathematiker Hesse. Diese Matrix spielt eine große Rolle in NLP-Verfahren.

Eine wichtige Klasse von Funktionen sind die linearen Funktionen. Sie haben die Form:

$$f = f(x_1, x_2, \ldots, x_n) = c_0 + c_1 x_1 + c_2 x_2 + \cdots + c_n x_n$$

Wie wir oben sahen, können sie als Hyperebene im $\mathbb{R}^n$ repräsentiert werden.

Eine weitere wichtige Klasse sind die *Polynome*. Das sind nichtlineare Funktionen der Form:

$$f = f(x_1, x_2, \ldots, x_n) = \sum c_k x_1^{k_1} x_2^{k_2} \cdots x_n^{k_n}$$

wobei sich die Summe über eine Reihe von Summanden erstreckt, und $k_1 + k_2 + \cdots + k_n \leq r$. Man spricht dann von einem Polynom r-ten Grades. Machen wir uns das an zwei Beispielen mit $n = 1$ und $n = 2$ klar. Ein Beispiel eines Polynoms 3-ten Grades von einer Variablen ist etwa:

$$f = f(x) = 2 + 3x + 4x^2 + 5x^3$$

Für $n = 2$ und $r = 3$ ist folgendes Polynom ein Beispiel:

$$f = f(x_1, x_2) = 5 + 6x_1 + 4x_1 x_2 + 8x_1^2 + 9x_1^2 x_2 + 7x_1 x_2^2 + 3x_1^3 + 2x_2^3$$

Weitere wichtige Begriffe, die der Leser in der Literatur häufig finden wird sind die folgenden. Ein *Skalar* ist eine einzelne numerische Größe. So ist zum Beispiel eine obere Schranke einer bestimmten Variablen ein Skalar oder eine skalare Größe.

Im Gegensatz zum Skalar spricht man von einem *Vektor*, wenn es sich um eine Anzahl von numerischen Größen handelt. So ist zum Beispiel $(x_1, x_2, \ldots, x_n)$ ein Vektor von n Elementen. Man beachte, daß es hier, im Gegensatz zu Mengen, sehr wohl auf die Reihenfolge der Vektorelemente ankommt. Im 2-dimensionalen Raum $\mathbb{R}^2$ ist natürlich der Punkt (2,3) ein anderer als der Punkt (3,2). Vektoren können als gerichtete Größen aufgefaßt werden, d.h. Größen die einen Betrag und eine Richtung haben. Dagegen haben Skalare nur einen Betrag. Der Vektor (3,2) zum Beispiel kann als gerichtete Größe (symbolisiert durch einen Pfeil) aufgefaßt werden. Der Pfeil beginnt im Punkt (0,0) und endet im Punkt (3,2). Dieser Pfeil legt eine Richtung in der Ebene fest. Der Betrag des Vektors entspricht der Länge des Pfeils.

Eine wichtige Verknüpfung zweier Vektoren zu einem Skalar ist das sogenannte *Skalarprodukt*. Wenn $\mathbf{X} = (x_1, \ldots, x_n)$ und $\mathbf{Y} = (y_1, \ldots, y_n)$, so ist das Skalarprodukt als $\mathbf{X} \times \mathbf{Y} = \sum_{i=1}^{n} x_i y_i$ erklärt. Wenn zwei Vektoren senkrecht aufeinander stehen, ist das Skalarprodukt gleich Null.

Eine noch komplexere Zusammenstellung skalarer Großen als es beim Vektor der Fall ist, findet sich bei einer *Matrix*.

Eine Matrix ist eine 2-dimensionale Tabelle von skalaren numerischen Gößen. So ist etwa $\mathbf{A} = (a(i, j))$, $i = 1, \ldots, m$ und $j = 1, \ldots, n$, eine $m \times n$ Matrix mit m Zeilen und n Spalten, also insgesamt mn Elementen. Die Matrix der Koeffizienten der Nebenbedingungen eines LP-Modells ist ein Beispiel.

Ist die Zeilenzahl und die Spaltenzahl einer Matrix gleich, spricht man von einer quadratischen Matrix.

Sei $Q = (q(i, j))$, $i = 1,\ldots,n$ und $j = 1,\ldots,n$, eine quadratische Matrix. Dann ist der Vektor $(q(1, 1), q(2, 2),\ldots,q(n, n))$ die sogenannte *Hauptdiagonale* (Engl.: Main Diagonal). Den Vektor $(q(1, n), q(2, n - 1),\ldots,q(n, 1))$ bezeichnet man auch als *Nebendiagonale* (Engl.: Secondary Diagonal).

Eine quadratische Matrix heißt Einheitsmatrix (Engl.: Identity Matrix), wenn alle Elemente der Hauptdiagonale den Wert 1 haben alle anderen Elemente den Wert 0.

Die *Transponierte* einer (m, n)-Matrix A wird auch mit A' bezeichnet und es gilt: $a'(j, i) = a(i, j)$ für $i = 1,\ldots,m$ und $j = 1,\ldots, n$. Damit ist A' eine (n, m)-Matrix.

Zwei Matrizen heißen gleich, wenn sie elementweise gleich sind. Ist eine quadratische Matrix gleich ihrer Transponierten, so heißt die Matrix *symmetrisch.*

Addition und Subtraktion sind bei Matrizen elementweise erklärt. Dagegen ist die Matrixmultiplikation $A \times B$ nur erklärt, wenn die Spaltenzahl von A gleich der Zeilenzahl von B ist. Das Produkt $C = A \times B$ ist eine Matrix mit der Zeilenzahl von A und der Spaltenzahl von B.

Sei A eine (m, n)-Matrix und B eine (n, p)-Matrix, dann ist C eine (m, p)-Matrix und es gilt: $c(i, j) = \sum_{k=1}^{n} a(i, k)b(k, j)$ für $i = 1,\ldots,m$ und $j = 1,\ldots,p$.

Schreibt man für einen Vektor oder eine Matrix $X \geq 0$, so ist diese Ungleichung elementweise zu verstehen.

Die *Inverse* einer quadratischen Matrix A wird A^{-1} genannt und es gilt $A \times A^{-1} = E$ wobei E die Einheitsmatrix ist.

Wir betrachten jetzt ein lineares Gleichungssystem mit n Gleichungen in n Unbekannten:

$$a_{11}x_1 + a_{12}x_2 + \cdots + a_{1n}x_n = c_1$$
$$a_{21}x_1 + a_{22}x_2 + \cdots + a_{2n}x_n = c_2$$
$$\ldots\ldots\ldots\ldots\ldots\ldots\ldots\ldots\ldots\ldots\ldots\ldots\ldots\ldots\ldots\ldots$$
$$a_{n1}x_1 + a_{n2}x_2 + \cdots + a_{nn}x_n = c_n$$

Betrachten wir nun die Koeffizientenmatrix $A = (a_{ij})$, den Spaltenvektor (eine Spalte und n Zeilen) $X = (x_1,\ldots,x_m)$ und den Spaltenvektor $C = (c_1, c_2,\ldots c_m)$, so können wir obiges Gleichungssystem in sogenannter Matrixchreibweise als $A \times X = C$ schreiben.

Das LP-Problem kann damit wie folgt in formuliert Matrixschreibweise werden:

Max! $f(X)$
wobei $A \times X \leq B$
         $X \geq 0$

Dabei ist X ein n-dimensionaler Spaltenvektor. A eine (m, n)-Matrix reeler Zahlen und B ein m-dimensionaler Spaltenvektor reeller Zahlen. Wir erwähnen an dieser Stelle ein bekanntes Problem der Angewandten Mathematik mit zahlreichen Bezügen zu OR-Verfahren und Anwendungen, das *Linear Complementarity*

Problem (LCP). Dies Problem formulieren wir jetzt in der soeben erklärten Matrix-Schreibweise:

Gegeben ist eine reelle (n, n)-Matrix **M** und ein n-dimensionaler Spaltenvektor **Q**. Gesucht sind zwei n-dimensionale Spaltenvektoren **X** und **Y**, wobei

$$\mathbf{I} \times \mathbf{X} - \mathbf{M} \times \mathbf{Y} = \mathbf{Q}; \quad \mathbf{X} \geq 0 \quad \text{und} \quad \mathbf{Y} \geq 0; \quad \mathbf{X}' \times \mathbf{Y} = 0$$

Dabei ist **X**′ die Transponierte von **X**, also ein n-dimensionaler Zeilenvektor. **X**′ × **Y** ist das Skalarprodukt der Vektoren. Wegen der Nichtnegativitätsforderung für **X** und **Y**, müssen alle Produkte $x_i y_i = 0$ für $i = 1, \ldots, n$. Die (n, n)-Matrix **I** ist die Einheitsmatrix, d.h. alle Elemente sind Null außer denen der Hauptdiagonale, die den Wert Eins haben. Wir wollen nun noch den Begriff der *Determinante* erläutern. Dazu knüpfen wir zunächst an den Begriff der Permutation an, der bereits in Abschnitt I.4 erklärt wurde. Sei $(3, 1, 2)$ eine Permutation von $(1, 2, 3)$, so steht 3 vor 1 und 3 vor 2 und 1 vor 2. Im Vergleich zu der sogenannten identischen Permutation $(1, 2, 3)$ sind 2 Inversionen vorgenommen worden, nämlich 3 vor 1 statt 1 vor 3 und 3 vor 2 statt 2 vor 3. Da die Anzahl der Inversionen gerade ist, spricht man auch von einer geraden Permutation. $(1, 3, 2)$ ist zum Beispiel eine ungerade Permutation, da die Anzahl der Inversionen ungerade ist.

Die Determinante ist nun ein numerischer Wert, der einer quadratischen Matrix zugeordnet ist und sich wie folgt darstellen läßt:

$$D(\mathbf{A}) = \sum_{\text{Permutation } V} (-1)^{J(V)} a(1, v_1) a(2, v_2), \ldots, a(n, v_n)$$

Dabei ist $\mathbf{A} = (a(i, j),\ i = 1, \ldots, n$ und $j = 1, \ldots, n)$ eine quadratische Matrix und $\mathbf{V} = (v_1, v_2, \ldots, v_n)$ eine Permutation von $(1, 2, \ldots, n)$. $J(\mathbf{V})$ ist die Anzahl der Inversionen der Permutation **V**. Gerade Permutationen führen in der die Determinante bildenden Summe also zu einem positiven Vorzeichen, während ungerade Permutationen zu einem negativen Vorzeichen führen.

Der Leser möge verifizieren, daß für $n = 2$ $D(\mathbf{A}) = a(1, 1) a(2, 2) - a(1, 2) a(2, 1)$, d.h. die Determinante ergibt sich als das Produkt der Hauptdiagonalelemente vermindert um das Produkt der Nebendiagonalelemente.

Von Bedeutung ist auch der Begriff der *Abbildung*. Unter einer Abbildung $f: M1 \to M2$ versteht man eine Zuordnungsvorschrift von Elementen der Menge $M1$ zu Elementen der Menge $M2$. Dabei heißt $M1$ die Ur-Bild-Menge und $M2$ die Bild-Menge. Eine Abbildung ist immer eine eindeutige Zuordnungsvorschrift, das heißt jedem Element von $M1$ (sog. Ur-Bild-Punkt) ist eindeutig ein Element von $M2$ (sog. Bild-Punkt) zugeordnet. Jedoch können verschiedenen Ur-Bild-Punkten derselbe Bild-Punkt zugeordnet sein. Damit ist die Abbildung in diesem Falle nicht umkehrbar-eindeutig. Ist jeder Punkt von $M2$ Bild-Punkt, so spricht man von einer Abbildung von $M1$ auf $M2$. Anderenfalls spricht man von einer Abbildung von $M1$ in $M2$.

Unter einem *Graph* versteht man ein Paar (V, E), wobei V eine endliche Menge ist, deren Elemente man Knoten nennt, und E eine Menge von 2-elementigen Teilmengen von V ist, deren Elemente man Kanten nennt. Als Beispiel erwähnen wir einen Graphen, der wie folgt symbolisiert werden kann (Abb. 19):

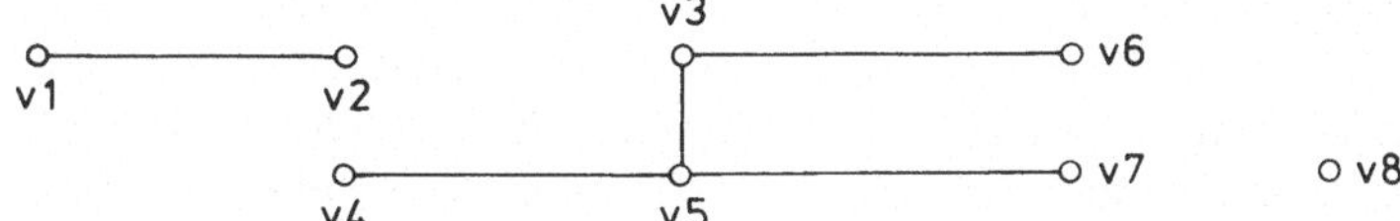

Abb. 19. Beispiel eines Graphen

Hierbei ist $V = \{v_1, v_2, v_3, v_4, v_5, v_6, v_7, v_8\}$ und $E = \{\{v_1, v_2\}, \{v_4, v_5\}, \{v_3, v_5\}, \{v_3, v_6\}, \{v_5, v_7\}\}$. Dieser Graph hat also 8 Knoten und 5 Kanten. Die Graphentheorie ist ein eigenständiges Gebiet der Mathematik mit besonders vielen Anwendungen bei kombinatorischen Problemen. Ein *Baum* (Engl.: Tree) ist ein zusammenhängender und zyklenfreier Graph. Die Abb. 20 zeigt einen Baum.

Sind den Kanten eines Graphen noch Richtungen zugeordnet, spricht man von gerichteten Graphen (Engl.: Directed Graphs oder Digraphs). Spezielle gerichtete Graphen sind die *Netzwerke* (Engl.: Networks). Ein typisches Netzwerk ist der in Abb. 21 dergestellte Graph.

Wir wenden uns nun noch einigen elementaren Begriffen aus der Wahrscheinlichkeitsrechnung und der Statistik zu.

Die Basis bildet der Begriff der *Wahrscheinlichkeit* (Engl.: Probability).

Die Wahrscheinlichkeit eines Ereignisses ist die relative Häufigkeit des Eintretens des Ereignisses. Betrachten wir ein Experiment wobei stets 20% der Versuchsergebnisse vom Typ A und 80% der Versuchsergebnisse von anderer Art sind, so ist die Wahrscheinlichkeit des Eintreffens des Ereignisses, daß das Versuchsergebnis vom Typ A ist, $\frac{20}{100} = 0.2$.

Da ist als Nächstes der Begriff der *Zufallsvariablen*. Eine Zufallsvariable ist eine Variable, die in einem bestimmten Definitionsbereich Werte mit einer bestimmten Wahrscheinlichkeit oder Häufigkeit annimmt.

Dazu betrachten wir den Vorgang des Würfelns. Der Ausgang kann nicht vorhergesagt werden. Lediglich läßt sich sagen, daß das Ergebnis eine der Zahlen

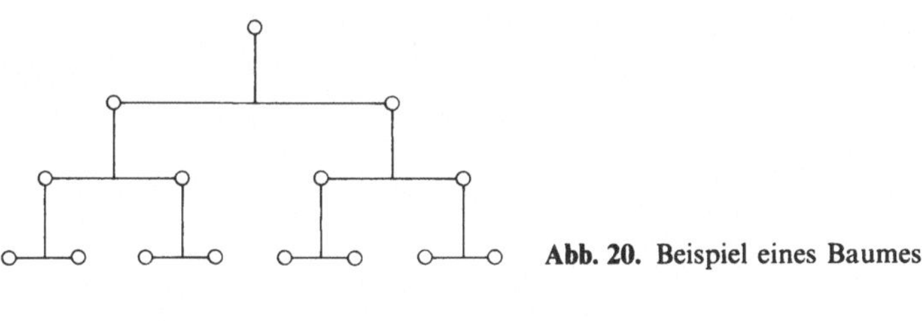

Abb. 20. Beispiel eines Baumes

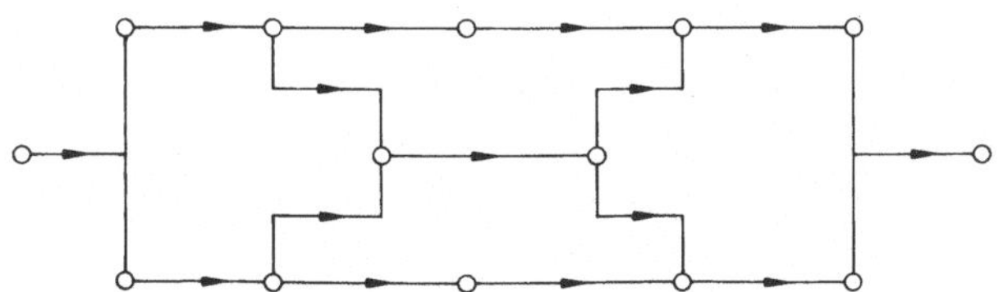

Abb. 21. Beispiel eines Netzwerks

1, 2, 3, 4, 5, oder 6 sein wird und daß die Wahrscheinlichkeit für alle Zahlen gleich hoch ist. Die Wahrscheinlichkeit ist für alle Zahlen $\frac{1}{6}$. Das besagt, daß bei einer großen Anzahl n von Würfen die Anzahl des Auftretens aller Zahlen jeweils $\frac{n}{6}$ ist. Da alle Zahlen gleichwahrscheinlich sind, spricht man in diesem Falle von einer *gleichverteilten* Zufallsvariablen. Jede Zufallsvariable hat eine ihr zugeordnete *Verteilungsfunktion*. Sei X eine Zufallsvariable, dann stellt die Verteilungsfunktion $F(x)$ die Wahrscheinlichkeit dar, daß $X \leqq x$. Für die mit dem Würfeln verbundene Zufallsvariable ist die Verteilungsfunktion $F(i) = \frac{i}{6}$, $i = 1, \ldots, 6$. Damit ist $F(6) = 1$, was besagt, daß die Wahrscheinlichkeit eines Würfelergebnisses $\leqq 6$ den Wert 1 hat, also das sichere Ereignis darstellt. Eine bekannte nicht gleichverteilte Zufallsvariable ist diejenige die der sog. Normalverteilung (Engl.: Normal Distribution) unterliegt.

Zufallsvariable können von kontinuierlicher oder diskreter Natur sein. Man spricht dann auch von kontinuierlichen oder diskreten Verteilungsfunktionen.

Ermittelt man den Wert einer Zufallsvariablen mehrfach, so spricht man von einer *Stichprobe* (Engl.: Sample).

Mit der oben erklärten Verteilungsfunktion einer Zufallsvariablen steht in engem Zusammenhang der Begriff der *Dichtefunktion*. Eine im Intervall $a \leqq x \leqq b$ erklärte Zufallsvariable hat eine Dichtefunktion $f(x)$, wobei $f(x_0)$ die Wahrscheinlichkeit angibt, daß x den Wert x_0 annimmt. Damit ist der Zusammenhang zwischen Verteilungsfunktion $F(x)$ und der Dichtefunktion $f(x)$ wie folgt:

$$F(x) = \int\limits_a^x f(y)\,dy$$

Hierbei hatten wir x als kontinuierliche Zufallsvariable angenommen. Das Integral der Funktion $f(x)$ über dem Intervall (a, b) entspricht der Fläche unterhalb der durch $f(x)$ definierten Kurve.

Im Falle einer diskreten Zufallsvariablen tritt an Stelle des Integrals die Summe über die im Intervall (a, x) diskreten Werte. Die Dichtefunktion der Zufallsvariablen des Würfelexperimentes ist eine für die Werte $x = 1, 2, 3, 4, 5, 6$ definierte Funktion, wobei $f(x) = \frac{1}{6}$ für alle x. Die Verteilungsfunktion ist eine sich aus der Dichtefunktion durch Kumulation ergebende Funktion.

Es gibt nun eine ganze Reihe von Begriffen, die sich der quantitativen Analyse von Stichproben widmen. Der *Mittelwert* (Engl.: Mean) ist einfach das arithmetische Mittel der Werte der Zufallsvariablen der Stichprobe. Seien also $x(i)$, $i = 1, \ldots, N$, die Werte der Stichprobe vom Umfang N, so ist der Mittelwert definiert durch:

$$m(x) = \frac{1}{N} \sum_{i=1}^{N} x(i)$$

Wenn eine Zufallsvariable x die Werte $(x_1, \ldots, x_n)$ mit den Wahrscheinlichkeiten $(p_1, \ldots, p_n)$ annimmt, so ist der Mittelwert

$$m(x) = \sum_{i=1}^{n} x_i p_i$$

Entsprechend definiert man den Mittelwert auch für eine kontinuierliche Zufallsvariable x, die im Intervall $a \leqq x \leqq b$ definiert ist und dort die Dichtefunktion $f(x)$ hat

$$m(x) = \int_a^b x f(x)\, dx$$

Den Mittelwert nennt man auch Erwartungswert und bezeichnet ihn mit $E(x) = m(x)$.

Die *Streuung* (Engl.: Variance) ist ein Maß für die Abweichung vom Mittelwert und ist für Stichproben wie folgt definiert:

$$s^2 = \frac{1}{N} \sum_{i=1}^N (x(i) - m)^2$$

Für eine diskrete Verteilung gilt mit der gleichen Bezeichnung wie beim Mittelwert

$$s^2 = \sum_{i=1}^n (x_i - m)^2 p_i$$

und entsprechend bei kontinuierlichen Verteilungen

$$s^2 = \int_a^b (x - m)^2 f(x)\, dx$$

Die Quadratwurzel der Streuung wird auch *Standardabweichung* (Engl.: Standard Deviation) genannt.

Die oben erwähnte *Normalverteilung* hat eine wie folgt definierte Dichtefunktion:

$$f(x, m, s) = \frac{1}{s\sqrt{2\pi}} e^{\frac{1}{2}(\frac{x-m}{s})^2}$$

Dabei sind der Mittelwert m und die Standardabweichung s Parameter.

Von *Zufallszahlen* spricht man, wenn man eine Reihe von "zufällig" aus einer Grundgesamtheit entnommenen Zahlen betrachtet. Sei die Grundgesamtheit zum Beispiel die Menge $W = \{1, 2, 3, 4, 5, 6\}$, dann sind die durch n-faches Würfeln erzeugten Zahlen $x_1, x_2, \ldots, x_n$ Zufallszahlen aus dieser Grundgesamtheit W. Zufallszahlen sind Realisationen einer Zufallsvariablen und sind daher auch von der Verteilungsfunktion der Zufallsvariablen abhängig. In der Praxis benötigt man Zufallszahlen, die rechentechnisch erzeugt werden. Man spricht dann von Pseudozufallszahlen. Ein beliebtes Verfahren ist $x(i + 1) = x(i)a \bmod(m)$, wobei a und m sowie $x(0)$ vorgegeben sind. Bei geeigneter Wahl von a, m und $x(0)$ liefert die Zahlenfolge $x(i)$, $i = 0, 1, \ldots$ Pseudozufallszahlen aus einer im Intervall $(0, m)$ gleichverteilten Zufallsvariablen. Ein wichtiger Begriff ist noch der des *Korrelations-Koeffizienten* zwischen zwei Zufallsvariablen. Er stellt ein Maß für die numerische Abhängigkeit zwischen den Zufallsvariablen dar. Für eine Stichprobe mit n Messungen und den Messwerten $x(i)$ und $y(i)$ ist der Korrelationskoeffizient wie folgt erklärt:

$$r(x, y) = \sum_{i=1}^n \frac{(x(i) - m(x))(y(i) - m(y))}{n s(x) s(y)}$$

Dabei sind $m(x)$, $m(y)$ die Mittelwerte der Stichproben und $s(x), s(y)$ Standard-
abweichungen der Stichproben. $r(x, y)$ liegt zwischen -1 und $+1$. $r(x, y) = 0$ deutet
auf Unabhängigkeit, $r(x, y) = +/-1$ auf vollkommene (lineare) Abhängigkeit
(gleichgerichtet $(+1)$ oder entgegengesetzt (-1)) hin.

Als weiteren Begriff erwähnen wir noch den sog. *Binomischen Lehrsatz*, der
besagt, daß

$$(a + b)^n = \sum_{v=0}^{n} C(n, v) a^{n-v} b^v$$

Dabei ist $C(n, v)$ die Anzahl der Kombinationen von v Elementen aus einer
Gesamtheit von n Elementen, man vergleiche hierzu in Abschnitt I.4. Für $C(n, v)$
schreibt man auch $\binom{n}{v}$.

XIII. Stichwortverzeichnis zum Text (Deutsch/Englisch)

Englische Begriffe sind teilweise den entsprechenden deutschen Begriffen zugeordnet.

Endliches Optimum	I.8		
Energieversorgungsunternehmen	IV.13		
Engineering Design Optimization	——— S. Optim. Technischer Produkte———		
Entscheidungsalternativen	I.3		
Entscheidungsbaum-Verfahren	I.18		
Entscheidungsprobleme	I.1	I.3	
Entscheidungsraum	I.3		
Entscheidungsregeln	I.1		
Entscheidungsstützende Systeme	——— Siehe DSS———		
Entscheidungsvariable	I.12	I.14	XI
Enumeration	V.3	XI	
Ersatzteilplanung	I.3	IV.11	
Erzeugung des DV Modells	II.5		
Execucom Systems Corp.	VI.1		
Expertensysteme	I.6	VI.4	
Expert Systems	——— Siehe Expertensysteme———		
Exponentielles Verhalten	V.1	V.2	
Farmplanung	——— Siehe Landwirtschaftl. Planung———		
Fast-Optimale Lösungen	I.19		
Feasible Solution	——— Siehe Zulässige Lösung———		
Fertigungsplanung	I.3	I.13	IV.2
Finanzplanung	IV.15		
Finite Optimum	——— Siehe Endliches Optimum———		
Fixed-Charge Problem	——— Fix-Kosten Problem———		
Fix-Kosten Problem	I.14	IV.8	V.3
Flexible Manufacturing Systems	——— Siehe FMS———		
Fließbandbelegung	I.3	V.4	IV.3
Fließfertigung	——— Siehe Fertigungsplanung———		
Flow Shop Scheduling	——— Siehe Fertigungsplanung———		
FMS	I.3	IV.4	
Funktion	XII		
Fuzzy Linear Programs	——— Siehe Unscharfe Lineare Progr.———		
Fuzzy Numbers	——— Siehe Unscharfe Zahlen———		
Fuzzy Problems	——— Siehe Unscharfe Problembeschr.———		
Fuzzy Sets	——— Siehe Unscharfe Mengen———		
GAMMA 4	VI.1		
GAMS/MINOS	VI.1		
Ganzzahlige Hilfsvariable	I.14		
Ganzzahliges Programm	I.7		
Gemischt-Ganzzahliges Programm	I.7	I.12	I.13
Generalized Reduced Gradient	V.6		
Generalized Upper Bounds (GUB)	VI.1	XI	
Genetische Algorithmen	V.8		
Geometrisches Programm	V.6	XI	
GINO	VI.1		
Gleichung	XII		

XIV. Stichwortverzeichnis zum Literaturteil (Deutsch/Englisch)

Deutsche Begriffe sind teilweise den entsprechenden englischen Begriffen zugeordnet. In den Literaturhinweisen bedeutet APP = VII. Die Verwendung von APP soll das Auffinden von anwendungsbezogenen Veröffentlichungen erleichtern. Wird nur eine Kapitelbezeichnung angegeben, so sind alle in diesem Kapitel aufgeführten Arbeiten gemeint.